“广东省森林资源与生态状况综合监测技术”丛书

基于“3S”的森林资源与生态状况年度监测技术研究

魏安世 主 编
肖智慧 黄 平 叶金盛 李 伟 副主编

中国林业出版社

图书在版编目(CIP)数据

基于“3S”的森林资源与生态状况年度监测技术研究/魏安世　主编. —北京：中国林业出版社，2010.7

（“广东省森林资源与生态状况综合监测技术”丛书）

ISBN 978-7-5038-5877-2

Ⅰ. ①基…　Ⅱ. ①魏…　Ⅲ. ①遥感技术－应用－森林资源调查－广东省　②地理信息系统－应用－森林资源调查－广东省　③全球定位系统－应用－森林资源调查－广东省　Ⅳ. ①S757.2

中国版本图书馆 CIP 数据核字（2010）第 135433 号

中国林业出版社·环境景观与园林园艺图书出版中心

责任编辑：于界芬

电话：83229512　　传真：83227584

出版　中国林业出版社(100009　北京西城区刘海胡同 7 号)

E-mail　cfphz@ public. bta. net. cn　电话　83224477

网址　www. cfph. com. cn

发行　新华书店北京发行所

印刷　北京中科印刷有限公司

版次　2010 年 8 月第 1 版

印次　2010 年 8 月第 1 次

开本　787mm × 1092mm　1/16

印张　18. 25　　彩插　32

字数　433 千字

定价　80. 00 元

本书编委会

主　编：魏安世

副主编：肖智慧　黄　平　叶金盛　李　伟

编　委（按姓氏笔画为序）：

丁　胜　王登峰　邓鉴锋　刘志武　刘飞鹏　伍惠球

余松柏　张华英　宾　峰　秦　琳　徐庆玲　黄宁辉

汪求来　林寿明　杨志刚　陈富强　陈　鑫　陈莲好

谢　玲　彭展花　黎颖卿

前　　言

森林是陆地生态系统的主体，是长期以来人类赖以生存和发展的资源与环境保障。森林资源与生态状况和消长变化动态数据是国家、省（区）、市、县各级政府制定国民经济和社会发展规划、社会可持续发展战略、生态安全规划及编制林业规划计划、指导林业生产建设的重要依据。因此，需要及时地、动态地对森林资源与生态状况进行监测。

森林资源连续清查（简称“一类调查”）和森林资源规划设计调查（简称“二类调查”）是摸清森林资源家底的重要手段，是科学经营森林和管理森林的基础。一类调查间隔期为5年，其调查成果为国家和省（区）制定林业可持续发展战略、调整林业方针政策、编制现代林业发展规划及森林采伐限额、进行任期目标责任制考核管理提供基础数据和依据。二类调查间隔期为10年，其调查成果是经营单位制定区域国民经济发展规划和林业发展规划、实施森林资源采伐限额、林地林权管理、实行森林资源资产化管理及获得森林生态效益补偿基金等的重要依据。通过每5年或每10年进行一次本底调查来掌握当年较准确的森林资源与生态状况固然重要，但是，现代社会对信息交流与反馈的要求更加频繁、及时、准确、全面，各级政府也逐渐要求林业部门每年向社会公布森林资源和生态状况，这就要求森林资源与生态状况监测趋于年度化。因此，如何在调查间隔期内开展森林资源与生态状况年度监测工作，产出年度森林资源与生态状况公报，为省（区）、市、县各级政府制定年度林业方针政策、调整林业发展计划提供科学数据亦显得尤为重要。

随着全球对森林与环境问题的重视，我国林业工作重点已从木材生产为主向生态建设为主转变。相应地，森林资源监测也从单一森林资源向多目标、多功能的综合监测方向转移，调查与监测的手段和方法也在逐步突破，遥感技术、地理信息系统、卫星定位导航系统等空间信息技术的应用也越来越广泛。目前，有关森林资源监测的数据采集、信息提取与分析的研究也很多，但很多研究仅从理论和技术角度在一个典型研究区内进行突破，没有全面考虑现实的森林资源年度监测中实际存在的一些问题，其研究成果在生产性的年度监测中实用性、推广性较小。

关于区域性的年度森林资源监测，近几年来，一些省份（如广东、浙江）做了有意义的尝试，其主要做法是每年抽取部分连清样地进行复查，来估计全省每年的资源数据，但这些数据只是对总体的估计结果，并不能落实到基层的经营单位，对指导基层经营单位的年度林业计划、经营活动并无太大意义。

遥感技术在森林资源调查、监测中的应用已有几十年的历史了，但因过去我国对林业的投入有限、遥感信息源较少、遥感技术应用成本相对较高、遥感调查的局限性等原因，使得遥感技术虽在一些专题调查中取得了较好的效果，在一类调查、二类调查或年度监测中的应用效果并不理想。近10年来，随着遥感技术的迅猛发展，多源、多时相、多分辨率遥感数据种类繁多，基本可以每年覆盖全省一次，为目前以抽样调查为主向全面调查的年度监测过渡提供了信息源，如何在本底调查数据基础上利用好这些遥感信息，使之为区域性的年度森林资源监测服务，是值得投入时间和精力去研究、去实践的一件事情。

本书从森林资源二类本底调查入手，参考了大量森林资源监测相关文献，并结合生产实践，分别从基础理论、监测方法、系统实现、数据共享等方面提出了基于“3S”的森林资源与生态状况年度监测框架及技术路线，植被变化遥感分析方法，森林资源空间变化信息的遥感监测、提取方法及空间数据自动更新的实现过程，利用遥感信息、决策树、神经网络、生长模型、专家知识库等方法更新资源数据的方法，以及基于 VRS 的 DGPS-PDA 数据采集器应用方法等内容，详细阐述了 C/S 结构的森林资源与生态状况年度监测信息系统和 B/S 结构的二维、三维数据共享平台的实现手段，对基于大尺度遥感信息的森林生态宏观监测方法进行了有益的探索。

经过多年的研究、实践、再研究、再实践，该监测方法已经在广东省森林资源与生态状况年度监测中得到全面应用，C/S 结构的信息管理系统已经逐步在广东省各市、县林业局或林场推广应用，经过不断完善，该监测方法及应用系统表现出了较强的生命力。自 2005 年全省二类本底调查结束之后，我们利用该方法对全省进行了 4 次全面(落实到小、细班)的森林资源与生态状况年度监测，显著提升了广东省森林资源监测水平，增强了广东省森林资源监测的信息服务能力。

在本书即将付梓之际，由衷地感谢南京林业大学彭世揆教授、佘光辉教授，中国林业科学研究院赵宪文研究员，华南农业大学颜文希教授给予的技术支持与大力帮助，这些年来，几位教授多次来穗言传身教、授业解惑，给予了我们莫大的帮助，使我们受益匪浅。

感谢国家林业局调查规划院张煜星总工程师，云南省林业调查规划院负新华副院长、李宏伟副院长、邓喜庆主任、喻庆国副总工程师，广西林业勘测设计院吕郁彪院长、李春干总工程师、蔡会德主任，浙江省林业调查规划院刘安兴院长，河北省林业调查规划院腾起和院长、张洪泉副院长，贵州省林业调查规划院郭颖院长、朱军主任，福建省林业调查规划院 3S 技术中心陈铭潮主任，江西省林业调查规划研究院新技术应用研究室张光辉主任，还有其他兄弟省院的同志，在此不一一列出，正是平日里与他们多次交流，才使本书得以正式出版。

本书是“基于 3S 的森林资源与生态状况年度监测技术研究”项目组全体科研人员共同努力、集体智慧的结晶，许多技术人员虽然没有参加书稿的撰写，但在资料收集、图像处理、数据分析、数据建库等方面做出了同样重要的贡献。

由于编者水平有限，时间仓促，遗漏及不妥之处在所难免，敬请各位同仁批评指正。

编 者

2010 年 1 月

目　录

第1章　概　述

本章在查阅和分析国内外森林资源监测技术方法的基础上，提出了以空间信息技术为主要手段的森林资源与生态状况年度监测系统框架、技术流程与方法，旨在推动森林资源管理和监测的数字化、自动化和智能化。

1.1　研究背景

森林是人类文明的摇篮，是人类和多种生物赖以生存和发展的物质基础。作为陆地生态系统的主体，森林不仅有巨大的林产品再生功能，而且具有调节气候、涵养水源、保持水土、净化空气、美化环境、防灾减灾、丰富生物多样性等重要的生态功能。

森林是可再生的动态生物资源，随着林木的生长、森林经营与利用措施以及森林火灾、病虫害的影响，其数量、质量、结构和功能无时不在发生变化。森林资源与生态状况消长变化动态是国家、省(区)、市、县各级政府制定国民经济和社会发展规划、社会可持续发展战略、生态安全规划及编制林业规划计划、指导林业生产建设的重要依据。

我国对森林资源监测工作十分重视。中共中央、国务院作出了《关于加快林业发展的决定》，决定明确指出："在贯彻可持续发展战略中，要赋予林业以重要地位；在生态建设中，要赋予林业以首要地位"；"各级党委和政府要高度重视林业工作。建立完善的林业动态监测体系，整合现有监测资源，对我国的森林资源、土地荒漠化及其他生态变化实行动态监测，定期向社会公布"。广东省委、省政府发布《关于加快建设林业生态省的决定》，明确提出"创建林业生态县，建设林业生态省，构建国土生态安全体系和以生态经济为特色的林业产业体系，实现绿色广东及和谐广东"的宏伟目标，并提出了关于"加强对森林、野生动植物、湿地和红树林等资源及生态状况的动态监测，开展生态效益评价，及时掌握和定期发布全省林业与生态情况"的要求。

目前，我国森林资源监测体系大致分为5类，一是国家森林资源连续清查(简称一类调查)，二是森林资源规划设计调查(简称二类调查)，三是森林作业设计调查(简称三类调查)，四是年度森林资源专项调查(如沙化调查、石漠化调查、造林核查、林地征占用检查、采伐限额检查等)，五是专业调查。上述5种调查方式各有特点，一类调查和二类调查主要是通过在某一具体年度内，通过开展一次本底调查，摸清当年年度森林资源与生态状况信息，提供每5年或每10年的资源动态变化信息。三类调查和年度核查是以某一特定范围或作业地段为调查对象，虽然能提供精度较高的调查结果，但调查范围具有局部性、微观性，无法满足宏观决策信息需要；专业调查具有基础研究性质，开展时间不固定、不确定。

我国资源监测体系惯性大，监测内容滞后，服务能力不强，离现代林业和生态林业建设的要求存在一定的差距。且与当前全球科学技术发展及相关行业监测技术方法相比，当前森林资源监测装备陈旧，手段落后，方法滞后，迫切需要新方法、新技术、新手段来提高监测水平和监测能力。

1.2　研究目的和意义

在消化吸收国内外先进方法和经验的基础上，根据我国森林资源监测实际情况，研究基于"3S"技术、落实到山头地块的森林资源与生态状况年度监测技术，使年度监测工作科学化、系统化、工程化，实现森林资源管理的自动化、智能化和信息化。这对于林业生产实践和科学经营管理具有十分重要的作用，对现代林业建设和林业生态建设具有十分重要的意义。

(1)监测工作的年度化是社会发展的必然要求。通过每5年或每10年进行一次本底调查来掌握当年较准确的森林资源与生态状况固然重要。但是，在当今经济社会高速发展的背景下，世界各国对林业发展及生态建设日益重视，在现代社会对各行业信息交流与反馈的要求更加频繁、及时、准确、全面的今天，各级政府也逐渐要求林业部门每年向社会公布森林资源和生态状况，这就要求森林资源与生态状况监测趋于年度化。因此，如何在调查间隔期内开展森林资源与生态状况年度监测工作，产出年度森林资源与生态状况公报，为省(区)、市、县各级政府制定年度林业方针政策、调整林业发展计划提供科学数据亦显得尤为重要。

(2)基于3S的年度监测方法是现代林业发展的迫切要求。目前，我国森林资源与生态状况监测水平已经不适应现代林业发展的要求。如果年度监测仍然依靠人海战术和高强度的外业调查，耗费大量的人力、物力、财力不说，在实际工作中其监测结果的真实性和客观性也会受到怀疑。因此，年度监测迫切需要新的技术方法和手段来支持。

近10年来，随着计算机硬件、遥感器、遥感图像处理技术、遥感软件商业化的迅猛发展，多源、多时相、多分辨率的遥感数据实现每年全省性覆盖，为全年度监测提供了基础信息源。随着地理信息系统(GIS)技术、数据库技术、网络技术的飞速发展，GIS在国家级、省级及市、县级森林资源管理工作中应用越来越广泛。GIS的应用从根本上改变了传统的森林资源信息管理的方式，成为现代林业经营管理的崭新工具。目前GIS基础设施建设日臻完善，功能日益强大，应用成本大为降低，无论是C/S、还是B/S结构的GIS系统，已经相当成熟、稳定。卫星定位导航技术方兴未艾，呈蓬勃发展之势，欧洲有伽利略(Galileo)卫星导航系统，俄罗斯有GLONASS卫星导航系统，我国也正在建设"北斗"卫星定位系统，美国的全球定位系统(GPS)是其中的代表。目前，GPS的应用已深入到社会经济、建设和科学研究的众多领域，在林业调查中得到了应用广泛。进入21世纪，基于VRS技术的卫星定位导航技术飞速发展，可为森林资源与生态状况监测提供更精确的空间信息。

现代化的林业调查监测技术不是一种单一的技术，其发展也不会是单科独进的发展，而是多种技术乃至多种学科的综合和集成，其发展趋势是以遥感、地理信息系统、卫星导航定位技术为主体，结合网络技术、多媒体技术、数据库技术、生物数学模型技术等，系统地研究森林资源与生态状况综合信息获取、表达、管理、分析和应用技术体系，研究森林资源与生态环境的空间格局、相互作用机制和动态变化规律，并以此为基础进行预测(张会儒，2005)。

(3)年度监测是县、市、省(区)各级政府进行森林资源动态管理的基本要求。传统的森林资源管理是以数据管理和单项应用为主的管理，基本上处于数据的汇总、统计和报表制作的阶段，是单系统单机化的应用，人为因素影响大，管理效率低下。传统管理因信息量少、处理技术不高，信息难以转化为知识，难以转化为生产力，使得传统森林资源信息管理经济效益不明显。

通过本研究，建立健全现代化的森林资源和生态状况监测技术体系和管理规范，创新技术方法，切实提高监测队伍素质，加强对数据采集、处理分析、成果使用的管理和监督，努力提高监测成果的准确性和时效性，产出县、市、省(区)各级森林资源与生态状况年度公报，是县、市、省各级政府进行森林资源动态管理的基本要求。

(4)年度监测是实施林业可持续发展战略的重要手段。林业可持续发展已经成为全球范围内广泛认同的林业发展方向，也是各国政府制定林业政策的重要原则(肖兴威，2007)。通过长期的森林资源与生态状况年度监测，掌握翔实的森林资源与生态状况动态信息，才能合理利用森林资源，保护和改善生态环境，促进林业又好又快发展。由此可见，森林资源与生态状况年度监测是实施林业可持续发展战略的重要手段。

1.3　发展概况

1.3.1　国内发展概况

关于区域性的年度森林资源监测工作，近 10 年来，一些省份和地区做了有意义的尝试。黑龙江大兴安岭林区自 1992 年开始实施年度森林资源监测，其监测方法是以近期的森林资源二类调查成果为基础，充分利用三类调查设计、检查验收等各种资料，采用现地核查与实测调查相结合的方法，查清森林资源动态变化情况，通过监测，黑龙江大兴安岭林区实现了每年更新一次森林资源档案、年年出数的要求。江西省 1995 年形成了管理体系、技术体系、生产体系融为一体的稳定运行的监测体系。监测技术体系由 5 个系统组成：定期 5 年的森林资源连续清查系统，定期 10 年的县、乡、国营林场二类森林资源调查系统，年度森林资源变化监测系统，数据处理系统和森林资源预测系统。福建省森林资源监测体系构想是：自上而下建立“三个系统”，即森林资源连续清查系统、森林资源档案管理系统和森林资源数据处理系统；开展“三个层次”工作，即每年进行森林资源变化统计，每 5 年进行森林资源连续清查复查和每 10 年进行森林资源小班全面调查；实现“三个结合”，即把森林资源年度统计和定期调查结合起来，把抽样调查和小班调查结合起来，把宏观控制和典型调查结合起来，构成完整的森林资源监测体系。浙江省开展年度监测的实践，其主要方法是在连续清查固定样地中系统抽取 1/3 进行外业调查和统计分析。2001～2003 年在重点林区丽水市进行了连续 3 年的年度监测，每年调查丽水市内的所有连清样地。从 2004 年起，浙江省基于该方法每年进行一次全省森林资源年度监测和年度公告(刘安兴，2006)。广东省 2003 年提出了开展年度监测、发布年度林业生态状况公报思路，其主要方法是每年固定地开展 1/3 连续清查样地调查，掌握各类型森林资源和生态状况年度生长动态变化趋势和变化规律，为地籍小班档案更新提供更新模型或参数；开展全省森林资源小班档案数据年度更新，利用年度固定样地监测提供的更新模型或参数，结合具体的三类调查、年度核查和专业调查的信息，对全省森林资源二类调查小班档案数据进行更新，产出体现宏观层面(全省总体)和微观层面(具体山状地块)的资源与生态状况信息。从2004年起，基于该方法广东每年进行一次全省森林资源与生态状况年度监测，并发布林业生态状况年度公报。

综上所述，在国内，开展年度森林资源监测工作主要有3种方式：一是主要以抽取一定数量的固定样地开展调查，以调查结果表达总体的资源信息，如浙江；二是以森林资源档案更新为主，如大兴安岭林区；三是以小班档案数据更新结合抽样固定样地调查、辅以专项调查进行年度监测，如江西、福建、广东等。这3种方式各有特点。以固定样地调查开展年度监测调查精度有保障，能提供具体的样木生长信息，但外业工作量大，所需经费多；以森林资源档案更新为主的年度监测成本低，提供微观信息能满足基层林业生产经营管理需要，但精度难以控制，需林分生长更新模型和专项调查信息补充。随着遥感技术、GIS技术和数据融合技术的快速发展，对林业部门每年开展的多种类型的调查监测数据进行融合，产出森林资源与生态状况的年度信息，成为开展年度监测工作的主流思路。这其中，森林资源的小班数据档案更新则是开展年度监测的重要基础环节。

1.3.2 国外发展概况

国外的森林资源年度监测，主要是指大范围的、基于抽样理论的森林资源连续清查和监测，以下是几种典型情况。

1.3.2.1 德国、瑞士、瑞典国家森林资源监测

德国、瑞士有上百年森林经理调查和编制执行森林经营方案传统，直到20世纪80年代两国建立以大面积抽样设置固定样地为特点的全国森林资源清查体系(周昌祥，1994)。

德国国家森林清查主要有3种，一是全国森林资源清查，二是全国森林损害调查，三是全国森林土壤调查。森林损害调查的目的在于弄清大气和土壤污染引起的森林损害趋势和程度，主要方法是观察树冠颜色和落叶情况，参照标准照片对比比较进行；森林土壤调查目的在于了解通过土壤传播的病害或因土壤养分不平衡所起的森林病虫害及森林退化，为绘制森林立地图提供资料，并与森林损害调查相结合，分析工业污染情况，评价地下水质量。这3种周期不同、内容不同的调查方式正在进行有机的结合(周昌祥，1994)。

瑞士早在1956年形成全国森林资源清查概念(national forest inventory，NFI)，1981年联邦政府决定每10年进行一次全国森林资源清查，包括4项长期目标：提供全瑞士森林总体情况和森林功能及长期变化的信息；进行森林损害调查，每年报告树冠生命力测定情况；实施长期监测计划，研究各种森林生态系统的健康、分布和发展状况；逐月向主管机关报告有关虫和真菌危害情况，提供植物卫生服务。1983～1985年开展瑞士第一次全国森林资源清查工作，将1: 25000比例尺航片自动定向并与国家基本数字地形模型(DTM)进行叠加，确定公里网交点，绘制50m×50m航片样地，每个森林样地都要在现地定位和调查，样点上设2个同心圆进行测树，分区域统计，成果包括清查报告、统计表和13种专题分布图(周昌祥，1994)。

瑞典在1923～1929年建立了覆盖全国的国家森林资源清查体系(NFI)。从1953～1962年开展第三次清查时，抽样设计引入了方阵法(tract system)，每年进行一次全国调查。从1923～1982年，国家森林资源清查所有样地都是临时的，1983年开始同时使用临时样地和固定样地。1983～1987年在常规调查小组中增加一个调查队员，专门完成森林土壤和植被调查任务。10多年来，瑞典林业调查部门将注意力转向森林生态环境和生物多样性方面，有

关这些方面的内容已逐步加入到清查系统中。目前，新的国家森林资源清查系统是一个全国性的森林资源和土壤清查系统，清查内容涵盖森林和土壤调查、生物多样性监测以及森林和土壤碳储量估计等，清查成果数据用于国家统计年报(聂祥永，2004)。

1.3.2.2 美国、加拿大国家森林资源监测

美国的森林资源清查与分析(forest inventory and analysis，FIA)以州为单位逐个开展资源清查，利用GIS等进行全国汇总(朱胜利，2001；叶荣华，2003)。从20世纪90年代开始，美国开展了森林健康监测(forest health monitoring，FHM)，监测森林健康状况和森林发展的可持续性。FIA与FHM开始时相互独立，1998年提出了设计一个综合FIA与FHM，全国采用统一的核心监测指标，统一的标准、定义，每5年提交一次监测报告的年度资源监测系统(annual inventory)的要求，2003年开始采用新的森林资源清查与监测体系(forest inventory and monitoring，FIM)。新的森林资源清查与监测体系的设计特点是采用全国统一的系统抽样的三相抽样设计，每个州每年都调查20%的固定样地取代原来每年调查若干个州的固定样地，综合了FIA和FHM的野外调查部分，每1年和每5年产出一次资源清查报告(叶荣华，2003)。

美国东部4个FIA项目组共同开发了集GIS、RS、GPS和摄像机技术为一体的新体系，覆盖全国森林面积的76%。在遥感方面，利用NOAA的AVHRR数据进行大面积调查，国有林利用陆地卫星的TM数据产生林班和林分属性信息。如密西西比州的遥感中心与FIA项目组共同开发了GIS空间信息与TM数据(属性信息)相结合的分析表示系统。

加拿大的森林资源清查由各省负责开展，全国每隔5年进行一次汇总，其任务是收集各省的图和数据，压缩后编制成全国图，并与各省合作，取得统一标准。加拿大各省的森林资源清查基本都是以航片和卫片为主，辅以地面调查，然后通过计算机和数学模型进行处理。各省的森林清查实质上是森林经理调查，20世纪50、60年代一般要求是每10年更新数据一次，目前大多数省的森林调查数据都能做到每年更新一次。森林调查图的计算机辅助制作和管理，卫星图像分析技术应用于检测变化、数字地形模型以系统集成技术的应用等方面，大大增加了数据管理和资源消长监测的能力和灵活性。

加拿大在发达国家中利用GIS和RS技术的程度最高。在森林资源调查活动中，为了统一多种调查成果，加拿大的研究者首先把调查用语系统化和标准化，制作了全国范围的调查代码系统。随后，分别将调查项目变换为代码，把林分水平的信息变换成国家水平的信息后，再次代码化，输入加拿大森林资源数据库(Canadian forest resource data system，CFRDS)。空间信息主要依靠遥感，采用具有分析功能的Arc Info系统，提供图表和属性信息(刘安兴，2006)。

1.3.2.3 日本、前苏联国家森林资源监测

日本、前苏联及东欧各国采用森林经理调查(森林簿)结果累计全国的方法。日本在1953年第一次进行了以全国为对象的森林抽样调查，此后以抽样调查为主的民有林森林调查规范和利用航空像片进行抽样调查的国有林森林调查规范逐步得到了完善。前苏联的森林调查向两个方向发展，即利用遥感技术进行森林资源调查、制图和评价资源现状及利用电子计算机和数学方法处理森林经理资料和规划设计。

国外森林资源监测的发展趋势大体上表现在3个方面：监测体系的综合化，监测周期的年度化和高新技术的大量应用。监测体系的综合化，表现为监测内容日益丰富，跨部门

的协同合作和信息共享。传统的森林资源监测重点主要在森林的蓄积量和面积上。而目前监测内容已经扩展到森林生态系统的各个方面，如森林健康、森林生物量、生物多样性、野生动植物和湿地资源等。德国等欧洲国家从20世纪80年代开始在森林资源调查中增加有关森林损害调查。美国在1998年通过法案要求将森林资源监测系统(FIA)与森林健康监测系统(FHM)合并成一个新的FIA系统。监测周期的年度化，表现为各国逐步将监测周期缩短到1年。美国的FIA系统平均监测周期为10年，从20世纪90年代开始讨论年度监测的问题，1998年要求新的FIA将监测周期缩短为1年，即进行年度监测。欧洲的森林健康监测、瑞典的森林资源监测等也都是按年度进行。为提高监测效率和精度，高新技术如RS、GIS、GPS等的应用已十分普遍，野外数据采集仪的应用也越来越多(刘安兴，2006)。

1.3.3 存在的问题

目前国内外森林资源与生态状况年度监测存在的问题有如下几点：

(1)监测时效性差。5年一次的一类调查或10年一次的二类调查周期太长，不能监测1年内发生的林木生长、消耗、林地及生态状况等变化情况，监测结果时效性较差。

(2)监测方法效率低、监测成果不丰富。虽然国内外一些国家和地区针对区域性的年度森林资源监测作了有意义的研究和实践，但其监测方法大多是基于部分连清样地进行复查，来监测一个区域每年的资源状况，这种传统监测方法有工作量大，外业工作艰苦，所需经费多，监测成果不丰富、不全面等诸多弊端。

(3)监测结果不能落实到基层经营单位。目前，除加拿大外，国内外的森林资源与生态状况年度监测，大多是对总体(通常是一个省)的估计结果，并不能落实到基层经营单位，对指导基层经营单位的年度林业计划、经营活动并无太大意义。

(4)国内基于“3S”的监测技术系统化、工程化、智能化、网络化有待提高。随着信息化和社会经济的高速发展，森林资源调查与监测的手段和方法也在逐步突破，遥感技术、地理信息系统、卫星定位导航系统等空间信息技术的应用也越来越广泛。虽然，目前有关森林资源监测的数据采集、信息提取与分析的研究也很多，但很多研究仅是从理论和技术角度在一个典型研究区内进行突破，没有全面考虑现实的森林资源年度监测中实际存在的一些问题，其研究成果在生产性的年度监测中实用性、推广性较小。基于“3S”的监测技术系统化、工程化、智能化、网络化还有待提高，尤其是在国内。

1.4 研究内容

1.4.1 主要技术方法

(1)用于年度监测的遥感图像处理。从生产性的森林资源与生态状况年度监测工作角度出发，阐述选择遥感数据源的原则；针对图像中可能出现的条带噪声进行分析，应用插值法去除噪声，并对去噪效果进行评价；应用FLAASH模型和ATCOR 2模型进行大气校正；从校正模型、控制点选取、重采样方式等方面论述几何精校正的关键步骤；对几种不同算法的地形校正进行比较分析。

(2)植被变化遥感特征分析。在总结植物波谱特性及植被指数的基础上，研究基于主成分变换分析植被变化的方法，包括两年度影像先分别做主成分变换再做差值的方法、两年度影像先做差值再做主成分变换的方法、两年度影像的主成分变换法；研究基于图像差值分析植被变化的方法，包括归一化植被指数(NDVI)差值法、绿度植被指数(GVI)差值法、近红外波段(NIR)差值法、第二主成分(PC2)差值法；研究基于多时相遥感信息融合分析植被变化的方法。

(3)森林资源变化检测及空间变化信息提取。在前期森林资源空间信息及两期遥感数据基础上，应用植被变化遥感特征分析方法，通过遥感与GIS集成技术，检测出森林资源空间发生变化的小班。然后针对空间信息变化的小班，进一步研究森林资源空间变化信息提取方法，一是传统的目视解译，二是利用遥感图像分割及GIS技术自动提取变化的界线，生成本期森林资源空间信息。

(4)基于遥感信息进行年度监测。基于遥感信息及历史档案数据，研究对部分森林资源指标(如郁闭度、蓄积量、生物量等)的年度监测方法。

(5)基于林业生态数学模型进行年度监测。对于自然生长的林分，在立地分级的基础上，研究通过建立立地分级模型、平均胸径生长模型、平均高生长模型、公顷株数生长模型、林分公顷蓄积量生长模型、主要树种形高模型等林业生态数学模型监测森林资源的方法。

(6)基于专家系统智能库进行年度监测。针对一些定性的、需要综合其他因子进行评定的派生因子(如生态功能等级、自然度、景观等级等)，通过分析研究，建立这些监测因子的专家知识库，利用专家系统进行年度监测。

(7)基于VRS技术的DGPS-PDA数据采集器应用。随着GPS定位精度越来越高，微电脑技术迅速发展，遥感外业建标、样地定位精度及其调查效率要求也越来越高，研究基于VRS技术的实时差分DGPS-PDA数据采集器应用，为日后外业样地准确定位、数据采集及高分辨率遥感影像快速精确纠正奠定基础。

(8)森林资源与生态状况年度监测数据建库。针对年度监测用到和产生的海量数据，如地形图、覆盖全省(区)的多期遥感卫星影像、数字地面模型、年度监测数据等，研究建立数据库，以便有效、安全、可靠地存储、管理、应用好这些数据，快速提供领导决策所需要的分析结果，提高数据的使用效率。

(9)基于大尺度遥感信息的森林生态宏观监测。利用时间分辨率高的低分辨率遥感数据(如MODIS等)对全省(区)森林生态功能量(如植被指数、叶面积指数、生物量等)进行快速监测，从宏观上掌握其数量、质量及分布状况。

(10)C/S结构的森林资源与生态状况年度监测信息管理系统。以.NET为开发平台，以ArcGIS Engine为开发组件，以ArcSDE作为空间数据引擎，基于SQL Server2000建立空间数据库，开发C/S结构的森林资源与生态状况信息管理系统，为省(区)、市、县各级林业主管部门进行年度监测提供具体的操作平台。

(11)B/S结构的森林资源与生态状况信息共享平台。以ASP.NET和ArcGIS Server为开发平台，以ArcSDE作为空间数据引擎，基于Oracle 10g建立空间数据库，开发B/S结构的森林资源与生态状况信息管理系统，为政府及社会各界提供共享平台。以Managed DirectX为三维图形开发接口，采用基于LOD技术的切片金字塔数据组织方式以及数据驱动的三维场景渲染模式，实现森林资源空间分布的计算机三维仿真模拟。

1.4.2 主要监测内容

年度监测内容主要分为5类。

(1)森林资源数量。包括森林覆盖率、林地和森林面积、活立木和林木蓄积、蓄积生长和消耗、森林植物生物量等。

(2)森林资源质量。包括单位面积蓄积量与生长量、单位面积生物量与生长量、森林结构、森林群落特征等。

(3)森林生态状况。包括森林健康度、森林功能等级、森林景观生态、林地土壤侵蚀、林地土壤退化等。

(4)森林生态功能。包括森林植物固碳量、森林植物放氧量、森林植物储能量、森林涵养水源量、森林保育土壤量等。

(5)森林生态效益。包括同化二氧化碳效益、释放氧气效益、涵养水源效益、净化大气效益、保育土壤效益、森林储能效益、森林减灾效益、生物多样性保护效益、生态旅游效益等。

根据监测内容与监测指标，设置监测因子为：地类、林地所有权、林地使用权、林木所有权、林木使用权、流域、工程类别、地貌、坡位、坡向、坡度、海拔、立地类型、林种、事权与保护等级、是否国家生态林、优势树种(组)、生态经济树种、起源、郁闭(盖)度、平均年龄、龄组、平均树高、平均胸径、公顷株数、可及度、天然更新等级、经营措施、生长类型、成活(保存)率、散生木蓄积、生态功能等级、自然度、灾害类型与等级、森林健康度、土壤侵蚀类型与等级、森林景观等级、沙化类型、石漠化类型与等级、石漠化成因、小(细)班界线改变年度、下木种、下木基径、下木高、灌木种、灌木高、灌木覆盖度、草本种、草本平均高、草本覆盖度。

1.5 研究方法与技术路线

第一，在查阅、消化前人利用“3S”技术进行森林资源调查、监测研究成果的基础上，收集和整理相关试验区的遥感影像、森林资源历史档案数据；第二，对遥感影像进行大气校正、地形校正、几何精校正、图像变换、图像增强等预处理；第三，利用两年度遥感影像及GIS历史档案数据，采用不同方法进行植被变化分析试验，找出人工目视解译的最佳波段组合及森林变化计算机自动检测、分割的最佳方案；第四，基于遥感信息、林业生态数学模型、专家知识库进行森林资源与生态状况相关因子的监测；第五，建立森林资源与生态状况数据库；第六，开发C/S和B/S结构的森林资源与生态状况年度监测信息管理系统及共享平台。年度森林资源监测系统框架如图1-1所示。

基于“3S”和小班档案数据的森林资源与生态状况年度监测具体技术路线如图1-2所示。

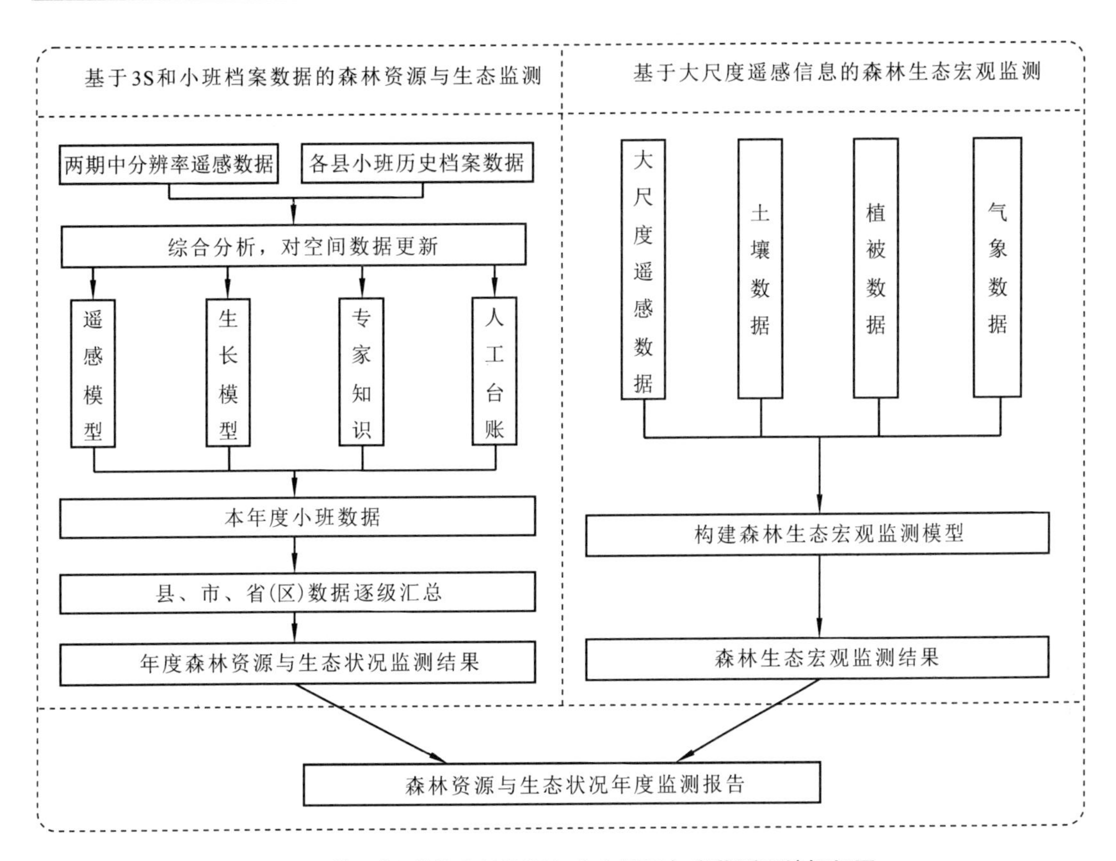

图1-1 基于“3S”的森林资源与生态状况年度监测系统框架图

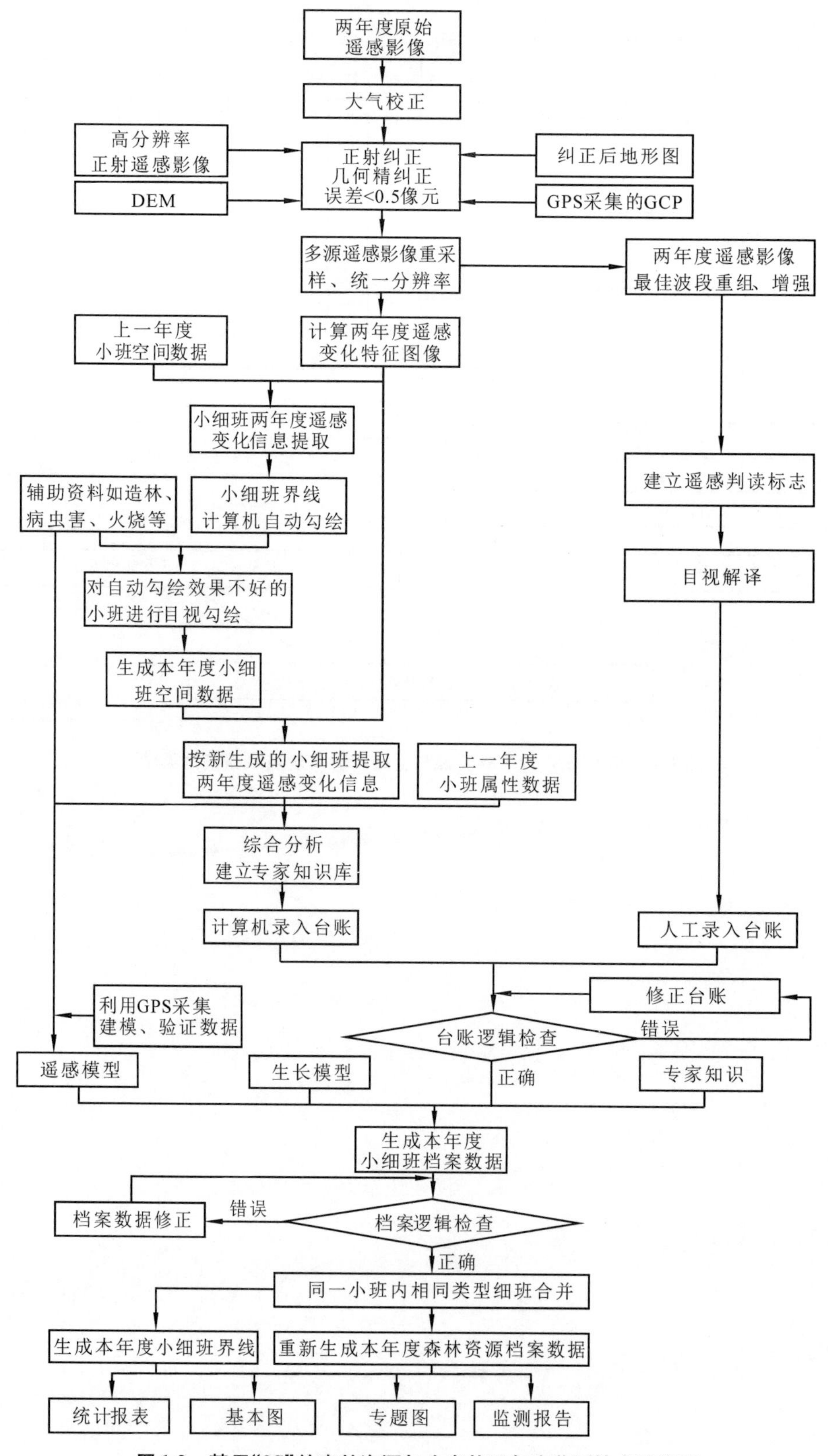

图1-2 基于“3S”的森林资源与生态状况年度监测技术路线图

本章参考文献

[1] 刘安兴.2006. 森林资源年度监测理论与方法研究[D]. 南京林业大学.

[2] 肖兴威.2007. 中国森林资源和生态状况综合监测研究[M]. 北京：中国林业出版社.

[3] 林俊钦，邓鉴峰，林寿明等.2004. 森林生态宏观监测系统研究[M]. 北京：中国林业出版社.

[4] 张会儒，唐守正，王彦辉.2002. 德国森林资源和环境监测技术体系及其借鉴[J]. 世界林业研究，(2)：63-70.

[5] 舒清态，唐守正.2005. 国际森林资源监测的现状与发展趋势[J]. 世界林业研究，18(3)：33-37.

[6] 曾伟生，周佑明.2003. 森林资源一类和二类调查存在的主要问题与对策[J]. 中南林业调查规划，22(4)：8-12.

[7] 聂祥永.2004. 瑞典国家森林资源清查的经验与借鉴[J]. 林业资源管理，(1)：65-70.

[8] 李留瑜.1999. 林业调查技术的回顾与思考[J]. 林业资源管理，(5)：50-58.

[9] 寇文正.2002. 以"三个代表"思想为指导全面加强森林资源管理实现林业跨越式发展[J]. 林业资源管理，(2)：2-8.

[10] 张国江，刘安兴.2002. 森林资源年度监测中若干问题研讨[J]. 华东森林经理，(2)：37-39.

[11] 肖兴威.2004. 中国森林资源与生态状况综合监测体系建设的战略思考[J]. 林业资源管理，(3)：1-5.

[12] 刘安兴.2005. 浙江省森林资源动态监测体系方案研究[J]. 浙江林学院学报，(3)：251-254.

[13] 刘安兴.2005. 森林资源监测技术发展趋势[J]. 浙江林业科技，(4)：70-76.

[14] 叶荣华.2003. 美国国家森林资源清查体系的新设计[J]. 林业资源管理，(3)：65-68.

[15] 朱胜利.2001. 国外森林资源调查监测的现状和未来发展特点[J]. 林业资源管理，(2)：21-26.

[16] 张发林，谢锦升.1999. 国有林场森林资源档案的现状与对策[J]. 林业经济问题，(3)：59-62.

[17] 张军，陆守一.2002. 从森林资源数据特点试论现代森林资源信息管理技术[J]. 林业资源管理，(4)：64-69.

[18] 郑小贤.1997. 德国、奥地利和法国的多目的森林资源监测述评[J]. 北京林业大学学报，19(3)：79-84.

[19] 王忠仁，韩爱惠.2007. 德国、奥地利森林资源监测与经营管理的特点及启示[J]. 林业资源管理，(3)：103-108.

[20] 魏安世.2009. 基于"3S"技术的森林资源与生态状况年度监测思路与方法//第二届中国林业学术大会——"3S"森林经理与林业信息化的新使命论文集[C].

[21]周昌祥，石军南，刘龙惠等. 1994. 德国、瑞士森林资源监测技术考察报告[J]. 林业资源管理，(4)：74-80.

第 2 章　遥感图像处理

本章从生产性的森林资源与生态状况年度监测角度出发，阐述了遥感图像的处理过程：选取适当的遥感数据；针对可能出现的条带噪声图像进行分析并使用插值法去除噪声；应用 FLAASH 模型和 ATCOR 2 模型进行大气校正；从校正模型、校正流程、重采样方式等方面阐述了几何校正的关键步骤；对几种不同算法的地形校正进行了比较分析。

2.1　遥感数据源的选择

遥感数据指的是安置在遥感平台上的传感器对地面物体发射辐射、反射辐射电磁波能量进行探测所获取的地物特征信息。遥感数据的探测与获取，涉及遥感数据的类型与特征、探测地物特征信息的传感器和搭载、支撑传感器的遥感平台。按高度分类，遥感平台大体上可分为航天遥感、航空遥感和地面遥感。传感器则分为摄影机、扫描仪、雷达 3 种。传感器的性能决定了遥感能力，即传感器对地磁波段的响应能力(如探测灵敏度和波谱分辨率)、传感器的空间分辨率及图像的性质、传感器获取地物电磁波信息量的大小和可靠程度等，使得遥感影像种类多且各有特点，因此对于不同的研究对象，不同的应用目的，不同的要求概括程度，遥感数据的选择也不相同。

卫星遥感是航天遥感的组成部分，以人造地球卫星作为遥感平台，主要利用卫星对地球和低层大气进行光学和电子观测。40 多年来，世界各国大约发射了近 5000 颗用途各异的卫星，形成了庞大的卫星家族，人类通过遥感卫星传感器获取和积累了大量遥感数据信息。卫星遥感具有大范围、实时同步、全天时、全天候、多波段成像等技术优势。根据遥感平台的服务内容，可将其分为气象卫星系列、陆地卫星系列和海洋卫星系列。在陆地资源监测方面常用的就有美国发射的 Landsat 系列卫星、法国发射的 SPOT 系列卫星、印度发射的 IRS 系列卫星、中国和巴西联合研制的中巴地球资源卫星 CBERS 系列等。

2.1.1　遥感数据的适用范围

遥感数据用途的大小不是以分辨率(指每个像元所代表的地面实际范围的大小，即扫描仪的瞬时视场，或地面物体所能分辨的最小单元)的大小来决定的，不同应用领域以及应用研究的不同层次对遥感数据的空间分辨率有不同需求。一般来说，千米级(1000 ~ 5000m)的宏观现象如大陆漂移等，多属全球级巨型环境特征，采用气象卫星便可解决问题。资源调查、环境质量评价、城市用地变化监测等多属国家级、省级的大型环境特征，大致相当于百米级(80 ~ 100m)范畴，陆地卫星 30m 空间分辨率可以保证。中型环境特征如作物估产、林火、污染监测等，一般在 50m 以下区域范围内，采用陆地卫星资料加上 SPOT(10m 空间分辨率)卫星图像便可进行工作。小型环境特征如港湾、水库等具体的工程建设、城市发展规划等，一般在 5～10m 的地区范围内，SPOT 卫星图像尚可以做一些工作，但主要靠高分辨率卫星图像和航空像片来进行工作。

2.1.2 地物波谱特性

地物波谱特性是指地面物体具有的辐射、吸收、反射和透射一定波长范围电磁波的特性。物质内部状态的变化产生电磁波辐射，其波长与不同的运动方式相对应，即不同的物体在光、热等作用下都将产生与其自身固有特性有关的固定波长的电磁波辐射。如低温物体发射波长较长的远红外线和微波；高温物体发射波长较短的可见光；动物(包括人)介于二者之间发射红外线。物体对电磁波的辐射和反射能力随波长而变化，构成了各种物体在不同情况下具有不同的波谱特性。根据产生波谱信号的差异性，可揭示物体的特征。按所利用的电磁波的光谱段分类可分为可见反射红外遥感，热红外遥感、微波遥感三种类型。

目前正在运行的国内外地球观测卫星上传感器所使用的波段及特性如下(李小春，2005)：

(1)可见光。可见光的波长主要在 0.4～0.7μm，主要源于太阳辐射。在此波段，大部分的地物都具有良好的亮度反差特性，不同地物在此波段的图像易于区分，为探测地物间的细微差别，可将波段分为红(0.6～0.7μm)、绿(0.5～0.6μm)、蓝(0.4～0.5μm)以及仅有十几埃差的 200 多个不同波段分别对地物进行探测，这种分波段成像的方法一般称为多光谱遥感。利用可见光成像的手段有摄影和扫描 2 种。

0.4～0.5μm 波段的图像：对水体有较好的穿透能力，另外一般地物在此波段的反射率较低，而雪山的反射率最大。因此该波段可用于水体浮游生物含量的判读、浅水底地貌的测绘。

0.5～0.6μm 波段的图像：此波段对水体有一定的穿透能力，植被在此波段的反射率相对出现峰值，图像上易于区分植被的分布范围。另外通过与上面图像的比值结果的分析，可反映出水体的蓝绿比值，估算水体中可溶性有机物和浮游生物的含量，用于渔业资源的调查。

0.6～0.7μm 波段的图像：受大气散射的影响较小，地物影像清晰，此波段在考古方面有一定应用。不同地质构造的边界在图像上有明显的反映，另外，在此波段，植物和水体的反射率较低，可用于植被范围和水体范围的确定。

(2)红外线：红外线波长在 0.7～1000μm，近红外和短波红外主要源于太阳辐射，中红外和热红外主要源于太阳辐射及地物热辐射，而远红外主要源于地物热辐射。在此波段地物间不同的反射特性和发射特性都可以较好地表现出来，因此该波段在遥感成像中有重要的应用。除近红外可用于摄影成像外，整个红外线波段均可用于扫描成像。

0.7～1.1μm 波段的图像：记录地物的近红外反射信息，水体、湿地的反射率低，植被的反射率较高，由于植被的反射率有一定的差异，它们在图像上表现出不同的色调，可用于植被类型的分布调查；用于植被健康情况的调查；用于农作物长势情况的调查；对在绿色伪装下的物体有揭露作用，可被用来进行军事目标的侦察。

1.55～1.75μm 波段的图像：也属于近红外波段的图像。地物在此波段的反射率与其含水量有很大的关系，含水量高反射率下降。因此，该波段常用于土壤含水量的监测、植被长势调查、地质调查中岩石的分类。

2.08～2.35μm 波段的图像：记录的是地物的短波红外的辐射信息，用于地质制图，特别是用于热液蚀变岩带的制图。

8～14μm 波段的图像：属于热红外图像，记录的不是地面目标反射太阳光的信息，而是地物自身的热辐射信息。颜色越浅，表明相应地物的热辐射能量强，由于热辐射能与物体发射率和温度成正比，因此热红外图像上影像的色调不仅表现了地物温度变化的情况，而且还能提供目标活动特性、所处状态等信息。热红外图像的影像色调受太阳辐射影响很大，摄影时间和天气不同，影像色调会有很大的变化。地物在常温(约 300K)下热辐射的绝大部分能量位于此波段，在此波段地物的热辐射能量，大于太阳的反射能量，因此热红外遥感具有昼夜工作的能力。

(3)微波。使用微波的遥感称为微波遥感，微波波长在 0.001～1m。微波遥感是采用主动式进行的，通过接收地面物体发射的微波辐射能量，或接收遥感仪器本身发出的电磁波束的回波信号，对物体进行探测、识别和分析。由于受大气中云、雾的散射干扰小，同时不受光照等条件的限制，因此能全天候、全天时进行遥感。微波遥感的特点是对云层、地表植被、松散沙层和干燥冰雪具有一定的穿透能力，又能夜以继日地全天候工作。

可见，不同波段图像对地物特征的反映是不同的，因此通过多幅图像完整、全面地反映地物信息是可能的。

2.1.3 遥感数据选取分析

目前，中国科学院遥感卫星地面站可以接收美国、法国、加拿大、俄国、印度等多国资源卫星数字化遥感影像数据。其波谱类型、空间分辨率及单位成本各不相同。选择遥感数据时首先要考虑满足监测的精度要求，同时也要考虑信息数据的特点和成本投入的问题，最终实现以最小代价完成年度监测。根据森林资源与生态状况年度监测工作的实际需求，遥感数据的选取需重点考虑以下几个方面：

(1)卫星的覆盖周期、重访周期。卫星的重访周期是指卫星重复获得同一地区数据的最短时间间隔，即卫星影像的时间分辨率，目前一般对地观测卫星的重访周期为 15～30 天，具有侧视功能的卫星，其重访周期会短些。一些合理分布的卫星群可以 2～3 天甚至更短时间对监测区重访一次。

(2)卫星的扫描带宽度。扫描带宽度越大，监测区所需的遥感影像景幅数越少，如 Landsat-5 的扫描带宽度为 185km，其 TM 影像数据约 14 景即可覆盖广东省；IRS-P6 的扫描带宽度为 141km，其 LISS-3 影像数据约 22 景可以覆盖广东省；CBERS-1/2 的扫描带宽度为 113km，其影像数据约需 30 景覆盖广东省；ASTER 和 SPOT 的扫描带宽度都为 60km，其影像数据约需 80～85 景才可覆盖广东省。监测区内遥感影像数据的景幅数越多，其所需的辅助数据(如控制点、DEM 等)也较难获取，则其图像处理的工作量也随之增大。

(3)多源数据。由于卫星的运行寿命有限，且运行中有可能会出现故障(如 2007 年 10 月至 2008 年 1 月 Landsat-5 出现故障)或者恶劣天气的影响，如只使用一种数据源，则较难满足每年覆盖监测区一次的要求，故需要使用多种数据源互相补充。由于不同卫星的轨道不同，每景幅宽不一样，在选用多种数据源时，不可避免地会出现重叠及缝隙，因此，应对整个监测区统筹考虑，选择一种主数据源，再根据每年缺漏地区的大小和其他卫星轨道及数据情况进行补充。另外，对于多种数据源，即使其设计的光谱范围相同，也难免会因传感器不同或定标量化带来误差，选择一种主数据源，可避免这些误差，更有利于前后两个年度的定量分析。

(4)影像价格。一般来说，影像的空间分辨率和价格大体上是成正比的，影像的空间分辨率越高，价格也越高。在选择数据源时应考虑项目总投入及影像价格。

表 2-1 几种常用的中分辨率卫星影像光谱特征

卫星(传感器)	波段号	波长(μm)	波段	星下点分辨率(m)	重访周期	主要应用领域
Landsat-5 TM	B1	0.45～0.52	Blue(蓝)	30	16 天	对水体有一定的透视能力，能够反射浅水水下特征，区分土壤和植被、编制森林类型图、区分人造地物类型
	B2	0.52～0.60	Green(绿)	30		探测健康植被绿色反射率、区分植被类型和评估作物长势，区分人造地物类型，对水体有一定透射能力
	B3	0.63～0.69	Red(红)	30		测量植物绿色素吸收率，并以此进行植物分类，可区分人造地物类型
	B4	0.76～0.90	Near IR(近红外)	30		测量生物量和作物长势，区分植被类型，绘制水体边界、探测水中生物的含量和土壤湿度
	B5	1.55～1.75	SWIR(短波红外)	30		探测植物含水量和土壤湿度，区别雪和云
	B6	10.40～12.5	LWIR(热红外)	120		探测地表物质自身热辐射，用于热分布制图，岩石识别和地质探矿
	B7	2.08～2.35	SWIR(短波红外)	30		探测高温辐射源，如监测森林火灾、火山活动等，区分人造地物类型
IRS-P6 LISS-3	B1	0.52～0.59	Green(绿)	23.5	16 天	同 TM
	B2	0.62～0.68	Red(红)	23.5		同 TM
	B3	0.77～0.86	Near IR(近红外)	23.5		同 TM
	B4	1.55～1.70	SWIR(短波红外)	23.5		同 TM
CBERS－1/2	B1	0.45～0.52	Blue(蓝)	19.5	26 天	同 TM
	B2	0.52～0.59	Green(绿)	19.5		同 TM
	B3	0.63～0.69	Red(红)	19.5		同 TM
	B4	0.77～0.89	Near IR(近红外)	19.5		同 TM
	B5	0.51～0.73	Pan(全色波段)	19.5		
SPOT2/4	B1	0.50～0.59	Green(绿)	20	26 天	同 TM
	B2	0.61～0.68	Red(红)	20		同 TM
	B3	0.78～0.89	Near IR(近红外)	20		同 TM
	B4	1.58～1.75	SWIR(短波红外)	20		同 TM
ASTER VNIR	B1	0.52～0.60	Green(绿)	15	16 天	同 TM
	B2	0.63～0.69	Red(红)	15		同 TM
	B3	0.76～0.86	Near IR(近红外)	15		同 TM

(5)影像质量分析。卫星影像质量是否满足森林资源与生态状况年度监测的要求，还要从影像的含云量、倾角及影像本身的色彩等几方面考察。

含云量：资源卫星一般都在云层上面绕地球旋转，因此要求卫星影像像航片一样没有云层的遮挡是很难做到的。10%以下的含云量一般就认为较好了。但这并不是绝对的，因为云要看在影像的什么位置上。如建筑物被云层所覆盖，对森林资源监测影响不大，而若是在大面积的山区、森林被云层所遮挡则无法进行监测及解译。

侧视角：一般来讲只有星下点数据才能保证卫星遥感数据所标称的分辨率。实际上，很难同时获取侧视角很小的数据。当侧视角接近卫星传感器的转动上限时，成像不仅变形大，纠正误差偏高，而且清晰度受到很大影响。所以一般要求侧视角小于24°。

色彩：影像的色彩也是相当重要的，有些遥感影像本身色彩质量不高时，就会模糊，这时根本达不到要求的分辨率。

时相：全色和多光谱影像获取的时相差别，对于影像融合质量是很重要的。不同时相的影像进行融合往往会造成地物的纹理特征和色彩出现矛盾，为影像解释带来很大困难。

另外，卫星影像的获取时间，针对不同的用途，需选择特定季节的影像。

综上所述，利用遥感影像对区域森林资源进行年度监测，除保证在一定的(或可承受的)投入条件下所使用的遥感数据每年尽可能覆盖一次监测区外，还需考虑其他相关因素。本研究列出了几种常用的中分辨率卫星影像及其光谱特征，是目前比较适合用作森林资源年度监测工作的数据源(表2-1)。

2.2　去除条带噪声

人们期望通过遥感手段获取的图像是清晰、无噪声的。但是，在图像获取、空地传输、地面处理的过程中，都有可能会产生各种噪声，从而影响图像的质量，降低目标识别的可靠性及解译精度。为了去除这些噪声，视具体情况可以采用不同的数学方法进行去噪，提高影像的信噪比。

2.2.1　条带噪声的产生

条带噪声在许多星载、机载多传感器和单传感器光谱仪成像中是一种很普遍的现象，它是卫星在传感器光、电器件反复扫描地物的成像过程中，受扫描探测元正反扫描相应差异、传感器扫描机械运动等多种因素扰动下造成的具有一定周期性、方向性且呈条带状分布的一种特殊噪声。条带噪声主要是由于光谱仪内各CCD在光谱响应区内的响应函数不一致，数据系统内定标的一些轻微的错误或者传感器对信号响应的变化等几个主要原因造成的。从理论上讲，对于不同敏感元而言，当它们对同一视场进行观测时，其得到的辐射值应该是相同的，而实际上由于每个敏感元性能的不一样，其测量得到的视场辐射值会有一定的偏差，这一偏差在图像上就表现为条带。

数据条带的存在不仅影响了遥感图像质量和可视性，而且给遥感资料的定标处理造成了极大困难，进而影响了大气和地表物理参数的定量计算。因此，消除图像条带是非常必要的。

2.2.2　条带噪声去除分析方法

目前遥感图像中几种主要条带噪声去除方法有：空间—频率域滤波法、直方图匹配法、主成分变换法、矩匹配法、小波变换法等。

(1)空间—频率域滤波法。空间—频率域滤波法是首先将图像从空间域按照某种变换模型(如傅立叶变换)变换到频率域，然后在频率域空间对图像进行处理，再将其反变换到空间域。傅立叶变换(Wegener M，1999)对于去除条带这样的高频率噪声是通过低通滤波的方法，在空间域表现为平滑处理。对复杂的地物分布地表，条带噪声和图像本身的纹理混杂在一起。这种方法在去除噪声的同时也去除了大量图像本身的信息，消除了地物的细节和使整个图像平滑，从而降低了图像质量，图像失真度很高。

(2)直方图匹配法。直方图匹配法(王杰生，1995)是假设每个传感器所探测的地物必须具有相同均衡的辐射分布，将光谱仪中每个传感器所形成的子图像直方图调整到一个参考直方图(例如整个图像的直方图)来达到去除条带噪声的目的。这种方法的前提要求有很大局限性，对于包括不同地物的复杂地表不适用，而且这种方法只适用于几何纠正前的图像，不能用于几何纠正后图像(陈劲松，邵芸，朱博勤，2004)。

(3)主成分变换法。主成分变换法是将含有噪声的PC(主成分)图像数据值设置为常数再反变换回原图像来去除条带噪声，这种方法往往将条带噪声混杂在各PC图像中，很难去除，而且对计算量要求太高。这种方法去除噪声的效果如何，关键取决于替代噪声常数的确定，但一般都会因为常数选取的不合适，而对图像的后期解译判读产生不利影响。

(4)矩匹配法。矩匹配法(Weinteb M P，Xie R，Lienesch J H，1989)是目前比较常用的去条带方法。假设每个传感器所探测的地物具有相同均衡的辐射分布，所记录数据的变化也与辐射校正的增益与偏移成线性关系，通过调整每个传感器的均值方差到某一参考值来达到去除条带噪声的目的。CCD按行扫描获取数据，则各行入射辐射强度的均值和方差近似相等。矩匹配法选取一CCD为参考，将其他CCD校正到该CCD的反射率。这种方法的适合性要强于直方图调整法。但是在图像较小或者地物较复杂导致灰度分布不均匀的情况下，使用矩匹配法通常会产生“带状效应”，即沿列方向的(假设CCD沿行方向扫描)图像从整体上表现出一种时暗时明的不连续，不符合自然地理要素分布特征的现象(刘正军，王长耀，王成，2002；朱小祥，范天锡，黄签，2004)。

(5)小波变换法。小波变换法(陈劲松，朱博勤，邵芸，2003；杨忠东，张文建，李俊等，2004；修吉宏，翟林培，刘红，2005)已广泛地应用于影像处理和分析中，其方法是把影像分解为不同频率范围的近似信号和多分辨率层的细节信号。小波变换法可以有效地去除条带，保持图像原有的波谱特性，图像失真度比较小，细节更加明显。但这种方法也存在很多缺陷，主要是图像计算步骤多，计算量大，处理效果受所选小波函数的影响大。而小波函数通常是很难确定的。这些也都极大地限制了小波变换法的应用广度和效果。

上述用于去除图像条带的方法主要是针对原始图像进行的，归纳起来可以分为两类：一类是通过傅立叶变换，在频率域通过滤波算子去除周期性噪声的频率成分，然后反变换回空间域获得去噪后图像，其缺点是不容易选择正确的频率成分；另一类是针对图像灰度值特征而进行的归一化和匹配方法，典型的有直方图匹配、矩匹配方法。但这些条带处理方法不仅计算过程烦琐，而且条带处理操作后并不能将噪声完全去除。在遵循能满足实际问题需求且计算简单的要求下，尝试采用一种简单而有效的插值算法。该算法只对条带噪声所在的行(列)进行插值处理，而不会对非条带区域产生任何负面作用。基本思路是定位条带噪声所在行(列)，然后用上下(左右)两行(列)数据插值结果代替条带噪声。

2.2.3 插值法去除条带噪声

2.2.3.1 插值法

插值算法的关键是能够准确而有效地找出条带噪声行(列)。对于条带噪声分布非常规律，且条带噪声线平行(垂直)于扫描方向的条带噪声，可以通过统计每行(列)可能的噪声数来判断条带噪声所在的行(列)(蒋耿明，牛铮，阮伟利等，2003)。定位方法如下：对于像素点(i, j)，值为G_{ij}，如果该像素属性值相对于上下(左右)两个像素属性的平均值增加的百分比超过阈值T，就认为该点为“噪声像素”，即：

$$\begin{cases} \overline{G} = \dfrac{G_{i-1,j} + G_{i+1,j}}{2} \\ (G_{i,j} - \overline{G})/\overline{G} > T \end{cases} \tag{2-1}$$

统计每行(列)的“噪声像素”数量，以行(列)号为横坐标，每行(列)的“噪声像素”数为纵坐标制作统计曲线图，异常突起的峰值对应行就是条带噪声所在的行(列)。

2.2.3.2 条带噪声去除过程

遥感影像的短波红外波段SWIR有着不同宽度的条带噪声(局部如图2-1所示)，从上至下贯穿整幅影像。以图2-1左边一幅图为例，查看影像及其对应的灰度值，可以较容易确定2185、2186两列的灰度值特别异常，因此，可断定2185、2186两列即为噪声。为了准确确定噪声范围，取局部地方的4(行)×10(列)像素值进行定量分析，如表2-2所示。

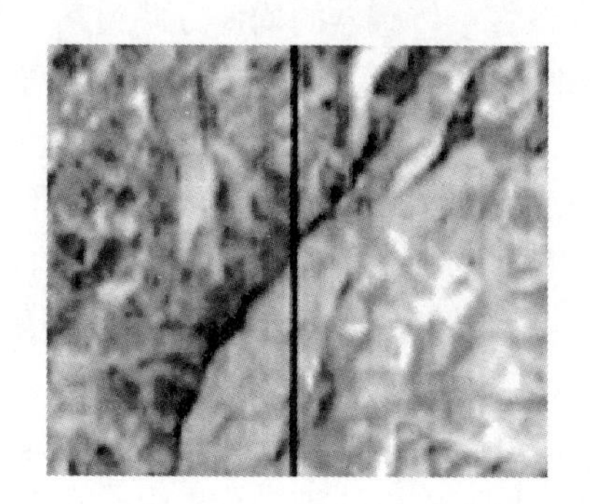
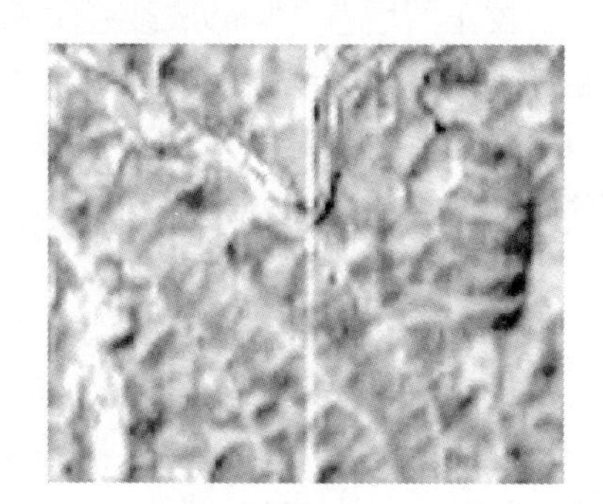

图2-1 条带噪声图像

表2-2 噪声图像(局部)对应的灰度值

行	列									
	2181	2182	2183	2184	2185	2186	2187	2188	2189	2190
1	106	116	120	73	6	31	106	129	125	121
2	116	123	123	74	6	31	108	130	122	117
3	122	126	124	74	6	33	111	132	122	118
4	124	128	126	75	6	33	112	134	125	122

经过分析各列的灰度变化情况发现，2183列和2184列、2187列和2188列之间存在灰度突变(但2187列和2188列的灰度突变有时不很明显，如果把2187列作为正常影像对待，则去噪声后，在2187列还是有断断续续的条带)，因此可以断定，这一局部的噪声有

4 个像素宽，分别是 2184、2185、2186、2187 列。

确定噪声范围后，利用插值法对影像进行去噪处理。首先使用最邻近内插法，即：用 2183 列的灰度值替换 2184、2185 两列的灰度值，用 2188 列的灰度值替换 2186、2187 两列的灰度值，去噪后图像的灰度值及效果如表 2-3、图 2-2 所示。

表 2-3　最邻近内插法去噪图像灰度值

行	列									
	2181	2182	2183	2184	2185	2186	2187	2188	2189	2190
1	106	116	120	120	120	129	129	129	125	121
2	116	123	123	123	123	130	130	130	122	117
3	122	126	124	124	124	132	132	132	122	118
4	124	128	126	126	126	134	134	134	125	122

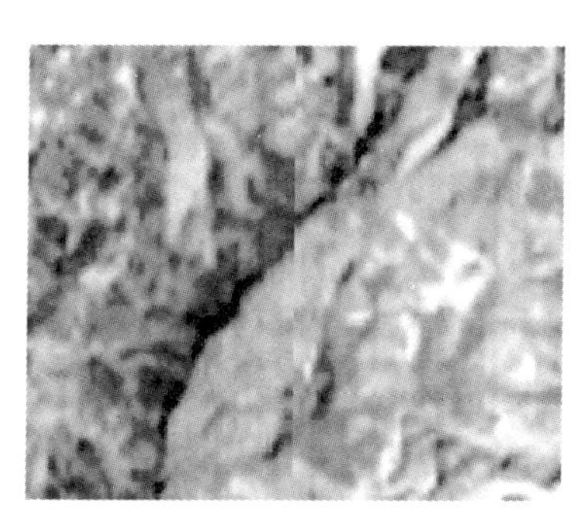

图 2-2　最邻近内插法去噪效果图

经过最邻近内插后，可以看出图像局部有马赛克现象，这是因为 2183、2184、2185 三列的灰度值相等，且 2186、2187、2188 三列的灰度值也相等，而周围的像素均为正常灰度值形成的连续图；同时发现 2185 和 2186 两列之间仍然有灰度突变。因此，需对影像继续进行插值处理，即将 2184、2185、2186、2187 这 4 列的灰度值用其左右相邻像素灰度值的插值结果替换，先进行 2185、2186 两列的插值，后对 2184、2187 进行处理。去噪后图像的灰度值如表 2-4 所示。

表 2-4　插值法去噪图像灰度值

行	列									
	2181	2182	2183	2184	2185	2186	2187	2188	2189	2190
1	106	116	120	122	124	127	128	129	125	121
2	116	123	123	124	126	128	129	130	122	117
3	122	126	124	126	128	130	131	132	122	118
4	124	128	126	128	130	132	133	134	125	122

2.2.3.3　分析评价

对于图像处理的评价，应遵循两个原则，一是从视觉效果上评价，即从定性的角度看，变换后的图像条带是否基本消除；一是从图像灰度变化范围上评价，即从定量的角度看，变换后的图像其大部分像元灰度值是否应尽量忠于原始图像，这对于定量遥感尤其重要。因为灰度值与反演结果的精确性密切相关，灰度值偏离原始值越小，反演的精度越大，反之，反演的结果则可能是无意义的。

(1)目视效果评价。原始影像的噪声呈条带状分布，如果不去除噪声，直接进行正射纠正、融合等处理，则会放大噪声信号，影响解译精度，而且图面效果极不美观(彩图1、彩图3)。从视觉效果来看，影像去除条带噪声后，在原有噪声的地方光谱过渡平滑，用肉眼几乎看不出有何异常。进行正射纠正、融合后，影像非常接近于自然地物光谱，可用于实际生产(彩图2、彩图4)。

(2)定量评价。由于主观评价存在一定的缺点，学者们提出多种不同的影像量化评价方法，总的思想是评价去噪后影像与原始影像信息的保持情况。本研究采用相关系数来进行定量评价。相关系数反映了两幅影像的相关程度。通过比较去噪前后的影像相关系数可以看出影像光谱信息的改变程度。相关系数定义为：

$$C(A,B)=\frac{\sum_{i,j}[(A_{i,j}-E_A)\times(B_{i,j}-E_B)]}{\sqrt{\sum_{i,j}(A_{i,j}-E_A)^2\times\sum_{i,j}(B_{i,j}-E_B)^2}} \tag{2-2}$$

式中：$A_{i,j}$——去噪前或去噪后影像(i,j)点的灰度值；

$B_{i,j}$——无噪声影像(i,j)点的灰度值；

E_A——去噪前或去噪后影像的均值；

E_B——无噪声影像的均值。

相关系数的值介于-1与$+1$之间，即$-1\leq r\leq +1$。当$r>0$时，表示两变量正相关；$r<0$时，两变量为负相关；当$|r|=1$时，表示两变量为完全线性相关，即为函数关系；当$r=0$时，表示两变量间无线性相关关系。$0<|r|<1$时，两变量存在一定程度的线性相关；且$|r|$越接近1，两变量间线性关系越密切；$|r|$越接近于0，表示两变量的线性相关越弱。一般可按三级划分：$|r|<0.4$为低度线性相关；$0.4\leq|r|<0.7$为显著线性相关；$0.7\leq|r|<1$为高度线性相关。

选取与研究区相邻的无噪声影像，计算重叠区域(噪声区域见图2-3、图2-4、图2-5)内去噪前、去噪后影像和无噪声影像的相关系数，结果如表2-5所示。

表2-5 去噪前、后影像与无噪声影像的相关系数

影像	相关系数
去噪前	0.20
去噪后	0.65

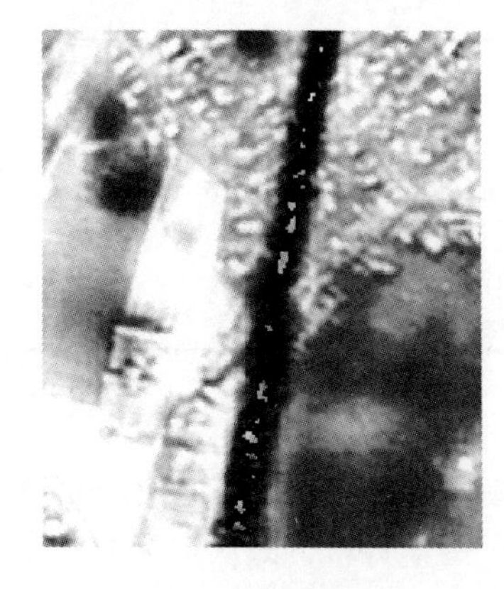

图2-3 噪声影像

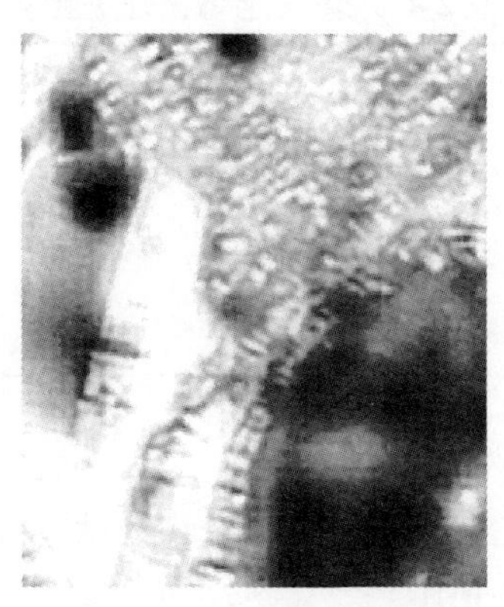

图2-4 去噪声后影像

图2-5 无噪声影像

2.3　大气校正

星载成像遥感器实际上获取的是太阳辐射通过大气层之后的信息。因此，传感器获取的遥感信息包括地物和大气信息。由于空中遥感器在获取信息过程中受到大气分子、气溶胶和云粒子等大气成分吸收与散射的影响，其获取的遥感信息中带有一定的非目标地物的成像信息，会影响遥感信息提取和分析的精度，使数据预处理的精度达不到定量分析的高度。因此大气校正已成为地表参数定量遥感研究的重要环节。消除这些大气影响的处理，称为大气校正。大气校正的目的是消除遥感数字图像由大气引起的辐射畸变，获取地物真实辐射信息，定量地表参数。

2.3.1　大气校正的原理和方法

在太阳光谱区间(0.4～2.5μm)，卫星传感器成像在很大程度上受大气状况和太阳天顶角的影响，影像信息既包括来自地物的反射，也包括大气散射。散射过程改变了入射光的传播方向，吸收使光束减弱。散射分为分子散射(也称为 Rayleigh 散射)和气溶胶散射(又称为 Mie 散射)、Raman 散射和非选择性散射。对可见光波段影响最大的是分子散射，使影像产生雾霾(如 Landsat MSS 数据在绿色波段的散射是近红外波段的 4 倍)。分子散射由大气中的氮、氧分子引起，散射系数 σ_M 与波长 λ 的 4 次方成反比：

$$\sigma_M = \frac{c}{\lambda^4}(1 + \cos 2\theta) \tag{2-3}$$

式中：θ——入射通量与散射通量的夹角。

散射通量对称分布在散射中心周围，波长小于 1μm 时，分子散射可以忽略不计。

气溶胶散射取决于气溶胶的类型，如折射系数、微粒大小分布等。此外，大气中的二氧化碳和水蒸气在某特定光谱范围内吸收作用非常强，在此范围区间不能作为卫星对地遥感的光谱，而只能利用所谓的“大气窗口”。高分辨率传感器扫描地球的大气窗口大都介于可见光和近红外波段，大气散射对到达传感器的辐射产生附加效应，导致地面反射响应增强。因此在分析不同波段的相关响应或需进行定量分析时，图像处理还受数据获取时刻大气成分的影响(Fraser R S，Kaufman Y J.，1985)。

在热红外光谱区间，地面温度是重要的研究参量。为从遥感辐射测量中获取地温数据，一般需要多波段的热传感器以及地表发射率的信息。对于多波段热传感器，“分割窗口”或“多窗口”技术是常用的大气校正方法。对于单波段热数据(如 Landsat TM)，必须假定出地面的发射率。

到目前为止，遥感图像的大气校正方法很多，大致可以归纳为基于图像特征的相对校正法、基于地面线性回归模型法、基于大气辐射传输模型法 3 种(郑伟，曾志远，2004)。

(1)基于图像特征的相对校正法。在没有条件进行地面同步测量的情况下，借用统计方法进行图像相对反射率转换。从理论上来讲，基于图像特征的大气校正方法都不需要进行实际地面光谱及大气环境参数的测量，而是直接从图像特征本身出发消除大气影响，进行反射率反演，基本属于数据归一化的范畴。但由于不需要进行实际地面光谱及大气参数的测量，仅利用遥感图像自身的信息对遥感数据进行定标，因此，该方法仅适合于较小范围，且校正后的图像均存在不同程度的噪声。

（2）基于地面线性回归经验模型法。该方法是一个比较简便的定标算法，且应用比较广泛，它首先假设地面目标的反射率与遥感器探测的信号之间具有线性关系，通过获取遥感影像上特定地物的灰度值及其成像时相应的地面目标反射光谱的测量值，建立两者之间的线性回归方程式，在此基础上对整幅遥感影像进行辐射校正。该方法数学和物理意义明确，计算简单，但必须以最大野外光谱测量为前提，因此成本较高，对野外工作依赖性强，且对地面定标点的要求比较严格（田庆久，郑兰芬，童庆禧，1998）。

（3）基于大气辐射传输模型法。辐射传输模型法是利用电磁波在大气中的辐射传输原理建立起来的模型对遥感图像进行大气校正的方法。大气辐射传输模型能较合理地描述大气散射、大气吸收、发射等过程，且能产生连续光谱，避免光谱反演的较大定量误差，因而得到最广泛的应用。

在诸多的大气校正方法中校正精度高的方法是辐射传输模型法。辐射传输模型法是利用电磁波在大气中的辐射传输原理建立起来的模型对遥感图像进行大气校正的方法。其算法在原理上与地面线性回归模型法基本相同，差异在于不同的假设条件和适用的范围。因此产生很多可选择的大气校正模型，应用广泛的就有近30个。例如6S模型、LOWTRAN模型、MORTRAN模型、大气去除程序ATREM、紫外线和可见光辐射模型UVRAD、TURNER大气校正模型、空间分布快速大气校正模型ATCOR等。大气辐射传输模型必然考虑辐射在地表—大气系统中的传输过程，辐射传输理论是对这个过程的模拟，模拟得越准确，大气校正的精度就越高。

2.3.2　基于FLAASH模型的大气校正

2.3.2.1　FLAASH模型简介

FLAASH（fast line-of-sight atmospheric analysis of spectral hyper cubes）是由光谱科技公司（Spectral Sciences Inc）和空气动力研究实验室（Air Force Research Laboratory）联合开发的大气订正软件（宋晓宇，王纪华等，2005）。FLAASH采用MODTRAN 4 + 辐射传输模型的代码，是目前精度最高的大气辐射校正模型。直接获取影像获取时的大气状况是不现实的，因此FLAASH模型不是在预先计算好的模型数据库中加入辐射传输参数来进行大气校正，而是直接结合MODTRAN4的大气辐射传输源码，通过大气在高光谱像素上的特征来估计大气的属性，进而为每一幅影像生成一个唯一的MODTRAN解决方案，同时，标准的MODTRAN大气模型和气溶胶类型也可被直接使用。

基于像素级的校正，可校正由于漫反射引起的连带效应，包含卷云和不透明云层的分类图，可调整由于人为抑止而导致的波谱平滑。FLAASH可对Landsat、SPOT、AVHRR、ASTER、MODIS、MERIS、AATSR、IRS等多光谱、高光谱数据、航空影像及自定义格式的高光谱影像进行快速大气校正分析，能有效消除大气和光照等因素对地物反射的影响，获得地物较为准确的反射率、辐射率、地表温度等真实物理模型参数。

2.3.2.2　FLAASH模型辐射传输方程

FLAASH模型中大气校正基于太阳波谱范围内（不包含热辐射）地表非均匀、朗伯面的模型（Adler-Gold S M，MattIlew M W，Bemstein LS，1999）。

$$L = \left(\frac{A\rho}{1-\rho_e S}\right) + \left(\frac{B\rho_e}{1-\rho_e S}\right) + L_\alpha \tag{2-4}$$

式中：L ——遥感器接收的总辐射；

ρ ——像元的反射率；

ρ_e ——周围区域的平均反射率；

S ——大气向下的半球反照率；

L_α ——大气程辐射；

A、B——依赖于大气(透过率)和几何状况的系数。

FLAASH模型中认为传感器接收到的辐射亮度由三部分组成，第一部分是太阳辐射经过大气照射到地表，然后经地表反射后再经过大气而进入到传感器的一部分，即公式(2-4)中的 $A\rho/(1-\rho_e S)$ 部分；第二部分是大气散射的一部分散射光经地表反射后进入到传感器中的部分(宋晓宇，王纪华等，2005)，即公式(2-4)中的 $B\rho_e/(1-\rho_e S)$ 部分；第三部分为 L_α，即太阳辐射经大气散射后的一部分散射光直接经过大气而进入传感器的部分。ρ 与 ρ_e 的区别在于大气散射引起的邻域效应，如果使 $\rho=\rho_e$，那么校正的过程中将会忽略邻域效应，但在有薄雾或地表存在强烈对比的条件下会使短波波段范围内的大气校正存在明显的误差，FLAASH中利用大气点扩散函数(point-spread function)对邻域效应进行了校正，主要是利用下面这个公式估算 ρ_e：

$$L_e \approx \left[\frac{(A+B)\rho_e}{1-\rho_e S}+L_\alpha\right] \tag{2-5}$$

式中：L_e ——某像素及其周围像素的空间平均值，可以通过原始影像计算得到。

2.3.2.3　大气参数获取

FLAASH模型中大气校正首先要从影像中获取大气参数，包括气溶胶光学厚度、气溶胶类型和大气柱水汽含量。

目前有许多反演大气柱水汽含量的算法，最准确但也最为耗时的是集成在HATCH模型中的平滑优化法(smoothness optimization approach)。FLAASH中采用波段比值法进行水汽含量的反演，即用1130nm处的水汽吸收波段及其邻近的非水汽吸收波段的比值来获取大气柱水汽含量，实际运算中用MODTRAN 4生成了一个查找表来对每个像元进行水汽含量的反演。

FLAASH模型中气溶胶光学厚度的反演采用暗目标法，利用660nm和2100nm的反射率估算气溶胶量。暗目标法是由Kaufman提出的，由于2100nm处波长比大部分气溶胶微粒的直径要大，故该波段受气溶胶影响可以忽略；在大量的试验中，他发现2100nm处的植被反射率与660nm处植被反射率之间存在稳定的关系，因此可以直接利用2100nm处的植被反射率来获取660nm处的植被反射率(M W Matthew，S M Adler-Colden，A Berk等，2003)。气溶胶的影响会使得实际获得的植被反射率与理论反射率存在一定差异，FLAASH模型中正是利用了这个差异来反演气溶胶的光学厚度值。

MODTRAN模型通过计算大气柱水汽含量(atmospheric column water vapor)来计算 A，B，S 和 L_α。大气柱水汽含量是未知而且在不同的场景下是不相同的，运行几次不同水蒸气数量的MODTRAN模型，构成一个查找表，每个像素从该表获得水蒸气的量来计算 A，B，S 和 L_α。

2.3.2.4　利用辐射传输方程求解

由MODTRAN模拟得到大气相关参数，影像的反射率就可以直接逐个像元进行计算。

步骤如下：

（1）首先忽略影像邻近像元效应的影响，利用式（2-5）计算像元的空间平均反射率 ρ_e 。

（2）再获取邻近像元反射率。FLAASH 模型中用一个径向距离的近似指数函数代替大气点扩散函数进行邻近像元反射率的计算。

（3）求得邻近像元反射率后，将遥感器接收的辐射亮度和 MODTRAN4 模拟的大气校正参数代入式（2-4）可求得地物真实反射率 ρ（阮建武，邢立新，2004）。

2.3.2.5 应用分析

选择 ASTER 数据的可见光、近红外 9 个波段进行校正。根据研究区状况和影像头文件可获得校正所需的影像中心经纬度、传感器类型、传感器高度、采集日期及时间、研究区高程、像元大小等参数。MODTRAN 4 提供了 6 种大气模型和 4 种气溶胶模型供用户选择，当能见度大于 40km 时，气溶胶类型选择对反演没有太多影响，一般情况下用 ASTER 数据时不作气溶胶反演。FLAASH 大气校正模型参数输入，如图 2-6 所示。

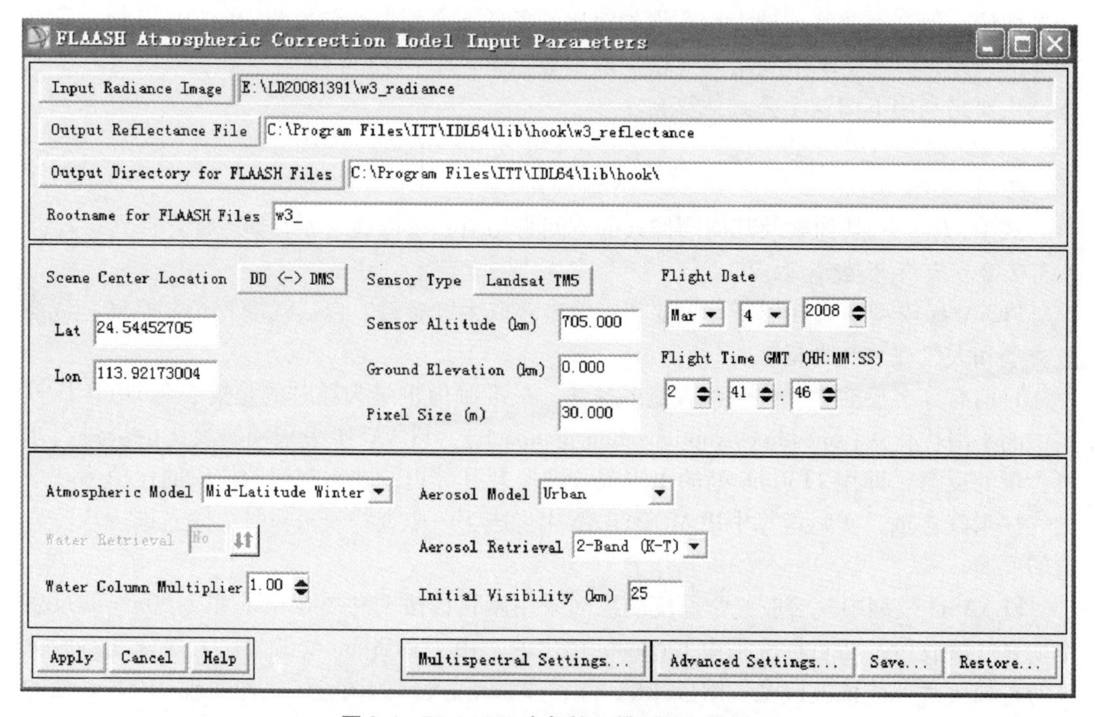

图 2-6 FLAASH 大气校正模型输入参数

从彩图 5 和彩图 6 可以看到校正前后图像视觉效果和反射辐射亮度有明显变化，校正后的图像更加清晰，直方图加宽，影像层次更加丰富，对比度得到提高，这说明 FLAASH 校正有效地去除了大气中气溶胶的影响，提高了图像质量。彩图 7 和彩图 8 是大气校正前后主要地物的光谱曲线。

FLAASH 模型的大气校正结果显示，利用该算法能够从影像中获取合理准确的地表反射率信息。对于能见度为中等到清晰、大气柱水汽含量为低到中等的大气条件下，进行天底点垂直观测获取的影像，FLAASH 能够反演得到更为精确的反射率信息。

2.3.3　基于 ATCOR 2 模型的大气校正

2.3.3.1　ATCOR 2 模型算法

ATCOR 2 大气校正模型是由德国 Wessling 光电研究所的 Rudolf Richter 博士于 1990 年研究提出的一个应用于高空间分辨率光学卫星传感器的快速大气校正模型，并且经过大量的验证和评估(Richter R. A.，1999)。它假定研究区域是相对平的地区并且大气状况通过一个查证表来描述，在具体实施过程中将针对太阳光谱区间和热光谱范围进行计算。由于该算法是针对卫星遥感图像成像的大气传输过程因而广泛用于图像处理软件，如 PCI、ERDAS 等软件。ATCOR 2 的算法分为两部分(王建，潘竟虎等，2002)：

第一步是将行星(地球/大气)反照率的测量值与来源于模型的值加以比较，计算表面反射率。测量值 ρ_p 与在 I 通道的数值(DN)关系如下：

$$\rho_p\ (\text{Measurement}) = \frac{\pi L(\lambda_i) d^2}{E_S(\lambda_i)\cos\theta_S} = \frac{\pi d^2}{E_S(\lambda_i)\cos\theta_S}[C_0(i) + C_1(i) \times DN] \tag{2-6}$$

式中：$L(\lambda_i)$ ——光谱辐射率；

$E_S(\lambda_i)$ ——太阳辐照度；

$C_0(i)$ ——标定系数的偏移量；

$C_1(i)$ ——标定系数的斜率；

λ_i ——中心波长；

θ_S ——太阳天顶角；

d——天文日地距离。

来源于模型的反照率由式(2-7)给出：

$$\rho_P(\text{Model}) = \alpha_0\ (Atm, \theta_\nu, \theta_S, \varphi) + \alpha_0\ (Atm, \theta_\nu, \theta_S) \times \rho \tag{2-7}$$

$$\alpha_0 = \frac{\pi\int_{\lambda_2}^{\lambda_1}\varphi(\lambda)L_0(\lambda)\mathrm{d}\lambda}{\cos\theta_S\int_{\lambda_2}^{\lambda_1}\varphi(\lambda)E_S(\lambda)\mathrm{d}\lambda} \tag{2-8}$$

$$\alpha_1 = \frac{1}{\cos\theta_S}\frac{\int_{\lambda_2}^{\lambda_1}\varphi(\lambda)E_g(\lambda)[\tau_{dir}(\lambda) + \tau_{dif}(\lambda)]\mathrm{d}\lambda}{\int_{\lambda_2}^{\lambda_1}\varphi(\lambda)E_S(\lambda)\mathrm{d}\lambda} \tag{2-9}$$

式中：ρ ——同频带平均地面反射率 $\rho \approx \int\rho(\lambda)\varphi(\lambda)\mathrm{d}\lambda$ ；

Atm——对大气参数的依赖度；

θ_v ——传感器的视角；

φ ——相对方位角；

α_0 ——传感器的标准光谱响应函数；

L_0 ——黑色地面(ρ =0)的光路辐射；

E_g ——地面的全球辐照度；

τ_{dir} ——地面到传感器的直接透射率；

τ_{dif} ——地面到传感器的漫射透射率。

如果测量值与模型值一致，则用下式求出表面反射率：

$$\rho^{(1)} = \frac{1}{\alpha_1}\left|\frac{\pi d^2}{E_S(\lambda_i)\cos\theta_S}[C_0(i) + C_1(i) \times DN] - \alpha_0\right| \tag{2-10}$$

模型的第二步是近邻效应的校正，这一过程是由一个 $N \times N$ 的滤光器来实现的，N 值的大小由大气参数、光谱波段、影像的空间频率等因素决定。ATCOR 2 通过 $\rho^{(1)}$ 影像计算出一个低通反射率的影像，以描述邻近地区每个像元的平均反射率。

在已知参数 α_0 、α_1 及 d 的条件下(前面已经详述其算法)，可计算出每个波段的地面反射率，包含这些参数的大气目录储存在查找表里。模型计算流程如图 2-7 所示。

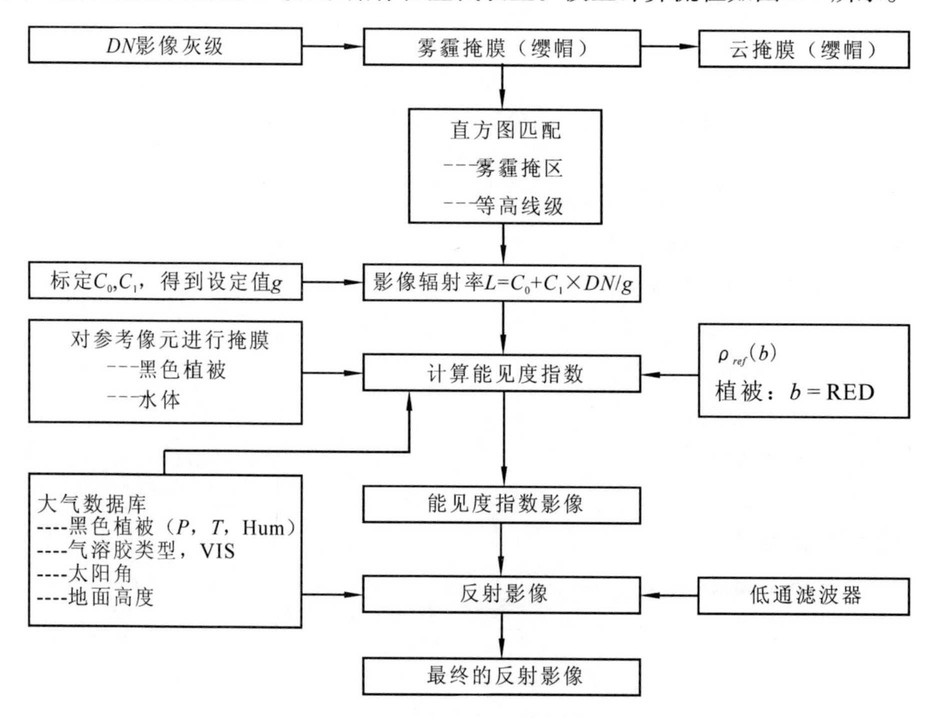

图 2-7　ATCOR 2 模型算法流程

2.3.3.2　ATCOR 2 模块流程

为方便用户在处理中针对各自的需要，ATCOR 2 模型按照功能分解成若干个模块。每一模块在计算上既保持独立而结果又相互关联，一个完整的校正算法运行流程如图 2-8 所示。

2.3.3.3　ATCOR 2 大气参数文件说明

大气参数是用来描述大气状况或者类型的一系列表格数据，ATCOR 2 模型用文本格式保存不同的文件(在 ERDAS 中并以 *. cal 后缀名指明)，ATCOR 2 模型为 Landsat TM 遥感影像提供的大气参数文件类型(表 2-6)。

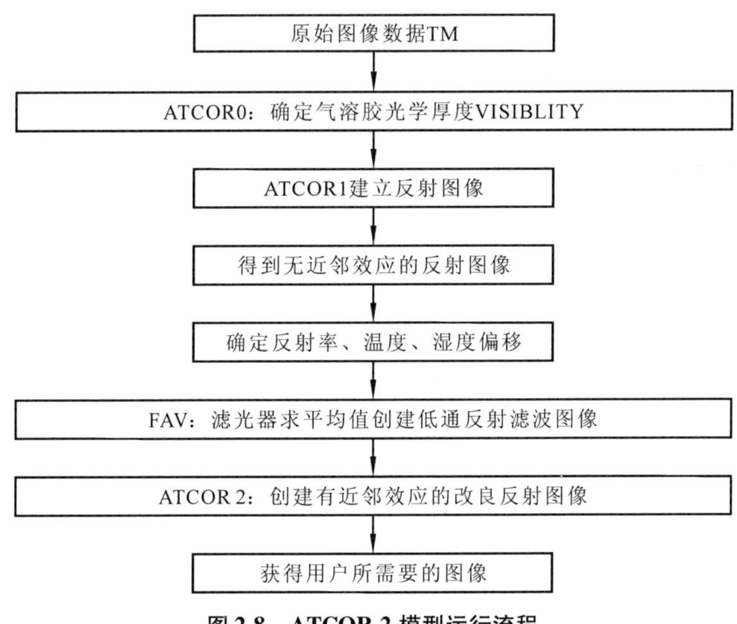

图 2-8　ATCOR 2 模型运行流程

表 2-6　ATCOR 2 模型应用于 Landsat TM 数据的大气参数文件类型

大气参数文件名	适 用 范 围
TM. CAL	标准的校正规范集(基于 1987 年飞行中进行的校正)
TM_ ESSEN. CAL	针对演示数据 TM5_ ESSEN. IMG 的校正规范集
TM_ PREFLIGHT. CAL	卫星起飞前的校正规范集(1984)

表 2-6 中所列的各种大气类型只适用于大范围的大气校正模型，对于特定的地区需要对其进行修改和编辑。

2. 3. 3. 4　应用分析

目前，ATCOR 2 大气校正模型已经被嵌入在很多的图像处理软件中，并作为软件中的一个功能模块使得在实际操作中简便而快捷。下面采用 ERDAS 的 ATCOR 扩展模块，对研究区域的 Landsat TM 影像进行处理，主要输入参数如表 2-7，运行界面见图 2-9、图 2-10。

表 2-7　ATCOR 2 大气校正主要输入参数

参数	参数值或参数类型	参数	参数值或参数类型
获得数据的时间(年月日)	2005 年 11 月 23 日	模型气溶胶	RUAL
输入波段的次序(图层)	1 – 7	模型太阳能地区	MIDLAT_ SUMMER_ RURAL
传感器类型	LANDSAT-4/5TM	模型热区	MIDLAT_ SUMMER
校正文件	TM. CAL	地面高程(km)	0. 1
太阳天顶角	49°	现场能见度(km)	15

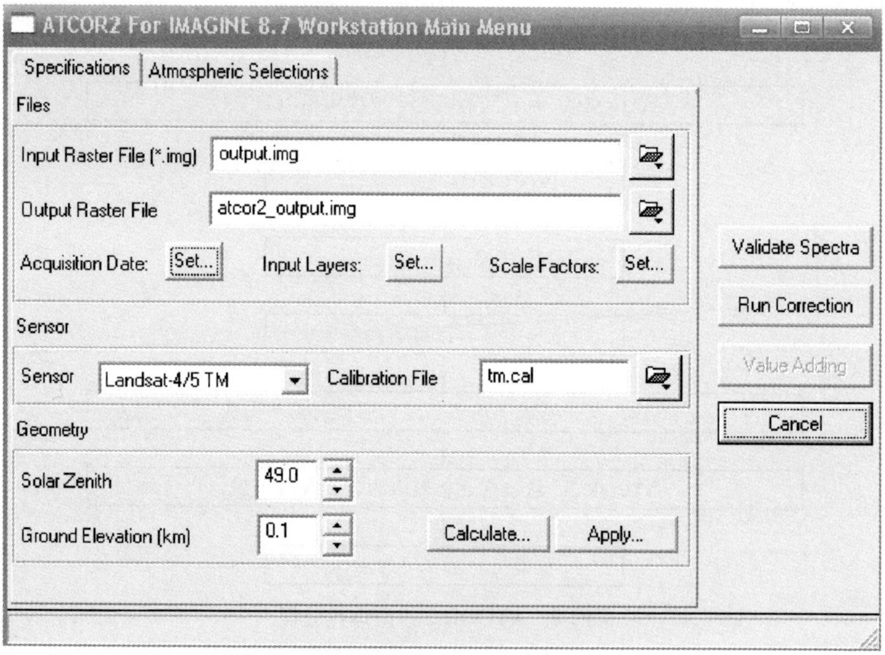

图 2-9　规范条件选择运行界面

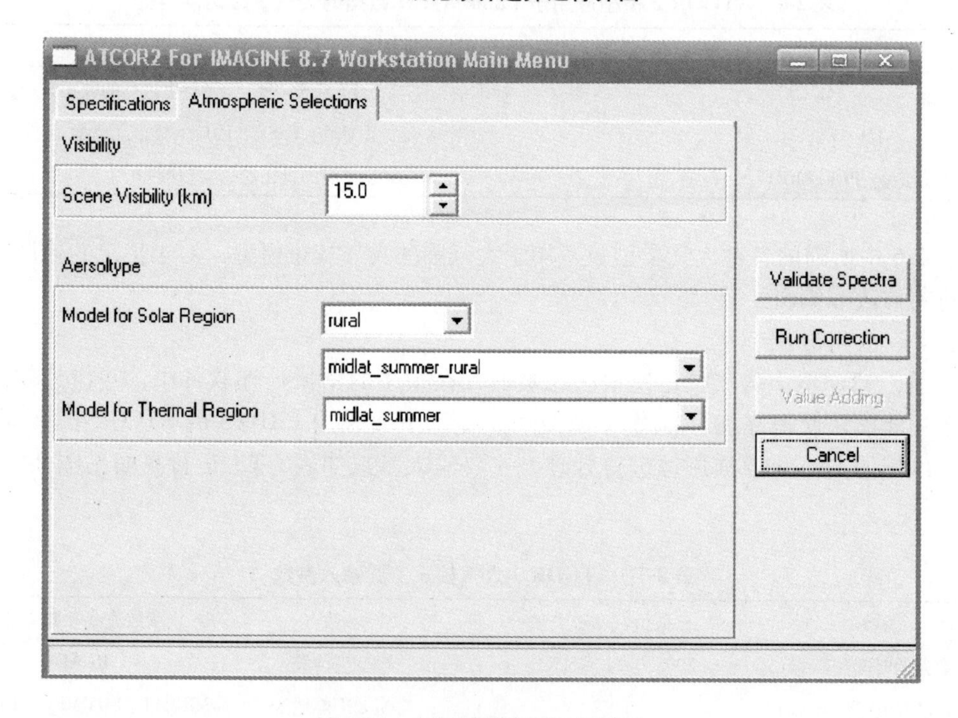

图 2-10　大气条件选择运行界面

大气校正有多种方法，每种方法都各有优缺点，每种方法的使用也都有一定的限制条件。研究表明辐射传输模型方法计算出来的反射率精度较高，但是可以看到这种方法计算量大，而且需要较多参数。比如大气中的水汽含量、臭氧含量以及空间分布、气溶胶光学特征等。大气校正的基本方法就是获得关于大气光学性质的各种参数，如大气光学厚度、相函数、单向散射反照率、气体吸收率等。但大气校正的困难也在于难以确定这些参数。如果测得的参数不正确直接影响计算的精度。正像英国诺丁汉大学 Mather 教授曾指出的，尽管文献中报道了一些遥感图像大气校正的方法，但没有一个是可普遍应用的。因此在选用大气校正方法时要根据研究的目的、要求以及本身的研究条件选择适当的大气校正方法。

2.4 几何校正

遥感成像的时候，由于飞行器的姿态、高度、速度以及地球自转等因素的影响，造成图像相对于地面目标发生几何畸变，这种畸变表现为像元相对于地面目标的实际位置发生挤压、扭曲、拉伸和偏移等，针对几何畸变进行的误差校正就叫几何校正。遥感影像的几何畸变的因素主要包括：

(1)遥感器的内部畸变，由遥感器结构引起的畸变，如遥感器扫描运动中的非直线性等；

(2)遥感平台位置和运动状态，包括由于平台的高度变化、速度变化、俯仰变化、轨道偏移及姿态变化引起的图像畸变；

(3)地球本身对遥感图像的影响，包括地球的自转、地形起伏、地球曲率、大气折射等引起的图像畸变。

几何校正包括几何粗校正和几何精校正。地面接收站在提供给客户资料前，已按常规处理方案和图像同时接收到的有关运行姿态、传感器性能指标、大气状态、太阳高度角对该幅图像几何畸变进行了几何粗校正。利用地面控制点进行的几何校正为几何精校正。

2.4.1 校正模型

几何精校正模型用来建立影像像素坐标和实际地理坐标的映像关系，是实现几何精校正处理的基础。常有的校正模型有以下几种。

2.4.1.1 一般多项式模型

多项式纠正法是实践中经常使用的一种方法，其基本思想是回避成像的空间几何过程，而直接对影像变形的本身进行数学模拟。它认为遥感图像的总体变形可以看作是平移、缩放、旋转、仿射、偏扭、弯曲以及更高次的基本变形的综合作用效果，因而纠正前后影像相应点之间的坐标关系可以用一个适当的多项式来表达。

$$\begin{cases} x = \sum_{i=0}^{m}\sum_{j=0}^{n} a_{ij}X^iY^j \\ y = \sum_{i=0}^{m}\sum_{j=0}^{n} b_{ij}X^iY^j \end{cases} \tag{2-11}$$

式中：(x,y)——像点平面坐标；

(X,Y)——其对应地面点的地面(或地图)坐标。

这里多项式的阶数一般不超过 3 次，通常讨论一般 2 次多项式和 3 次多项式。该法对各种类型传感器的纠正都是普遍适用的，尽管有不同程度的近似性。该算法直接对影像的几何变形进行数学模拟，因而适用于各种类型的传感星载遥感影像几何精校正方法研究及系统设计器，但其未考虑地形的影像，故只适合平坦地区，精度有限。一般多项式算法解算稳定，形式简单，在实际中利用率较高。

2.4.1.2 共线方程模型

共线方程校正法是建立在对传感器成像时的位置和姿态进行模拟和解算的基础上，即构想瞬间的像点与其相应地面点位于通过传感器投影中心的一条直线上。共线方程的参数可以预测给定，也可以根据控制点按最小二乘法原理求解，进而可求得各像点的改正数，以达到纠正目的。

目前大部分光学遥感均采用线阵 CCD 传感器推扫获取地面的图像，每行影像于地面符合严格的中心投影关系，并且都有各自的外方位元素。因此图像坐标 (x,y) 和地面坐标 (X,Y,Z) 符合共线方程，其表达式如下：

$$\begin{bmatrix} x_i \\ y_i = 0 \\ -f \end{bmatrix} = \frac{1}{\lambda} M_i^T \begin{bmatrix} X - X_{si} \\ Y - Y_{si} \\ Z - Z_{si} \end{bmatrix} \tag{2-12}$$

式中：(X,Y,Z) ——地面点的物方空间坐标；

(X_{si},Y_{si},Z_{si}) ——第 i 行投影中心的物方空间坐标；

f——投影焦距；

λ ——比例因子；

M_i ——有第 i 扫描行外方位角元素 φ_i 、ω_i 、κ_i 构成的旋转矩阵。

该模型理论上严密，同时考虑了地物点高程的影响，因此纠正精度较高，特别是对地形起伏较大的地区和静态传感器的影像纠正，更显示其优越性，但采用该法纠正时，需要有地物点的高程信息，且计算量比多项式纠正法要大。在动态传感器中，由于在一幅影像内，传感器的位置和姿态角是随时间而变化的，此时外方位元素在扫描运行过程中的变化规律只能是近似表达，因此共线方程本身理论上的严密性就难以严格保持，故动态扫描影像的共线方程纠正法对于多项式纠正法的精度提高并不显著。

2.4.1.3 有理函数模型

有理函数模型(RFM)是对不同的传感器模型更为精确的表达形式。有理函数模型是用有理函数逼近二维像平面和三维物空间对应关系。有理函数正解形式表示如下：

$$\begin{cases} r_n = \dfrac{p_1(X_n,Y_n,Z_n)}{p_2(X_n,Y_n,Z_n)} \\ c_n = \dfrac{p_3(X_n,Y_n,Z_n)}{p_4(X_n,Y_n',Z_n)} \end{cases} \tag{2-13}$$

式中：(r_n,c_n) 和 (X_n,Y_n,Z_n) ——像点坐标 (r,c) 和地面坐标 (X,Y,Z) 经过平移和缩放后的归一化坐标，取值位于(−1.0～1.0)之间。

有理函数模型采用归一化坐标的目的是减少计算过程中由于数据数量级差别过大引入的舍入误差。有理函数中多项式每一项的各个坐标分量 X,Y,Z 的幂最大不超过3，每一项各个坐标分量的幂的总和也不超过3(一般有1，2，3 三种取值)。分母 p_2 、p_4 可以有两种情况：$p_2 = p_4$ ，$p_2 \neq p_4$ 。每个多项式的形式为：

$$P = \sum_{i=0}^{m_1}\sum_{j=0}^{m_2}\sum_{k=0}^{m_3} a_{ijk}X^iY^jZ^k = a_0 + a_1Z + a_2Y + a_3X + a_4ZY + a_5ZX + a_6YX + a_7Z^2 + a_8Y^2 + a_9X^2 + a_{10}ZYX + a_{11}Z^2Y + a_{12}Z^2X + a_{13}ZY^2 + a_{14}Y^2X + a_{15}ZX^2 + a_{16}YX^2 + a_{17}Z^3 + a_{18}Y^3 + a_{19}X^3 \quad (2\text{-}14)$$

式中：a_{ijk} ——待求解的多项式系数。

该模型不需要知道卫星轨道信息及成像参数，且其系数包含了各种因素的影响(传感器构造、地球曲率、大气折光等)，因此适用于各类传感器，包括最新的航空和航天传感器。它的缺点是模型解算复杂，运算量大，并且要求控制点数目相对较多；其优点是引入较多定向参数，模拟精度较高。

2.4.1.4　基于仿射变换的严格几何模型

高分辨率卫星传感器的突出特征是长焦距和窄视场角，大量实验证明，这种成像几何关系如果用共线方程来描述将导致定向参数之间存在很强的相关性，从而影响定向的精度和稳定性。仿射变换模型是在基于“小视场角内的中心投影近似平行光投影”的假设下推导出的，其表达式为：

$$\begin{cases} \dfrac{f - \dfrac{Z}{m\cos\alpha}}{f - (x - x_0)\tan\alpha}(x - x_0) = a_0 + a_1X + a_2Y + a_3Z \\ y - y_0 = b_0 + b_1X + b_2Y + b_3Z \end{cases} \quad (2\text{-}15)$$

式中：(x,y) ——像点的像平面坐标；

(X,Y,Z) ——相应地面点的地面坐标；

f ——投影焦距；

m ——模型比例尺，其定义为卫星飞行高度与投影焦距的比值，一般都是已知量；

侧视角 α 及 a_0、a_1、a_2、a_3、b_0、b_1、b_2、b_3 ——待求模型的参数，可通过建立误差方程，由地面控制点平方差而得。

利用仿射模型求解方位参数，可克服方位参数的相关性。它对于 10m 分辨率的 SPOT 影像用于较小比例尺地图、精度要求较低的情况下是有效的，但该方法依然是一种近似的方法。更高分辨率的影像与 SPOT 影像还不尽相同。它的视场角更小，因为其方位参数之间的相关性必然更强。对用于较大比例尺地图、精度要求较高的 1m 左右分辨率的遥感影像，这种近似方法能否达到要求还需要研究。

2.4.1.5　严格卫星传感器模型

严格卫星传感器模型是依据传感器的成像几何关系，利用成像瞬间地面点、透视中心和相应像点三点共线的几何关系建立的数学模型，具有较高的定位精度，但形式复杂。ERDAS 软件中提供了 Landsat 卫星图像正射校正模型、Spot 卫星图像正射校正模型，PCI 软件中提供了的支持 QuickBird 卫星影像的 Toutin 传感器物理模型，这些模型都是基于轨道学、摄影测量学、大地测量学和制图学等原理，结合成像过程中会引起的几何形变的平台、传感器、地球和地图投影等因素而创建的，卫星影像利用相应的模型结合较少的高精度 GCP 点和 DEM，就可以取得较高的精度。

2.4.2 校正流程

2.4.2.1 控制点选取

影像几何精校正处理是利用地面控制点基于某种校正模型建立像点坐标和地面坐标的变换关系，其中地面控制点(GCP)指的是分布在图像上、已知大地坐标的明显标志点，这些点的实际大地坐标可以从地形图、GPS 接收机实际量测和已进行了高精度定位的其他遥感影像上获取。影像几何精校正的基本环节是坐标变换和灰度重采样。影像几何纠正的主要处理过程如下(图 2-11)：

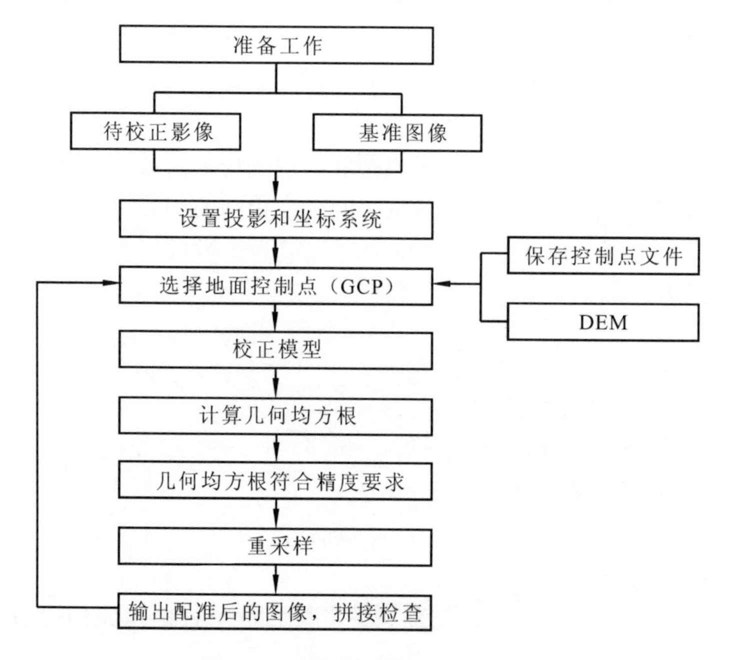

图 2-11 影像几何精校正流程图

(1)准备工作。输入待纠正影像、参考影像数据(如已具有正确坐标的影像)、高程数据(DEM)、地图资料和大地实际测量结果，控制点可从这些数据或资料上采集或量测。

(2)投影和坐标系统设置。投影采用高斯－克吕格，3 度分带。参考图、DEM、工程的投影、椭球和坐标系统要严格一致。

(3)地面控制点(GCP)选取。整景范围内选取控制点进行纠正，GCP 分布越均匀，纠正结果越可靠。优先选择固定点，道路交叉点优先，桥、水坝等地质体次之，通常情况下不选择随时间变化的地点(如湖泊或其他水体的边缘，容易随季节而变化)，但也不是所有水体边缘不能选，在有些山区，大面积都找不到其他 GCP 时，可以考虑选择小河流的分支点或拐点。

若影像跨带，则在选取控制点之前要先将跨带的参考数据源进行重投影至相应带，再选取控制点进行纠正。

采用多项式进行纠正时，GCP 个数不得少于$(n+1)(n+2)/2$，可先设置多项式阶数为 1，则第 4 个 GCP 即可根据自动算计的转换模型进行自动匹配，选择了 6 个以上 GCP 时，可以将多项式阶数调整为 2，继续选择 GCP，直至 GCP 个数不少于 25，而且分布要均匀。若配合DEM作正射纠正时，应注意该GCP是否落在感兴趣之外，即该GCP的DEM值是否为空或0，如果为0，则根据地形可判断其是否落在范围外，如落在范围外，则删除。

(1)纠正精度RMS应小于0.5个像元，若选择了多个GCP，在最终计算转换模型时，检查总RMS误差、每个GCP的RMS误差、X和Y方向残差、单点误差贡献等，可将误差较大的GCP剔除，或将其设置为检查点(check point)，GCP更新之后重新计算转换模型。

(2)影像输出。采样方式一般使用双线性插值方法，选择输出影像的像元大小(表2-8)，输出影像类型为无符号8位(unsigned-8bit)。

(3)将纠正好的相邻影像作接边检查，如接边误差大于3个像元，找出误差原因，并重新纠正。

(4)若纠正后结果不理想，可以增加多项式阶数，重新计算转换模型再输出，也可增加GCP数目，重新选择最有把握的点，再计算、输出。

表2-8 卫星影像导入部分参数

卫星影像	数据导入类型	导入波段	输出分辨率
Landsat-5	TM Landsat EOSAT Fast Format	1，2，3，4，5，7	30m
IRS-P6 LIS-3	IRS-1C/1D(EOSAT Fast Format C)	一般是4个波段	20m
CBERS	TIFF(Direct Read)	除全色波段之外的4个波段	20m
SPOT2/4 XS/XI	SPOT(CAP/SPIM)	一般是4个波段	20m
ASTER VNIR	ASTER EOS HDF Format	可见光近红外波段(3个)	15m

2.4.2.2 灰度重采样

新输出图像的像元点坐标在原始图像中对应的行列号不一定是整数，因此需要根据输出图像上的各像元在输入图像中的位置，对原始图像按一定的规则重新采样，进行亮度值的插值运算，建立新的图像矩阵，这就是重采样的概念。常用的重采样插值的方法有：

(1)最近邻值法。最近邻值法是对校正后影像像点所对应原始影像内插点(x_p, y_p)，直接用离该点最近的像元(x_N, y_N)的灰度值g_N作为重采样值，即：

$$g = g_N(x_N, y_N) \tag{2-16}$$

$$x_N = INT(x_n + 0.5),\ y_N = INT(y_n + 0.5) \tag{2-17}$$

该方法优点是输出图像仍然保持原来的像元值，简单，处理速度快，但是有可能输出图像中的地物最大会产生半个像元的位置偏移，一般采用在对精度要求不高的情况下。

(2)双线性内插法。双线性内插法是利用校正后影像像点对应原始影像内插点(x_p, y_p)的周围4个像元的灰度值，双线性基本数学式为：

$$g = (1 - \Delta x)(1 - \Delta y)g_{i,j} + (1 - \Delta x)\Delta y g_{i+1,j+1} \tag{2-18}$$

$$\Delta x = x_p - INT(x_p),\ \Delta y = y_p - INT(y_p) \tag{2-19}$$

式中：$g(i = 1 \sim 2, j = 1 \sim 2)$——内插点$(x_p, y_p)$周围4个像元的灰度值，由公式(2-18)可求出内插点(x_p, y_p)的灰度值g。

该方法是一种普遍采用的方法，具有平均化的滤波效果，产生一个比较连贯的输出图像，缺点则是破坏了原来的像元值。

(3)三次卷积内插法。三次卷积内插法是根据内插点周围的16个像元值用三次卷积函数进行内插。计算过程较为复杂，计算量大，相对耗时，但图像灰度连续，重采样效果好。

以上3种方法，在实际应用中，当变形不太严重时，可采用最近邻值法或双线性内插法，当变形比较严重时，则应用三次卷积内插法保证质量。

2.4.3 影响精度的主要因素

几何校正精度就是校正后影像上的坐标与真实位置的差别，校正精度主要与以下3个因素有关：

(1)校正模型。多项式纠正模型算法稳定，形式简单，但仅限于平坦地区，精度有限；共线方程模型考虑了地物点高程的影响，对地形起伏较大的地区和静态传感器的影像纠正，显示了其优越性，但采用该法计算量大，在求解的过程中不稳定，对于动态传感器扫描影像的纠正精度并非比多项式模型高；有理函数模型引用较多的定向参数，适合于各类传感器，但需要相对多的控制点才能达到较高模拟精度；基于仿射变换的严格几何模型求解方位参数，可克服方位参数的相关性，利用较少的控制点达到较高的精度，可以作为一种简单有效的校正方法在实际中应用。严格卫星传感器模型是针对不用的传感器设计的纠正模型，结合控制点和高程模型，可以得到较高的纠正精度。

(2)控制点的选取。控制点选取的质量，控制点选取的位置越固定，精度越高。

在控制点分布均匀的情况下，校正精度随着控制点数目的增加而提高，但控制点达到一定的数目后精度会逐渐停止增长。

控制点分布状态良好，校正结果可靠、精确。控制点分布不均，集中在影像某一局部地区，校正精度则降低。

(3)地形起伏。地形起伏较大时，如果将影像近似看作平坦地区而采用一个平均的高程进行映射变换，影像校正的精度很难得到保证，故在影像几何精校正处理中，特别是地形起伏较大的地区，需考虑利用数字高程模型DEM等数据来实现影像的高精度的校正。

2.5 地形校正

地形校正是遥感影像辐射校正的主要内容，是获得地表真实反射率的必不可少的一步。在崎岖的山区，由于地形起伏，每个像元所接收到的有效光照有很大的差别。表现在遥感图像中，阴坡上的像元接收到较弱的照度而具有较低的亮度值，阳坡上的像元却接收到较强的照度而具有较高的亮度值，造成同一种地面覆盖类型的反射率往往随地形而变化、“各向异性反射”的现象。因此，山区地物的判读和遥感分类被严重削弱，遥感数据的实际应用受到很大限制。

卫星遥感器所记录的地面目标的“辐射亮度”由两方面因素决定：一是地面目标接收到的辐射能量；二是遥感器接收到的来自地面目标的反射能量。地形不仅影响到地面所接收的辐射能量，同时，地形的变化也会改变太阳辐射源、地面目标和卫星遥感器三者所构成的几何结构，而这种几何结构决定着地面目标在卫星遥感器方向上反射辐射能量的多少。从20世纪80年代开始，国内外研究者已经建立了多种地形校正模型来减少或消除山区遥感图像中地形因素的影响，这些模型大体上可以分为3类：物理模型、经验模型、半经验模型。

2.5.1 物理模型

物理模型是基于辐射传输理论建立，通过研究光和地表相互作用的物理过程来进行地形校正。此类模型理论基础完善，模型参数具有明确的物理意义，但模型通常是非线性的，模型复杂，输入参数多。

2.5.1.1 余弦校正模型

余弦校正模型由 Teillet(1982)提出，它是一个简单的光学函数，其基本原理是：校正后水平面像素接受的总辐射与校正前坡面像素接受的总辐射有一个由入射角(定义为太阳天顶与垂直于坡面的方位夹角)余弦决定的直接比例关系。定义 α 为太阳入射角，$\cos\alpha$ 为对应太阳入射角的余弦值，即光照系数。其计算方法为：

$$\cos\alpha = \cos\theta\cos\beta + \sin\theta\sin\beta\cos(\lambda - \omega) \tag{2-20}$$

式中：θ ——像元所在平面的坡度角；

λ ——太阳方位角；

β ——太阳天顶角；

ω ——像元所在平面的坡向角。

θ 和 ω 可由 DEM 数据计算得出。

余弦校正模型表示为：

$$L_H = L_T\left(\frac{\cos\beta}{\cos\alpha}\right) \tag{2-21}$$

式中：L_H ——水平地面某点的辐射值；

L_T ——倾斜地面某点的辐射值。

余弦校正模型往往会导致过度校正现象，这是朗伯体假设的不充分性和忽略天空散射、周围地形反射影响的结果，光照系数越小，过度校正越明显。对于某些像元的光照系数接近 0 时(即太阳相对入射角为 90°时)，模型已不适用。

2.5.1.2 SCS 校正模型

SCS 校正模型(Gu，1998)主要是基于太阳—冠层—传感器三者的几何关系来考虑问题，由于树木的生长是向地性的(垂直于大地水准面)，地形不能完全控制太阳和树木之间的几何关系，地形影响的只是树木相对地表的位置关系。假定来自光照冠层的反射辐射因树木的向地生长特性而大大独立于地形，光照冠层的总体反射率与其光照面积成正比。

SCS 模型表示为：

$$L_H = L_T\cos\theta\cos\beta/\cos\alpha \tag{2-22}$$

SCS 模型中太阳和冠层之间的几何关系校正前后保持不变，因此它更加符合树木向地性生长的实际情况，适合于对高植被覆盖区域的地形校正。由于 SCS 模型忽略了来自天空和周围地形散射辐射的影响，因此校正结果中背光区域的坡面仍然存在过度校正的问题。

2.5.2 经验模型

经验模型又称为统计模型，是太阳入射角与卫星传感器所接收的辐射之间的经验关系的总结。其主要优点是参数较少、简便、适用性强，但其理论基础不够完备，缺乏对物理机理的足够理解和认识，代表性差。经验模型中有些参数缺乏明确的物理意义，模型生产需要大量的实测数据，而且不同地区、不同条件下往往需要分别建立不同的经验模型。

2.5.2.1 波段比模型

波段比模型比较简单，它只对遥感图像本身做处理，不要求额外的输入数据参与地形校正，其基本原理是：假定地形变化产生的波段间的辐照差异是一个比例常数，那么通过一个波段的光谱就可以消除地形的影响。但是，由于地形变化对不同波段的影响不同，故此模型只能起到压抑地形影响的作用，并且这种模型丢失了大量的图像信息，无法实现图像的定量分析，近年来已很少采用。

2.5.2.2 Minnaert 校正模型

Minnaert 函数是由 Minnaert(1941)提出的，后来被应用到月球表面的测量光度分析。Smith 等应用一个经验测量光度函数(Minnaert 常数)去检验各种地表朗伯体假设。在这个函数中，Minnaert 常数 k 用来描述地表的二向反射分布函数(BRDF)。

Minnaert 校正模型为：

$$L_H = L_T(\cos\beta/\cos\alpha)^k \tag{2-23}$$

其中 k 由以下公式拟合得到：

$$L_T = a \cdot (\cos\alpha)^k \tag{2-24}$$

对于地形起伏较小的地区采用 Minnaert 模型已被证明是十分有效的，但是由于要根据不同的日—地几何关系和图像波段参数估算 Minnaert 常数，因此在很大程度上影响了这种方法的应用范围。

2.5.3 半经验模型

2.5.3.1 C 校正模型

Teillet 等(1982)提出 C 校正模型，其基本思想是：对于任意波段影像的像素 DN 值和其对应的太阳入射角余弦值都遵循线性关系。理想情况下，当太阳入射角为 0 或小于 0 时，表明该点缺乏太阳光照，则该点的 DN 值应该为 0，该拟合直线应通过原点。然而，实际情况是，由于大气散射和地表相邻点反射光折射的缘故，使像素 DN 值和太阳入射角 α 的余弦值满足：

$$L_T = a + b \times \cos\alpha \tag{2-25}$$

式中：L_T——倾斜地面某点的辐射值；

a、b——拟合的线性方程的系数；

$\cos\alpha$——光照系数。

对于水平地面，与影像上像素对应的地面太阳入射角就是太阳天顶角，其 DN 值和太阳入射角余弦值的关系为：

$$L_H = a + b \times \cos\beta \tag{2-26}$$

式中：L_H——水平地面某点的辐射值；

$\cos\beta$——太阳天顶角的余弦值。

把倾斜地面对应的直线投影到水平地面对应的直线上，即：

$$\frac{L_H}{L_T} = \frac{a + b \times \cos\beta}{a + b \times \cos\alpha} \tag{2-27}$$

这就得到了以下C校正方程：

$$L_H = L_T\left(\frac{\cos\beta + c}{\cos\alpha + c}\right) \tag{2-28}$$

式中：$c = a/b$。C校正模型较好地模拟影像像素值和光照系数之间的关系，可避免由于光照系数过低而引起的过校正现象，但是由于C校正完全是基于样本统计来建立回归方程的校正方法，因此选择不同的样本会产生不同的C校正系数，从而导致不同的地形校正结果。

2.5.3.2　SCS＋C校正模型

SCS校正出现过度校正问题的原因与余弦校正相似，当入射角接近90°时，校正系数变得很大而引起过度校正。在C校正中，参数c应用到余弦校正中，仿效天空散射辐射的影响，具有调节过度校正的作用。于是Scott(2005)引入c系数来改进SCS校正模型，提出了SCS＋C校正模型，即：

$$L_H = L_T(\cos\theta\cos\beta + c)/(\cos\alpha + c) \tag{2-29}$$

选择参数c主要是由于它在改进余弦校正模型时有效，同时计算也比较简单。

在SCS校正模型中添加系数c即可得到SCS＋C校正模型，系数c的求解过程与C校正模型一样。

2.5.4　校正效果分析

根据上述模型的原理，本节实验数据采用了九曲水TM影像和与TM相匹配的30m分辨率DEM数据，得到以下的校正效果分析。

2.5.4.1　目视比较

通过对比原始影像和校正后影像(彩图9～彩图16)，可以发现地形校正后影像较平坦，立体感有所降低，但是整个影像的亮度对比增强，空间纹理信息大大提高，特别是阴影区域的地表信息得到很大的恢复，模糊的阴影区域地表信息变得清晰可见，其中余弦校正与SCS校正后的影像在阴影区域表现为亮度增强最为剧烈，SCS＋C校正表现较为柔和，而C校正和Minnaert校正模型表现很好。

2.5.4.2　定量参数比较

基于阴影区域信息恢复程度和保持校正前影像的光谱性质的标准，可选取图像均值、标准差2个参数比较影像地形校正效果。

图像均值是整个图像的算术平均值，用以描述各波段的中心趋势，对人眼反映为平均亮度。像素大小为m行n列的图像其均值$\overline{DN}$计算公式为：

$$\overline{DN} = \left(\sum_{i=1}^{m}\sum_{j=1}^{n} DN(i,j)\right)/(m \times n) \tag{2-30}$$

式中：i、j——图像中像元的行号和列号；

　　$DN(i,j)$——第i行、第j列像元DN值。

标准差是图像方差的平方根，图像方差是图像所有像元亮度值和均值之差的平均平方值。图像标准差越小，像元亮度值就越集中于某个中心值；反之，其标准差越大，亮度值就越分散。像素大小为m行n列的图像标准差σ计算公式为：

$$\sigma = \sqrt{\left[\sum_{i=1}^{m}\sum_{j=1}^{n}(DN_{(i,j)} - \overline{DN})^2\right]/(m \times n)} \tag{2-31}$$

由于地形校正的目的是为遥感应用提供精确的影像数据，因此，校正后的影像不仅辐射值的标准差应小于原始影像，而且辐射值的均值应接近地面真实辐射值。可以认为水平地面的辐射值是标准辐射值，本研究在每个波段同一区域对不同的校正方法得到的结果和水平地面的辐射值进行比较。

从表2-9可以看出，通过地形辐射校正基本消除了阴影影响，使得各波段均值变大，影像变亮。余弦校正和SCS校正模型都出现了不同程度的过度校正，C校正模型、SCS+C校正模型和Minnaert校正模型的平均值都很接近标准辐射值，其中Minnaert校正模型表现最佳，C校正次之。就影像像素标准差而言，各个校正模型都出现了下降。C校正模型和Minnaert校正模型下降最多，说明和其他校正模型相比，图像的亮度值越接近于一个中心值，更好地消除了由于地形变化造成的影响，使得图像中的阴坡和阳坡亮度值达到相同的水平。

表2-9 原始影像和5种校正模型影像的平均值和标准差

波段		TM_1	TM_2	TM_3	TM_4	TM_5	TM_7
原始影像	平均值	6.856	17.119	15.367	85.878	55.672	28.224
	标准差	5.199	8.054	10.997	25.961	25.886	20.464
余弦校正	平均值	9.456	29.032	22.052	91.016	62.293	34.291
	标准差	5.660	8.320	12.684	21.908	22.220	18.288
SCS校正	平均值	7.382	19.829	17.551	86.667	56.503	29.736
	标准差	5.041	7.834	10.326	17.994	21.534	18.578
Minnaert校正	平均值	7.713	17.936	16.751	86.901	56.910	27.334
	标准差	4.432	7.120	9.669	17.081	20.70	17.317
C校正	平均值	8.794	28.882	21.250	90.119	61.616	33.504
	标准差	5.403	7.807	11.098	19.571	21.840	17.929
SCS+C校正	平均值	7.647	17.771	16.149	86.517	57.316	27.770
	标准差	4.733	7.377	9.107	17.449	20.521	17.538

2.5.4.3 直方图比较

图像直方图描述图像中每个亮度值的像元分布数量的统计分布。每个波段的直方图能提供关于图像质量的信息，如其对比度的强弱、是否多峰等。将原始影像与5种地形校正模型校正后影像的直方图(以第四波段为例)进行比较。

从图2-12可以看出，经过地形校正后原始影像直方图的峰被拉伸了，校正后的直方图更近似高斯分布，与自然现象中的地物随机特性一致，反映了该地区地物真实统计特性。从直方图形状来看，5种地形辐射校正方法没有明显的差异。

2.5.4.4 散点图比较

图像亮度值与光照系数的相关关系反映了地形对影像亮度值的影响，原始影像中图像亮度值与光照系数的相关性一般都比较好，而地形辐射校正正是为了消除这种相关性。选择图像中250个随机像素样本，对第四波段的亮度值与对应的光照系数作散点图，并进行线性拟合。

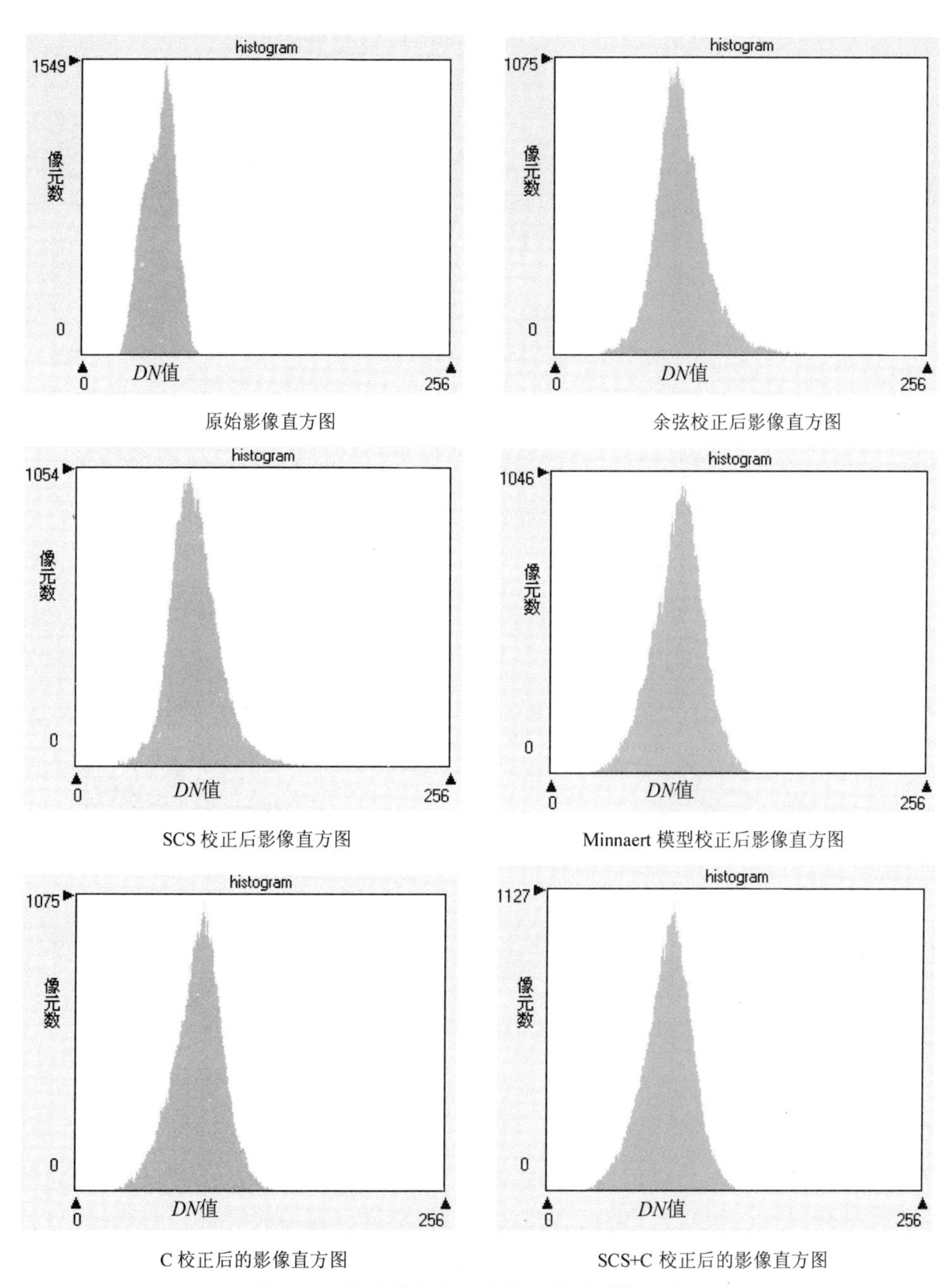

原始影像直方图　　余弦校正后影像直方图

SCS 校正后影像直方图　　Minnaert 模型校正后影像直方图

C 校正后的影像直方图　　SCS+C 校正后的影像直方图

图 2-12　原始影像和 5 种校正模型后的直方图

从图 2-13 可以看出，原始影像中第四波段亮度值受光照系数影响的情形经过各种地形辐射校正后明显减弱，比较 5 种校正方法后拟合的相关系数 R^2：Minnaert 校正(0.0868) < C 校正方法(0.1208) < SCS + C 校正(0.1211) < 余弦校正(0.2588) < SCS 校正(0.2615) < 原始影像(0.5494)。Minnaert 校正能够最大限度地消除地形对影像亮度值影响，效果最好，C 校正次之，再其次是 SCS + C 校正、余弦校正、SCS 校正。

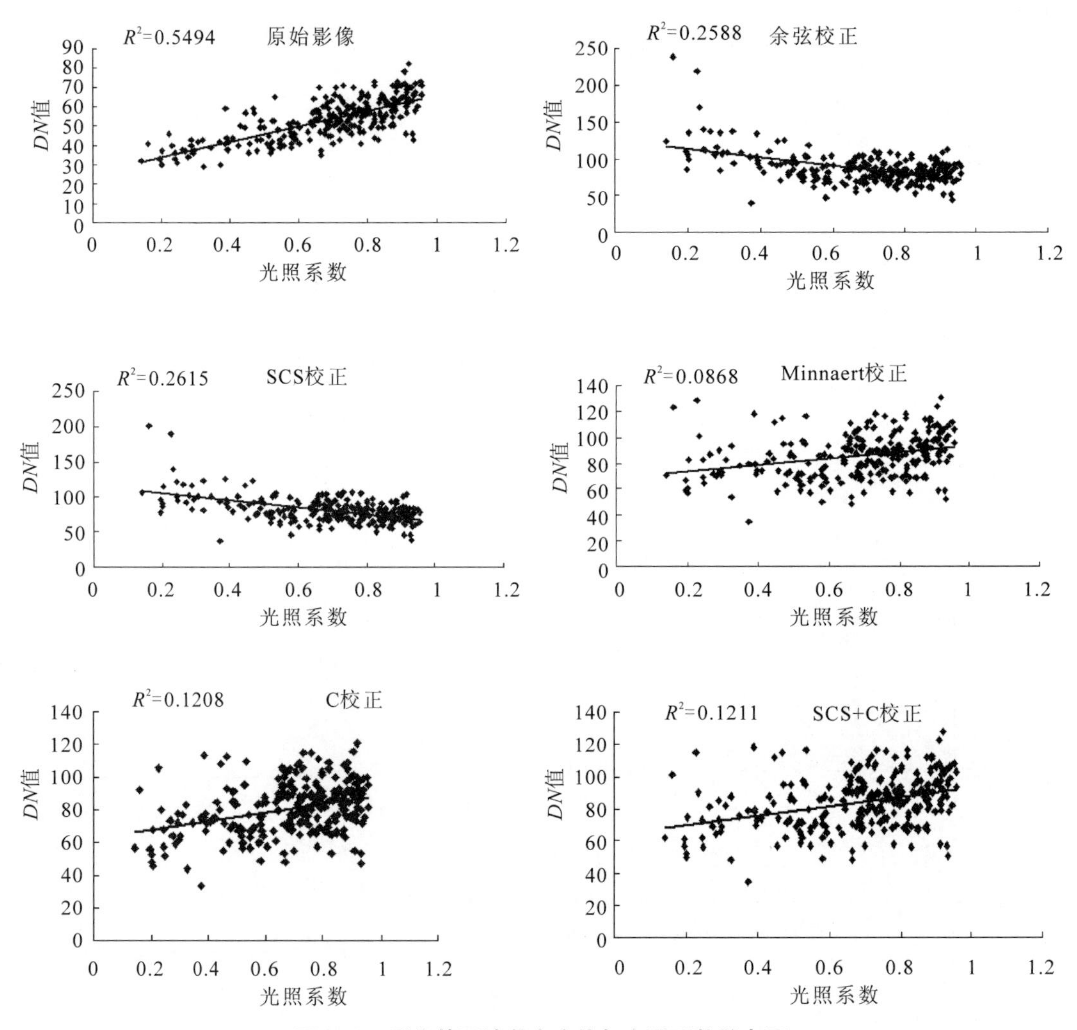

图 2-13　影像第四波段亮度值与光照系数散点图

2.6 图像变换

图像变换是图像处理与分析技术的基础，为了快速有效地对遥感图像进行处理与分析，常需对原定义在图像空间的图像以某种形式转换到另外一些空间，并利用在这些空间的特有性质方便地进行一定的加工，然后再转换回图像空间以得到所需要的效果。例如，遥感图像在变换域进行增强处理，一般要比在空间域简便易行。因此通过图像变换可以更方便有效地实现遥感图像的增强。不仅如此，通过图像变换还可以对遥感图像进行特征提取，这将有助于使用仪器实现对遥感图像的定量分析与自动识别分类。因此，遥感图像的变换处理，在发展遥感图像应用处理技术中有举足轻重的作用。

对于遥感图像的变换处理，在以下两方面有着十分重要的作用：第一，由于图像在变换域进行增强处理要比在空间域进行增强处理简单易行，因而可以通过图像变换简单而有效地实现增强处理，当然以增强为目的的变换处理，其结果还需变换回空间域；第二，通过图像变换可以对图像进行特征抽取。例如利用图像的功率谱特征来分析提取图像中的物理信息。

2.6.1　主成分变换

主成分变换也称为 K-L(Karhunen-Loeve)变换，是在统计特征基础上的多维正交线性变换，它也是多波段、多时相遥感图像应用处理中常用到的一种变换技术。

由于遥感图像的某些波段之间往往存在着很高的相关性，直观上彼此很相似。从提取有用信息的角度考虑，有相当一部分数据是多余和重复的。主成分变换的主要目的，就是要把原来多波段图像中的有用信息集中到数目尽可能少的新的主成分图像中，并使这些主成分图像之间互不相关。也就是说，各个主成分包含的信息内容彼此不重叠，从而大大减少总数据量，消除冗余信息，突出有效信息。简而言之，主成分变换是去除相关、进行特征提取和数据压缩的有效方法。随着遥感手段的发展，遥感图像在空间分辨率和波谱分辨率方面都在不断提高，主成分变换以及由主成分变换引申出的其他变换方法的应用价值也愈显重要(彭望琭，2002)。

从主成分变换的原理可知它是均方误差最小意义上的最佳正交变换，具有以下特点：

(1)变换前后的方差总和不变，只是把原来的方差不等量地再分配到新的主成分图像中。

(2)变换在几何意义上相当于进行空间坐标的旋转，第一主成分取波谱空间中数据散布最集中的方向，第二主成分取与第一主成分正交且数据散布次集中的方向，以此类推。因此，第一主成分包含了总方差的绝大部分(一般在 80% 以上)，而方差与信息量相一致，所以主成分变换的结果使得第一主成分几乎包含了原来各波段图像信息的绝大部分，其余主成分所包含的信息依次迅速减小。

(3)在原空间中各分量是相互斜交的，具有较大的相关性，经过主成分变换，在新的空间中各分量是直交的，相互独立的，相关系数为零。并且由于信息集中于前几个分量上，所以在信息损失最小的前提下，可用较少的分量代替原来的高维数据，达到了降维的效果，从而使得处理数据的时间和费用大大降低。另一方面，由于各主成分是相互垂直的，所以增大了类间距，减小了类内差异，有利于提高分类精度。

(4)第一主成分相当于原来各波段的加权和，而且每个波段的加权值与该波段的方差大小成正比(方差大说明该波段所包含的信息量大，在第一主成分中占的比重就大)，反映了地物总的辐射强度。其余各主成分相当于不同波段组合的加权差值图像。

(5)主成分变换的第一主成分不仅包含的信息量大，而且降低了噪声，有利于细部特征的增强和分析，适用于进行高通滤波、线性特征增强与提取以及密度分割等处理。

(6)主成分变换是一种数据压缩和去相关技术，即把原来的多变量数据在信息损失最小的前提下，变换为尽可能少的互不相关的新的变量(主成分)，以减少数据的维数，节省处理时间和费用。然而即使第一主成分包含了 90% 以上的总方差，也不能用它来代替多波段信息，而且在很多情况下，不能一概用主成分的顺序(即方差或贡献率的大小)确定其在图像处理中的价值。因为第一主成分虽然包含了绝大部分信息，不一定都是用户最感兴趣的有用信息，反过来说，在方差小的主成分图像上，虽然总的信息量少，但有可能恰好包含了所需要的某些地物信息，甚至有时被一般图像处理者认为主要是噪声的最后一、二个主成分中，也可能包括有某些很重要的特定专题信息。因此在对主成分进行取舍时应根据具体的应用目标而作具体分析。

(7)在主成分变换中起决定作用的是用于计算特征值和特征向量的协方差矩阵，如果有针对性地选择用于计算协方差矩阵的图像数据，然后把得出的变换矩阵应用于整个图像，则所选择图像的某些地物目标和细微信息就会更加突出。为此，可以在图像局部地区或训练区的统计特征基础上，或从多维数据中有针对性地选出某些波段数据作整个图像的变换，以重点增强主要的研究对象。这就是所谓的“有选择的变换”。

有矩阵：

$$X = \begin{bmatrix} x_{11} & x_{12} & \cdots & x_{m1} \\ x_{21} & x_{22} & \cdots & x_{m2} \\ \vdots & \vdots & & \vdots \\ x_{m1} & x_{m2} & \cdots & x_{mn} \end{bmatrix} \tag{2-32}$$

其中，m 和 n 分别为波段数(或称变量数)和每幅图像中的像元数；矩阵中每一行矢量表示一个波段的图像。

对于一般的线性变换 $Y=TX$，如果变换矩阵 T 是正交矩阵，并且它是由原始图像数据矩阵 X 的斜方差矩阵 S 的特征向量所组成，则此式的变换称为 K-L 变换。

2.6.2 缨帽变换

R. J. Kauth 和 G. S. Thomas 通过对图像进行数值分析来研究农作物和植被生长过程的影像变化时，发现图像波谱信息随时间变化的空间分布有一定规律性，它的形态像一个顶部有缨子的毡帽，缨帽的底面恰好反映了土壤信息的特征，称之为土壤面，它与植被的波谱特征互不相关。这种分析信息结构的正交线性变换就被称为缨帽变换。

缨帽变换(tasseled cap)是针对植物学所关心的植被图像特征，在植被研究中将原始图像数据结构轴进行旋转，优化图像数据显示效果，是由 R. J. Kauth 和 G. S. Thomas 通过分析陆地卫星 MSS 图像反映农作物和植被生长过程的数据结构后提出的一种经验性的多波段图像的正交线性变换，因而又叫 K-T 变换(党安荣，2003)。

这种变换也是一种线性组合变换，其变换公式为：

$$Y = BX \tag{2-33}$$

式中：X、Y——变换前后多光谱空间的像元矢量；

B——变换矩阵。

该变换也是一种坐标空间发生旋转的线性变换，但旋转后的坐标轴不是指向主成分方向，而是指向与地面景物有密切关系的方向。

K-T 变换的应用主要针对 TM 数据和曾经广泛使用的 MSS 数据。它抓住了地面景物，特别是植被和土壤在多光谱空间中的特征，这对于扩大陆地卫星 TM 影像数据分析在农业方面的应用有重要意义。

2.6.3 傅立叶变换

傅立叶变换是一种正交变换，它可以将傅立叶变换前的空间域中的复杂卷积运算，转化为傅立叶变换后的频率域的简单乘积运算。不仅如此，它还可以在频率域中简便而有效地实现图像增强，并进行特征提取。因此它广泛使用在图像处理包括遥感图像的应用处理中。

傅立叶变换(Fourier Analysis)首先是将遥感图像从空间域转换到频率域，把 RGB 彩色图像转换成一系列不同频率的二维正弦波傅立叶图像；然后，在频率域内对傅立叶图像进行滤波、掩膜等各种编辑，减少或消除部分高频成分或低频成分；最后，再把频率域的傅立叶图像变换到 RGB 彩色空间域，得到经过处理的彩色图像。傅立叶变换主要是用于消除周期性噪声，此外，还可用于消除由于传感器异常引起的规则性错误；同时，这种处理技术还以模式识别的形式用于多波段图像处理(党安荣，2003)。

2.7　图像增强

图像增强是数字图像处理的最基本的方法之一，在数字图像处理中受到广泛重视，具有重要的实用价值。图像增强的目的在于：

(1)采用一系列技术改善图像的视觉效果，提高图像的清晰度；

(2)将图像转换成一种更适合于人或机器进行解译和分析处理的形式。图像增强不是以图像保真度为原则，而是通过处理设法有选择地突出便于人或机器分析某些感兴趣的信息，抑制一些无用的信息，以提高图像的使用价值，即图像增强处理只是增强了对某些信息的辨别能力(党安荣，2003)。

2.7.1　线性拉伸

一般图像看不清楚，多数是由于图像相邻像元的灰度级太接近，使得人眼的灰度分辨能力受限制。图像的线性拉伸，就是根据直方图把背景的灰度压缩而目标的灰度拉伸，从而使得目标的细节清晰，达到图像增强的效果。具体方法：统计出图像中的最大灰度值和最小灰度值，然后通过比例映射到 0~255 的范围内。

拉伸变换分为线性和非线性 2 种，线性变换又分为整体线性变换和分段线性变换，可以根据整幅影像和所要研究的地物类型的灰度范围情况来选择整体线性变换和分段线性变换。有时线性变换的结果并不理想，可采用非线性变换，根据所要研究的地物类型的灰度范围和直方图形态，可选择不同的模型。

分段线性拉伸较为常用。假设分 n 段(即 n 个亮度范围)进行拉伸，第 i 个亮度范围为 $[a_{i-1},\ a_i]$，变换后的亮度范围为 $[b_{i-1},\ b_i]$，F_i 为变换前第 i 个亮度范围内某像元的亮度值，G_i 为变换后第 i 个亮度范围内某像元的亮度值，则拉伸变换函数为：

$$G_i = \frac{b_i - b_{i-1}}{a_i - a_{i-1} \times (F_i - a_{i-1}) + b_{i-1}} \tag{2-34}$$

图 2-14 为图像进行线性变换前后直方图对比结果。

2.7.2　直方图均衡化

直方图均衡化又称直方图平坦化，是将一已知灰度概率密度分布的图像，经过某种变换，变成一幅具有均匀灰度概率密度分布的新图像，其结果是扩展了像元取值的动态范围，从而达到增强图像整体对比度的效果。

设一幅图像总像元数为 n、分 L 个灰度级，n_k 代表第 k 个灰度级 r_k 出现的频数，则第 k 灰度级出现的概率为 $p_r(r_k)=n_k/n$，$0 \leqslant r_k \leqslant 1$，$k=0,\ 1,\ \cdots,\ L-1$，此时变换函数可表示为：

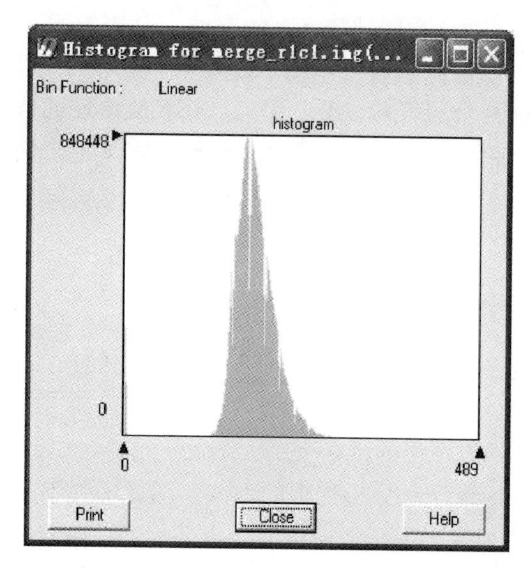

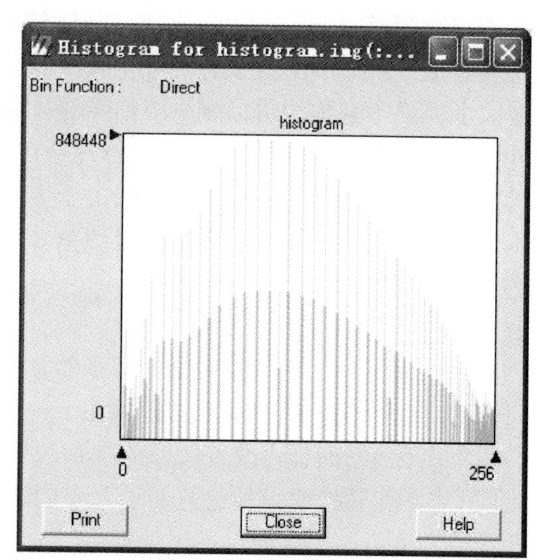

图 2-14 线性变换前后直方图对比

$$S_k = T(r_k) = \sum_{j=0}^{k} p_r(r_j) = \sum_{j=0}^{k} \frac{n_i}{n} \tag{2-35}$$

因此，根据原图像的直方图统计值就可算出均衡化后各像元的灰度值。按上式对遥感图像进行均衡化处理时，直方图上灰度分布较密的部分被拉伸；灰度分布稀疏的部分被压缩，从而使一幅图像的对比度在总体上得到很大的增强。

直方图均衡化后每个灰度级的像元频率，理论上应相等，实际上为近似相等，直接从图像上看，直方图各灰度级所占图像的面积近似相等；原图像上频率小的灰度级被合并，频率高的灰度级被保留，因此可以增强图像上大面积地物与周围地物的反差，同时来调整其不同波段的直方图来达到增强的目的。

直方图均衡化的优点是能够增强整个图像的对比度，提高图像的辨析程度，处理后图像的直方图在整个灰度范围内是近似均匀分布的。由于人眼对图像亮度的感知具有对数或立方根响应，故经人眼响应后的图像在高灰度区对比度会有所损失。利用常规直方图均衡化增强后的图像在高灰度区有(过亮)的感觉，因此采用变换的直方图均衡化算法抑制这一缺陷，变换的直方图均衡化算法是对常规直方图均衡化方法的改进。

2.7.3 比值增强

比值增强处理是将数字图像中同一像元不同波段的亮度值相除的比值，作为像元的新亮度值并显示图像的处理，称为比值增强处理。比值增强处理是建筑在地物间各波段光谱差异的基础上，突出地物显示的一种增强方法。例如，对于陆地卫星专题制图仪或多光谱扫描仪图像，每个像元有 7 个(或 4 个)波段的数值(亮度值)，可以组合成多种不同比值图像，如 TM_1/TM_2，TM_1/TM_3，TM_1/TM_4，TM_2/TM_3。在这些比值图像上，色调的深浅反映的是两个波段光谱比值的差异。因此，不同地物可依据它们之间的光谱特征，有的被突出了，有的则受到压抑。为此，可视应用的需要，选择不同的比值增强图像突出不同的地物。

比值增强处理对于增强和区分光谱亮度值差异虽不明显，而不同波段的比值差异较大的地物有着明显的效果。例如：陆地卫星 TM_4/TM_3 的比值，在植被覆盖较高时，对植被的生长十分敏感；而 $(TM_4 - TM_3)/(TM_4 + TM_3)$ 则可作植被覆盖较低时植被指数和生物量指标。此外，利用比值增强处理可对分类处理前的图像进行预处理，消除一些干扰影响，使分类处理效果更好。

比值增强处理时也可利用图像同一像元不同波段的亮度值进行加、减、乘、除四则混合运算，进行处理。但处理时，要深入研究分析目标地物间的光谱特征和变化，以利用混合四则运算处理来突出目标地物的显示，或从不同组合的混合运算处理中选择出增强效果最佳的处理方案，在同一地区推广。

比值图像可以抑制由地形起伏、坡度和坡向引起的辐射变化，还对植被信息提取有明显效果，好的比值图像可以扩大类间差异，提高分类的准确度，因此可以采用比值图像来解决森林类型划分问题。根据植被的反射光谱特性可知，植被在近红外波段反射率较高，在可见光波段吸收率较高，在这两个光谱区间有较大反差，可以通过比值使其差异突出（李铁芳，1987）。

设 g 是由 p 个分量 $g_i(i=1, 2, \cdots, p)$ 构成的多图像，则比值图像 g_kR，$k=1, 2, \cdots, p(p-1)$ 由下式给出：

$$g_kR = a \times g_i/g_j \tag{2-36}$$

应根据各波段的直方图分布和相关系数的大小来进行比值波段的选择，若两波段直方图既重叠较多且相关系数又小，则这两波段的比值具有较好的效果。

2.8　图像融合

图像融合(image fusion)技术是指将多源信道所采集到的关于同一目标的图像经过一定的图像处理，提取各自信道的信息，最后综合成同一图像以供观察或进一步处理。

遥感图像融合就是将多个传感器获得的同一场景的图像或同一传感器在不同时刻获得的同一场景的图像数据或图像序列数据进行空间和时间配准，然后采用一定的算法将各图像数据或序列数据中所含的信息优势互补性的有机结合起来产生新图像数据或场景解释的技术。这种新的数据同单一信源相比，能有效减少或抑制对被感知目标或环境解释中可能存在的多义性、残缺性、不确定性和误差，最大限度地提高各种图像信息的利用率，从而更有利于对物理现象和事件进行正确的定位、识别和解释。

高效的图像融合方法可以根据需要综合处理多源通道的信息，从而有效地提高了图像信息的利用率、系统对目标探测识别地可靠性及系统的自动化程度。其目的是将单一传感器的多波段信息或不同类传感器所提供的信息加以综合，消除多传感器信息之间可能存在的冗余和矛盾，以增强影像中信息透明度，改善解译的精度、可靠性以及使用率，以形成对目标的清晰、完整、准确的信息描述。

这诸多方面的优点使得图像融合在医学、遥感、计算机视觉、气象预报及军事目标识别等方面的应用潜力得到充分认识，尤其在计算机视觉方面，图像融合被认为是克服目前某些难点的技术方向；在航天、航空多种运载平台上，各种遥感器所获得的大量光谱遥感图像(其中分辨率差别、灰度等级差别可能很大)的复合融合，为信息的高效提取提供了良好的处理手段，取得明显效益。

一般情况下，图像融合由低到高分为三个层次：数据级融合、特征级融合、决策级融合。数据级融合也称像素级融合，是指直接对传感器采集来的数据进行处理而获得融合图像的过程，它是高层次图像融合的基础，也是目前图像融合研究的重点之一。这种融合的优点是保持尽可能多的现场原始数据，提供其他融合层次所不能提供的细微信息（郭雷，2008）。

像素级遥感图像融合算法主要有 IHS 变换法、小波变换法、主成分分析(PCA)法和 Brovey 变换法。这几种融合算法理论比较成熟，并且在特定方面都有很好的融合效果（陈超，2008）。

2.8.1　IHS 变换法

在图像处理中常用的有 2 种彩色坐标系：一种是由红(R)、绿(G)和蓝(B)三原色构成的 RGB 彩色空间；另一种是由亮度 I、色调 H 及饱和度 S 三个变量构成的 IHS 彩色空间。IHS 变换就是 RGB 空间与 IHS 空间之间的变换，从 RGB 空间到 IHS 空间的变换称为 IHS 反变换。

从遥感的角度讲，由多光谱的三个波段构成的 RGB 分量经 IHS 变换后，可以将图像的亮度、色调、饱和度进行分离。变换后的 I 分量与地物表面粗糙度相对应，代表地物的空间几何特征；色调分量 H 代表地物的主要频谱特征；饱和度分量 S 表征色彩的纯度。IHS 变换的公式如下：

$$\begin{aligned} I &= R + G + B \\ H &= (G - B)/(I - 3B) \\ S &= (I - 3B)/I \end{aligned} \tag{2-37}$$

式中，$0 < H < 1$ 扩展到 $1 < H < 3$。HIS 反变换公式为：

$$\begin{bmatrix} 1 \\ v_1 \\ v_2 \end{bmatrix} = \begin{bmatrix} \frac{1}{\sqrt{2}} & \frac{1}{\sqrt{2}} & \frac{1}{\sqrt{2}} \\ \frac{1}{\sqrt{6}} & \frac{1}{\sqrt{6}} & -\frac{2}{\sqrt{6}} \\ \frac{1}{\sqrt{2}} & -\frac{1}{\sqrt{2}} & 0 \end{bmatrix} \begin{bmatrix} R \\ G \\ B \end{bmatrix} \tag{2-38}$$

$$H = \tan^{-1}\left(\frac{v_2}{v_1}\right) \tag{2-39}$$

$$S = \sqrt{v_1^2 + v_2^2} \tag{2-40}$$

式中：ν_l、ν_2——彩色变换中的中间变量。

基于 IHS 变换的遥感图像融合基本步骤为：

(1)将多光谱图像进行 IHS 变换，得到亮度(I)、色调(H)和饱和度(S)图像；

(2)将变换后得到 I 分量用全色波段图像(I')替换；

(3)将 I'、H、S 进行 IHS 反变换，生成融合图像。

虽然融合后图像清晰度提高了，但光谱信息损失严重，即产生颜色失真。如果融合结果图像应用以光谱分析为主就不太适合选择该方法。

2.8.2　小波变换法

小波变换具有变焦性、信息保持性和小波基选择的灵活性等优点。经小波变换可将图像分解为一些具有不同空间分辨率、频率特性和方向特性的子图像。它的高频特征，相当于高、低双频滤波器，能够将一信号分解为低频图像和高频细节(纹理)图像，同时又不失原图像所包含的信息。因而可以用于以非线性的对数映射方式融合不同类型的图像数据，使融合后的图像既保留原高分辨率遥感图像的结构信息，又融合了多光谱图像丰富的光谱信息，提高图像的解译能力和分类精度。

基于小波变换的遥感图像融合基本步骤如下:

(1)对配准后的多光谱和全色波段图像分别进行小波正变换，获得各自的低频图像和细节、纹理图像;

(2)用小波变换后的多光谱图像的低频成分代替全色波段图像的低频成分;

(3)用替换后的多光谱图像的低频成分与全色波段图像的高频成分进行小波逆变换得到融合结果图像。

小波变换克服了传统傅立叶变换在将时域信号转换为频域信号后时域信息丢失的不足，提供了时域局部分析与细化的能力，可以揭示其他信号分析方法所丢失的数据信息，还能在没有明显损失的情况下对信号进行压缩和消噪。但它在图像融合中有两个缺点:一是容易产生较为明显的分块效应;二是直接用低分辨率图像的低频部分去替换高分辨率图像的低频部分，在一定程度上损失了高分辨率图像的细节信息。

2.8.3　主成分分析(PCA)法

主成分分析又称为 K-L 变换。主成分分析对图像编辑、图像数据压缩、图像增强、变化检测、多时相维数和图像融合等均是十分有效的方法。

基于主成分分析(PCA)的遥感图像融合基本步骤如下:

(1)对配准后的多光谱图像进行 PCA，提取第一主成分 PC_1;

(2)将全色波段图像拉伸到 PC_1 的方差和均值;

(3)用拉伸后的全色波段图像代替 PC_1，进行逆 PCA，得到融合后图像。

基于 PCA 的图像融合在保持图像的清晰度方面有优势，光谱信息损失比 IHS 方法稍好。后续应用若需要图像有更好的光谱特性时，PCA 变换是较 IHS 变换更好的选择。

2.8.4　Brovey 变换法

Brovey 变换是基于色度的一种颜色变换，并且比 RGB 到 IHS 的变换更简单。如果需要，Brovey 变换也可应用于单个波段。它建立在如下亮度调节的基础上:

$$Red_{\text{Brovey}} = \frac{R \times P}{1} \tag{2-41}$$

$$Green_{\text{Brovey}} = \frac{G \times P}{1} \tag{2-42}$$

$$Blue_{\text{Brovey}} = \frac{B \times P}{1} \tag{2-43}$$

式中：I——$I=(R+C+B)/3$；

R、G、B——多光谱图像的红、绿、蓝波段；

P——已经配准好的更高空间分辨率的数据。

Brovey 变换可用来融合具有不同空间特征和光谱特征的图像。但是，如果亮度替换（或调节）图像（即全色波段）的光谱范围与 3 个空间分辨率较低波段的光谱范围不同，那么 RGB 到 Brovey 变换可能引起色彩畸变。Brovey 变换是为了从视觉上提高图像直方图低端和高端的对比度而提出的（即，提供阴影、水和高反射区如城区的对比）。所以，如果原始图像中的辐射信息较为重要而需要保留时，就不能使用 Brovey 变换。但是，对于生成直方图中低高端具有较高对比度的 RGB 图像以及生成视觉效果满意的图像而言，这是个不错的方法。

本章参考文献

[1] 李小春. 2005. 多源遥感影像融合技术及应用研究[D]. 中国人民解放军信息工程大学博士论文.

[2] Wegener M. 1999. Destriping multiple sensor imagery by improved histogram matching [J]. Int. J Remote Sensing, 11(5): 859 -875.

[3] 王杰生. 1995. TM 热红外图像的横纹条带噪声及消除. 遥感技术与应用[J], 10(1): 53 -55.

[4] 陈劲松，邵芸，朱博勤. 2004. 中分辨率遥感图像条带噪声的去除[J]. 遥感学报, 8(3): 227 -233.

[5] Weinteb M P, Xie R, Lienesch J H, Crosby D S. 1989. Destriping COES Images by Matching Empirical Distribution Functions [J]. Remote Sensing of Environ. , 29: 185 -195.

[6] 朱小祥，范天锡，黄签. 2004.《神舟三号》成像光谱仪图像条带消除的一种方法[J]. 红外与毫米波学报, 23(6): 451 -454.

[7] 刘正军，王长耀，王成. 2002. 成像光谱仪图像条带噪声去除的改进矩匹配方法[J]. 遥感学报, 6(4): 279 -284.

[8] 陈劲松，朱博勤，邵芸. 2003. 基于小波变换的多波段遥感图像条带噪声的去除[J]. 遥感信息, (2): 6 -9.

[9] 杨忠东，张文建，李俊等. 2004. 应用小波收缩方法剔除 MODIS 热红外波段数据条带噪声[J]. 遥感学报, 8(1): 23 -30.

[10] 修吉宏，翟林培，刘红. 2005. CCD 图像条带噪声消除方法[J]. 电子器件, 28(4): 719 -722.

[11] 蒋耿明，牛铮，阮伟利等. 2003. MODIS 影像条带噪声去除方法研究[J]. 遥感技术与应用, 18(6): 393 -398.

[12] Fraser R S, Kaufman Y J. 1985. The Relative Importance of Scattering and Absorption in Remote Sensing [J]. IEEE Transactions on Geosciences and Remote Sensing, 23: 625 -633.

[13] 郑伟，曾志远. 2004. 遥感图像大气校正方法综述[J]. 遥感信息, (4): 66 -67.

[14] 宋晓宇，王纪华，刘良云等. 2005. 基于高光谱遥感影像的大气纠正：用 AVIRIS 数据评价大气校正模块 FLAASH[J]. 遥感技术与应用, 20(4): 393 -398.

[15] 田庆久，郑兰芬，童庆禧. 1998. 基于遥感影像的大气辐射校正和反射率反演方法[J]. 应用气象学报, 9(4): 456 -461.

[16] Adler Gold S M, MattIlew M W, Bemstein L S. 1999. Atmospheric Correction of Short Wave Spectral Imagery Based on MODTRAN 4 [C]. SPIE Proceeding, Imaging Spectrometry, V: 3753.

[17] M W Matthew, S M Adler-Colden, A Berk, G Felde, G P Anderson, D Gofodestzky, S Paswaters, M Shippert. 2003. Atmospheric Correction of Spectral Imagery: Evaluation of the FLAASH Algorithm. with AVIRIS data[C]. Presented at SPIE Proceeding, Algorithm and Technologies for Multispectral, Hyper spectral, and Ultra spectral Imagery, IX.

[18] 阮建武，邢立新. 2004. 遥感数字图像的大气辐射校正应用研究[J]. 遥感技术与应用，19(3)：206－208.

[19] Richter R. 1990. A Fast Atmospheric Correction Algorithm. Applied to Landsat TM Images [J]. Int. J Remote Sensing, 11: 159－166.

[20] 王建，潘竟虎等. 2002. 基于遥感卫星图像的 ATCOR 2 快速大气校正模型及应用[J]. 遥感技术与应用，17(4)：193－197.

[21] 栾庆祖，刘慧平. 2007. 遥感影像的正射校正方法比较[J]，遥感技术与应用，22(6)：743－747.

[22] 万里红，杨武年. 2007. 浅谈 Quick Bird 遥感卫星影像几何精纠正[J]. 测绘与空间地理信息，30(2)：12－15.

[23] 李立钢. 2006. 星载遥感影像几何精校正方法研究及系统设计[D]. 中国科学院.

[24] Gu D, Gillespie A. 1998. Topographic Normalization of Landsat TM Images of Forest Based on Subpixel Sun Canopy Sensor Geometry [J]. Remote Sense of Enwironment, 64: 166.

[25] Minnaert M. 1941. The Reciprocity Principle in Lunar Photometry [J]. Astrophysical Journal, 93: 403.

[26] Smith J, Lin T, Ranson K. 1980. The Lambertian Assumption and Landsat Data[J]. Photogrammetric Engineering and Remote Sensing, 45(9): 1183.

[27] Teillet P M, Guindon B, Goodeonugh D G. 1982. On the Slope-aspect Correction of Multi-spectral Scanner Data [J]. Canada Journal of Remote Sence, (8): 84.

[28] Itten K I, Meyer P. 1992. Geometric and Radiometric Correction of TM Data of Mountainous Forested Areas [J]. IEEE Transaction on Geoscience and Remote Sensing, 31(4): 764.

[29] Colby J D, Keating P L. 1998. Land Cover Classification Using Landsat TM Imagery the Tropical Highlands; the Influence of Anisotropic Reflectance [J]. International Journal of Remote Sensing, 19(8): 1479.

[30] Tokola T, Sakeala J, Linden M V D. 2001. Use of Topographic Correction in Landsat TM-based Forest Interpretation in Nepal [J]. International Journal of Remote Sensing, 22(4): 551.

[31] Ekstrand S. 1996. Landsat TM-based Forest Damage Assessment: Correction for Topographic Effects [J]. Photogrammetic Engineering and Remote Sensing, 62(2): 151.

[32] 张洪亮，倪绍祥，张军. 2001. 国外遥感图像的地形归一化方法研究进展[J]. 遥感信息，(3)：24－29.

[33] Liang S. 2004. Quantitative Remote Sensing of Land Surfaces [M]. Hoboken, New Jerser: John Willey & sons, Inc, 231.

[34] Scott A, Soenen, Derek R. 2005. SCS＋C: a Forested Terrain[J]. IEEE Transaction on Geoscience and Remote Sensing, 43(9): 2148.

[35] 彭望琭，白振平，刘湘南等. 2003. 遥感概论[M]. 北京：高等教育出版社.

[36] 党安荣等. 2003. ERDAS IMAGINE 遥感图像处理方法[M]. 北京：清华大学出版社.

[37] 李铁芳，冯均佖，苏民生. 1987. 遥感图像数字处理原理与应用[M]. 云南：云南科技出版社.

[38] 郭雷，李晖晖，鲍永生. 2008. 图像融合[M]. 北京：电子工业出版社.

[39] 陈超. 2008. 像素级遥感图像融合方法研究[J]. 国土资源信息化，(5)：25－29.

[40] 王福生. 2007. 基于 GIS 的森林资源档案更新方法[J]. 林业调查规划，32(1)：13－14.

第3章 森林资源变化遥感监测及空间数据自动更新

本章以相邻两年度遥感影像和上一年度小班数据为基础，研究了森林资源空间数据自动更新技术方法。该方法通过多时相遥感特征因子与植被变化相关性分析，筛选出对判断植被变化贡献较大的一些遥感特征因子，提取每个小班的遥感特征，对现势的遥感影像和小班历史GIS数据的先验知识进行综合分析，建立森林资源变化判别规则，对森林资源信息进行变化检测，确定变化小班，然后以变化的小班内遥感影像为研究对象，分别利用边缘提取和图像分割方法自动提取变化界线，产生分割线，再用分割线更新小班界线，从而生成本年度森林资源空间数据。研究表明，基于边缘提取方法的自动更新结果存在较多的伪边界，同时又丢失了一些真正的边界，其自动更新效果不理想；而基于图像分割方法自动更新的小班变化界线与人工目视勾绘的小班变化界线基本一致，可以满足生产要求，该技术方法高效、可行。

3.1 植物波谱特性及其变化规律

3.1.1 植物光谱反射特性的共性

绿色植物具有非常独特的光谱反射特性，形成很有特色的光谱反射曲线(图3-1)，而且无论高大的乔木、矮小的灌木或草本植被，只要正常生长，其光谱反射曲线都具有类似的形态特征。这些特征是：在可见光的蓝紫光波段，反射率相当低，一般低于10%，普遍低于岩矿、土壤，仅可能略高于清洁的水体；至绿光区反射率增高，曲线出现一个小反射峰(绿峰)之后，反射率急剧下降至0.67μm或0.68μm，形成很深的吸收谷(红谷)；进入红外区(实际上一般自0.71μm开始)反射率急剧上升，至0.8μm附近达到顶峰(红外尖)，这段区间的反射曲线很陡峻，几乎为近垂直的直线(图3-1)，此即著名的植被红外陡坡效应。达到顶峰后植被反射率的变化趋于平稳，曲线形态近似为略向长波方向倾斜并略有波状起伏的高平台(红外平台)，反射率一般在50%上下。过1.3μm反射率下降幅度明显增加，曲线波状起伏现象更趋突出。

植物这种光谱反射特性，主要是绿色植物特有的叶绿素和类胡萝卜素等附加色素以及水分子的光谱特性的综合反映。植被组织光谱特性测定查明：叶绿素强烈吸收0.4～0.45μm的蓝紫光，而0.425～0.49μm又是类胡萝卜素的强吸收区；二者叠加，所以植被在短光波段的反射率很低，曲线低而平缓。虽然0.49～0.56μm是类胡萝卜素的次强吸收区，是藻胆素中藻红蛋白的主要吸收区，但0.55μm前后的绿光区是叶绿素的强反射区，而且正常生长的植物叶绿素含量一般远远超过附加色素量，因此在可见光谱的中部即绿光区，植物仍有中等程度的反射率，形成一个相当明显的小反射峰，所以叶片呈现绿色。0.61～0.66μm是藻胆素中藻蓝蛋白的主要吸收带，0.65～0.7μm是叶绿素的强吸收带，

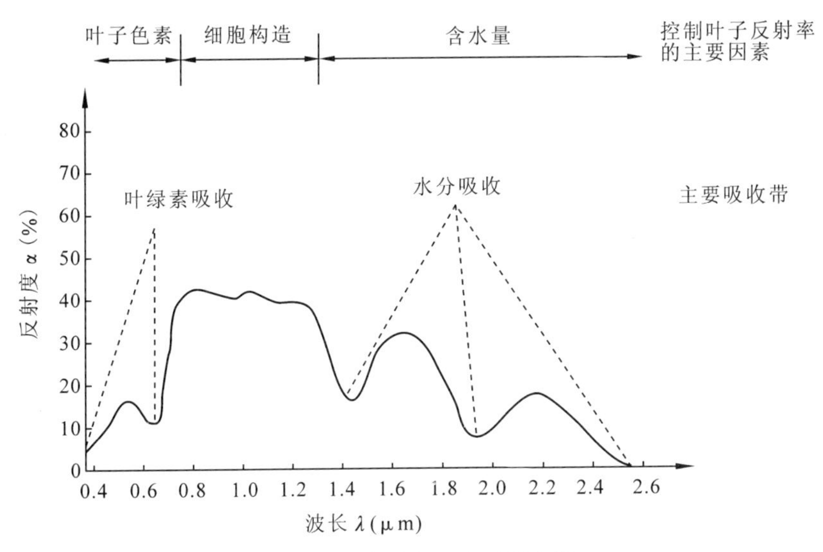

图 3-1　绿色植物光谱反射曲线

叶绿素 a 的四个主要吸收谷 0.67μm，0.68μm，0.695μm 和 0.7μm 都集中在这个区间。叶绿素 b 则仅在 0.65μm 处有一个吸收谷，所以绿色植物在 0.6～0.7μm 的红橙光谱段的反射率很低，曲线具有很深的波谷形态，其谷底多出现在 0.67～0.68μm 处。

大于 0.71μm 的近红外波段是叶绿素的最强反射区，0.71～0.8μm 这段曲线斜率大小主要取决于叶面积和叶绿素浓度(但如果叶绿素含量太高，超过 4～5mg/cm^2，则相关关系变得不明显)。此后至 1.3μm 左右的高反射平台是植物叶片内部结构多次反射、散射的结果。其间在波长 0.91μm 和 1.1μm 附近由于有水分子和羟基的吸收作用使光谱曲线表现为低谷，或形成反射率增长速度减慢的拐点。进入短波红外区，植物的反射率进一步随波长增加而逐步下降，并且多处受水分子等吸收带的影响而成波状起伏，例如 1.4μm，1.9μm 和 2.6μm 等处的吸收带，而吸收带之间的 1.6μm 和 2.2μm 处存在着明显的反射峰。这两个反射峰的强度对探测植物叶片的含水量有重要作用。

3.1.2　影响植物光谱反射特性的主要因素

影响植物光谱反射特性变化的因素很多，其中生育阶段和物候期的影响最为普遍。当绿色植物处于健壮的生长期时，叶片中的叶绿素占压倒优势，其他附加色素微不足道；而当植物进入衰老或休眠期，绿叶转变为黄叶、红叶或枯萎凋零，这时绿色植物所特有的光谱特征就会发生变化，红外区的高平台与水分子的吸收带等也会随之减弱。草本植物和作物的变化更为突出。

因此，以近红外波段和红光波段的反射率之比可作为表征植物长势和叶面指数或叶绿素浓度高低的遥感指标。另外，不同的植物种类虽然都有上述共同的光谱反射特性，形成很有特色的光谱反射曲线，但并不都是千树一面。实际上，不同的种属，处于不同的生长环境，其光谱反射曲线就会有许多差异，如泡桐、杨等阔叶树，枝叶繁茂，太阳辐射经过上下多层的叶面反射，上述绿色植被的光谱反射特性表现得最为突出；杉、松等针叶树，叶面积指数低，相当比重的太阳辐射穿过枝叶空隙直接投射到地面，因此植被反射总体降低，绿光区的小反射峰值也趋于平缓；草类则基本上介于两者之间。此外，不同植被类型在可见光区的反射率彼此差异小，曲线几乎重叠在一起，进入红外区，反射率的差异就扩大了，彼此容易区分，故 0. 8μm，1. 7μm，2. 3μm 都是识别不同植被类型的最佳波段。

3. 2 植被指数

植被覆盖是反映生态状况的最为重要的信息之一，可以通过遥感植被指数给予其测度，研究结果表明，利用在轨卫星的红光和红外波段的不同组合进行植被研究非常好。这些波段在气象卫星和地球观测卫星上都普遍存在，并包含 90% 以上的植被信息，这些波段间的不同组合方式被统称为植被指数(vegetation index)。植被指数是对地表植被活动的简单、有效和经验的度量。将两个(或多个)光谱观测通道组合可得到植被指数，这一指数在一定程度上反映着植被的演化信息。通常使用红色可见光通道(0. 6~0. 7μm)和近红外光谱通道(0. 7~1. 1μm)的组合来设计植被指数。

在遥感应用领域，植被指数已广泛用来定性和定量评价植被覆盖及其生长活力(田庆久等，1998)。植被指数有助于增强遥感影像的解译力，并已作为一种遥感手段广泛应用于土地利用覆盖探测、植被覆盖密度评价、作物识别和作物预报等方面，并在专题制图方面增强了分类能力。植被指数的另一个重要特点是可以转换成叶冠生物物理学参数，在植被生物物理学参数的获取方面还起着“中间变量”的作用。因此，植被指数还可用来诊断植被一系列生物物理参量：叶面积指数(*LAI*)、植被覆盖率、生物量、光合有效辐射吸收系数(*APAR*)等；反过来又可用来分析植被生长过程：净初级生产力(*NPP*)和蒸散(蒸腾)等。

由于植被光谱表现为植被、土壤亮度、环境影响、阴影、土壤颜色和湿度复杂混合反映，而且受大气空间—时相变化的影响，因此植被指数至今还没有一个普遍的计算方式值。根据植被指数的发展阶段，可将其分为 3 类：第一类植被指数基于波段的线性组合(差或和)或原始波段的比值，由经验方法发展的，没有考虑大气影响、土壤亮度和土壤颜色，也没有考虑土壤、植被间的相互作用(如 *RVI* 等)。它们表现了严重的应用限制性，这是由于它们是针对特定的遥感器(landsat MSS)并为明确特定应用而设计的。第二类植被指数大都基于物理知识，将电磁波辐射、大气、植被覆盖和土壤背景的相互作用结合在一起考虑，并通过数学和物理及逻辑经验以及通过模拟将原植被指数不断改进而发展的(如 *PVI*、*SAVI*、*MSAVI*、*TSAVI*、*ARVI*、*GEMI*、*AVI*、*NDVI* 等)。它们普遍基于反射率值、遥感器定标和大气影响并形成理论方法，解决与植被指数相关的但仍未解决的一系列问题。第三类植被指数是针对高光谱遥感及热红外遥感而发展的植被指数(如 *DVI*、*TSVI*、*PRI* 等)。这些植被指数是近几年来基于遥感技术的发展和应用的深入而产生的新的表现形式。尽管许多新的植被指数考虑了土壤 、大气等多种因素并得到发展，但是应用最广的还是 *NDVI*，并经常用 *NDVI* 作参考来评价基于遥感影像和地面测量或模拟的新的植被指数，*NDVI* 在植被指数中仍占有重要的位置。

3. 2. 1 比值植被指数

最早出现的植被指数就是比值植被指数(*RVI*)，是 Jordan 于 1969 年提出的。比值植被指数是根据叶子的典型光谱反射率特征得到的。由于叶绿素吸收在蓝色(0. 47μm)和红色(0.67μm)波段最敏感，可见光波段的反射能量很低。而几乎所有的近红外(Nir)辐射都被散射掉了(反射和传输)，很少吸收，而且散射程度因叶冠的光学和结构特性而异。因此红色和近红外波段的反差(对比)是对植物量很敏感的度量。无植被或少植被区反差最小，中等植被区反差是红色和近红外波段的变化结果，而高植被区则只有近红外波段对反差有贡献，红色波段趋于饱和，不再变化。这种对比可以用比值来增强。比值植被指数就是对这种对比的度量，也是叶冠结构和生物参数的函数。

由于可见光红波段(Red)与近红外波段(Nir)对绿色植物的光谱响应十分不同，且具倒转关系。两者简单的数值比能充分表达两反射率之间的差异。比值植被指数可表达为：

$$RVI = \frac{X_{\mathrm{Nir}}}{X_{\mathrm{Red}}} \text{ 或 } RVI = \frac{\rho_{\mathrm{Nir}}}{\rho_{\mathrm{Red}}} \tag{3-1}$$

式中：X_{Nir}和X_{Red}——近红外、红波段的计数值(灰度值)；

ρ——反射率。

对于绿色植物叶绿素引起的红光吸收和叶肉组织引起的近红外强反射，其 *R* 与 *NIR* 值有较大差异，使 *RVI* 值高。而对于无植被的地面包括裸土、人工特征物、水体以及枯死或受胁迫植被，因不显示这种特殊的光谱响应，则 *RVI* 值低。因此，比值植被指数能增强植被与土壤背景之间的辐射差异。土壤一般有近于 1 的比值，而植被则会表现出高于 2 的比值。可见，比值植被指数可提供植被反射的重要信息，是植被长势、丰度的度量方法之一。同理，可见光绿波段(叶绿素引起的反射)与红波段之比 *G/R*，也是有效的。比值植被指数可从多种遥感系统中得到。但主要用于 Landsat 的 MSS、TM 和气象卫星的 AVHRR。

RVI 是绿色植物一个灵敏的指示参数。研究表明，它与叶面积指数(*LAI*)、叶干生物量(*DM*)、叶绿素含量相关性高，被广泛用于估算和监测绿色植物生物量。在植被高密度覆盖情况下，它对植被十分敏感，与生物量的相关性最好。但当植被覆盖度小于 50% 时，它的分辨能力显著下降。此外，*RVI* 对大气状况很敏感，大气效应大大地降低了它对植被检测的灵敏度，尤其是当 *RVI* 值高时。因此，最好运用经大气纠正的数据，或将两波段的灰度值转换成反射率(ρ)后再计算 *RVI*，以消除大气对两波段不同非线性衰减的影响。

3.2.2　归一化植被指数

归一化植被指数(*NDVI*)是 Deering 于 1978 年提出的，其计算方法如下式。

$$DNVI = \frac{X_{\mathrm{Nir}} - X_{\mathrm{Red}}}{X_{\mathrm{Nir}} + X_{\mathrm{Red}}} \tag{3-2}$$

式中：X_{Nir}——近红外波段；

X_{Red}——红波段。

归一化植被指数，将比值限定在[-1，1]范围内。比值形式的 *NDVI* 可以将某些与波段正相关的噪声、直射辐射或漫射辐射，云、云影、太阳角和视角，地形、大气削弱等影响降到最低。还可以在一定程度上消除定标和仪器误差的影响。*NDVI* 对绿色植被表现敏感，能够对农作物和半干旱地区降水量进行预测，目前该指数被广泛应用于进行区域和全球的植被状态研究。

尽管比值消去了变量的单位，但不同资料计算出的 *NDVI* 结果并不相同，使用时必须保持一致性(Jackson 和 Huete, 1991)。对低密度植被覆盖,*NDVI* 对于观测和照明几何非常敏感。但在农作物生长的初始季节,将过高估计植被覆盖的百分比;在农作物生长的结束季节,将产生估计低值。将各波段反射率以不同形式进行组合来消除外在的影响因素,如遥感器定标、大气、观测和照明几何条件等。这些线性组合或波段比值的指数发展满足特定的遥感应用,如作物产量、森林开发、植被管理和探测等。比值消除噪声的程度取决于近红外与红色通道反射率噪声的相关性和地面接近朗伯体的程度。

3.2.3 绿度植被指数

缨帽变换可以使植被与土壤的光谱特性分离。植被生长过程的光谱图形呈所谓的“穗帽”状,而土壤光谱构成一条土壤亮度线,土壤的含水量、有机质含量、粒度大小、矿物成分、表面粗糙度等特征的光谱变化沿土壤亮度线方向产生。缨帽变换后得到的第一个分量表示土壤亮度,第二个分量表示绿度,第三个分量随传感器不同而表达不同的含义。如,MSS 的第三个分量表示黄度,没有确定的意义;TM 的第三个分量表示湿度。前两个分量集中了95%以上的信息,这两个分量构成的二位图可以很好地反映出植被和土壤光谱特征的差异。

绿度植被指数(*GVI*)是各波段辐射亮度值的加权和,其计算表达式为:

$$GVI = -0.1603TM_1 - 0.2819TM_2 - 0.4939TM_3 + 0.794TM_4 - 0.0002TM_5 - 0.1446TM_7 \tag{3-3}$$

式中:TM_n——*TM* 第 n 波段。

GVI 可以用来评价植被和裸土的行为,与植被覆盖有较大的相关性,可以最大限度地减少土壤背景的影响。

3.2.4 土壤调节植被指数

许多观测显示 *NDVI* 对植被冠层的背景亮度非常敏感,叶冠背景因雨、雪、落叶、粗糙度、有机成分和土壤矿物质等因素影响使反射率呈现时空变化。当背景亮度增加时,*NDVI* 也系统性地增加。在中等程度的植被,如潮湿或次潮湿土地覆盖类型,*NDVI* 对背景的敏感最大。土壤亮度对植被指数有相当大的影响。许多植被指数的发展就是为了控制土壤背景的影响。土壤背景和环境反射率的空间变化与土壤结构、构造、颜色和湿度有关。由于土壤背景的作用,当植被覆盖稀疏时,红波段辐射将有很大地增加,而近红外波段辐射将减小,致使比值指数和垂直指数(*PVI*)都不能对植被光谱行为提供合适的描述。由此,必须发展其他新的植被指数以便更合适地描述“土壤—植被—大气”系统。为了减少土壤和植被冠层背景的干扰,Huete(1988)提出了土壤调节植被指数(*SAVI*:soil adjusted vegetation index),之后 Qi 等(1994)又提出修正的土壤调节植被指数(*MSAVI*)。

$$SAVI = (1 + L)(X_{Nir} - X_{Red})/(X_{Nir} + X_{Red} + L) \tag{3-4}$$

$$MSAVI = \left(2X_{Nir} + 1 - \sqrt{(2X_{Nir} + 1)^2 - 8(X_{Nir} - X_{Red})}\right)/2 \tag{3-5}$$

式中:X_{Nir}——近红外波段;

X_{Red}——红波段;

L——土壤调节参数。

与 *NDVI* 相比,土壤调节植被指数增加了根据实际情况确定的土壤调节系数 L,取值范围 0~1。目的是解释背景的光学特征变化并修正 *NDVI* 对土壤背景的敏感。$L=0$ 时，表示植被覆盖度为 0；$L=1$ 时，表示土壤背景的影响为 0，即植被覆盖度非常高，土壤背景的影响为 0，这种情况只有在被树冠浓密的高大树木覆盖的地方才会出现。

SAVI 仅在非常理想的状态下才适用。因此有了 *TSAVI*、*ATSAVI*、*MSAVI*、*SAVI2*、*SAVI3*、*SAVI4* 等改进模型。

3.2.5　垂直植被指数

垂直植被指数(perpendicular vegetation index，PVI)是基于土壤线理论上发展出来的。相对于比值植被指数，PVI 表现为受土壤亮度的影响较小。Jackson 发展了基于 *n* 维光谱波段并在 *n* 维空间中计算植被指数的方法。两维空间计算的 PVI、四维空间计算的植被指数及六维空间计算的植被指数是 *n* 维植被指数的特殊情况。普遍用"*n*"波段计算"*m*"个植被指数($m \leqslant n$)。实际上，相对于仅用红波段和红外波段的方法，而通道数一味增加往往并不能对植被指数有多大的贡献。

垂直植被指数(PVI)是在 Red、Nir 二维数据中对 GVI 的模拟，两者物理意义相似。在 Red、Nir 的二维坐标系内，土壤的光谱响应表现为一条斜线——即土壤亮度线。土壤在 Red 与 Nir 波段均显示较高的光谱响应，随着土壤特性的变化，其亮度值沿土壤线上下移动。而植被一般在红波段响应低，而在近红外波段光谱响应高。因此在这二维坐标系内植被多位于土壤线的左上方。

由于不同植被与土壤亮度线的距离不同。于是 Richardson(1977)把植物像元到土壤亮度线的垂直距离定义为垂直植被指数(PVI)。PVI 是一种简单的欧几米得(Euclidean)距离。表示为：

$$PVI = \sqrt{(S_{\mathrm{Red}} - V_{\mathrm{Red}})^2 + (S_{\mathrm{Nir}} - V_{\mathrm{Nir}})^2} \tag{3-6}$$

式中：S——土壤反射率；

V——植被反射率；

Red——红波段；

Nir——红外波段。

PVI 表征在土壤背景上存在的植被的生物量，距离越大，生物量越大，也可将 *PVI* 定量表达为：

$$PVI = (DN_{\mathrm{Nir}} - b)\cos\theta - DN_{\mathrm{Red}}\sin\theta \tag{3-7}$$

式中：DN_{Nir}、DN_{Red}——Nir、Red 两波段的反射辐射亮度值；

b——土壤基线与 Nir 反射率纵轴的截距；

θ——土壤基线与 Red 光反射率横轴的夹角。

PVI 的显著特点是较好地滤除了土壤背景的影响，且对大气效应的敏感程度也小于其他植被指数。正因为它减弱和消除了大气、土壤的干扰，所以被广泛应用于作物估产。从理论上讲，*GVI*、*PVI* 均不受土壤背景的影响，对植被具有适中的灵敏度，利于提取各种土壤背景下生长的植被专题信息。其数值已扩展到 *TM* 的 6 维数据(除 TM_6 热红外数据)，以及 AVHRR 的可见光—近红外数据，并有现成的模型和成熟的图像处理算法。

植被指数的种类还有很多，表 3-1 是一些常用类型的植被指数公式及来源表。

表 3-1 常用植被指数类型公式及来源表

植被指数	公式	来源
比值植被指数(*RVI*)	X_{Nir}/X_{Red}	Birth and McVey，1968
归一化植被指数(*NDVI*)	$(X_{Nir}-X_{Red})/(X_{Nir}+X_{Red})$	Deering，1975
差值植被指数(*DVI*)	$X_{Nir}-X_{Red}$	Richardson 等，1977
垂直植被指数(*PVI*)	$\sqrt{(S_{Red}-V_{Red})^2+(S_{Nir}-V_{Nir})^2}$	Richardson and Wiegand，1977
绿度植被指数(*GVI*)	$-0.1603TM_1-0.2819TM_2-0.4939TM_3+0.794TM_4-0.0002TM_5-0.1446TM_7$	Grist，1985
亮度植被指数(*BVI*)	$0.0243TM_1+0.4158TM_2+0.5524TM_3+0.5741TM_4+0.3124TM_5+0.2303TM_7$	Grist，1985
湿度植被指数(*WVI*)	$0.0315TM_1+0.2021TM_2+0.3102TM_3+0.1594TM_4-0.6806TM_5-0.6109TM_7$	Grist，1985
土壤调节植被指数(*SAVI*)	$(1+L)(X_{Nir}-X_{Red})/(X_{Nir}+X_{Red}+L)$	Huete 等，1988
修正型土壤调节植被指数(*MSAVI*)	$[2X_{Nir}+1-\sqrt{(2X_{Nir}+1)^2-8(X_{Nir}-X_{Red})}]/2$	Qi 等，1994

3.2.6 其他植被指数

以上介绍了几种常见的有代表性的植被指数，近年来随着高光谱分辨率遥感的发展以及热红外遥感技术的应用，又产生红边植被指数(*RVI*)、导数植被指数(*DVI*)、温度植被指数(*TSVI*)、生理反射植被指数(*PVI*)等一些新的植被指数。“红边”的一般定义为叶绿素吸收红边斜率的拐点。红边位置灵敏于叶绿素 a、b 的浓度和植被叶细胞的结构。为获取红边位置信息，Miller 等用一个倒高斯模型拟合红边斜率。导数植被指数由于它能压缩背景噪声对目标信号的影响或不理想的低频信号，被应用在目前的高光谱遥感研究中，尤其是在利用高光谱遥感提取植被化学成分信息方面得到成功的应用。近年来研究表明：热红外辐射(如土面亮度温度)和植被指数在大尺度范围遥感应用中可提高土地覆盖的制图和监测精度。生理反射植被指数是针对高光谱遥感的特点，对植被生化特性的短期变化(如一天的植被的光合作用)进行探测。

由于近年来一些学者研究和发展了较多的植被指数，限于篇幅，在此不一一赘述。

3.3 植被变化多时相遥感特征分析

森林资源与生态状况的年度监测工作中的一项重要任务是寻找监测周期内森林资源及生态状况发生的变化，并对这些发生变化的小班进行更新，并生成新一年度的森林资源与生态状况矢量数据。寻找并发现变化的是利用遥感和 GIS 进行森林资源与生态状况年度监测工作的关键一步。植被遥感特征变化的检测方法主要有两类：分类后结果比较法和多时相影像数据直接比较分析法。

分类后结果比较法的精度受到影像分类精度的限制，最后检测结果的精度是两次分类精度的积，而且它对影像的全部范围都要进行分类而不管它们是否已经发生变化，增加了变化信息检测的计算量。第二种方法将类别变化类型作为一类进行分类，但是，因两个时相数据产生较多的分类特征、类别数目而且需要同时考虑光谱域和时间域两个特征空间，导致较难得到合适的判别函数，需要采用合适的图像预处理和分类方法才能够提高分类精度。

由于森林植被遥感分类的精度不高，目前在森林资源与生态状况年度监测中倾向于选用多时相影像数据直接比较法先比较分析两年度的遥感影像，然后将两期遥感影像的处理结果结合前期的森林资源与生态状况矢量数据进行变化提取。本节主要介绍利用直接比较分析法对遥感数据作信息变化检测。下一章将详细介绍结合其他数据提取变化的方法。

常用的多时相影像数据直接比较分析检测变化方法有：差值运算检测变化法，变换类方法和多时相遥感图像融合法等。

3.3.1　基于单波段图像差值运算分析植被变化

对两个不同时相的图像，经过辐射校正和高精度的几何配准之后，将两个不同时相图像上的对应像素相减，如公式(3-8)所示。在新生成的图像中没有变化的区域的图像像素灰度值为 0，有变化区域像素灰度值则可能为正或负，为了使得像素灰度值都大于 0，通常加上一个常数 C。差值图像的像素灰度值通常近似高斯分布，没有发生变化的像元多集中在均值周围，而发生变化的像元分布在高斯分布曲线的尾部。

$$X_{ij} = X_{t1ij} - X_{t2ij} + C \tag{3-8}$$

式中：X_{ij}——差值图像像素灰度值；

X_{t1ij}和 X_{t2ij}——$t1$ 和 $t2$ 两个时相图像的像素灰度值；

C——常数。

图像相减方法的优点是简单、直观，结果比较容易解译。缺点是不能提供变化类型信息而且当两次成像(季节、太阳高度角、地表湿度等)不同时，也可能造成灰度差异，但它一定代表目标发生了变化。差值处理所得到的结果，再经过阈值过滤后，可获得图像的变化信息。根据差值处理的对象不同，基于图像差值分析植被变化的方法也可分为如下几种。

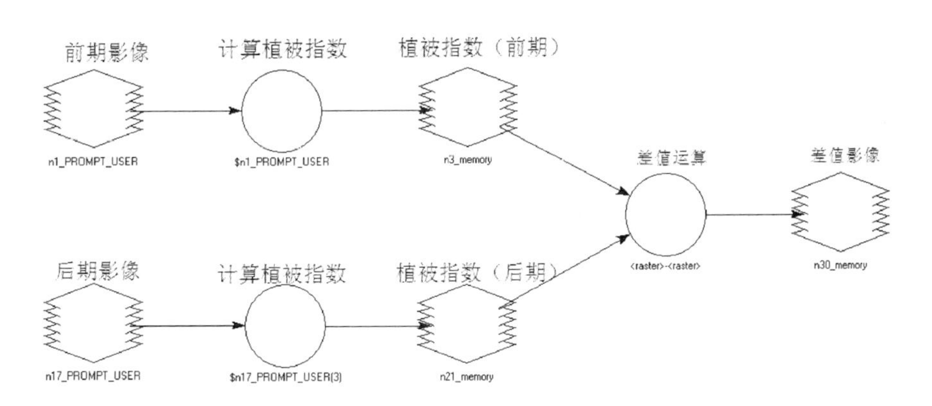

图 3-2　Erdas Model Maker 制作的影像处理流程

3.3.1.1 植被指数差值

应用 Erdas 中 Image Interpreter 模块下的 Spectral Enhancement→Indices 工具，对两时相的遥感影像分别计算植被指数，然后对得到的植被指数作差值。也可以将上述操作直接在 Erdas 中的 Modeler Maker 制作成影像处理流程，输入两期遥感影像后直接输出差值影像。

图 3-2 是 Modeler Maker 中制作的差值运算处理流程，利用此模块笔者分别采用比值植被指数、归一化植被指数、绿度植被指数和垂直植被指数 4 种指数计算方式，计算了 2007 年与 2006 年度的植被指数差值影像。所选影像区域位于广东北部翁源县境内。差值影像见图 3-3。

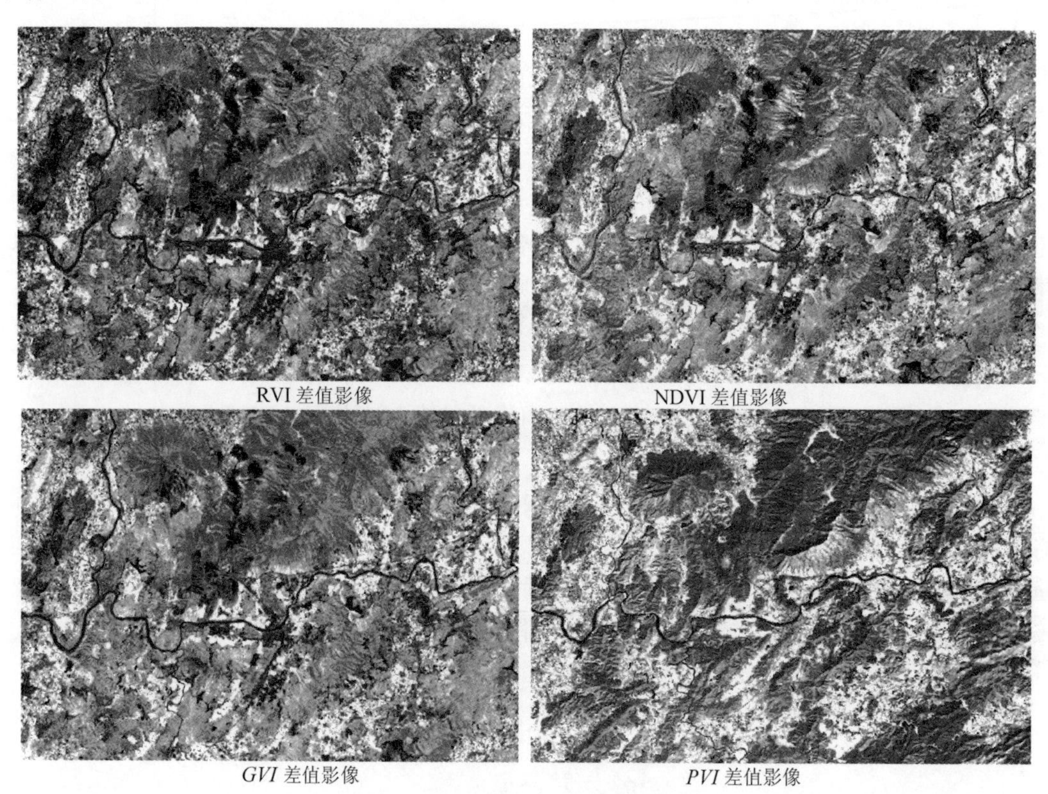

图 3-3 几种植被指数的差值影像

3.3.1.2 近红外波段差值

在遥感数据中，近红外波段对绿色植物类别差异最敏感，同植被指数相似，也可以直接对不同时相影像的近红外波段作差值处理来检测森林植被的消长。选取两时相的遥感影像中的近红外波段作差值处理。差值运算的方法很多，可以直接用 Erdas 中的 Operator 处理工具，选择两期影像中的近红外波段计算其差值，也可以选用 Arcmap 中在 Erdas 中的 Raster Calculator 工具(图 3-4)来处理。近红外波段的差值计算结果如图 3-5。

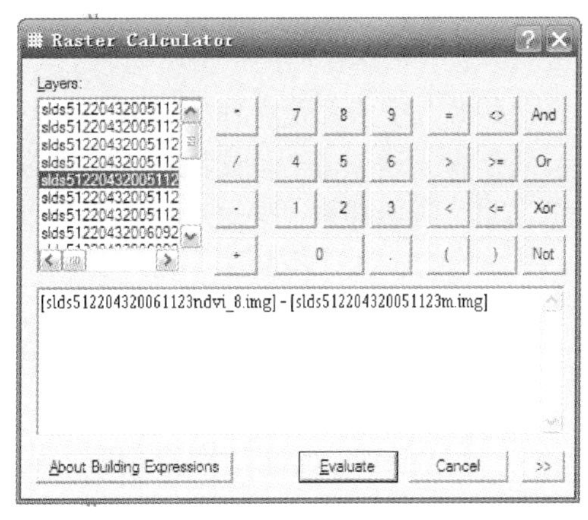

图3-4　Raster Calculator 工具

图3-5　近红外波段差值影像

3.3.1.3　第二主成分差值

由于主成分变换所得到的第一主成分上集中原始影像上大部分的信息，而第二主成分则包含了影像的差异信息，先分别对两时相的遥感影像作主成分变换，选择两个变换结果的第二主成分分量作差值处理(图3-6)。

图3-6　第二主成分差值

差值运算检测变化法有其自身的缺陷：单一波段不可能准确地反映出全部变化信息。另外，变化信息覆盖两个时相的地类，要进行一次分类处理，以确定变化信息类型。

3.3.2 基于 K-L 变换分析植被变化

主成分分析(principal components analysis, PCA)又称 K-L 变换，是一种去除多光谱图像波段间相关性，同时不丢失信息的一种正交变换。对于多光谱图像，首先计算波段间的协方差矩阵，然后计算出协方差矩阵的特征值和特征向量，进而解算出变换矩阵。变换的结果称之为主成分，主成分是原始数据的线性变换，主成分之间正交不相关，而且第一主成分 PC1 包含的信息最多，第二主成分 PC2 包含的信息次多，依次类推。一般 PC1, PC2, PC3 包含了整个95%以上的信息量，因此通过 PCA 变换可以达到冗余压缩和信息集中的目的。

PCA 变换用于变化检测中主要有两种方法，一种方法是把不同时相的图像看作是同一时相多光谱图像进行主分量变换，在统计上不变的信息将会集中在前几个主要的分量上，而发生了变化的地物信息会集中在次要的主分量中，对次要主分量进行分析就可以检测出变化信息；另一种办法是分别对不同时相的图像进行 PCA 变换，选择主要的几个主成分计算它们之间的差值来实现变化检测(杨贵军，2003)。

通过 PCA 可以压缩冗余信息，消除多光谱图像波段间的相关性，减少了处理的数据量。PCA 变化检测方法也存在明显的缺陷，作为变换结果的主成分源图像相关，这就要求不同时相的数据是同一传感器，相同分辨率的图像，主成分影像往往失去了原来数据的物理光谱特性，对地物的解译往往只能依赖其几何、纹理信息。

3.3.2.1 主成分变换差值

同一地区两个不同时相的遥感影像经过辐射校正、正射校正等处理后，对两时相的影像先作主成分变换，然后对变换结果作差值，并取其绝对值作为处理结果。由于在对两影像分别作主成分变换时，影像的信息被降维压缩到了变换结果的前面几个分量中，因此在作差值处理时，前面分量之差也就反映了原始影像中对应的变化信息。利用这几个差值分量波段组合就能发现不同时相影像的变化来(图 3-7)。主成分变换差值计算法参见彩图 17。

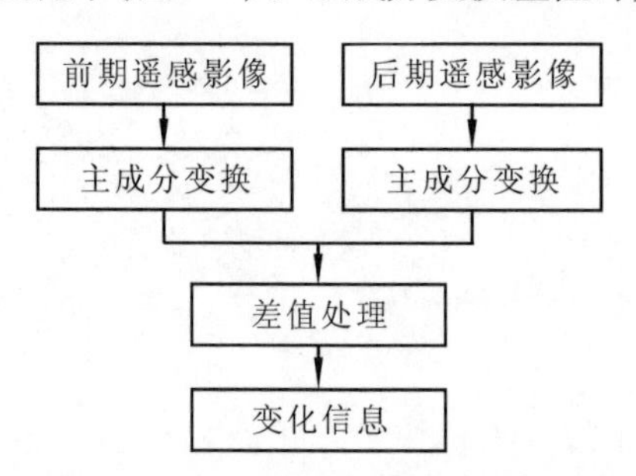

图 3-7 主成分变换差值的计算方法

3.3.2.2 差值主成分变换

此方法与主成分差异法相似，都是利用主成分变换和差值处理来提取两时相影像的变化信息，其区别在于影像作主成分变换与差值处理的顺序不同。要求先对两时相遥感影像作相差取绝对值处理，从而得到一个差值影像。这个差值影像滤除了两个时相影像中相同的背景部分，同时集中了原两时相影像中绝大部分的变化信息。然后对利用 PC 变换的统计学特性，对差值影像作主成分变换，将差值影像中各波段的变化信息压缩(图 3-8)。所得变换结果的前几个分量集中差异影像的主要信息，即原两时相影像的主要差异信息(彩图 18)。

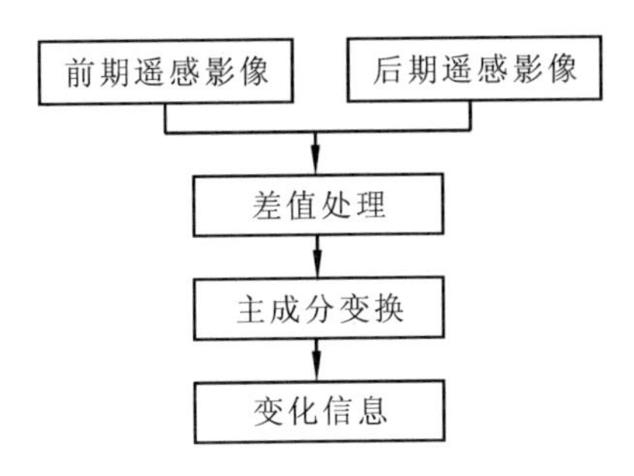

图 3-8　差值主成分变换的计算方法

3.3.2.3　多时相遥感数据主成分变换

遥感的地物反射物理原理告诉我们，地物属性发生变化，必将导致其在影像某几个波段上的值发生变化，所以只要找出两时相影像中对应波段上值的差别，并确定这些差别的范围，便可发现地物变化信息。在具体操作中，首先通过波段叠加把两时相影像的所有波段合成到一个新影像中，对此影像作主成分变换。由于主成分变换结果的前几个分量上集中了两时相影像的主要信息，后几个分量则反映的是两时相影像的差别信息，因此可以抽取后几个分量进行波段组合来产生出变化信息。

3.3.3　多时相遥感特征与植被变化相关性分析

前面两节介绍了植被遥感特征变化的检测方法，这些方法所检测出的结果比较多，在应用前要对其加以分析，找出对检测植被变化效果帮助最大的几种结果。由于前面的数据比较多，为了方便比较，先对这些计算结果进行了统一的命名(表 3-2)。

表 3-2　波段命名

波段名	ndvOld	ndvNew	ndvN-O	nir_ s	pca_ s1	pca_ s2	pca_ s3
意义	上年度植被指数	当年植被指数	两年植被指数之差	两年近红外波段之差	主成分差值 1	主成分差值 2	主成分差值 3
波段名	s_ pca1	s_ pca2	s_ pca3	add_ pca1	add_ pca2	add_ pca3	
意义	差值主成分 1	差值主成分 2	差值主成分 3	两年度叠加主成分 1	两年度叠加主成分 2	两年度叠加主成分 3	

为检验各种计算结果对于分类的贡献率，本研究首先利用档案资料找出 752 个小班，并将其视为已知的植被变化判读结果的检验样本。这些小班的植被变化类型可以分为植被增加和植被减少 2 种。利用 SPSS 多元分析软件对这些小班的遥感特征因子与分类结果进行分析，最后得到各种遥感特征因子与植被变化判读结果的相关性。

图 3-9 反映的是遥感特征因子与植被变化判读结果的相关性分析。通过这个图不难发现，当年度植被指数、差值主成分第二分量、两期植被指数之差、主成分差值第二分量、两年度叠加主成分变换第三分量共 5 个因子与植被变化判读结果相关性较大，绝对相关系数都在 0.6 以上，说明这几个因子对判断植被变化有较大的作用。本书将在下一章的森林

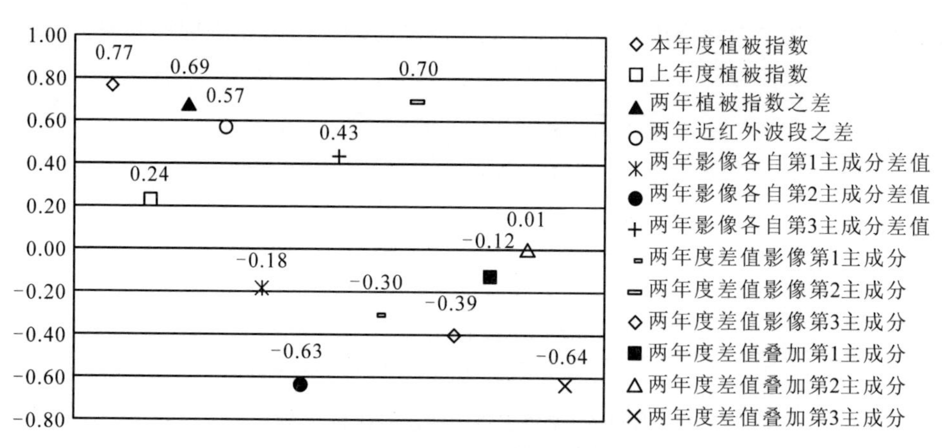

图 3-9 遥感特征因子与植被变化相关性分析

资源变化检测中使用这些波段。而其余的 8 种处理结果与植被变化的判读相关系数较小，这就说明它们对于判读植被是否变化的作用较小。

3.4 森林资源空间变化信息自动检测

各种森林植被的自然生长都会造成森林资源的变化，因此，可以利用林木生长模型对森林资源的变化进行更新。除了森林的自然生长外，人为造林、培育及砍伐或是自然灾害等原因都会引起森林资源和生态状况发生非正常的改变，发生这些变化的小班称为“突变小班”。林木自然生长带来的变化的处理方法在后面的章节中将详细介绍。本章所讲到的变化都是指除自然生长外的“突然变化”。森林资源的变化会通过遥感影像的光谱特征和结构特征的变化集中反映出来，具体表现为颜色、色调、纹理、形状等反面的变化，这也为人们检测和提取变化信息提供了数据支持。对同一地区不同时相的遥感影像进行分析处理，运用解译标志和实践经验与知识，可以通过遥感影像上识别出变化目标，进而定性、定量地提取出目标的分布、结构、功能等有关信息。森林资源变化信息检测处理的主要思路见图 3-10。

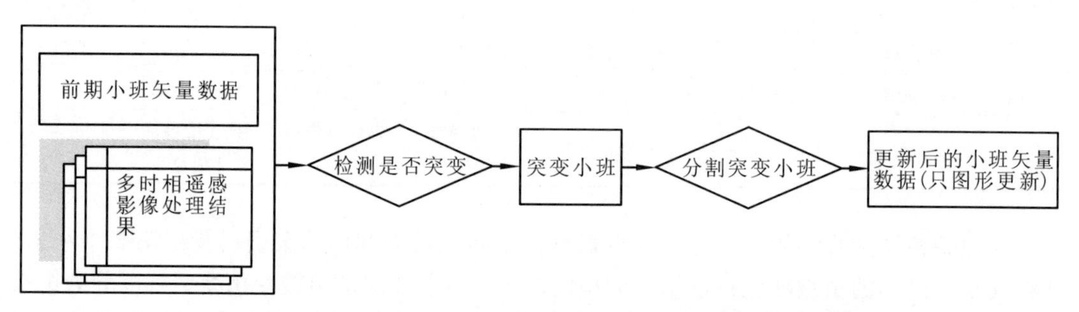

图 3-10 森林资源变化信息检测及空间变化信息处理的主要思路

3.4.1 变化信息的处理

森林资源与生态状况变化信息处理的方式可分为 3 种：人工目视判断处理、自动检测及人工与自动相结合的方法。由于技术上的限制，目前在森林资源动态遥感监测中，大多采用最后一种方法，即人工与自动相结合的方法。然而由于人工处理耗时费力效率低，计算机自动处理是现今的研究热点。处理的过程主要分为突变小班检测和空间变化信息提取。

突变小班检测是利用多时相遥感影像变化的分析结果，同已有的空间矢量数据相结合，运用一些经验知识和统计分析等手段，判断小班是否发生突变的过程。找出突变小班是森林资源动态遥感监测中的一个重要环节，也是完成后续年度监测各项工作的基础。

突变小班中有些是整块小班的性质都发生了变化，有些则只有局部发生了突变。对于这些局部突变的小班，还需要根据变化的情况进一步将其划分出一个或多个新的小班。在这里本研究将根据多时相遥感影像分析获取划分界线的过程称作空间变化信息提取。

目前突变小班检测和空间变化信息提取工作都是采用计算机自动处理与人工检查修正相结合的方法。本章将就如何运用计算机自动处理变化信息进行着重介绍。

3.4.2　森林资源变化类型分析

在广东省森林资源状况年度监测工作中，森林资源档案的变化情况可分为 20 种左右，这些类型都是受到人为或自然灾害的影响，造成森林资源的非正常变化，因此也可以称为“突变类型”。森林资源可分为林地资源和林木资源 2 类，变化的结果又可分为资源增加、资源减少和不确定增加或减少 3 种。森林资源变化类型分类表如表 3-3 所示。

表 3-3　森林资源变化类型表

森林资源变化	林地资源		林木资源			
	增加	减少	增加	减少	不确定	
原因	退耕还林	征占用地 补充耕地	乔木进界 萌芽成林 采伐造林 无林造林 人造成林 封育成林	乔木皆伐 乔木择伐 疏林皆伐 散生采伐 其他采伐	森林火灾 病虫危害 其他灾害	造林失败 乔木改造 其他改造

对于林地资源来说，由于林业用地和非林业用地是人为规定划分的，无法利用遥感的方法来准确判定每个地块的用地类别。此外林地资源也相对稳定，每年的变动幅度都不大。因此，对于林地资源消长不能用遥感的方法来更新，必须沿用传统方法即利用地类变更档案记录进行更新。

林木资源的消长判断则是不受到人主观因素影响的，通过前后两期遥感数据的对比分析，就可以对其作出准确、客观的判断，从而监测林木资源的变化情况。不过在具体应用中也有一定的限制，比如对于那些改造后林木资源变化不明显的情况遥感监测的作用就比较小。除此之外，仅利用遥感数据也无法获得林木资源变化的具体原因，必须结合前期 GIS 数据中的其他信息才能准确判断林木资源的变化类型。

基于以上 2 点分析，森林资源与生态状况年度监测体系中，除林木资源增加和减少这两类情形完全可以利用“3S”技术来完成外，其他情形由于受到人为及技术的影响在利用

“3S”技术的同时还必须结合传统的更新机制进行。

3.4.3　小班 GIS 数据与遥感信息集成分析

GIS(地理信息系统)数据中包括了丰富的语义和非语义信息，GIS 数据是经过解译后的地物符号表达，可以作为知识库。一般遥感图像与 GIS 的集成分析是把不同时相图像变化检测的结果叠加在 GIS 数据上进行分析，确定变化的地物和类型。充分利用 GIS 数据库中的先验知识，与 GIS 集成分析的变化检测方法，较传统的方法有明显的优势。它能够集成不同类型的数据进行分析，已经引起了许多学者的兴趣，是变化检测研究发展的新方向之一。

前面介绍了一些利用遥感特征分析植被变化的方法，这些方法都是对多时相遥感数据进行比较和处理方法，没有讨论如何将已有的 GIS 信息利用起来。为了避免传统遥感分类方法中“以像元单元为识别单位、以地物反射光谱为主要判类依据”的缺点，本着充分利用已有 GIS 信息的考虑，本研究采用 RS 与 GIS 集成的变化信息识别方法，这种方法以小班为识别单元，以地理信息和地物反射光谱为主要判断依据。这种变化信息识别方法避免了传统遥感分类方法的缺点，以小班为联系 RS 与 GIS 信息的桥梁，使 RS 与 GIS 的信息同成为描述小班的一种属性，从而改变了常规 2S 集成中以 RS 分类为主、GIS 数据处理为辅的状态，实现了 GIS 与 RS 更高层次上的集成。

GIS 与 RS 的集成是近年来遥感和 GIS 领域研究的热点。RS 与 GIS 有松散结合、紧密结合、嵌套结合 3 种不同层次的集成：

(1)松散结合。GIS 和 RS 分属于两个独立的系统并分别拥有不同的用户界面、不同的数据库，二者的结合仅仅体现在 RS 能为 GIS 提供一定的输入数据，而 GIS 运算后的输出结果，又能被 RS 用来处理或显示，其数据交换停留在文件交换水平上。

(2)紧密结合。GIS 和 RS 分属于两个系统但拥有共同的用户界面，用户界面主要用来管理两个系统的公共数据和进行文件交换，这种结合方式通过大量编程工作统一了用户界面，屏蔽系统间文件交换的操作。

(3)嵌套结合。二者拥有共同的用户界面、共同的数据库。但是“如何实现空间—属性—影像数据的一体化存储”正是近年来的研究热点之一，尚未形成一套成熟的方案，目前这种 GIS 与 RS 整体集成方式也只能是一种完美的理想状态。

目前，松散结合和紧密结合 2 种方式较为常见，第 3 种方式则是人们追求的最高目标。

基于小班影像特征值的变化检测方法，其基本思想是将小班单元在影像上所具有的影像特征信息应用到变化检测过程中。主要操作步骤是：将小班矢量数据和遥感影像精确配准叠置到一起，分析并计算小班范围内的各种影像特征信息(如 *NDVI* 差值、*NIR* 差值等)，再将计算得到的影像特征信息存储形成判别是否发生突变的特征信息因子，在建立的影像特征信息因子库和原有的小班属性库的基础上建立判别规则和各种阈值。最后依据建立的判别规则将该影像特征信息同知识库中各突变类型影像特征信息进行判断，并利用确定好的阈值来确定判断的结果。如果判断的结果为小班发生了突变，则将其与知识库中各突变类型影像特征信息进行匹配，并最终得出该小班的突变类型。其详细的检测流程如图 3-11。

由于这种 RS 与 GIS 集成的变化信息识别方法以小班为研究单位，能从整体上描述小班的特征信息，从而降低了误判率；以小班为研究单位还能消除小班内小噪声的干扰、排除小班外像元的干扰。另外，小班中有足够多的像元，且这些像元的植被指数及其衍生值可作为一个有效的评价指标。更重要的是，以小班为单位的变化信息识别方法可以将遥感影像中的光谱信息与 GIS 中的空间属性数据有效地结合起来，更有利于地理信息的挖掘与分析。

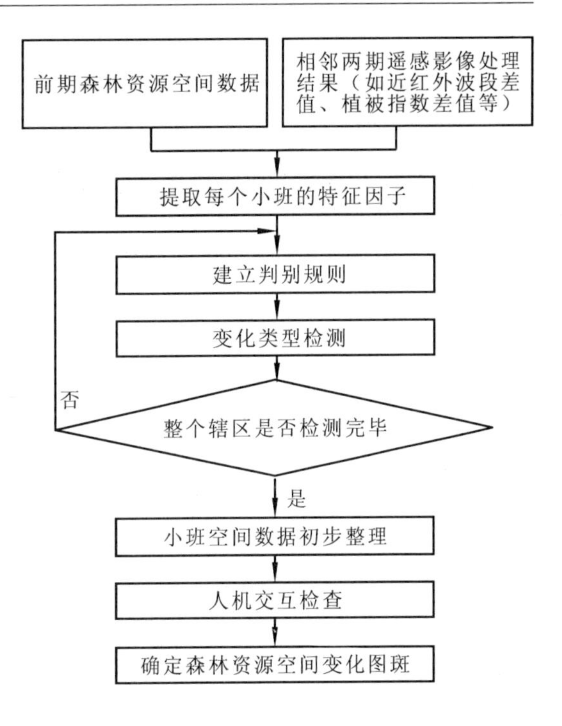

图 3-11　突变小班计算机检测流程图

3.4.4　影像特征因子的提取

以小班为单元提取影像特征信息也就是将小班范围内的 RS 信息转化为描述小班的一种 GIS 属性的过程，这是 RS 和 GIS 集成的结合点。

提取影像特征信息时，首先要选择对检测突变小班有意义的影像数据。以两期遥感数据植被指数差值影像为例，如图 3-12 所示，依据小班边界将整个小班范围内的影像“提取”出来，然后计算此范围内植被指数差值影像的平均值并以此作为整个小班的两期植被指数差值属性值。实际操作中，可以利用 ArcCatalog 或 VisualFoxpro 手动为小班属性表添加字段，然后利用 Erdas 中 Zonal Attributes 工具按波段逐个将小班的各种影像特征值提取到对应的字段中。除此之外，也可利用 Arcgis Engine 中 SpatialAnalyst 模块下的 IZonalOp 接口，通过程序的二次开发可以计算每个小班的影像特征因子，然后自动在小班属性表中添加相应的字段，并将计算出的影像特征值写入小班属性表中。

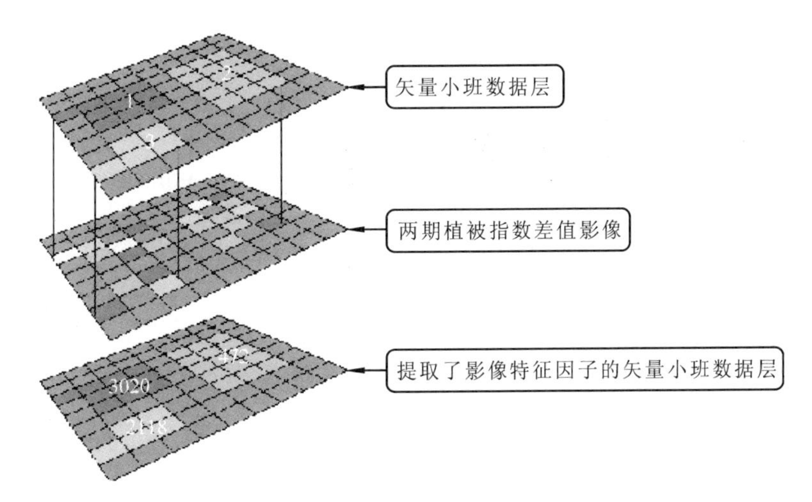

图 3-12　基于小班的遥感影像特征因子提取示意图

3.4.5 判别规则及阈值

变化检测的对象是每个小班，检测判别的主要依据是添加了遥感特征因子的小班属性库。判别规则的建立和阈值的确定是最终检测的前提，两者属于串行关系。

建立判别规则时，可以先通过目视判读对每种突变类型寻找出一些训练样本，然后用统计学的方法对这些样本的统计和分析总结出一些判别规则及阈值。除此之外，好的判别规则的建立也离不开林业基础知识和实际工作的经验。判别规则建立的好坏和阈值设置的适宜度直接影响到后续突变小班的检测精度，故在判别规则的建立和阈值的设置时要多次反复试验，直至合适。

以突变类型为乔木皆伐为例。第一，乔木皆伐意味着小班内林木的减少，而林木减少在遥感上反映为植被指数之差应该为负值或接近于零，因此在判别规则中可规定植被指数之差小于零，但考虑到如果小班的一部分区域进行了采伐，而其他未采伐部分的森林植被年度正常生长会抵消一部分因采伐造成的减少，因此可以将阈值设置为接近零的较小的数值；第二，林木资源减少的小班前一期地类必须是乔木林，规则中必须加上地类为乔木林这个条件；第三，有些时候由于两期影像采集的季节差异会造成灌木或草本差异较大，这时满足前两个条件的小班也不全都是进行了采伐作业的。还必须加上一个条件控制当年的植被指数不能太大。同时满足以上三个条件的小班才可能是林木减少的小班。第四，为了确定其减少的原因是采伐还是火烧，是皆伐还是择伐，还需要当年的采伐作业记录及森林火灾发生档案资料库。最终的判别规则为：

"地类" ='乔' And "ndviN_ O" <0. 1 And "ndvNew" <0. 38 And"作业设计记录" ="皆伐";

上式中：And 表示逻辑与操作；ndvNew 为小班当年度植被指数均值；ndvOld 为小班上一年度植被指数均值；ndvN_ O 为两年植被指数之差。表 3-4 给出了几种常见突变类型的判别规则及阈值。

表 3-4 常见突变类型的判别规则及阈值

前期地类	本期影像表现地类	突变类型	判别规则和阈值
乔木林	无林地	乔木采伐或火烧	"地类" ='乔' And "ndviN_ O" <0. 1 And "ndvNew" <0. 38
除非林地以外的其他地类	未成林地	有林地变成未成林造林地	"地类" < >'非' AND "ndviN_ O" < -0. 3 AND "ndviN_ O" >0. 22
采伐迹地	未成林地	采伐造林	"地类" ='采' AND " ndviN_ O" <0. 2
除非林地以外的其他地类	有林地	乔木进界	"龄组代码" < = 2 AND " ndviN_ O" >0 AND "公顷蓄积" =0 AND ("优势树种" ='桉树'OR "优势树种" ='黎蒴') AND "ndvNew" > 0. 3 and "ndvOld" > 0. 1
未成林地	有林地	封育成林	"地类" = '封育未成'AND " ndvNew " >0. 4
人工未成	有林地	人工封育新成林地	"地类" ='人工未成'AND "ndvOld" > 0. 1 AND "ndvNew" > 0. 35 AND "公顷蓄积" =0

由于实际应用的遥感影像中有局部地方无可避免的存在云层或阴影，这会对计算机自动检测造成干扰。另外在影像处理过程中，存在的一些质量问题(如两期影像数据无法精准匹配等)也会影响自动检测的结果。因此必须对存在云或阴影的小班进行目视检查，判断其是否已被当作突变小班提取出来，如果存在，则应将其从中删除。在计算机自动检测结束后，也有必要对检测结果进行人工目视检测，判断错判和漏判的情况。如果计算机判读的结果存在很多错漏，则需要修改判别规则或阈值，重新进行检测。

3.5 森林资源空间数据自动更新

上节介绍了如何通过前后两期遥感影像的对比，结合已有的面状小班矢量数据，利用计算机自动检测出突变小班的方法。在基于"3S"的森林资源年度监测过程中，对于那些部分区域也就是边界发生变化的小班，还需对变化部分的界线进行勾绘。目前的做法是人工在遥感影像目视解译的基础上，找出变化的地块并把其边界勾绘出来。但这种做法费工费时，无法适应遥感大规模的海量数据、时效性要求高的应用需求。研究利用计算机自动提取小班内变化区域的界线在科学研究和生产实践中都具有重要的意义。

图像分割是将图像划分成若干个互不相交的小区域的过程，这些互不相交的小区域是某种意义下具有共同属性的像素的连通集合。如不同目标物体所占的图像区域、前景所占的图像区域等。图像分割有 2 种不同的途径：其一是将各像素划归到相应物体或区域的像素聚类法，即区域法；其二是首先检测边缘像素，再将边缘像素连接起来构成边界形成分割。

小班变化界线的自动更新主要涉及图像边缘检测、图像分割、遥感影像分类等问题。这些问题不论在图像处理领域还是遥感研究领域都还处于研究阶段。本次研究分别从边缘检测和图像分割 2 种途径对小班变化部分进行界线提取，然后利用提取的界线对小班进行更新。最后对这 2 种途径所得的结果进行比较，从而找出一套方便、有效的计算机自动处理的操作方法，来解决实际生产中的问题。具体的工作流程见图 3-13。

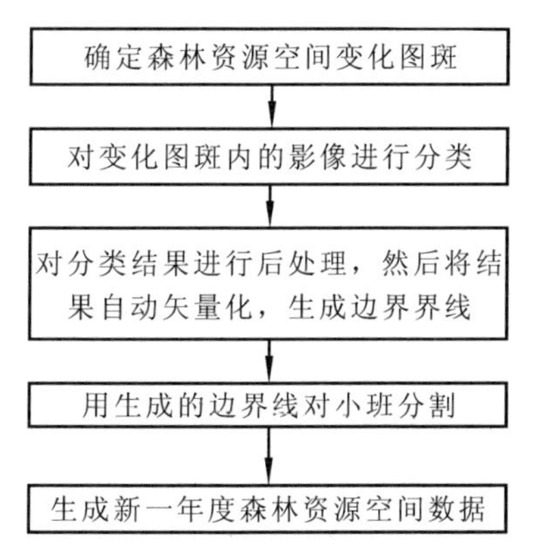

图 3-13　小班空间变化信息提取研究路线

3.5.1 基于边缘检测的小班变化界线自动更新

3.5.1.1　原理和方法

图像的边缘是图像的最基本特征。所谓边缘是其周围像素灰度有阶跃变化或屋顶变化的像素的集合，是图像局部特性不连续的反映。它标志着一个区域的终结和另一个区域的开始。

目前，边缘检测常采用边缘算子法。基于一阶导数的边缘算子包括 Roberts 算子、Sobel 算子、Prewitt 算子，在算法实现过程中，通过 2×2 或 3×3 模板作为核与图像中的每个像素点作卷积和运算，然后选取合适的阈值以提取边缘。拉普拉斯边缘检测算子是基于二阶导数的边缘检测算子，该算子对噪声敏感。前面几种算子都是基于微分方法，其依据是图像的边缘对应一阶导数的极大值点和二阶导数的过零点。Canny 算子是另外一类边缘检测算子，它不是通过微分算子检测边缘，而是在满足一定约束条件下推导出的边缘检测最优化算子。

3.5.1.2　常见边缘检测算子

(1)Prewitt 算子。Prewitt 算子是一种边缘样板算子，这些算子样板由理想的边缘子图像构成。依次用边缘样板去检测图像，与被检测区域最为相似的样板给出最大值。

(2)Sobel 算子。Sobel 边缘检测算子使用两个如下有向算子(一个是水平的，一个是垂直的)，每一个逼近一个偏导数：

$$\begin{pmatrix} -1 & 0 & 1 \\ -2 & 0 & 2 \\ -1 & 0 & 1 \end{pmatrix} \qquad \begin{pmatrix} -1 & -2 & -1 \\ 0 & 0 & 0 \\ 1 & 2 & 1 \end{pmatrix} \tag{3-9}$$

$$\begin{aligned} \mathrm{Dxf}(x,y) = &\{\mathrm{f}(x+1,y-1)+2\mathrm{f}(x+1,y)+\mathrm{f}(x+1,y+1)\}- \\ &\{\mathrm{f}(x-1,y-1)+2\mathrm{f}(x-1,y)+\mathrm{f}(x-1,y+1)\} \end{aligned} \tag{3-10}$$

$$\begin{aligned} \mathrm{Dyf}(x,y) = &\{\mathrm{f}(x-1,y+1)+2\mathrm{f}(x,y+1)+\mathrm{f}(x+1,y+1)\}- \\ &\{\mathrm{f}(x-1,y-1)+2\mathrm{f}(x,y-1)+\mathrm{f}(x+1,y-1)\} \end{aligned} \tag{3-11}$$

如果用 Sobel 算子检测图像 M 的边缘的话，可以先分别用水平算子和垂直算子对图像进行卷积，得到两个矩阵，在不考虑边界的情形下是和原图像同样大小的图像 M_1、M_2，它们分别表示图像 M 中相同位置处的两个偏导数。然后把 M_1、M_2 对应位置的两个数平方后相加得到一个新的矩阵 G，G 表示 M 中各个像素的灰度的梯度值(一个逼近)。这样就可以通过阈值处理得到边缘图像。

Sobel 算子利用像素的左、右、上、下邻域的灰度加权算法，根据在边缘点处达到极值这一原理进行边缘检测。该方法不但检测效果较好，而且对噪声具有平滑作用，可以提供较为精确的边缘方向信息。但是，在抗噪声好的同时也存在检测到伪边缘、定位精度不高等缺点。如果在 Sobel 算子处理图像之前对图片进行预处理，突出图片的边缘线条部分，那么再经 Sobel 算子运算后的边缘线条将会精确得多，而 Sobel 算子的噪声抑制作用也得到保存。

(3)Canny 算子。Canny 算子使用一阶导数的极大值表示边缘，其基本思想是先将图像使用 Gauss 函数进行平衡，再由一阶微分的极大值确定边缘点。二阶导数的零交叉点不仅对应着，一阶导数的极大值也对应着一阶导数的极小值，也就是说，灰度变化剧烈的点与灰度变化缓慢的点都对应着二阶导数零交叉点。

一般来说，Roberts 算子简单直观，但边缘检测图里存在有伪边缘，Sobel 算子、Prewitt 算子的边缘检测结果图能检测出更多的边缘，但也存在伪边缘且检测出来的边缘比较粗，同时放大了噪声；Lapiacian 算子利用高斯低通滤波及二阶差分运算来进行检测，不但可以检测出较多的边缘，而且还在很大程度上消除了伪边缘的存在，定位精度较高，但是其受到噪声的影响也比较大；Canny 方法对边缘的误检、漏检率最小、检测出来的边缘较多，效果较好。下面采用广州市增城林场的一块 5km^2 左右的区域为研究区域，以正射校正后的 2007 年 IRS-P6 影像作为遥感数据源。利用几种常见算子进行边缘提取所得到的结果见彩图 19 ~ 彩图 24。图中红色线表示叠加的两个进行了采伐作业的小班的边界。

3.5.1.3　检测结果分析

边缘检测完成后，为了进一步利用此边缘对原有矢量小班数据进行分割，还需要对边缘进行自动矢量化。在矢量化前要从边缘提取的结果中提取出有效地边缘，并将其细化，最终完成矢量化。彩图 23 是从边缘图像中分离出来的有效边缘和对有效边缘细化得到的结果。

彩图 24 中的蓝绿色线为最终得到的分割线。在边缘提取过程中有很多噪声和伪边缘，在边缘细化时它们就会干扰有效边缘的提取，使得有些有效边缘无法保留，而伪边缘却得到了增强。边缘提取的方法所得到的结果在矢量化以及与 GIS 集成的过程中都会受到不稳定因素的影响，其结果也不够理想。

3.5.2　基于图像分割的小班变化界线自动更新

3.5.2.1　分类方法的选择

遥感影像的分类有监督分类和无监督分类 2 种。无监督分类方法的前提是假定遥感影像上同类物体在同样条件下具有相同的光谱信息特征。无监督分类不必对影像地物获取先验知识，仅依靠影像上不同类地物光谱或纹理信息进行特征提取，再统计特征的差别来达到分类的目的，最后对已分出的各个类别的实际属性进行确认。

由于作监督分类时要选取训练区，但是目前大部分基层技术人员还不具备足够的遥感、地理信息系统等专业知识，无法完成此工作；另外选取训练区进行有监督分类并不比人工直接解译影像并直接勾绘的方法省时省力。另一方面，分割的对象是每个“突变”小班范围内的影像，地物类别只能是有林地和被采伐或火烧过的无立木林地 2 种。这 2 种地物类别的光谱反射差异显著，采用无监督分类也能够获得较高的分类精度。鉴于以上 2 点，本研究选择采用无监督分类的方法。

3.5.2.2　分类器的选择

无监督分类主要采用聚类分析方法，聚类是把一组像素按照相似性归成若干类别，即“物以类聚”。它的目的是使属于同一类别的像素之间的距离尽可能地小而不同类像素间的距离尽可能地大。其常用方法有分级集群法和动态聚类法。

3.5.2.3　分类阈值的确定

在图像的阈值化处理过程中，选用不同的阈值其处理结果差异很大。如果阈值过大，会提取多余的部分；而阈值过小，又会丢失所需的部分(当前背景为黑色，对象为白色时刚好相反)。因此，阈值的选取非常重要。常见的阈值确定方法有灰度阈值法、直方图阈值分割、类间方差阈值分割、判别分析法等几种。

灰度阈值法是把图像灰度分成不同等级，然后用设置灰度阈值的方法确定有意义的区域或分割物体的边界。直方图阈值分割的原理是将图像直方图的拐点作为阈值。类间方差阈值分割是利用判别分析法确定最佳阈值，其原理是使进行阈值处理后分离的像素之间的类间方差最大。判别分析法只需计算直方图的0阶矩和1阶矩，是图像阈值化处理中最常用的自动确定阈值的方法。本研究采用此方法确定阈值。彩图25、彩图26是利用该方法对图像进行分割得到的结果。

3.5.2.4 分割图像的后处理

由于分割后的结果会产生一些面积很小的图斑。无论从专题制图的角度还是实际应用的角度，都有必要对这些小图斑进行剔除。现有的手段主要有聚类统计(clump)、过滤分析(sieve)、剔除分析(eliminate)。通过对图像进行膨胀—过滤—剔除—腐蚀—再过滤—再剔除—再膨胀等一系列的处理可以将这些细小的图斑去除。彩图27～彩图32给出了对分割结果逐步进行处理的结果。

3.5.2.5 栅格到矢量的转化

为了达到最终对小班界线进行分割的目的，必须要把分割处理得到的结果进行矢量化。彩图33、彩图34是对栅格图像进行矢量化的结果，黄色线为矢量化的线。

3.5.2.6 分割线的平滑

矢量化得到的结果往往比较突兀、机械，缺少人工勾绘界线那种平滑、美观的效果。可以通过程序对分割线进行进一步的平滑。彩图35是对分割线进行平滑处理后叠加原始图像的效果。

3.5.3 结果分析

(1)效果比较。对2种方法进行森林资源空间数据变化界线自动提取的结果进行比较，不难发现：基于图像分割方法自动提取的小班变化界线效果较好，原因在于对一个待分割的小班来说，变化类型不多，一般是2～3类，将小班内的影像灰度划分为2～3类，相对边缘检测来说是比较“宏观”的，也相对容易控制。基于边缘检测方法得到的结果存在较多的伪边界，同时又丢失了一些真正的边界，因此，其自动更新效果不理想。

(2)原因。由于边缘提取的方法只是从图像灰度阶跃的角度出发对边缘进行提取，这种方法在处理日常生活中常见的照片、图画时能发挥较好的效用。然而由于遥感影像存在着大量的同物异谱、异物同谱现象，且卫星传感器在接收信号过程中会受到大气、地球旋转等因素的影响，形成了很多的噪声。这些特点对遥感影像用一般的边缘提取方法来提取边缘不能获得较理想的结果。

基于无监督分类提取分割界线的方法则充分利用了先验知识。待分割的小班是产生了“突变”的小班。这些小班范围内的地物类型不多，只有2～3类。这些知识点的引入增加了正确提取分割边界的可能。同时由于地物类型少，分割结果也比较好。

(3)精度分析。随机抽取30个小班，采用人工目视勾绘方法采集变化界线，再用图像分割方法自动提取变化界线。对2种方法形成的小班数据分别求算面积，以人工目视勾绘的小班面积为标准，计算本研究方法自动提取变化界线的小班面积，平均精度达95.4%。基于图像分割方法自动提取的小班变化界线与人工目视勾绘的小班变化界线基本一致，可以满足生产要求。

3.5.4 用分割线更新小班界线

提取完分割线后，小班界线更新处理只是矢量图层之间的空间分析，比较容易实现。

通过运用 ArcEngine 中 SpatialAnalysis 模块中对应的接口，编写程序即可实现。分割后，要判断小班的属性变化情况，具体的实现过程在第 8 章中详细介绍。

3.6 目视解译

遥感图像解译是从遥感图像上获取目标地物信息的过程。目视解译也就是指从影像上人工获取信息的基本过程。解译人员在目视解译时根据遥感影像的颜色、形状、位置、纹理等信息，结合专业要求，运用解译标志和实践经验与知识，从遥感影像上识别目标，定性、定量地提取出目标的分布、结构、功能等有关信息。

从遥感技术的应用研究现状来看，如果要完全依靠遥感及 GIS 数据来自动提取专题信息，是比较困难的。在研究专题信息自动提取的基础上，还需要人机交互式的目视解译作为补充手段。

在森林资源空间信息变化解译中，解译目标是找出森林植被发生明显变化的小班，并划分变化界线。与一般意义上的目视解译相比，由于不需要判读人员准确地判断每种地物的具体类别，只需分辨出森林资源发生明显改变的地块，因此通过目视判读来检测森林资源空间信息的变化相对容易，正判率也比较高。

影像目视解译工作还包括其他一系列相关内容，主要有选择合适波段组合、建立解译标志数据库、初步解译与判读区的野外考察、室内详细判读及野外验证与补判等。

3.6.1 波段重组

目视解译时，判读人员所看到的遥感影像大都是选择多个波段中的 3 个进行假彩色合成，同一地物在选取不同的波段组合时，其颜色会有很大不同，选择哪些波段，如何组合，都会影响解译人员的效率和正判率。在选择波段重组方案时可以运用类间距离判别的方法：对于多维特征空间，多变量统计可分性的度量可以用离散度、J-M 距离等方法，即计算每一可能的子空间中每个类对之间的统计距离或统计分散度，用以间接表征类别间的可分性大小。

3.6.1.1 离散度(D)

$$D_{ij} = \frac{1}{2}t_r[(\sum_i - \sum_j)\times(\sum_i^{-1} - \sum_j^{-1})] + \frac{1}{2}t_r[(\sum_i^{-1} + \sum_j^{-1})(U_i - U_j)\times(U_i - U_j)^T] \tag{3-12}$$

式中：U_i，U_j —— i、j 类的均值矢量；

$\sum_i$，$\sum_j$ —— i、j 类的协方差矩阵；

$t_r[A]$ ——矩阵 A 对角线元素之积。

式中前部分表示各协方差矩阵的差别，后部分为均值间的标准化距离在多变量情况下的推广形式。式子中只含均值矢量和协方差矩阵，看上去虽然复杂，但可以通过计算机直接计算。在 2 个类别特征选择时，离散度越大，则可分性越大，分类的错误概率也越小。离散度是 2 个类对间的距离度量，是错误概率大小的间接指示。

3.6.1.2 J-M 距离(jeffries-matusita distance)

它也是类对间统计可分性的一种度量，是 2 个类别密度函数之间的平均差异的一种度量。假定各个类别均具有正态的密度函数时，则 J-M 距离被定义为：

$$J_{ij} = [C(1 - e^{-\alpha})]^{1/2} \tag{3-13}$$

$$\alpha = \frac{1}{8}(U_i - U_j)^T \left(\frac{\sum_i + \sum_j}{2}\right)^{-1}(U_i - U_j) + \frac{1}{2}\ln\left[\frac{\left|(\sum_i + \sum_j)/2\right|}{(\left|\sum_i\right| \times \left|\sum_j\right|)^{1/2}}\right] \tag{3-14}$$

和离散度一样，上式中只含有均值和协方差，且也是 2 个对间的距离度量。可见，离散度与 J-M 距离均是针对 2 个类别而言，是一种“类对间”的距离度量。

对于任何一对给定的候选波段组合，进行 2 个类别特征选择时，离散度和 J-M 距离均是表示它们相对有效性的一种度量。只要计算出这 2 个不同类别在给定波段组合中的离散度或 J-M 距离，并选取其最大者，便是区分这 2 个类别的最佳波段组合。

至于多类别问题（ m 为类别数），一个常用的办法是计算平均离散度（ $\bar{D}$ ）或平均 J-M 距离（ $\bar{J}$ ），也就是，计算全部类对的离散度或 J-M 距离的平均值。它们分别被定义为：

$$\bar{D} = \sum_{i=1}^{m}\sum_{j=1}^{m} p(w_i)p(w_j)D_{ij} \tag{3-15}$$

$$\bar{J} = \sum_{i=1}^{m}\sum_{j=1}^{m} p(w_i)p(w_j)J_{ij} \tag{3-16}$$

它们均是一个以类别先验概率为权重的平均值。这种平均类对可分性，需先计算每一可能的子空间中，每个类对之间的统计距离或统计离散度，再计算这些类对间统计可分性度量的平均值，并按其平均值大小排列所有被评价的子集顺序，从而选择最佳波段和波段组合。在对森林资源空间变化信息进行目视解译时，首先确定需要解译的类别，然后在影像上为每个类别选取一定数量的训练区，然后计算类别之间的平均离散度和平均 J-M 距离。

为了更好地反映林地变化特征和增强目视判读，对前后两期遥感影像进行了波段重组和影像增强。在进行波段重组之前，应保证两期遥感影像的空间分辨率完全一致。为突出植被信息，结合前面的分析选取了一些影像的原始波段及派生波段，最终得出的波段组合如表 3-5 所示。

表 3-5　波段说明表

波段重新组合后的序号	波段说明
1	上一年度的近红外波段（约 0.75～0.9μm ）
2	上一年度的短波红外波段（约 1.5～1.75μm ）
3	本年度的近红外波段（约 0.75～0.9μm ）
4	本年度的短波红外波段（约 1.5～1.75μm ）
5	上一年度的 *NDVI*
6	本年度的 *NDVI*
7	两年度的 *NDVI* 之差
8	两年度的近红外波段之差
9	差值主成分第二分量
10	主成分差值第二分量
11	两年度叠加主成分变换第三分量

利用 Erdas 中的 Signature Editor 工具在上述几个波段叠加成的影像上建立各个类别的训练区，然后计算离散度和 J-M 距离，最后得出平均离散度和平均 J-M 距离。最后选出 3 个较好的波段组合。波段组合的原则是符合解译人员的视觉习惯，尽量使地物变化区域的颜色明显，易于被发现。虽然有的组合平均离散度稍小，但其组合较接近于人眼的视觉效果，即自然生长的植被呈现绿色(伪彩色)。那么，从目视解译角度出发该波段组合也较适宜用于目视解译植被变化。

由于个人对颜色的敏感程度不同，对色彩组合的偏爱也不同，波段重组有多种方案，这里列出了 3 种方案：

(1)第一种方案：红波段采用上一年影像的近红外波段(约 0.75～0.9μm)，绿波段采用当年影像的近红外波段(约 0.75～0.9μm)，蓝波段采用前后两期影像的 *NDVI* 之差。也可将红、绿波段对调。

(2)第二种方案：红波段采用当年影像的短波红外波段(约 1.5～1.75μm)，绿波段采用上一年影像的近红外波段(约 0.75～0.9μm)，蓝波段采用前后两期影像的 *NDVI* 之差。

(3)第三种方案：红波段采用当年影像的短波红外波段(约 1.5～1.75μm)，绿波段采用当年影像的近红外波段(约 0.75～0.9μm)，蓝波段采用上一年影像的近红外波段(约 0.75～0.9μm)。

以两年度 CBERS 影像和 TM 影像(彩图 36、彩图 37)为例，按 3 种方案波段重组影像见彩图 38～彩图 40。

以上几种波段重组方案，其组合结果色彩差异明显，均能够较好地反映林地变化特征。实际操作时可依个人对色彩的敏感程度及偏爱，来选择不同的波段组合进行影像特征的目视分析。同时可以采用多种方法(如常用的直方图均衡化、分段线性拉伸变换等)进行影像增强，丰富影像的色彩层次，增大不同地物(尤其是植被)之间的影像差异，更便于目视分析。

3.6.2　建立解译标志数据库

在遥感影像上，不同的地物有不同的特征，这些影像特征是判读识别各种地物的依据，统称为判读或解译标志。

解译标志包括直接和间接解译标志。直接判读标志主要有形状、大小、颜色、色调、阴影、位置、结构、纹理 、分辨率、立体外貌；间接判读标志主要有水系、地貌、土质、植被、气候、人文活动等。

通过野外踏勘调查，比较野外实地水土流失特征和自然景观等因素，分析影像特征(如影像的色调、纹理和形状)差异形成的原因，同时收集有关从影像上无法获取的信息资料，可逐步建立各种森林植被类型不同的遥感影像解译标志数据库。

目视解译的工作和技巧还很多，关键还是要靠解译人员的专业知识和经验，其他一些工作在此不赘述。

3.7　小结

本章在介绍并总结植被指数的基础上，探索了几种检测植被变化的方法。主要从两个方面出发：一个是图像差值，另一个是基于主成分变换的方法。最后对变化检测的结果进行了比较和分析，找出了对判断植被变化贡献较大的因子。在此基础上研究了如何利用小班 GIS 数据的先验知识和现势的遥感信息紧密集成来解决森林资源变化检测和空间数据自动更新。研究表明：

（1）利用小班 GIS 数据的先验知识与现势遥感影像，可充分进行数据挖掘和分析，对小班变化信息检测、提取，较传统的人工实地勾绘方法有明显的优势，也可避免单纯用遥感分类方法“以像元为识别单位、以地物反射光谱为主要判类依据”造成提取的空间数据散碎的缺点。

（2）通过 RS 和 GIS 的集成，能够较好地实现计算机对小班空间变化界线的自动提取。通过二次开发“抓取”变化小班内的影像数据，接着对遥感影像进行分割，并将分割结果进行栅格到矢量的转化等工作都纳入到地理信息系统中，这就使得所得到的结果可以直接与现有的小班数据进行叠加分析，从而实现计算机自动完成以前需要耗费多工才能完成的任务。

（3）用图像自动分割方法所提取的小班变化界线效果较好。本研究尝试直接利用边缘提取和图像分割 2 种途径对小班变化界线更新。研究表明利用一些常见的边缘算子提取的分割界线由于受到遥感影像数据本身特点，以及提取边缘后细化、矢量化处理过程中的干扰等不确定因素影响，最终效果不如图像分割的方法。考虑到分割对象只是部分“突变”小班，且这些突变小班范围内并没有较多的地物类型，基于无监督分类的分割界线提取是比较令人满意的，面积精度达 95.4%，可以满足生产要求，替代传统的人工勾绘方法。

本章参考文献

[1] 孙家柄等．1997．遥感原理、方法和应用[M]．北京：测绘出版社．

[2] 游先祥等．2003．遥感在森林资源与环境中的应用[M]．北京：中国林业出版社．

[3] 彭望琭．2002．遥感概论[M]．北京：高等教育出版社．

[4] 沙志刚．1999．数字遥感技术在土地利用动态监测中的应用概述[J]．国土资源遥感，40(2)：7－11．

[5] 杨贵军等．2003．土地利用动态遥感监测中变化信息的提取方法[J]．东北测绘，26(1)：18－21．

[6] 田庆久，闵详军．1998．植被指数研究进展[J]．地球科学进展，13(4)：327－333．

[7] 刘鹰等．1999．土地利用动态遥感监测中变化信息提取方法的研究[J]．遥感信息，56：21－24．

[8] 鲍叶桂．2003．不同变化信息提取方法在土地利用动态遥感监测中的应用[J]．测绘通报，(8)：38－40．

[9] 刘永昌等．2002．基于 K-L 变换的 TM 图像变化信息提取方法[J]．计算机工程与应用，(4)：69－71．

[10] 党安荣，王晓栋，陈晓峰等．2003．ERDAS IMAGINE 遥感图像处理方法．北京：清华大学出版社．

[11] 张永生．2000．遥感图像信息系统[M]．北京：科学出版社．

[12] 马文乔．2006．森林资源档案管理系统的研建与数据更新方法的研究[D]．北京林业大学．

[13] 吴信才．2002．地理信息系统设计与实现[M]．北京：电子工业出版社．

[14] 龚健雅．1999．当代 GIS 的若干理论与技术[M]．武汉：武汉测绘大学出版社．

[15] 刘卫国，龚建华，方红亮 . 1998. 地理信息系统支持下的知识获取及其在遥感影像植被分类中的应用研究[J]. 遥感学报，5(3)：234 - 239.

[16] 党安荣等 . 2003. ArcGIS 8 Desktop 地理信息系统应用指南[M]. 北京：清华大学出版社.

[17] 王福生 . 2007. 基于 GIS 的森林资源档案更新方法[J]. 林业调查规划，32(1)：13 - 14.

第4章　基于遥感信息的森林资源与生态状况定量估测

随着遥感技术广泛应用于森林资源调查工作，利用遥感信息对森林郁闭度、森林蓄积量和森林生物量进行估测，将减少大量的地面调查工作，比传统方法省时、省力，节约经费。本章利用遥感信息对森林郁闭度、森林蓄积量和森林生物量进行定量估测研究，总结了对其进行年度监测与更新的方法。

4.1　森林郁闭度的遥感定量估测

郁闭度是指林木树冠覆盖林地的程度，其定义为林分树冠投影面积对林地总面积的比值。对森林郁闭度的遥感定量估测，有学者曾对此进行过研究，采用的方法是以地面调查确定的郁闭度为因变量，以卫星影像数据若干波段的灰度值及灰度比值为自变量，同时考虑坡度、坡位及优势树种组等信息，采用多元线性模型估测郁闭度。另一种方法是从样地对应的RS和GIS信息中，采用岭估计原理，用计算机仿真方法筛选出影响郁闭度估测的主要信息，建立它们和郁闭度之间方程，从而实现对郁闭度进行估测。实际上由于地形等环境因素的影响，直接利用遥感影像的波段数据反演森林的郁闭度十分困难。刘大伟、孙国清等(2006)提出利用TM遥感影像的波段数据作缨帽变换，求出湿度因子(wetness)，通过统计回归的方法建立湿度因子和郁闭度之间线性方程，进而对森林郁闭度进行反演，取得了较好地效果。

虽然利用统计回归方法能较好地反演林地的郁闭度，但其所用的线性回归方法是建立在训练样地基础之上的，所以方程并不是普适的，它要求待反演的图像实地情况要接近训练样地的实地情况。再一个就是所建立的线性回归方程的样本数并不是很大，当样本数较大时数据的相关性又不强。因而很多学者得到的经验方程适用性不强。

目前，决策树模型已经开始应用于提取遥感信息应用中。虽然在传统意义上，决策树模型是用于分类。然而在实际应用中，对森林郁闭度而言，也相当于将其分成11个类别(即0，0.1，0.2，……，1.0，每一个数值看成一个类别)，因而决策树模型也可用于森林郁闭度的预测。相比于传统的基于统计模型的算法，决策树模型有如下优点：

(1)决策树模型不需要假设先验概率分布，这种非参数化的特点使其具有更好的灵活性和鲁棒性，因此，当遥感影像数据特征的空间分布很复杂，或者多源数据各维具有不同的统计分布和尺度时，用决策树分类法能获得理想的分类效果。

(2)决策树模型不仅可以利用连续实数或离散数值的样本，而且可以利用“语义数据”，比如坡向、树种、地类等，可以大大提高分类精度。

(3)决策树模型生成的决策树或产生式规则集具有结构直观简单、容易理解，以及计算效率高的特点，可以供专家分析、判断和修正，也可以输入到专家系统中，而且对于大数据量的遥感影像处理更有优势。

(4)决策树模型能够有效地抑制训练样本噪声和属性缺失问题，因此可以解决由于训练样本存在的噪声(可能由传感器噪声、漏扫描、信号混合、各种预处理误差等原因造成)使得预测精度降低的问题。

因此，本节利用决策树模型，在提高利用遥感信息估算森林郁闭度的精度方面进行了一些尝试。

4.1.1　决策树模型基础

决策树(decision tree)模型可以算是归纳式学习法中较简单的一支，而且实际操作上并不困难，所以应用的层面相当广泛。它主要根据已知的事例来建立一树状结构，并从中归纳出事例的某些规律；而产生出来的决策树，也能利用来作样本外的预测。

在决策树演算结果的树状图里，每个内部结点(internal node)代表对某属性的测试，其下的每个分支(branch)代表此属性的一个可能值，或多个可能值的集合。最后每个树叶结点(leaf node)对应的是一个目标类别(target class)，如图 4-1 所示一个简单决策树的例子。

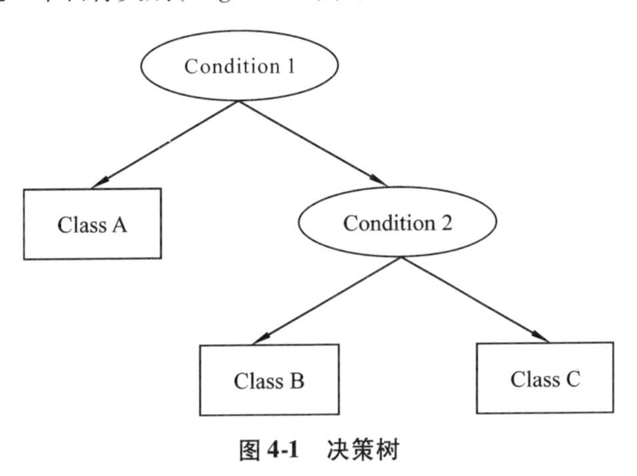

图 4-1　决策树

决策树的根部在顶端，在建立决策树时，一批数据从顶端根部进入后，应用一项检验选择进入下一层哪个子结点，虽然检验的选择有不同的算法，但减少检验后子结点内的凌乱度(disorder)，是选择检验属性的共同目标。这个过程不断重复，直到数据到达叶部结点为止。好的算法应尽量减少结点测试的动作，尽快使每个叶结点内的每个样本种类都相同，这样建立起来的决策树深度会比较浅，才能发挥将隐藏规则归纳出来的作用，避免只是作记忆样本属性的工作。

如果决策树不停地成长，将会产生越来越多的问题，树也不断地分支，最后每个区隔将只有一个记录(样本)。树生长到这种程度必须经过相当多次的计算，但事实上是不必要的。大部分决策树演算算法在下面 3 种条件之一成立时，就会停止树的生长：

(1)结点中只含有一个记录；

(2)结点中所有记录都有相同的特征；

(3)无选择规则。

当树生长到一定大小之后(取决于演算算法所用的停止条件)，演算算法接着会检查模型是否对样本矫枉过正了。做法有 2 种：交互检验或测试集检验。不过当样本不完整、过于稀疏或含有噪声(noise)时，所建构的决策树通常过于拟合样本(overfits the data)，以至于生成的决策树过于复杂。产生过拟合(overfitting)的原因有两个，一是样本本身的属性太多，决策树学习法容易选用到和种类不相关的属性，换句话说，也就是自由度太大。另一个原因就是偏见(bias)，不同的演算算法在寻找测试属性时，都有自己的偏好，所以非常有可能会找到演算算法所偏好，但不是真正和种类相关的属性。因此决策树构建完成后还需要作适当的修剪(pruning)。

决策树修剪有两个常见方法：预先修剪(pre-pruning)和事后修剪(post-pruning)。预先修剪是以提早停止决策树生长来达到修剪的目的，当树停止生长时，末端结点即为树的树叶。树叶的标识(label)，为该结点训练集合(training set)中占有比例最大的类别。停止决策树生长的时机是在决策树建立前，事先设定好一个阈值(threshold)，当分支结点满足该阈值的设定，就停止该分支继续生长。相反，事后修剪是先建立一棵完整的树，再将其分支移除的做法，移除分支的依据是计算该分支的错误率(error rate)，最末端未被移除的分支结点就变成树叶。目前事后修剪法比较受欢迎，因为许多学者认为，预先修剪法所设定的阈值，难免过于主观。其概念以图 4-2 说明将更为清楚。

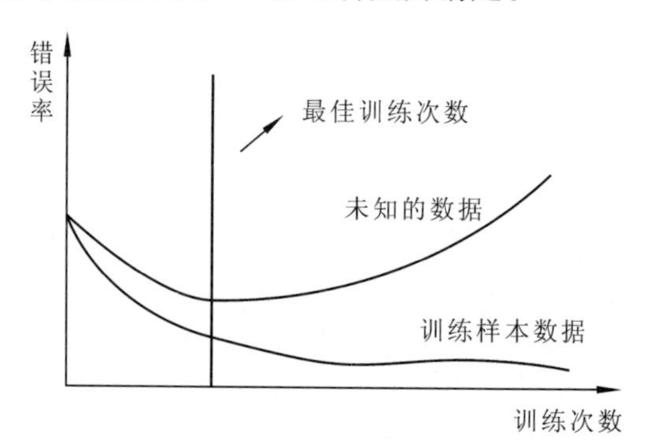

图 4-2 修剪法对错误率的影响

决策树经过生长和修剪后，就可从中读取样本中隐藏的规律，每个树根(root)开始到某个树叶结点(leaf node)的路径(path)都代表一条分类规则。决策树的学习方法在建立决策树之后，又将决策树转换成较简单的规则，以降低判断资料类别的复杂度。由决策树产生规则其方式便是将决策树中的每一个结点，根据其路径建立一条规则，此方法所产生的规则复杂程度与原先决策树是相同的，并未有任何变化。如图 4-3 所示。

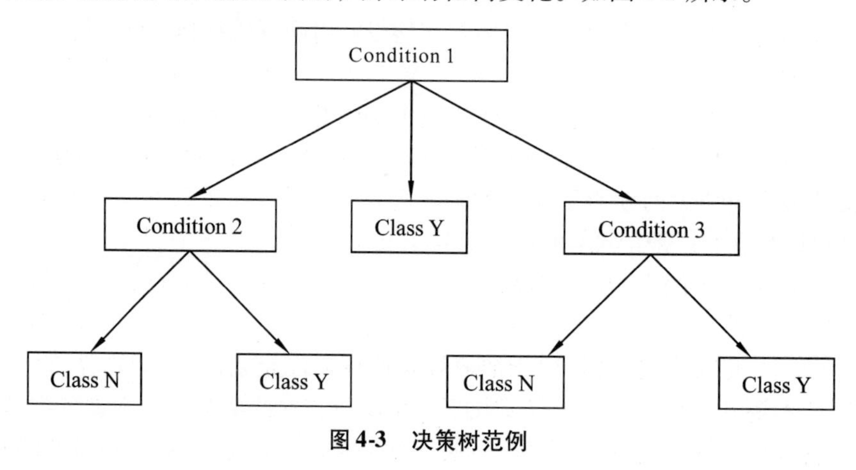

图 4-3 决策树范例

由图之决策树可建立下述之规则:

(1)(Condition 1 = B→Class Y) Or;

(2)(Condition 1 = A and Condition 2 = D→Class N)Or;

(3)(Condition 1 = A and Condition 2 = E→Class Y)Or;

(4)(Condition 1 = C and Condition 3 = F→Class N)Or;

(5)(Condition 1 = C and Condition 3 = G→Class Y)。

通过规则的建立，当有新的数据要进行分类的时候，可利用此分类规则快速且较准确的来进行资料分类。

决策树生长模型有很多，本章采用的模型为 CART(分类与回归树)，该算法是决策树生长模型中比较常用的算法，下节将详细介绍该算法。

4.1.2 CART 决策树

CART(classification and regression tree)的全称是分类与回归树，是 Breiman，Friedman，Olshen 和 Stone 在 1984 年所开发的数据挖掘与预测分类算法。CART 决策树是一棵二叉树，其算法包括树的建立和修剪两个过程，其基本步骤如下:

(1)树的建立。

- 检验树的每一个结点并且选择最佳的分割点。包括检验每一个预测变量(样本点的波段灰度值)和每一个预测变量的所有可能的分割点。
- 创建两个子结点。
- 确定每一个样本点进入哪一个子结点。
- 重复此过程直到达到停止准则(例如，树的最大结点数)。

(2)树的修剪。

- 建立一组交叉检验树(cross-validation trees)。
- 对每一棵可能大小的树利用交叉检验计算误分类误差(cross validated misclassification)。
- 将原始生成的树修剪到最优大小。

下面详细介绍该决策树生成的过程。

树生成的过程就是分割结点的过程。无论该结点是拥有全部样本点的根结点还是树的子结点，其分割过程都是一样的，唯一的差别就是待分结点中的样本点不同。

(1)分割结点。CART 对每一个预测变量进行检验来确定将该结点分成两个子结点的最佳方案。对于预测变量是连续的情况(本研究中的预测变量为波段灰度值，均为连续变量)，对变量中的每一个出现的离散值进行试分割。例如，遥感影像波段的灰度值在 0 ~ 255 之间，CART 对所有的样本点进行初次试分割，将某一波段灰度值等于 0 的样本点分入到左子结点中，而将灰度值大于 0 的样本点分入到右子结点中。然后记录下用该点分割后其非纯度量(关于非纯度量的计算将在下节中介绍)的减少并进行新的一次试分割，将灰度值是 0 和 1 的样本点分入到左子结点中，而将灰度值大于 1 的样本点分入到右子结点中。进行试分割的分割点的数目等于预测变量出现的离散值的个数减 1。此过程重复进行，直到检验完该预测变量所有可能的分割点，将其非纯度量减少值最大的分割点作为该预测变量的最佳分割点。用同样的方法找出其他预测变量的最佳分割点，最后将这些最佳分割点中非纯度量减少值最大的作为该结点的实际分割点进行分割。

(2)分割点的评价。最理想的分割点能将结点的样本点分成两个子结点，其中分入左子结点中的所有样本点都具有相同的目标变量值(相同的分类类别)，分入右子结点的所有样本点也都具有相同的目标变量值但与左子结点的不同。如果能找到这样的分割点，就可以对样本点进行很完美的分类并且不需要进一步的分割。然而，最佳分割点是很少出现的，所以进行分割点分割质量的评价和比较是十分必要的。目前文献中提出了许多种评价标准，但其基本原则相同，好的分割点子结点内部的同质性强而不同子结点间的异质性强。结点中不同类别间的异质性叫做“结点非纯度量”，结点分割的目的就是使得分割后的子结点的非纯度量值达到最小。

非纯度量定义如下：在具有 N_m 个观测区域 R_m 的结点 m，令

$$\hat{p}_{mk} = \frac{1}{N_m} \sum_{i \in R_m} I(y_i = k) \tag{4-1}$$

表示结点 m 中类 k 的观测比例，其中：y_i 为结点中第 i 个像元点。将结点 m 中的观测分到类 $k(m) = \arg\max_k \hat{p}_{mk}$ 中，它是结点 m 上的多数类。不同的结点非纯度量包括以下几种：

误分类误差：

$$\frac{1}{N_m} \sum_{i \in R_m} I[y_i \neq k(m)] = 1 - \hat{p}_{mk(m)} \tag{4-2}$$

Gini 索引：

$$\sum_{k \neq k'} \hat{p}_{mk}\hat{p}_{mk'} = \sum_{k=1}^{K} \hat{p}_{mk}(1 - \hat{p}_{mk}) \tag{4-3}$$

互熵：

$$-\sum_{k=1}^{K} \hat{p}_{mk} \log \hat{p}_{mk} \tag{4-4}$$

对于两个类，如果 p 是在第 2 个类中的比例，则这 3 个度量分别是 $1 - \max(p, 1 - p)$，$2p(1-p)$ 和 $-p\log p - (1-p)\log(1-p)$。这 3 种度量相似，但互熵和 Gini 索引是可微的，更适合于数值优化。另外，互熵和 Gini 索引对结点中概率的改变比误分类率更加敏感。实验表明，不同的非纯度量对最后的结果影响不大，使用 Gini 索引和互熵更倾向于生成简单的决策树。通常认为使用 Gini 索引的效果比互熵稍微好些。故在本次实验中采用的非纯度量的判定规则是 Gini 索引。

(3) 叶结点类别的确定。当 CART 树被用来预测目标变量值的时候，样本点通过树从上而下被分到不同的叶结点中(最终结点)。叶结点所属类别的确定是由其包含的样本点所决定的，也就是能使该叶结点中所有样本点的误分类代价(misclassification cost)最小的类别就是该叶结点的最终类别。误分类代价的计算比较复杂，要考虑到很多因素，包括目标变量在叶结点中的分布和其在所有样本点中分布的比较。每个类别的权重和由于误分类而带来的影响也要考虑在内。本次研究假设不同森林郁闭度误分产生的影响都是相同的，也就是每个样本点误分类的代价为 1 而正确分类的代价为 0，即叶结点中样本点最多的类别就是该叶结点的最终类别。

(4)分割停止准则。如果对于 CART 树的大小没有限制，CART 理论上能构建一棵很大的树使得训练区的每一个样本点都停止在由自己单独构成的叶结点上。这样做会消耗大量的计算资源，更重要的是几乎没有可能去展现和解释这棵树，也就是失去了其实际

意义。

有几种分割停止准则能限制 CART 生成过大的树。另外，一旦树建立起来，下节中介绍树的修剪方法就会将树修剪到最佳的大小。

下面的准则是用来在树的生成过程中限制树的大小的：

(1)确定能继续进行分割的结点中所包含的样本点的最小个数。例如，如果该值取值为 10，那么如果某一结点中所包含的样本个数小于 10，则该结点就不再继续分割，而是定为叶结点。本研究定义能继续进行分割的结点所包含的样本点的最小个数为 5。

(2)树的最大深度。如把树的深度设定为 10，则一旦深度超过 10，立即停止分割。本研究中设定树的最大深度为 20。

4.1.3　基于 CART 模型的森林郁闭度估测

4.1.3.1　研究资料

2006 年 9 月 23 日 Landsat-5 TM 遥感卫星影像；广东省佛冈县 2006 年森林资源二类调查小班数据；从二类小班数据中选择 3000 个调查质量比较高的小班作为训练样本。

4.1.3.2　郁闭度估测自变量的选择

地面样地对应的遥感信息包括遥感图像各波段的灰度值以及作各种变换后的波段灰度值(如植被指数变换、缨帽变换等)。根据赵宪文、李崇贵等人的研究，遥感波段 TM_5，TM_7，TM_{NDVI}，TM_{4-3}等对郁闭度有重要解释作用。刘大伟、孙国清等经过统计相关性分析后发现林地郁闭度和遥感波段 TM_2，TM_4相关性较差，和 TM_5，TM_7的相关性较好，与缨帽变换后得到的湿度因子相关性最强。综合以上研究内容，决定选取 TM_5，TM_7，TM_{NDVI}和缨帽变换后的湿度因子 TM_{Wet}作为森林郁闭度遥感估测的自变量。

4.1.3.3　样本数据整理

因为郁闭度的估测要落实到小班，在现实中一个小班在 *TM* 遥感影像上要对应若干个像元点。为了建立预测模型，将一个小班内所有像元点的灰度平均值作为该小班在该波段对应的灰度值。在 Erdas 9.1 中，利用 Vector→Zonal Attributes 命令将每个波段在每个小班内的灰度平均值作为该小班的灰度值添加到小班属性数据中。其训练样本小班的属性结构如表 4-1 所示。

表 4-1　训练样本小班属性结构表

小班地籍号	郁闭度	TM_5	TM_7	TM_{NDVI}	TM_{Wet}

这里的 TM_5指 TM_5 波段在该小班内所有像元点灰度值的平均值，以下类同。这里特别说明，在前面处理的遥感影像灰度值都被拉伸到 0～255 的无符号 8 位整型。其平均值也通过四舍五入化为 0～255 之间的整数。

在实际工作中，郁闭度分为从 0、0.1、0.2、0.3、0.4、0.5、0.6、0.7、0.8、0.9 到 1.0 共 11 个值。因决策树模型的目标预测对象是类别(class)值，因而可以将郁闭度的这 11 个值看作为离散值，每一个值作为一个判别类别。

4.1.3.4　CART 决策树模型生成

在 SPSS 软件的 Answer Tree 模块中，利用训练样本小班属性数据建立 CART 决策树，并将其修剪到结点数 $N=147$ 的最佳大小。表4-2是生成的CART决策树模型的参数表。

表4-2 CART决策树模型参数表

参数设定	决策树生长算法	CART
	目标变量	郁闭度
	预测变量	$TM_{5\text{-mean}}$，$TM_{7\text{-mean}}$，$TM_{NDVI\text{-mean}}$，$TM_{Wet\text{-mean}}$
	树的最大深度	20
	父结点的最小样本单元数	10
	子结点的最小样本单元数	5
	树的修剪	V-折叠包交叉检验
	预测误差估计	V-折叠包交叉检验
结　果	生成过程中用到的预测变量	$TM_{5\text{-mean}}$，$TM_{7\text{-mean}}$，$TM_{NDVI\text{-mean}}$，$TM_{Wet\text{-mean}}$
	结点的数目	147
	叶结点(最终结点)的数目	74
	树的深度	14

因生成的决策树模型共有14层，共74个叶结点，在文中不方便展现出来。图4-4是该决策树的概览结构图，很明显地看到该树是一棵二叉树。图中的每一个方块代表树的一个结点，其中用虚线标注的方块是根结点，里面包含了全部的训练样本。从树的根结点到任一个叶结点代表了一条郁闭度的判别规则。

为了方便解释，图4-5是该决策树的部分截图，能更清楚地展现其中包含的内容。

图4-5是CART树的最顶部的一段截图。其中Node 1(结点的序号从1开始，按照每一层从左往右的顺序依次编号)就是树的根结点，Node 2和Node 3是根结点的第一个分支。树越往下结点中的样本单元越"纯"，从图中可以看出，用来分隔第一个结点的波段是 TM_5，其中灰度值大于或等于72的样本单元被分入到左结点，而灰度值大于72的被分入到右结点。分完后，其非纯度量(Gini索引)的改变为0.024，即"纯度"提高了0.024。也就是说，在所有参与郁闭度预测的波段中所有潜在的分割点中，TM_5 波段灰度值为72的分割点能使分完后两个部分的纯度改进最大，这也从另一个方面能说明参与分类的波段重要性的大小。在一棵树中，如果某波段参与的分割结点的次数越多，则说明该波段对分类的贡献越大，也就越重要。继续往下解释，结点4和结点5由结点2分割而来，分割准则为 TM_{Wet} 波段灰度值小于等于178的分入到结点4中去，TM_{Wet} 波段灰度值大于178的分入到结点5中去了。同理，结点6和结点7由结点3分割而来，分割准则为 TM_{NDVI} 波段灰度值小于等于209的分入到结点6中去，TM_{NDVI} 波段灰度值大于209的分入到结点7中去了。如此往下分，直到满足参数设定的停止分割准则。分到最后，在叶结点里面的样本小班郁闭度所占比例最大的确定为该叶结点的预测郁闭度。也就是说，从根结点到该叶结点路径中所有判别规则的交集组成了一条郁闭度值的判别准则。有多少个叶结点，就有多少条郁闭度值的判别准则。在本研究中，针对研究区生成的决策树共有74个叶结点，则对应74条判别准则。很显然，对于每一个的郁闭度值，会对应多条判别准则(因为共有11个郁闭度值而叶结点的数目为74个)。

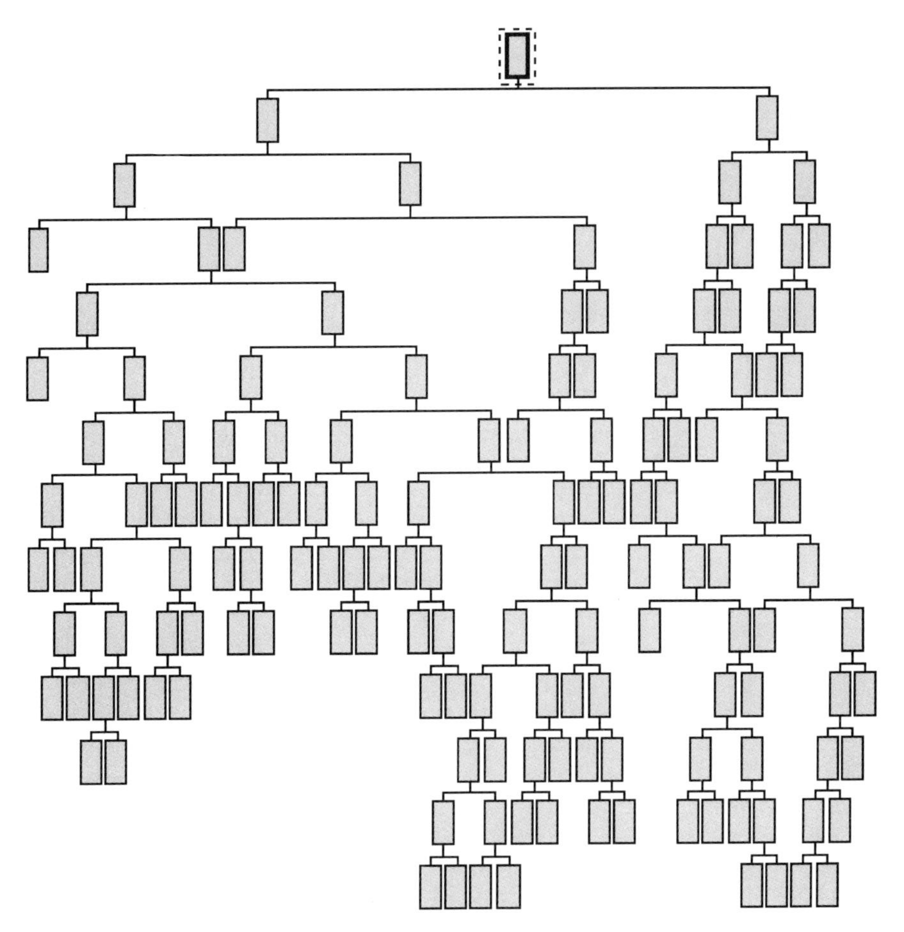

图4-4　研究区CART决策树模型结构简图

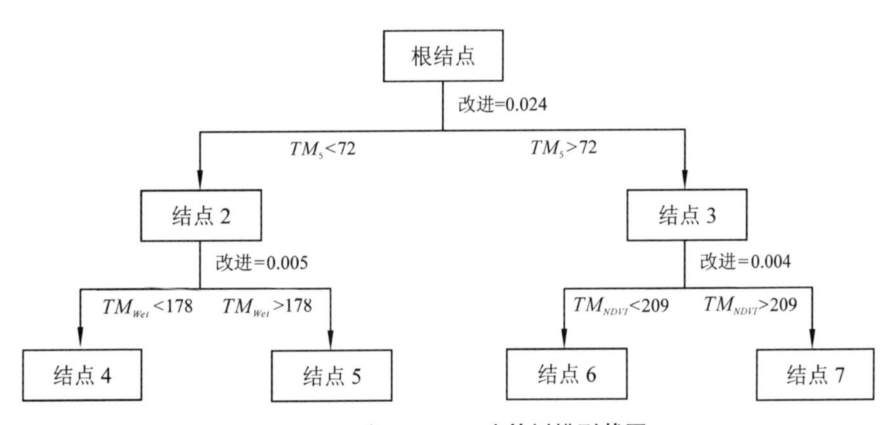

图4-5　研究区CART决策树模型截图

生成决策树后，就可以通过该树生成判别规则，下面就是叶节点9对应的一条判别规则：

/＊ Node 9 ＊/

IF（TM5 < =72)AND(TMWet >178)AND(TMNDVI < =197)

THEN

Node = 9

Prediction = 0. 5

从上面的判别规则可以知道，如果在一个小班内，满足所有像元点的 TM_5 波段灰度平均值小于 72，TM_{Wet} 波段的灰度平均值大于 178，TM_{NDVI} 波段的灰度平均值小于等于 197 这 3 个条件，那么该小班的郁闭度就被判读为 0. 5。因为生成的树比较复杂，所以其对应的判别规则也是比较复杂的。其他的判别规则因篇幅原因在这就不一一列出。

另外，前面分析已经指出，在一棵树中，如果某波段参与的分割结点的次数越多，则说明该波段对分类的贡献越大，也就越重要。下面给出了标准化过的自变量重要性图(图 4-6)。

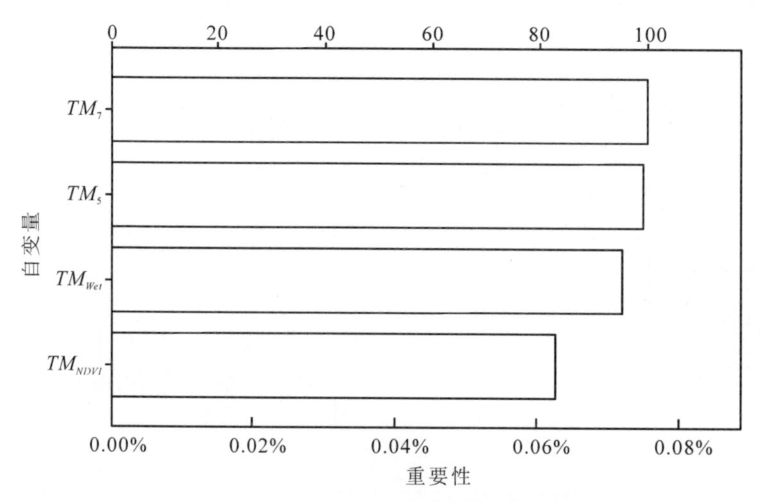

图 4-6　标准化后的自变量重要性示意图

从上图中可以看出，TM_7 波段对森林郁闭度有重要的解释作用，其次是 TM_5 波段，最后是 TM_{NDVI} 波段，但与 TM_7 波段的重要性相差并不大。这是因为在本研究中利用了赵宪文等的研究成果，直接选取了对森林郁闭度影像较大的波段作为自变量。这里需要说明的是，如果事先有多个波段，可以先将这些波段全部用来构建一棵决策树，然后根据自变量的重要性从中筛选出最重要的几个波段，这也是最优变量选择的一种行之有效的方法。

4. 1. 3. 5　CART 决策树预测精度

计算估计预测误差最简单且最广泛使用的方法可能就是交叉验证。这种方法直接估计样本外误差 $Err = E\{L[Y, \hat{f}(X)]\}$ 。当方法 $\hat{f}(X)$ 用于 X 和 Y 的联合分布的独立样本检验时，它就是泛化误差。理想地，如果我们有足够的数据，将把确认集置于一旁，并用它评价预测模型的性能。但由于数据通常都很缺乏，所以这样做往往不是最好的解决方案。为了解决这一问题，K-折叠包交叉验证使用部分可用数据拟合模型，而用不同的部分检验它。我们将数据分成容量大致相等的 K 部分，如 $K = 10$，该方案看上去如图 4-7 所示。

1	2	3	4	5	6	7	8	9	10
训练	训练	训练	训练	检验	训练	训练	训练	训练	训练

图 4-7　方案示例

对于第 k 部分(上面的第 5 部分)，我们用模型拟合数据的其他 $K-1$ 部分，并当预测第 k 部分数据时，计算拟合模型的预测误差。我们对 $k=1$，2，…，K 这样做，并合并预测误差的 K 个估计。下面给出更详细的说明。令 $k:\{1,\cdots,N\}\mapsto\{1,\cdots,K\}$ 是一个指标函数，它指出观测 i 被随机指派到其上的划分。用 $\hat{f}^{-k}(x)$ 表示拟合函数，用删除第 k 部分后的数据计算。那么，预测误差的交叉验证估计是：

$$CV = \frac{1}{N}\sum_{i=1}^{N} L[y_i, \hat{f}^{-k(i)}(x_i)] \tag{4-5}$$

一般的，K 的选择是 10。情形 $K=N$ 就是所谓的留一(leave-one-out)交叉验证。在这种情况下 $k(i)=i$，并且对于第 i 个观测，使用除了第 i 个数据之外的全部数据计算拟合。给定一个由调整参数 α 标引的模型 $f(x,\alpha)$ 的集合，用 $\hat{f}^{-k}(x,\alpha)$ 表示第 α 个模型拟合，它的第 α 部分数据已被删除。则对于这个模型集，定义如下：

$$CV(\alpha) = \frac{1}{N}\sum_{i=1}^{N} L[y_i, \hat{f}^{-k(i)}(x_i,\alpha)] \tag{4-6}$$

函数 $CV(\alpha)$ 提供检验误差曲线的一个估计，并且可以寻找对它极小化的调整参数 $\hat{\alpha}$。最终选定的模型是 $f(x,\hat{\alpha})$。

另外，对于 K 值的选择，当 $K=N$ 时，关于真实预测误差 CV 是近似无偏的，但是由于 N 个"训练集"之间彼此如此相似，可能会有高的方差。计算量相当大，需要使用学习方法 N 次。在实际情况中往往 K 的取值为 10，因为根据文献研究表明，如果学习曲线在给定训练集容量的情况下有相当大的斜率，则 10 - 折叠包交叉验证将过分估计真实预测误差。这种偏倚在实际当中是否是缺点取决于目标。另一方面，留一交叉验证有较低的偏倚，但有较高的偏差。总之，10 - 折叠包交叉验证已被推荐为较好的折中方案，这也是本研究中所采用的预测精度计算方法。

表 4-3 给出了研究区 CART 决策树模型混淆矩阵(交叉验证)表。

表 4-3　研究区 CART 决策树模型混淆矩阵(交叉验证)表

郁闭度	预测值											
	0	0.1	0.2	0.3	0.4	0.5	0.6	0.7	0.8	0.9	1.0	精度(%)
0	408	7	3	1	0	1	0	0	0	0	0	97.14
0.1	23	247	14	6	7	2	1	0	0	0	0	82.33
0.2	15	24	319	32	0	0	0	0	0	0	0	81.79
0.3	13	22	42	301	38	2	1	1	0	0	0	71.67
0.4	2	15	22	25	223	33	8	2	0	0	0	67.58
0.5	0	3	5	16	42	236	66	22	0	0	0	60.51
0.6	0	0	1	1	8	35	156	24	15	0	0	65.00
0.7	0	0	0	0	1	7	47	112	12	1	0	62.22
0.8	0	0	0	0	0	1	2	9	124	12	2	82.67
0.9	0	0	0	0	0	1	2	4	12	88	13	73.33
1.0	0	0	0	0	0	0	0	1	4	18	37	61.67
总体												75.03

从表中可以看出，总体预测精度达到了 75.03%，在实际应用中也基本能达到要求。

但是郁闭度0.4~0.7区间的预测精度并不高，这部分是因为训练样本质量的原因，还有就是在遥感影像上这个区间的光谱特征比较接近，差别并不是很明显。但是，如果增加树种和龄组作为辅助信息，利用树种和龄组间的差别，就可以得到较好地区分效果。

表4-4给出了加入辅助数据(树种和龄组)后生成的决策树混淆矩阵(交叉验证)表。

表4-4 加入辅助数据CART决策树模型混淆矩阵(交叉验证)表

郁闭度	预测值											
	0	0.1	0.2	0.3	0.4	0.5	0.6	0.7	0.8	0.9	1.0	精度(%)
0	419	1	0	0	0	0	0	0	0	0	0	99.76
0.1	13	267	12	2	5	1	0	0	0	0	0	89.00
0.2	10	19	343	18	0	0	0	0	0	0	0	87.95
0.3	8	17	26	329	38	1	0	1	0	0	0	78.33
0.4	0	1	9	18	279	16	6	1	0	0	0	84.54
0.5	0	1	4	6	33	286	42	18	0	0	0	73.33
0.6	0	0	0	0	6	31	172	22	9	0	0	71.67
0.7	0	0	0	0	1	6	32	130	10	1	0	72.22
0.8	0	0	0	0	0	0	1	7	131	10	1	87.33
0.9	0	0	0	0	0	0	0	3	9	100	8	83.33
1.0	0	0	0	0	0	0	0	1	5	8	46	76.67
总体												83.40

在自变量中加入地类和龄组后，森林郁闭度预测精度提高到83.40%。加入这些辅助信息可有效的提高决策树模型的预测精度。

4.1.3.6 研究结论

(1)决策树模型通常用于分类领域。由于森林郁闭度自身的特点，根据实际工作的需要，将其离散化成11个类别(0，0.1，0.2，……，1.0，每一个数字看成一个类别)，然后可以利用决策树模型对其进行分类。

(2)决策树模型相比传统的统计模型，具有更高的预测精度和适应能力，并易于实现计算机操作的流程化和自动化。

(3)在本研究中，TM_7波段对森林郁闭度预测的作用最大，其次是TM_5波段和缨帽变换后的湿度波段，最后是TM_{NDVI}波段，但与TM_7波段的重要性相差并不大。根据赵宪文等人的研究结果，这4个波段对郁闭度都有重要的解释作用。

(4)决策树建模过程中加入地类、龄组等GIS数据，可以提高森林郁闭度的预测精度。

(5)基于决策树模型的预测方法目前在国内仅仅处于研究阶段，并且存在样本依赖度大、不能充分利用待分类别的空间特征等缺点，需要通过进一步深入研究，改善预测效果，提高预测精度。

(6)基于决策树模型生成的判别规则可直接进入到专家系统的知识库中。

4.2　森林蓄积量的遥感定量估测

森林资源与生态状况年度监测包括有森林蓄积量的调查，但是传统的森林蓄积量调查方法存在任务重、劳动强度大、调查周期长、人财物投入大等问题。而森林蓄积量的消长动态是林业经济效益的主要标志，也是制订计划采伐的依据。采用科学的方法进行林木蓄积量预测，将为森林经营与规划提供可靠地依据，达到采育平衡、永续利用的目的。如何利用遥感技术，结合少量的地面调查资料，建立森林蓄积量估测方程来估测森林蓄积量，以期最大限度地减轻地面调查工作量，已成为森林资源调查领域关注的热点问题。目前，国内外许多学者在蓄积量遥感估测方面进行了大量的研究工作。自20世纪70年代末，遥感技术就应用于森林资源调查的研究，经过多年摸索，确定了用定性因子和定量因子共同建立蓄积估计方程的思路。从理论和实际应用中确认了遥感信息在森林蓄积量估测中的主导作用，为遥感技术应用于森林资源估测打下基础，为建立以遥感技术为主要技术手段的新的森林资源估测体系提供有力支持。其研究基本思想是：充分利用遥感图像和监测区域可以准确获得的RS、GIS信息，以非线性模型为基础，建立固定单位大小的蓄积量估测方程，对监测区域的蓄积量进行全面估测，然后再根据森林区划实现对小班的蓄积量估测。

关于森林蓄积量估算方法，李崇贵、赵宪文等提出了4种模型，分别是最小二乘估计、岭估计、稳健估计和神经网络方法。其中每种方法都有其适用的条件。下面列出了这4种蓄积量估测模型解算方法的适用条件。

(1)采用最小二乘估计的条件。采用最小二乘估计解算蓄积量估测方程需满足以下条件：

- 被抽样地蓄积量满足Gauss-Markov假设；
- 用于建立蓄积量估测方程的样地中不存在异常样地；
- 影响蓄积量估测的主要遥感和GIS因子间不存在严重多重相关性的影响。

只有当上述3个条件同时成立，才能采用最小二乘估计解算蓄积量估测方程。

(2)采用岭估计的条件。采用岭估计解算蓄积量估测方程需满足以下条件：

- 被抽样地蓄积量满足Gauss-Markov假设；
- 用于建立蓄积量估测方程的样地中不存在异常样地；
- 影响蓄积量估测的主要遥感和GIS因子间存在严重多重相关性的影响；

被抽样地对应影响蓄积量估测的主要遥感和GIS因子间是否存在多重相关性，可通过方差扩大因子有效诊断。

(3)采用稳健估计的条件。采用稳健估计解算蓄积量估测模型需满足以下条件：

- 被抽样地蓄积量满足Gauss-Markov假设；
- 在抽取的建立蓄积量估测方程的样地中存在异常样地的影响。
- 影响蓄积量估测的主要遥感和GIS因子间不存在严重的多重相关性的影响。

(4)采用神经网络的条件。当最小二乘估计、岭估计和稳健估计都不适用时，可采用神经网络建立监测区域森林蓄积量估测模型。

人工神经网络(artificial neural network，ANN)是由大量功能简单的处理单元(神经元)相互连接形成的复杂非线性系统，它适合于模拟复杂系统，且具有自学习、联想存储和高速寻找优化解的功能。将ANN模型应用于森林植被分类、森林火灾和森林生物量及蓄积量预测等方面具有较好效果。Foody GM 等指出，基于 ANN 模型估算的森林生物量与样地实测生物量的相关系数明显高于通过各种遥感植被指数逐步回归的结果，如再增加 GIS 可提取因子和遥感波段比值项则更能提高林分蓄积量的估测精度。目前，将遥感数据和神经元网络方法相结合用于森林蓄积量的研究还属于探索阶段。

本研究在遥感信息支持下利用 ANN 模型和岭估计估算森林蓄积量。

4.2.1 用神经元网络估测森林蓄积量

4.2.1.1 人工神经网络基础

人工神经网络是模仿生物神经网络功能的一种经验模型。生物神经元受到传入的刺激，其反应又从输出端传到相联的其他神经元，输入和输出之间的变换关系一般是非线性的。神经网络是由若干简单(通常是自适应的)元件及其层次组织，以大规模并行连接方式构造而成的网络，按照生物神经网络类似的方式处理输入的信息。模仿生物神经网络而建立的人工神经网络，对输入信号有功能强大的反应和处理能力。

若干神经元连接成网络，其中的一个神经元可以接受多个输入信号，按照一定的规则转换为输出信号。由于神经网络中神经元间复杂的连接关系和各神经元传递信号的非线性方式，输入和输出信号间可以构建出各种各样的关系，因此可以用来作为黑箱模型，表达那些用机理模型还无法精确描述，但输入和输出之间确实有客观的、确定性的或模糊性的规律。

(1)神经网络模型的构成。模拟生物神经元的人工神经元的结构如图 4-8 所示。当神经元 j 有多个输入 $x_i(i=1, 2, \cdots, m)$ 和单个输出 y_j时，输入和输出的关系可表示为：

$$\begin{cases} s_j = \sum_{i=1}^{m} w_{ij}x_i - \theta_j \\ y_j = f(s_j) \end{cases} \tag{4-7}$$

式中：W_{ij}——从神经元 i 到神经元 j 的连接权重因子；

$f(x)$——传递函数，或称激励函数。

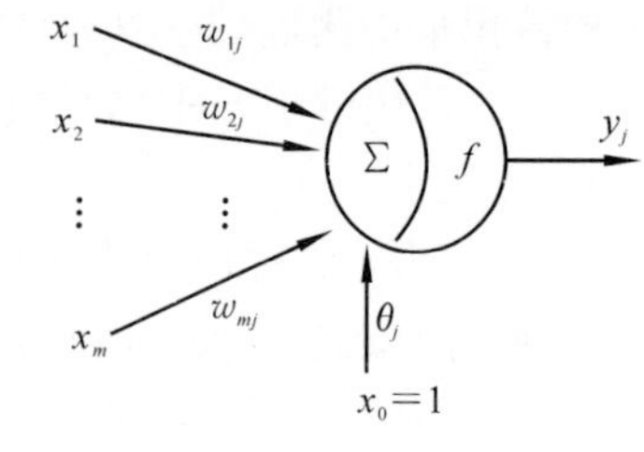

图 4-8 人工神经元(感知器)示意图

有时为了方便，式(4-7)的第一式也可统一写成：

$$s_i = \sum_{i=0}^{m} w_{ij}x_i \tag{4-8}$$

传递函数 $f(x)$ 可以选择线性函数，但通常选用非线性函数，常见到的有：

①阶跃函数：

$$f(x) = \begin{cases} 1, & x \geq 0 \\ 0, & x < 0 \end{cases}, f(x) = \begin{cases} 1, & x \geq 0 \\ -1, & x < 0 \end{cases} \tag{4-9}$$

②Sigmoid(S 型)函数：

Sigmoid 函数：

$$f(x) = \frac{1}{1 + \exp(-x)} \tag{4-10}$$

双曲正切函数：

$$f(x) = \tanh(x) = \frac{e^x - e^{-x}}{e^x + e^{-x}} \tag{4-11}$$

$$f(x) = \begin{cases} \frac{x^2}{1 + x^2}, & x \geqslant 0 \\ 0, & x < 0 \end{cases} \tag{4-12}$$

③高斯型函数：

$$f(x) = \exp\left(- \frac{1}{2\sigma_i^2} \sum_j (x_j - w_{ji})^2 \right) \tag{4-13}$$

其中阶跃函数多用于离散型的神经网络，S 型函数常用于连续型的神经网络，而高斯型函数则用于径向基神经网络(radial basis function NN)。

人工神经网络模型是由大量神经元构成的网络。按连接的方式，可将神经网络分为前向网络和有反馈网络 2 类；当然也可以构造出更复杂的组合网络。最简单的神经网络是前向神经网络和径向基神经网络，信号仅沿输入到输出的方向流动，没有信号的反馈。更复杂的神经网络中神经元的连接方式更复杂，允许信号反馈，因而网络的功能更加强大。

按神经元传递函数的性质可分为决定性神经网络和随机性神经网络 2 类(图 4-9)。

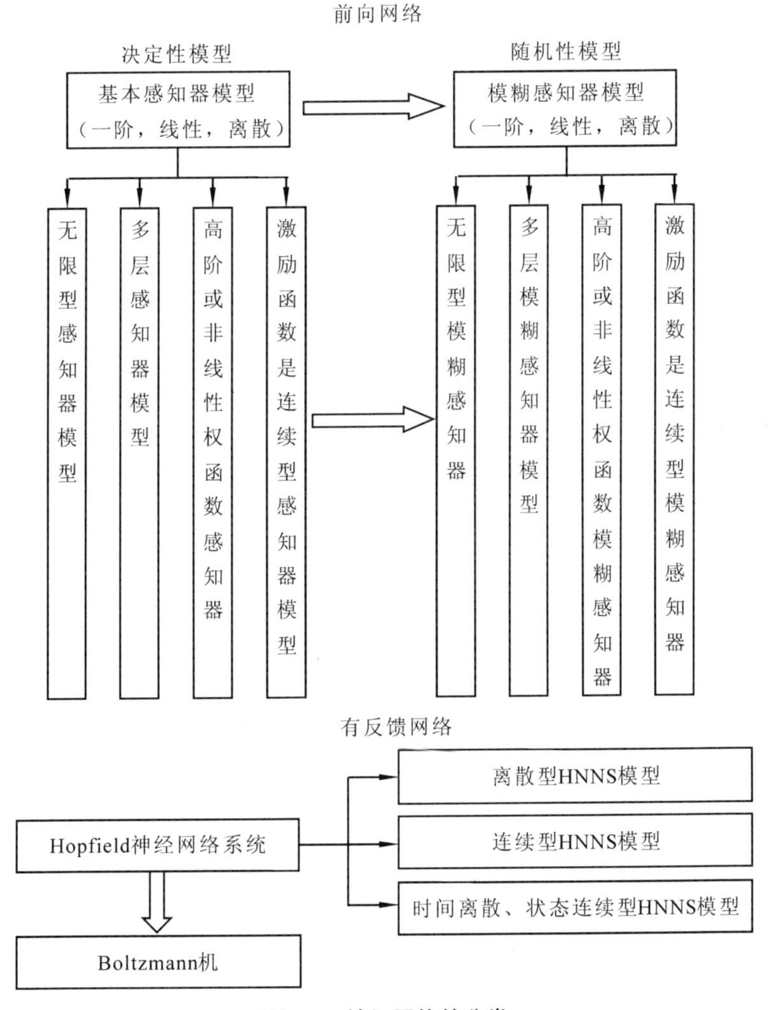

图 4-9　神经网络的分类

最常见的神经网络是前向神经网络，这里简介普通的两种：第一种是 BP 神经网络，或误差逆传播神经网络(back-propagation neural network)。它是单向传播的多层前向神经网络(图 4-10)：第一层是输入节点，最后一层是输出节点，其间有一层或多层隐含层节点，各层内的节点间无连接，信息仅单方向流动。

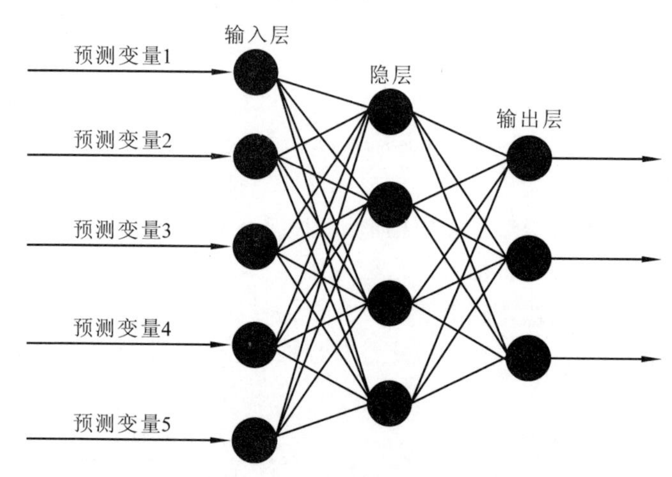

图 4-10 误差逆传播神经网络(BP 神经网络)

关于 BP 网络已经证明了下面两个基本定理：

定理1(Kolmogrov 定理)：给定任一连续函数 f: $[0, 1]^n \to R^m$，f 可以用一个三层前向神经网络实现，第一层即输入层有 n 个神经元，中间层有 $2n+1$ 个神经元，第三层即输出层有 m 个神经元。

定理2：给定任意 $\varepsilon > 0$，对于任意的 L_2 型连续函数 f: $[0, 1]^n \to R^m$，存在一个三层 BP 网络，它可以在任意平方误差精度内逼近 f。

径向基神经网络(RBF，radial basis function NN)。由三层组成(图 4-11)，输入层仅传送数据到隐含层节点，中间的隐含层节点即 RBF 节点为常见的高斯型函数那样的辐射状作用函数构成，而输出层通常由简单的线性函数构成。

隐含层节点的高斯型函数将对输入数据向量 $x = (x_1, x_2, \cdots, x_i, \cdots, x_m)$ 产生响应，输入数据靠近高斯型函数的中央 $w_j = (w_1, w_2, \cdots, w_i, \cdots, w_m)_j$ 范围时，节点 j 将产生较大的输出。

定理3：给定任意 $\varepsilon > 0$，对于任意的 L_2 型连续函数 f: $[0, 1]^n \to R^m$，存在一个径向基神经网络，它可以在任意 ε 平方误差精度内逼近 f。

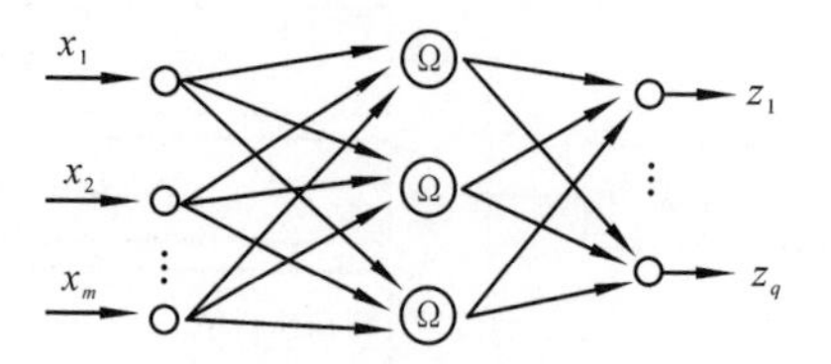

图 4-11 径向基神经网络

另外，还有反馈神经网络(feedback neural network)和自组织神经网络(self-organizing neural network)。

(2)神经网络模型的运行及BP网络的训练。神经网络的运行包括两个阶段：

训练或学习阶段(training or learning phase)。径向神经网络提供一系列输入－输出数据组，通过数值计算方法和参数优化技术，使节点连接的权重因子不断调整，直到由给定的输入能产生所期望的输出。

预测(应用)阶段(generalization phase)。以训练好的网络对未知的样本进行预测。

神经网络的特点：神经网络强信息或知识分布储存在大量的神经元或整个系统中。有较强的容错能力，部分节点不参加运算，不会对整个系统的性能造成太大的影响。

从广义来说，学习和训练是参数优化的问题。但就神经网络来说，它又有许多自身的特点，因此网络内部连接权重的调整有一些较为有效的学习规则。其中一种比较广泛接受和使用的学习算法，即“误差逆传播”学习算法，按此算法训练出来的多层神经网络被称为“误差逆传播神经网络”(error back-propagation)，故称为BP网络。它是一种有三层神经元的多层神经网络，不同层间的神经元按权重连接，而层内各神经元则互不连接。网络按照有人管理示教的方式学习。BP网络训练具体过程如下：

①将输入层、隐含层和输出层神经元之间的连接权 w_{ij}、v_{jl}以及神经元阈值 θ_j、γ_l赋予(－1，1)间的随机值；并指定学习系数 α、β 以及神经元的激励函数。

②随机选取一个输入-输出数据组，提交给网络：

$$X^k = (x_1^{\ k},\ x_2^{\ k},\ \cdots,\ x_m^{\ k})$$

$$Z^k = (z_1^{\ k},\ z_2^{\ k},\ \cdots,\ z_q^{\ k})$$

③用网络的设置计算隐含层各神经元的输出 b_j：

$$\begin{cases} s_j = \sum_{i=1}^{m} w_{ij}x_i - \theta_j \\ y_j = f(s_j) \end{cases} \tag{4-14}$$

④用网络的设置计算输出层神经元的响应 C_l：

$$\begin{cases} u_l = \sum_{j=1}^{p} v_{jl}y_j - \gamma_l \\ C_l = f(u_l) \end{cases} \tag{4-15}$$

⑤利用给定的输出数据计算输出层神经元的一般化误差 $d_l^{\ k}$：

$$d_t^k = (z_l^k - C_l^k)f'(u_l) \tag{4-16}$$

⑥计算隐含层各神经元的一般化误差 $e_j^{\ k}$：

$$e_j^k = [\sum_{l=1}^{q} v_{jl}d_l^k]f'(s_j^k) \tag{4-17}$$

⑦利用输出层神经元的一般化误差 $d_l^{\ k}$、隐含层各神经元输出 y_j，修正隐含层与输出层的连接权重 v_{jl}和神经元阈值 γ_l：

$$\begin{cases} \Delta v_{jl} = \alpha d_l^k y_j^k \quad (0 < \alpha < 1) \\ \Delta \gamma_l = -\alpha d_l^k \end{cases} \tag{4-18}$$

⑧利用隐含层神经元的一般化误差 $e_j^{\ k}$、输入层各神经元输入 X^k，修正输入层与隐含层的连接权重 w_{ij}和神经元阈值 θ_j：

$$\begin{cases}\Delta w_{ij} = \beta e_j^k x_i^k \quad (0 < \beta < 1) \\ \Delta\theta_j = -\beta e_j^k\end{cases} \tag{4-19}$$

⑨随机选取另一个输入—输出数据组，返回③进行学习；重复利用全部数据组进行学习。这是网络利用样本集完成一次学习过程。

⑩重复下一次学习过程，直至网络全局误差小于设定值，或学习次数达到设定次数为止。对经过训练的网络进行性能测试，检查其是否符合要求。

上述步骤中的③、④是正向传播过程，⑤~⑧是误差逆向传播过程，在反复的训练和修正中，神经网络最后收敛到能正确反映客观过程的权重因子数值。

激励函数通常选用 Sigmoid 函数或双曲正切函数，可以体现出生物神经元的非线性特性，而且满足 BP 算法要求激励函数可微的条件。

输出层和隐含层间连接权重的调整量取决于 3 个因素 α、d_l^k 和 y_j^k，隐含层和输入层间的权重调整量取决于 3 个因素：β、e_j^k 和 x_i^k。很明显，调整量与校正误差成正比；也与隐含层的输出值或输入信号值成正比，即神经元的激活值越高，则它在这次学习过程中就越活跃，与其相连的权值调整幅度越大。但阈值的调整在形式上只与校正误差成正比。学习系数 α 和 β 越大，学习速度快，但可能引起学习过程的振荡。

利用 BP 网络进行目标值预测时，常会发现所谓的"过拟合"现象，即经过训练的 BP 网络与学习样本拟合很好，而对不参加学习的样本的预报值则有较大的偏差。当学习样本集的大小与网络的复杂程度比较不够大时，"过拟合"往往比较严重。这应在神经网络模型的应用中予以注意。

4.2.1.2　基于 BP 神经元网络森林蓄积量估测

(1)研究资料。2006 年 9 月 23 日 Landsat-5 TM 遥感卫星影像；广东省佛冈县 2006 年森林资源二类调查小班数据；从二类小班数据中选择 3000 个调查质量比较高的小班作为训练样本。

(2)蓄积量估测自变量的选择。对于蓄积量遥感估测自变量的选择，赵宪文、李崇贵等通过研究得出以下结论：

①遥感波段 TM_5，TM_7，TM_{4-3}，$TM_{\frac{4+5-2}{4+5+2}}$，$TM_{\frac{7}{3}}$，$TM_{\frac{4}{2}}$ 对蓄积量的估测有重要的解释作用；

②利用方差扩大因子，可有效诊断在所设置的遥感波段间是否存在多重相关性及其严重程度；

③采用平均残差平方和准则可有效选择对蓄积量估测有重要解释作用的遥感波段，且所选波段间的多重相关性相对较小；

④对蓄积量估测起重要作用的遥感波段的信息量大小没有规律，信息量小的遥感波段可能对蓄积量估测也起重要作用。到底哪些遥感因子对蓄积量估测有影响，与所设置参与分析可能影响蓄积量估测的遥感因子关系密切。设置不同的可能影响蓄积量估测的遥感因子，所选结果可能会有差异。

综合以上研究成果，结合本研究实际，决定选取 TM_5，TM_7，TM_{4-3}，$TM_{\frac{4+5-2}{4+5+2}}$，这 4 个波段作为森林蓄积量遥感估测的因变量。

(3)样本数据整理。因为每个小班面积不等，各个小班中包含的遥感影像像元数也各不相同，其森林蓄积量也受到小班面积的影响。为了消除遥感因子与 GIS 因子量纲不同的影响，将小班内各个波段所有像元灰度值的平均值作为该小班在该波段的灰度值，将单位面积上的蓄积量(公顷蓄积量)作为因变量。将 3000 个小班随机选取 70%(2100 个小班)作为训练数据，将其余 30%(900 个小班)的数据作为测试数据，用于评价神经网络预测的精度。

(4)BP 神经网络仿真。在 BP 神经网络的训练算法中，通过计算性能函数的梯度，再沿负梯度方向调整网络的权值和阈值，从而使性能函数达到最小。普通 BP 神经网络都采用均方误差(即网络训练误差的平方和均值)作为性能函数，其公式为：

$$F = mse = \frac{1}{N}\sum_{i=1}^{N}(e_i)^2 = \frac{1}{N}\sum_{i=1}^{N}(t_i - a_i) \tag{4-20}$$

式中：e_i——第 i 个样本的训练误差；

t_i——第 i 个样本的目标输出；

a_i——第 i 个样本的网络输出；

F——网络训练误差的平方和均值，当 F 小于设定的均方误差时，训练结束。

本研究应用 Insightful Miner 软件，创建 BP 神经网络。先用 2100 个小班数据训练网络，然后把剩余的 900 个小班数据与训练过的神经网络一起作为参数进行仿真输出。

在生成 BP 神经网络模型前要设定其初始参数，包括隐含层数的确定、隐层节点数的确定、网络初始权重的确定以及网络训练策略的选择等，而这些参数是根据实践经验来确定的，缺乏有效的理论指导，带有很强的主观性，并且在训练过程中这些参数要经过不断的调整，才能生成一个较好的网络模型。而且，神经网络的训练比较费时并且对训练结果的好坏缺乏判断。在本次研究中，经过反复的实验，确定了一个较为理想的网络设计模型，其参数设置如表 4-5 所示，此时的测试值与预测值的相关系数 R^2 可达到 0.955。

表 4-5　BP 神经网络初始参数设置表

参数名称	设置	参数名称	设置
Initial Weights	Random Weights	Momentum	0.95
Final Weights	Use Best Weights	Weight Decay	1.0
Conyergence Tolerance	0.0001	Number of Hidden Layers	2
Epochs	500	Number of Nodes per Hidden Layer	25
Learning Rate	0.001		

用数据挖掘软件 Insightful Miner 生成的决策树模型如图 4-12 所示。该模型是一个“黑箱”结构，无法对其进行有意义的解译。

(5)预测数据与实测数据的差异性比较。用生成的 BP 神经网络模型对 900 个测试小班的森林蓄积量进行预测，得到的公顷蓄积量与这些小班实际测得的公顷蓄积量进行比较，结果可以看出，预测值与测试值之间的差异性并不显著，说明 BP 神经元网络可很好的预测研究区的森林蓄积量(表 4-6)。

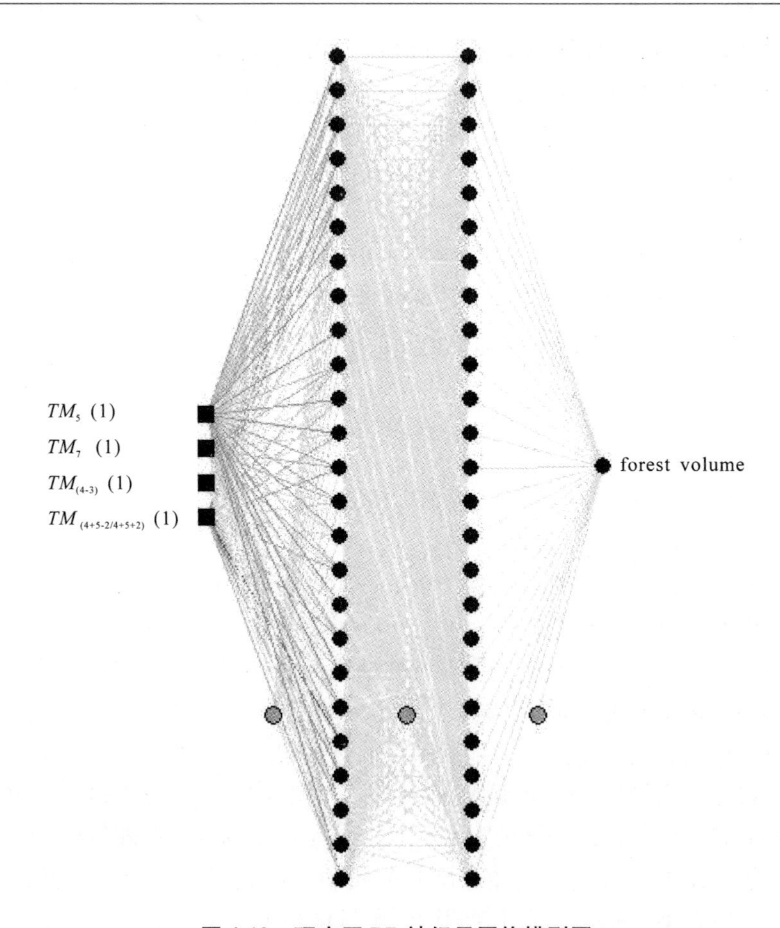

图 4-12 研究区 BP 神经元网络模型图

表 4-6 研究区森林蓄积量测试值与预测值的 *T* 检验结果

均值	标准差	标准误	95% 置信区间		*t*	显著性
			下限	上限		
-9.25	15.99	1.48	-12.44	-6.26	-5.88	<0.001

4.2.2 用岭回归估测森林蓄积量

在回归分析中最小二乘法是最常用的方法，使用最小二乘法的一个前提是 $|X'X|$ 不为零，即矩阵 $X'X$ 非奇异。当所有变量之间有较强的线性相关性时，$|X'X|=0$，或者变量之间的数据变化比较小或者部分变量之间有线性相关性时，矩阵的行列式 $|X'X|$ 比较小，甚至趋近于0，一般在实际应用中处理：当 $|X'X|<0.01$ 时，$X'X$ 常被称为病态矩阵，它表明最小二乘法并非在各方面都尽善尽美，因为这种矩阵在计算过程中极易造成约数误差，因此得到的数据往往缺乏稳定性和可靠性。

岭回归是在自变量信息矩阵的主对角线元素上人为地加入一个非负因子 k，从而使回归系数的估计稍有偏差，而估计的稳定性却可能明显提高的一种回归分析方法，它是最小二乘法的一种补充。岭回归可以修复病态矩阵，达到较好的效果。

4.2.2.1　岭回归的统计基础

(1)岭迹的概念。线性回归分析的正规方程组可以写成：

$$X'Xb = X'Y \tag{4-21}$$

其最小平方解则为：

$$b = (X'X)^{-1}X'Y \tag{4-22}$$

式(4-21)和(4-22)中的 X 为自变量的 $n \times m$ 阶矩阵，X' 为 X 的转置，$(X'X)$ 为对称的 $m \times m$ 方阵，通常 $X'X$ 称为信息矩阵，$(X'X)^{-1}$ 为 $X'X$ 的逆阵，Y 为因变量的 $n \times 1$ 向量，b 为待解元，即回归系数的 $m \times 1$ 向量，这里的 n 为观察值组数，m 为待估计的回归系数。当 $|X'X| \approx 0$ 时，矩阵 $X'X$ 为病态矩阵，这样最小偏二乘法就会产生较大的误差，$\hat{\beta}$ 是 β 的无偏估计，但 $\hat{\beta}$ 很不稳定，在具体取值上与真值有较大的偏差，甚至有时会出现与实际经济意义不符的正负号。

如果在 $X'X$ 的主对角线元素上加上一个非负因子 k，即令：

$$b(k) = (X'X + kI_m)^{-1}X'Y \tag{4-23}$$

式中：I_m —— m 阶单位矩阵。

那么 $b(k)$ 和 b 有何不同呢(下文在这些统计数后均加标记 k，便于与最小二乘法，即 $k=0$ 的统计数相区别)？最先研究这一问题的是 Hoerl 和 Kennard 以及 Marquardt，他们的基本结论是：$b(k)$ 是 k 的非线性函数；$k=0$ 时，$b(k) = b$ 同为最小平方估计数；而后，随着 k 的增大，$b(k)$ 中各元素 $b_i(k)$ 的绝对值均趋于不断变小[由于自变数间的相关，个别 $b_i(k)$ 可能有小范围的向上波动或改变正、负号]，它们对 b_i 的偏差也将愈来愈大；如果 $k \to \infty$，则 $b(k) \to 0$。$b(k)$ 随 k 的改变而变化的轨迹，就称为岭迹，k 的加入使 $b(k)$ 成为回归系数的有偏估计数。

(2) k 的效应。实际上，k 的加入会影响到回归分析中的许多统计数，而不仅是上述的 $b(k)$。其中最重要的还有以下两项：

①随着 k 的增大，离回归平方和 $Q(k) = \sum[Y - \hat{Y}(k)]^2$ 和离回归均方 $s^2(k) = Q(k)/(n-m-1)$ 都将增大，亦即必有 $Q(k) > Q$ 和 $s^2(k) > s^2$，这是随着 k 增大 $b(k)$ 的偏差也愈来愈大的直接反映。

②随着 k 的增大，$(X'X + kI)$ 的逆阵即 $(X'X + kI)^{-1}$ 的主对角元素 $c_{ii}(k)(i = 1,2,\cdots,m)$ 将不断减小，亦即必有 $c_{ii}(k) < c_{ii}$。由于回归系数的误差均方 $s^2{}_{bi} = c_{ii}s^2$，所以在 k 适当可能使 $c_{ii}(k)s^2(k) < c_{ii}s^2$ 和 $\sum_1^m s^2{}_{bi}(k) < \sum_1^m s^2{}_{bi}$，即回归系数的误差均方之和较 $k=0$ 时为小，这意味着 $b(k)$ 的估计将比 b 更稳定。

4.2.2.2　岭回归程序

(1)模型变换。通常的线性回归模型为：

$$Y_j = \beta_0 + \beta_1X_{1j} + \beta_2X_{2j} + \cdots + \beta_mX_{mj} + \varepsilon_j \tag{4-24}$$

具有：

$$X = \begin{bmatrix} 1 & X_{11} & X_{21} & \cdots & X_{m1} \\ 1 & X_{12} & X_{22} & \cdots & X_{m2} \\ \vdots & \vdots & \vdots & \cdots & \vdots \\ 1 & X_{1n} & X_{2n} & \cdots & X_{mn} \end{bmatrix}_{n\times(m+1)} \quad \beta = \begin{bmatrix} \beta_0 \\ \beta_1 \\ \vdots \\ \beta_m \end{bmatrix}_{(m+1)\times 1} \quad Y = \begin{bmatrix} Y_1 \\ Y_2 \\ \vdots \\ Y_n \end{bmatrix}_{n\times 1}$$

该模型中回归系数β的最小平方估计为：

$$b = (X'X)^{-1}X'Y = (b_0, b_1, \cdots, b_m)' \tag{4-25}$$

岭回归分析通常要先对X变数作中心化和标量化处理，以使不同自变数处于同样数量级上而便于比较，这就是引入新变数Z，令

$$Z_{ij} = (X_{ij} - \bar{x}_i) / \sqrt{\sum x^2{}_i} \quad (i = 1,2,\cdots,m;\ j = 1,2,\cdots,n) \tag{4-26}$$

于是式(4-24)变为：

$$Y_j - \bar{y} = \beta_1{}^Z Z_{1j} + \beta_2{}^Z Z_{2j} + \cdots + \beta_m{}^Z Z_{mj} + \varepsilon_j \tag{4-27}$$

进一步有：

$$Z = \begin{bmatrix} Z_{11} & Z_{21} & \cdots & Z_{m1} \\ Z_{12} & Z_{22} & \cdots & Z_{m2} \\ \vdots & \vdots & \vdots & \vdots \\ Z_{1n} & Z_{2n} & \cdots & Z_{mn} \end{bmatrix}_{n\times m}$$

$$\beta^Z = \begin{bmatrix} \beta_1{}^Z \\ \beta_2{}^Z \\ \vdots \\ \beta_m{}^Z \end{bmatrix}_{m\times 1} \quad (Y - \bar{y}I_n) = \begin{bmatrix} Y_1 - \bar{y} \\ Y_2 - \bar{y} \\ \vdots \\ Y_n - \bar{y} \end{bmatrix}_{n\times 1}$$

上述β^Z表示回归系数，β是由Z变数估计，它们在统计上又称为标准化回归系数。β^Z的最小平方估计为：

$$\begin{aligned} b^Z &= (Z'Z)^{-1}Z'(Y - \bar{y}I_n) = (Z'Z)^{-1}Z'Y \quad (\text{由于} Z'I_n = 0) \\ &= (b_1{}^Z, b_2{}^Z, \cdots, b_m{}^Z)' \end{aligned} \tag{4-28}$$

所以在实际分析中，因变数可仍用观察值向量Y而不用中心化向量$(Y - \bar{y}I)$，只要最后在回归方程中记：

$$\bar{y} = b_0{}^Z \tag{4-29}$$

这里应注意到，同一资料的式(4-25)和式(4-28)是精确对应的，b_i和$\beta_i{}^Z$具有关系：

$$b_i = b_i{}^Z / \sqrt{\sum x_i{}^2} \quad b_0 = \bar{y} - \sum_1^m b_i \bar{x}_i \tag{4-30}$$

(2)合适k值(记为k^*)的确定。

①岭迹法。岭迹法的直观考虑是，如果最小二乘估计看来有不合理之处，如估计以及正负号不符合经济意义，则希望能通过采用适当的$\hat{\beta}(k)$来加以一定程度的改善，k值的选择就显得尤为重要。选择k值的一般原则是：各回归系数的岭估计基本稳定；用最小二乘估计时符号不合理的回归系数，其岭估计的符号将变得合理；回归系数没有不合乎经济意义的绝对值；离回归平方和增大不太多。

②方差扩大因子法。方差扩大因子c_{jj}度量了多重共线性的严重程度，一般当$c_{jj} > 10$时，模型就有严重的多重共线性，如果计算岭估计$\hat{\beta}(k)$的协方差矩阵，得：

$$\begin{aligned} \mathrm{cov}(\hat{\beta}(k)) &= \sigma^2 (X'X + kI)^{-1}X'X(X'X + kI)^{-1} \\ &= \sigma^2 [c_{ij}(k)] \end{aligned} \tag{4-31}$$

式(4-31)中矩阵$C_{ij}(k)$的对角元素$c_{jj}(k)$就是岭估计的方差扩大因子，不难看出，

$c_{jj}(k)$ 随着 k 的增大而减少。应用方差扩大因子选择 k 的经济做法是：选择 k 使所有方差扩大因子 $c_{jj}(k) \leqslant 10$，一般情况下 $k^* \leqslant 0.5$，尤以 $k^* < 0.1$ 为多。

(3) 岭回归分析。岭回归模型仍用式(4-27)，只是将 β^Z 换成 $\beta^Z(k^*)$：

$$[\beta^Z(k^*)]' = [\beta_1{}^Z(k^*), \beta_2{}^Z(k^*), \cdots, \beta_m{}^Z(k^*)] \tag{4-32}$$

其估计数则为：

$$\begin{aligned}\beta^Z(k^*) &= (Z'Z + k^* I_m)^{-1} Z'Y \\ &= [\beta_1{}^Z(k^*), \beta_2{}^Z(k^*), \cdots, \beta_m{}^Z(k^*)]'\end{aligned} \tag{4-33}$$

由于 $\beta^Z(k^*)$ 不满足最小平方条件，故离回归平方和 $Q(k^*)$ 和均方 $s^2(k^*)$ 应由以下公式直接求得：

$$Q(k^*) = \sum [Y - \hat{Y}(k^*)]^2 = [Y - Zb^Z(k^*)]'[Y - Zb^Z(k^*)] \tag{4-34}$$

$$s^2(k^*) = Q(k^*)/(n - m - 1) \tag{4-35}$$

(4) 模型表达。岭回归方程可直接表示为：

$$\hat{Y}(k^*) = \bar{y} + b_1{}^Z(k^*)Z_{1j} + b_2{}^Z(k^*)Z_{2j} + \cdots + b_m{}^Z(k^*)Z_{mj} \tag{4-36}$$

如果用原观察单位表达更为适宜，可写作：

$$\hat{Y}(k^*) = b_0(k^*) + b_1(k^*)X_{1j} + b_2(k^*)X_{2j} + \cdots + b_m(k^*)X_{mj} \tag{4-37}$$

式(4-37)中的

$$\begin{aligned}b_i(k^*) &= b_i^Z(k^*)/\sqrt{\sum x_i{}^2}, \\ b_0(k^*) &= \bar{y} - \sum_1^m b_i(k^*)\bar{x}_i\end{aligned} \tag{4-38}$$

式(4-38)即式(4-30)，只是式(4-30)用于 b_i 和 $b_i^Z(k^*)$ 的变换。

4.2.2.3　岭回归实例

(1) 研究资料。2006 年 9 月 23 日 Landsat-5 TM 遥感卫星影像；广东省佛冈县 2006 年森林资源二类调查小班数据；从二类小班数据中选择 3000 个调查质量比较高的小班作为训练样本。参与森林蓄积量估测的自变量包括 TM_5，TM_7，TM_{NDVI}，TM_{Wet}，郁闭度。

(2) 常回归分析。原始数据用最小二乘法得一般回归方程为：

$$\text{公顷蓄积量} = 197.742 + 76.688 \times \text{郁闭度} - 0.212 \times TM_5 - 1.060 \times TM_7 - 0.123 \times TM_{NDVI} - 0.725 \times TM_{Wet} \tag{4-39}$$

用于检验回归模型的统计量见表 4-7。

表 4-7　原始数据拟合的统计量

R	F	p
0.658	686.790	0.0000

在 X 的已标准化为 Z 的前提下，当 $X'X$ 为病态矩阵时，由于 Z 是通过 X 经线性变化而来的，则 $Z'Z$ 至少有一特征根近似为零，求 $S = Z'Z$ 特征根可知 x_1(郁闭度)的特征根为 0.0037，比较接近于 0(相对于其他变量的特征根而言)，说明变量之间的多重共线性比较严重，通常最小二乘法不会有好的效果，因此有必要作岭回归。

在采用常规方法求出的多元线性方程中有关的统计量 R 和 F 值令人满意，但其拟合方程却失去了一定的实际意义，见拟合方程(4-39)可知5个变量中只有 x_1(郁闭度)是正值，其余为负值，这是明显不符合实际情况的。在遥感影像中，遥感影像的像素值越高则其对应的蓄积量应该越大，这样我们不得不怀疑常回归分析的正确性。

(3)岭回归计算。计算 k^*，数据有岭回归方程：

$$\text{公顷蓄积量} = 192.828 + 76.607 \times \text{郁闭度} - 0.231 \times TM_5 - 0.994 \times TM_7 - 0.116 \times TM_{NDVI} - 0.708 \times TM_{Wet} \quad (4\text{-}40)$$

用于检验回归模型的统计量见表4-8。

表4-8　标准化数据拟合的统计量

γ^2	F	$s^2(k^*)$	p
0.4334	94.1270	784.5168	0.0000

随着 k 的增加，回归系数逐渐减小，k 取0.0199之后的数据已经基本稳定，变化比较小，从而使回归系数达到稳定，但离回归均方有一定的增加，但增加不是很多。

(4)岭回归matlab程序。

程序1　数据标准化

```
x = xlsread('G:\BOOKDATA\data\X.xls');
for i = 1:5
    s = 0;
    for j = 1:3000
        s = s + x(j, i);
    end
    ax(1, i) = s/3000;
end
for i = 1:5
    qs = 0;
    for j = 1:3000
        qs = qs + (x(j, i) - ax(1, i))^2;
    end
    qx(1, i) = qs^(1/2);
end
ax
qx
for i = 1:5
    for j = 1:3000
        z(j, i) = (x(j, i) - ax(1, i))/qx(1, i);
    end
end
```

程序2　多元线性回归拟合(最小偏二乘法)

```
y=xlsread('G: \BOOKDATA\data\Y.xls');
a=[ones(3000, 1) x];
[b, bint, r, rint, stats]=regress(y, a)
rcoplot(r, rint)
s=0;
for i=1: 3000
Y(i, 1)=b(1, 1)+b(2, 1)*x(i, 1)+b(3, 1)*x(i, 2)+b(4, 1)*x(i, 3)+
b(5, 1)*x(i, 4)+b(6, 1)*x(i, 5);
    s=s+(mean(y)-Y(i, 1))^2;
end
q=s
s=0;
for i=1: 3000
    s=s+(y(i, 1)-mean(y))^2;
end
zs=s
r=q/zs
F=(q/5)/((zs-q)/3000)
zs-q
```

程序3　标准化数据拟合并作残差分析

```
n=[ones(3000, 1) z];
[bb, bint, r, rint, stats]=regress(y, n)
rcoplot(r, rint)
for i=1: 5
    h(i+1, 1)=bb(i+1, 1)/qx(1, i);
end
h(1, 1)=mean(y)-(h(2, 1)*ax(1, 1)+h(3, 1)*ax(1, 2)+h(4, 1)*ax(1,
3)+h(5, 1)*ax(1, 4)+h(6, 1)*ax(1, 5))
h
q=0;
for i=1: 3000
    q=q+r(i, 1)^2;
end
q
v=inv(z'*z);
s=0;
for i=1: 5
```

```
        s = s + v(i, i);
    end
    bi = 183.685096399096 * s
    s = 0;
    for i = 1: 3000
    Y(i, 1) = bb(1, 1) + bb(2, 1) * z(i, 1) + bb(3, 1) * z(i, 2) + bb(4, 1) * z(i,
3) + bb(5, 1) * z(i, 4) + bb(6, 1) * z(i, 5);
        s = s + (mean(y) - Y(i, 1))^2;
    end
    q = s
    s = 0;
    for i = 1: 3000
        s = s + (y(i, 1) - mean(y))^2;
    end
    zs = s
    r = q/zs
    F = (q/6)/((zs - q)/2994)
    zs - q
```

程序4　求 *k* 值

```
    for k = 0.0003: 0.0001: 0.02
        C = inv(z' * z + k. * eye(5)) * z' * z * inv(z' * z + k. * eye(5));
          for i = 1: 5
            if C(i, i) > 10
              break
            else
              continue
            end
          end
          for l = 1: 5
            if C(l, l) < = 10
              k
              C
              hold on
              break
            else
              end
          end
    end
```

程序5　岭回归

```
f = inv(z'*z + 0.0199.*eye(5))*z'*y;% 岭回归
cc = inv(z'*z + 0.0199.*eye(5));
b1(1, 1) = mean(y);
for i = 2: 6
    b1(i, 1) = f(i - 1, 1);
end
b1
for i = 1: 5
    by(i + 1, 1) = f(i, 1)/qx(1, i);% 还原
end
s = 0;
for i = 1: 5
  s = s + by(i + 1, 1)*ax(1, i);
end
by(1, 1) = mean(y) - s;
by
% 计算岭回归 s, q
s = 0;
for i = 1: 4496
    Y(i, 1) = by(1, 1) + by(2, 1)*x(i, 1) + by(3, 1)*x(i, 2) + by(4, 1)*x
(i, 3) + by(5, 1)*x(i, 4) + by(6, 1)*x(i, 5);
    s = s + (y(i, 1) - Y(i, 1))^2;
end
q = s
ss = q/3000
sb = ss*(cc(1, 1) + cc(2, 2) + cc(3, 3) + cc(4, 4) + cc(5, 5))
```

程序6　岭绘图

```
k = 0;
for j = 1: 10001
  f = inv(z'*z + k.*eye(5))*z'*y;% 岭回归
  cc = inv(z'*z + k.*eye(5));
  b1(1, 1) = mean(y);
  for i = 2: 6
    b1(i, 1) = f(i - 1, 1);
  end
  for i = 1: 5
```

```
    by(i+1, 1)=f(i, 1)/qx(1, i);%还原
  end
  s=0;
  for i=1: 5
      s=s+by(i+1, 1)*ax(1, i);
  end
  by(1, 1)=mean(y)-s;
  aa(j, 1)=k;
  k=k+0.0001;
  m1(j, 1)=by(2, 1);
  m2(j, 1)=by(3, 1);
  m3(j, 1)=by(4, 1);
  m4(j, 1)=by(5, 1);
  m5(j, 1)=by(6, 1);
end
plot(aa, m1,'R-', aa, m2,'G-', aa, m3,'B-', aa, m4,'y-', aa, m5,'m-')
```

程序 7　岭迹分析

```
k=0.00;
for j=1: 11
  f=inv(z'*z+k.*eye(5))*z'*y;%岭回归
  cc=inv(z'*z+k.*eye(5));
  b1(1, 1)=mean(y);
  j
  for i=2: 6
      b1(i, 1)=f(i-1, 1);
  end
  for i=1: 5
    by(i+1, 1)=f(i, 1)/qx(1, i);%还原
  end
  s=0;
  for i=1: 5
      s=s+by(i+1, 1)*ax(1, i);
  end
  by(1, 1)=mean(y)-s;
  by
  %计算岭回归s, q
  s=0;
  for i=1: 3000
```

```
    Y(i, 1) = by(1, 1) + by(2, 1) * x(i, 1) + by(3, 1) * x(i, 2) + by(4, 1) * x(i,
3) + by(5, 1) * x(i, 4) + by(6, 1) * x(i, 5);
        s = s + (y(i, 1) - Y(i, 1))^2;
    end
    q = s
    ss = q/2994
    sb = ss * (cc(1, 1) + cc(2, 2) + cc(3, 3) + cc(4, 4) + cc(5, 5))
    k = k + 0.0001;
end
```

4.2.3 研究结论

本节用神经元网络和岭回归2种方法进行了森林蓄积量遥感定量研究。当影响蓄积量估测的主要遥感因子和GIS因子间存在多重相关性时，需采用岭回归建立蓄积量估测方程，岭回归所得蓄积量估测方程的预报精度要优于最小二乘估计的预报精度。使用岭回归需满足一定条件，当岭回归方法不适合时，则可采用神经网络建立蓄积量估测模型。

采用*TM*灰度值及其波段比值，结合人工神经网络(ANN)，可有效地估计森林蓄积量。将RS和ANN结合后，研究区森林蓄积量的预测值与实测值的一致性较好，其相关系数达到0.955。*TM*单波段因子中，TM_5，TM_7，TM_{4-3}，$TM_{\frac{4+5-2}{4+5+2}}$，$TM_{\frac{7}{3}}$，$TM_{\frac{4}{2}}$对蓄积量的估测有重要的解释作用。虽然遥感技术能够有效地提高森林的结构参数，能够提供其他常规方法无法得到的各种信息，但其并不能完全替代高质量的、典型的地面调查资料。近年来利用遥感数据本身特征(光谱、空间、时间)以及各种辅助数据，并结合非参数分类器，如人工神经网络(ANN)来提高预测精度的应用研究不断发展，无疑为森林资源调查提供了有效途径。本研究采用小班中公顷蓄积量与遥感数据之间的相关性进行研究，数据容易获得，不失为研究森林蓄积量的一种有效方法。但由于环境条件、林分结构参数和组成、遥感成像参数的不同，加之波段灰度值与森林蓄积量之间的非线性关系，采用不同时相TM影像研究不同地区的森林蓄积量可能会导致精度不同，但只要采用正确的ANN网络参数和遥感波段信息，仍然可以得到满意的结果。

虽然神经元模型的估测精度要优于岭回归估计，但是在实际工作中，其模型不易应用于专家系统中，而岭回归估计的得到的方程可直接应用于专家系统。

4.3 森林生物量的遥感定量估测

森林生物量是指各种森林在一定的年龄、一定的面积上说生长的全部干物质的重量，它是森林生态系统在长期生产与代谢过程中积累的结果，是森林很重要的特征数据。森林生态系统总生物量的研究，是判断森林生态系统是大气中二氧化碳的源和汇的重要标志。森林生物量是反映森林生态环境的重要指标，是了解生态系统中物质循环和能量流动等规律的参数。森林生物量的研究既为生态系统的光合作用、水分平衡、物质循环、能量交换等研究工作提供基础资料，也为维护森林生态系统的稳定和森林的可持续发展提供科学依据。

遥感数据具有多级分辨率，给我们提供了在不同尺度(尤其是在林分以上尺度)上进行研究的可行性，其客观性决定了它的可靠性。现在已获取了海量的遥感数据。如何进行遥感数据的定量反演，建立遥感生物量模型是一个应该深入研究的课题。

4.3.1 森林生物量遥感模型

植被由于叶绿素的吸收和反射以及植物叶片内部组织结构的多次反射散射，形成了其独特的蓝边、绿峰、黄边、红谷和红边特征。在短红外波段，特征光谱主要表现为O-H、C-O、C-H等分子键及其他矿物的化学键的振动、弯曲和电子跃迁所形成的吸收特性。植物的光合作用表现为对红光和蓝紫光的强烈吸收而使其反射光谱曲线在该部分波段呈波谷形态，因此植物的反射光谱特征反映了植物的叶绿素含量和生长状况。而叶绿素含量和叶生物量相关。所以可根据植物反射光谱特征，利用遥感数据来估算陆地植被活体生物量。

最初的生物量遥感估算是利用单波段进行研究。如Prince和Goward研究认为，地上生物量与植物生长季内最小的可见光反射率存在着负相关，从而建立了地上生物量遥感估算的统计模型：

$$W = 7.16.61 \tag{4-41}$$

式中：W——地上生物量；

ρ——生长季AVHRR第一通道的最小值。

利用单通道来估算生物量，运算简便。但受其大气、土壤、传感器性能、太阳角度等一系列因素的影响强烈，估算精度较差。

还有就是利用植被指数来估算生物量，因其方法简便、估算精度较高而广为应用，从使用高分辨率的TM、MSS数据等到使用高时间分辨率的NOAA数据。从小区域的精细研究到大范围宏观研究。金丽芳(1986)利用Landsat TM数据得出*NDVI*与生物量之间的关系为：

$$Biomass = 49.5 \times \exp(3.69 \times NDVI) \quad R^2 = 0.9 \tag{4-42}$$

Marin Amparo Gilabert等(1996)利用实验遥感方法对作物冠层的叶面积指数(*LAI*)、生物量与归一化植被指数(*NDVI*)的关系进行研究，得出：

$$NDVI = A + B\log(Biomass) \quad R^2 = 0.96 \tag{4-43}$$

式中：A、B——根据研究区状况而调整的参数。

遥感在探测植被散射和热辐射信息的处理过程中，包括了植被散射元的多次散射、粗糙下垫面的散射等互相耦合的高度非线性化的过程。这种非线性关系的反演，是当今一些反演方法难以解决的。动态神经网络具有自组织、自学习和对输入数据具有高度容错性等功能，因此，在解决复杂的、非线性的问题时，具有独到的功效。近年来一些研究表明，神经网络适合于大量高维遥感数据的参数反演过程。

本研究用多元回归及利用神经网络建立蓄积量估测模型进行系统分析。研究区数据仍沿用上一节的数据。

4.3.2 基于多元回归模型森林生物量估测

设研究区样本小班总数n，小班的公顷生物量观测值向量为$Y_{n\times1}$，在样本小班对应的*RS*和其他信息源信息中，影响生物量估测的自变量维数为p(含常数项)，其观测矩阵为$X_{n\times p}$，$\beta_{p\times1}$为待定参数向量，ε为随机扰动误差项，则研究区生物量估测线性模型可表示为：

$$Y = \beta_0 + \beta_1 x_1 + \beta_2 x_2 + \cdots + \beta_p x_p + \varepsilon \tag{4-44}$$

相应的回归方程为：

$$E(Y \mid x = x_1, x = x_2, \cdots, x = x_p) = \beta_0 + \beta_1 x_1 + \beta_2 x_2 + \cdots + \beta_p x_p \tag{4-45}$$

采用矩阵形式表示为：

$$Y = X\beta + \varepsilon \quad E(\varepsilon) = 0 \tag{4-46}$$

假定：随机扰动误差项服从正态分布；X 是一个确定的矩阵和一个满秩的矩阵，即 $\varepsilon_{n\times1} \sim N(0_{n\times1},\ \sigma^2 I_{n\times n})$；$\mathrm{var}(Y) \sim \sigma^2 I$；$\mathrm{cov}(\varepsilon_i, \varepsilon_j) = 0 (i \neq j)$。

由以上假定可推知：

$$E(Y) = X\beta \tag{4-47}$$

$$\mathrm{var}(Y) = \sigma^2 I \tag{4-48}$$

4.3.2.1　自变量的选择

当以 *TM* 为遥感信息源时，考虑采用以下自变量：TM_{1-7}波段(不包含 TM_6 波段)，归一化差值植被指数 TM_{NDVI}波段，缨帽变换后的亮度波段 TM_B，绿度波段 TM_G，以及湿度波段 TM_{Wet}。以及 GIS 数据海拔、坡度、郁闭度、平均年龄、平均胸径、平均树高等共 16 个自变量。

4.3.2.2　逐步回归拟合多元回归方程

对 16 个自变量进行逐步回归，筛选出 7 个自变量。对筛选出的 7 个自变量，包括平均年龄、平均高、海拔、TM_1、TM_2、TM_3、TM_5。拟合多元回归方程如下：

公顷生物量 = −17.560 + 2.587 × 平均年龄 + 1.161 × 平均高 + 0.011 × 海拔 − 4.356 × TM_2 + 1.253 × TM_1 + 0.443 × TM_5 + 0.854 × TM_3　(4-49)

式中公顷生物量的单位是吨/公顷。复相关系数 $R^2 = 0.866$；RMSE = 17.059；相应于所得 F 统计量的值的概率 $P \approx 0$。模型统计值见表 4-9。

表 4-9　多元回归模型参数统计表

R	R Square	Adjusted R Square	Std. Error of the Estimate	Change Statistics					
				R Square Change	F Change	Df1	Df2	Sig F Change	Dubin-Waston
0.866	0.750	0.750	17.059	0.000	0.041	1	4487	0.839	1.721

在用最小平方法对多元线性回归模型中的待估测向量 β 进行估计之后，要对回归模型变量之间线性关系的代表性和各个回归参数的显著性进行分别检验。

多元测定系数 R^2 是评价多元线性回归模型对变量之间线性关系代表性的一个指标，值越大说明回归方程拟合越好。但是拟合效果好并不能说明预测效果好，而且多元测定系数 R^2 与自变量的个数有关，即使某个自变量与因变量之间无显著性的线性关系将其引入模型后也能增大 R^2 值。故有必要对 R^2 进行调整，方法是将自由度纳入考虑，并根据其大小对 R^2 的计算公式进行调整。

$$R_\alpha^2 = 1 - \frac{SSE/(n-p-1)}{SST/(n-1)} = 1 - (1 - R^2) \cdot \left(\frac{n-1}{n-p-1}\right) \tag{4-50}$$

称为调整的多元测定系数，R 称为多元样本相关系数或复相关系数。

虽然 R^2 代表了样本中自变量与因变量之间线性相关的程度，其是否能代表相应的总体相关系数还须通过 F 检验。F 检验统计量为：

$$F = \frac{SSR/p}{SSE/(n-p-1)} = \frac{MSR}{MSE} \sim F(p, n-p-1) \tag{4-51}$$

当 $F > F_{\alpha}(p, n-p-1)$，方程通过检验。

上述拟合之多元回归方程 F 统计量为 0.041，通过显著水平 $\alpha = 0.05$ 的检验。同时通过对 P 个多元测定系数的 F 检验，确定方程不存在严重的多重共线性。

即使方程通过检验，也要注意两点：①依然存在通过加入新的自变量来进一步提高该方程的拟合优度之可能性；②依然无法据此肯定是否每一个自变量对因变量的影响都是显著的，因此还须对每个回归参数进行显著性检验。

4.3.2.3 偏相关系数 t 检验

t 检验统计量为：

$$t = \frac{\tilde{\beta}_j - \beta_{j0}}{\sqrt{(MSE)(\alpha_{ij})}} \sim t_{n-p-1}(i, j = 0, 1, 2, \cdots, p) \tag{4-52}$$

当 $|t| > t_{\alpha/2}$，$(n-p-1)$ 通过检验。

表 4-10 偏相关系数 t 检验统计量

偏相关系数	t 统计量	偏相关系数	t 统计量
$R_{平均年龄}$	23.21	R_{TM_2}	199.28
$R_{平均高}$	32.22	R_{TM_3}	307.32
$R_{海拔}$	42.09	R_{TM_5}	16.25
R_{TM_1}	45.52		

偏相关系数 t 检验结果见表 4-10，t 值均大于 $t_{0.025}(\infty) = 1.960$，通过检验。

4.3.2.4 斯皮尔曼等级相关系数检验

如果回归问题中存在异方差性，这回归参数的普通最小平方估计量（OLS）仍是不偏的，但 $OLS(\hat{\beta}_j)$ 的方差已经不是最小的；通常会导致回归分析作出错误的结论。探查异方差性的基本方法有判断法、图示法、统计检验法，其中统计检验法有 Glejser 检验，Goldfeld_ Quandt 检验、Bartlett 检验等，本研究中采用 Spearman 等级相关检验。

Spearman 等级相关系数为：

$$r_s = 1 - 6\left[\frac{\sum_{i=2}^{n} d_i^2}{n(n^2-1)}\right] \tag{4-53}$$

具体检验步骤为：先拟合多元回归方程并求出扰动误差项 ε_i 的估计值即残差，然后取 ε_i 的绝对值，把 x_i 和 ε_i 按升序或降序排列后分成等级，按公式分别计算出每个自变量等级相关系数 r_s 检验统计量为：

$$t = \frac{r_s\sqrt{n-2}}{\sqrt{i - r_s^2}} \tag{4-54}$$

若 $t \leqslant t_{\alpha/2}(n-2)$ 说明 x_i 与 $|\varepsilon_i|$ 之间不存在统计关系，故可认为不存在异方差性。

表 4-11 Spearman 等级系数检验统计量

自变量	Spearman 统计量 t	自变量	Spearman 统计量 t
平均年龄	1.5206	TM_2	0.3525
平均高	0.5823	TM_3	1.9672
海拔	1.4262	TM_5	2.5237
TM_1	0.6460		

通过斯皮尔曼等级系数检验表明同方差假定并没有被严重违反 $t_{0.005}(120)=2.617$。

4.3.2.5 D-W 检验

标准的回归模型需假定其随机扰动误差项是不相关的，即：

$$\mathrm{cov}(\varepsilon_i,\varepsilon_j) = 0(i \neq j) \tag{4-55}$$

若这一假定未得到满足，则称为随机扰动误差项之间存在着自相关问题，一般是指一个变量前后期数字之间存在的相关关系，在本研究中是指同一变量在不同地理坐标上数值的相关关系。发生该问题的后果是：根据 $OLS(\hat{\beta}_j)$ 所作的预测将可能具有很大的方差而导致预测失去意义。为排除随机扰动误差项自相关对多元回归模型的干扰，采用 Durbin-Watson 检验(简称 D-W 检验)，检验探查该问题。

设自相关系数 ρ：

$$\rho = \frac{\sum_{i=2}^{n}\varepsilon_i\varepsilon_{i-2}}{\sqrt{\sum_{i=2}^{n}\varepsilon_i^2\sum_{i=2}^{n}\varepsilon_{i-2}^2}} \tag{4-56}$$

D-W 检验的统计量为：

$$DW = \frac{\sum_{i=2}^{n}(\varepsilon_i - \varepsilon_{i-2})^2}{\sum_{i=2}^{n}s_i^2} \tag{4-57}$$

大样本情况下($N>50$)：

$$DW \approx 2\left(1 - \frac{\sum_{i=2}^{n}\varepsilon_i - \varepsilon_{i-2}}{\sum_{i=2}^{n}s_{i-2}^2}\right) \tag{4-58}$$

若 $0<DW<2$ 则有 $0<\hat{\rho}<1$，表明具有某种程度的正相关；若 $2<DW<4$ 则有 $-1<\hat{\rho}<0$，表明具有某种程度的负相关。若 $DW=2$ 则有 $\hat{\rho}=0$，表明 ε_i 无相关性。

D-W 检验中统计量 $DW=1.721\approx 2$，确定方程不存在明显随机扰动误差项自相关。

4.3.2.6 关于 $\boldsymbol{y}_0$ 的预测

在已知 x_0 的情况下，预测 y 的相应总体个别值 y_0 采用 $\hat{Y}_0 = X'_0\hat{\beta}$ 计算。估计标准误差为：

$$Y_0 - \hat{Y}_0 = S(\hat{Y}_0^*) = \sqrt{MSE[1 + X'_0(X'X)^{-1}X_0]} \tag{4-59}$$

因此 y_0 的 100%$(1-\alpha)$置信区间为：

$$\hat{Y}_0 - t_{\alpha/2'}n - p - 1 \cdot S(\hat{Y}_0^*) \leqslant Y_0 \leqslant \hat{Y}_0 + t_{\alpha/2'}n - p - 1 \cdot S(\hat{Y}_0^*) \tag{4-60}$$

4.3.3 基于BP神经元网络森林生物量估测

BP神经元网络模型选用和森林蓄积量相同模型。参考上一节多元回归模型的内容，参与预测的波段有 TM_1，TM_2，TM_3，TM_5 以及GIS信息平均年龄、平均高和海拔。通过不断试验，确定当训练参数如下时拟合效果最好：

epochs = 3000；Convergence Tolerance = 0.0001；Learning Rate = 0.001；Momentum = 0.95；Weight Decay = 1.0

用生成的BP神经网络模型对900个测试小班的森林公顷生物量进行预测，得到的公顷蓄积量与这些小班实际测得的公顷蓄积量进行比较，结果可以看出，预测值与测试值之间的差异性并不显著，说明BP神经元网络可很好的预测研究区的森林生物量。

在900个独立小班的估测中，神经网络模型有812个样本的估测精度高于回归方程，且误差分布曲线较回归方程平滑。就模型本身而言，神经网络的平均相对误差比回归方法低19个百分点。

4.3.4 研究结论

TM图像对于在小班尺度上估测生物量起到了举足轻重的作用。基于回归方法进行估测可以初步说明其内在机理，但精度不高；应用神经网络方法的“黑箱”操作虽然难以归纳出指导性规律，但可以获得更高的精度。遥感生物量估测模型今后的发展方向是从光合作用即植被生产力形成的生理过程出发，研究具有生理学、生态学意义的机理模型，再利用神经网络自组织、自学习和对输入数据具有高度容错性等优点进行高精度定量估测。

4.4 小结

本章利用遥感信息对森林郁闭度、森林蓄积量和森林生物量进行定量估测研究。在对森林郁闭度的遥感定量研究中，根据实际情况的需要，将郁闭度离散化为从0，0.1、0.2……，1.0共11个值，然后用CART决策树模型对其进行估测，由生成的决策树模型导出的判别规则可以直接进入专家系统知识库应用到郁闭度年度监测的更新中。在森林蓄积量估算模型中，因影响森林蓄积量估测的主要遥感因子和GIS因子与蓄积量间是否存在确定的数学关系，数学模型是线性的还是非线性，具体表达式如何，很难确定。为避免假设模型不正确造成的不利影响，本章详细讨论利用岭回归估计和BP神经元网络建立森林蓄积量估测模型，用于实现落实到小班的蓄积量估测。在森林生物量估算模型中，同样因为上述原因，采用了逐步回归和BP神经元网络实现落实到小班的森林生物量估测。因为在实际的工作中，BP神经元网络模型的实现还较困难，因而还讨论了利用多元逐步回归模型进行森林生物量估测的方法，这种方法估测精度较BP神经元网络要低，但是在实际工作中却方便使用。同样的原因，在实际工作中进行森林蓄积量估测时，如果BP神经元网络较难实现，也可以采用岭回归模型对其进行估测。

本章参考文献

[1] 李崇贵，赵宪文，李春干. 2006. 森林蓄积量遥感估测理论与实现[M]. 北京：科学出版社.

[2] 赵宪文，李崇贵 . 2001. 基于“3S”的森林资源定量估测[M]. 北京：中国科学技术出版社.

[3] 赵宪文 . 1997. 林业遥感定量估测[M]. 北京：中国林业出版社.

[4] 陈鑫 . 2003. 基于决策树技术的遥感影像分类研究[D]. 南京林业大学硕士学位论文.

[5] 李崇贵，赵宪文 . 2005. 森林郁闭度定量遥感估测遥感比值波段的选择[J]. 林业科学，41(4)：72 - 77.

[6] 李崇贵，蔡体久 . 2006. 森林郁闭度对蓄积量估测的影响规律[J]. 东北林业大学学报，34(1)：15 - 17.

[7] 吴翼，李明阳 . 2008. 遥感数据参数反演估计南京紫金山缺失小班蓄积量方法研究[J]. 林业调查规划，33(1)：1 - 3.

[8] 刘大伟，孙国清等 . 2006. 利用 LANDSAT TM 数据对森林郁闭度进行遥感分级估测[J]. 遥感信息应用技术，(1)：41 - 42.

[9] 马俊红，张永福，汪华 . 2008. 森林蓄积量遥感估测的研究进展[J]. 内蒙古林业调查设计，31(2)：34 - 36.

[10] 琚存勇，邸雪颖，蔡体久 . 2007. 变量筛选方法对郁闭度遥感估测模型的影响比较[J]. 林业科学，43(12)：33 - 38.

[11] 仝慧杰 . 2007. 森林生物量遥感反演建模基础与方法研究[D]. 北京林业大学博士学位论文.

[12] 王军邦，牛铮等 . 2004. 定量遥感在生态学研究中的基础应用[J]. 生态学杂志，23(2)：152 - 157.

[13] 王立海，邢艳秋 . 2008. 基于人工神经元网络的天然林生物量遥感估测[J]. 应用生态学报，19(2)：261 - 266.

[14] 张峰 . 2003. 基于遥感信息估测森林生物量的研究[D]. 东北林业大学硕士学位论文.

[15] 刘蔚秋 . 2003. 广东黑石森林植被生物量及其遥感估算[D]. 中山大学博士学位论文.

[16] 邢素丽 . 2004. 半干旱区森林植被生物量遥感估测方法研究[D]. 中国科学院石家庄农业现代化研究所硕士学位论文.

第5章　基于生长模型监测森林资源

对于自然生长的林分，在立地分级的基础上，本章研究通过建立立地分级模型、平均胸径生长模型、平均高生长模型、公顷株数生长模型、林分公顷蓄积量生长模型、主要树种形高模型等林业生态数学模型监测森林资源的方法。

5.1　森林资源档案更新

森林资源档案内容很多，包括森林资源档案卡片、统计表、基本图、林相图、分布图、资源变化分析说明、森林资源各种调查、科研、经验总结的材料及其他文书等，主要以图纸、表簿、卡片、数据文件的形式保存。森林资源档案主要是小班档案，而其数据又主要来自小班调查数据或经营活动调查卡片。小班是森林资源规划设计调查、统计、经营和管理的基本单位，其空间几何界线划分和变动必须有一定的依据。按照国家林业局《森林资源规划设计调查主要技术规定》，小班的划分尽量以明显地形地物界线为界，同时兼顾资源调查和经营管理的需要考虑的基本条件。

森林资源是一种动态资源，具有易变性的特点，它随着自然因素的变化以及生产活动的开展在不断变化。森林资源档案具有时效性特点，所反映的是特定时期的森林资源现状和其消长变化，超过期限就应根据最新的小班数据及时更新档案。全面了解导致森林资源档案变更的各种原因，是进行森林资源有效管理和做好更新档案工作的前提。影响森林资源动态变化的原因主要来自四个方面(高金萍，2006)：一是森林资源的自然生长和枯损，这种变化，可引起森林蓄积、活立木株数、枯倒木株数、平均胸径、平均树高等属性数据的变化；二是人类的各种经营活动、非经营活动和自然灾害导致的森林资源消耗，这种变化，可引起森林面积、蓄积、树种、林分构成、优势树种等属性数据和空间数据的变化；三是人类经营活动促进森林资源增长，人类的经营活动会促进森林面积的增加、森林覆盖率的提高、小班地块的增加、林班边界重新划分等属性数据和空间数据的变化；四是其他方面的因素引起的森林资源变化，主要有调查前后界线变动、调查时的人为误差造成资源小班面积和小班图形(小班线)变动等。从生态系统受干扰角度分类，森林资源的消长原因又可分为无人为干扰的自然消长及人为干扰的消长2类(余松柏，魏安世，何开伦，2004)。

森林资源数据更新基本上有3种方式(高金萍，2006)。一是利用传统的关系数据库技术实现属性数据更新。关系数据库是发展较早的信息技术之一，国内外早期的森林资源数据管理及更新主要应用关系数据库管理系统实现。在我国，自从20世纪90年代数据库管理技术引入森林资源信息管理中后的很长一段时间，数据库一直是对森林资源属性数据进行更新管理的主要技术，侧重于属性数据管理和更新，空间数据管理功能薄弱。二是利用遥感识别方法实现森林资源数据自动或半自动更新。遥感影像具有较高的光谱分辨率、空间分辨率和时间分辨率，是地理数据库更新的重要数据源。近年来高分辨率遥感卫星影像得到普及应用，人们开始尝试利用遥感影像中地物的光谱特征来识别地物特征。遥感识别方法主要用于档案更新中的变化小班的界线提取。三是利用GIS技术实现属性数据和空间数据更新。空间数据库的发展解决了传统数据库技术无法对空间数据进行管理的局限，建立在空间数据库基础上的GIS，既可以实现海量森林资源空间和属性数据的一体化存储和管理，也可以实现空间和属性数据的更新，逐渐成为森林资源信息管理的主要工具。我国森林资源档案数据更新的标准，各省(区、市)不一。各个省(区、市)在国家林业局出台的《森林资源档案管理办法》基础之上，结合本省(区、市)的实际特点，制定出本省(区、市)通用的《森林资源档案管理实施办法》，作为档案数据更新管理的指导原则。

近年来，小班空间数据的更新是遥感方法和GIS方法的主要研究和应用内容，在本书第2~4章中已作介绍。本节将主要叙述小班属性数据的具体更新方法。

5.2　属性数据更新内容

森林资源属性数据更新的内容为体现森林资源生长变化特征的因子，常见以小班为基本单位，主要包括地类、权属、林种、树种、起源、郁闭度、平均年龄、龄组、面积、平均树高、平均胸径、公顷株数、经营类型、公顷蓄积量、植物生物量以及生态状况因子等，具体因子见《国家森林资源二类调查技术规定》。从属性数据的变动特点分，小班属性数据因子分为定量因子与定性因子。如地类、树种、林种、起源、经营类型等，按技术标准分类划级的，属定性因子范围；小班面积、郁闭度、平均年龄、平均树高、公顷蓄积量、公顷株数等可发生连续变化的，属定量因子。对于未受人为干扰小班，定量因子的年度变化按生长模型模拟方法解决，定性因子采取不变原则；对于产生人为干扰的小班，定量因子与定性因子原则上需要进行干扰后的实地调查，按调查结果进行台账更新。台账类型包括：乔木进界(包经济林进界)、乔木皆伐(包经济林皆伐)、乔木择伐、疏林皆伐、森林火灾、病虫危害、其他灾害、征占用林地、造林失败、散生木采伐、其他采伐(竹林、灌木林、未成林采伐，包括红树林、红树林未成林等采伐)、乔木改造(指当年采伐乔木林后的造林，含当年成林，包括经济林、疏林改造)、其他改造(指当年采伐竹林、灌木林、未成林后的造林，含当年成林)、萌芽林(包括当年采伐成林)、采伐造林(含当年成林)、无林造林(包括红树造林，含当年成林)、人造成林(人工造林未成林，包括人工红树未成林)、封育成林(封育未成林，包括封育红树未成林)、退耕还林(含当年成林)等(余松柏，魏安世，何开伦，2004)。

5.3　属性数据更新方法

5.3.1　建立台账更新

(1)皆伐类的数据更新。皆伐类包括皆伐、皆改、经营采伐。这类作业是按档案上所记载的小班数据，对面积蓄积进行全额消减，小班因子的其他记录因子随之作相应的改变，但在统计年度立木消耗时，要按实际消耗数量进行汇总上报。具体消减方法为作业小班与原经营小班边界一致时，不管作业小班面积蓄积数量与原经营小班面积蓄积数量有多大差异，按原经营小班面积蓄积数量全额消减，面积有差值时，以实测面积进行数据更新。作业小班涉及几个经营小班并且边界又不一致时，按调查设计，分别从所涉及的各经营小班上按实测消减面积和按比例消减蓄积。小班剩余蓄积等于剩于小班面积乘以原小班单位面积蓄积量，作业地块增加一个新小班。

(2)择伐、抚育间伐类数据更新。包括择伐、择伐改造、生长抚育、透光抚育、乱砍滥伐、病腐木清理等地类不变的作业。作业小班与原经营小班边界、面积一致时，小班各项因子根据作业设计上保留林分的因子。作业小班涉及几个原经营小班，图和面积的处理方法同(1)，作业小班增加一个新的小班，其各项因子为作业设计采伐后的因子，涉及的原经营小班的各项因子为作业设计采伐前的各项因子。对于择伐改造后并进行冠下更新的，如果上层林木郁闭度大于或等于0.2，地类按有林地统计；如果上层林木郁闭度未达到0.2，地类如达到新造未成林地标准，按新造未成林地统计，蓄积量填到散生木蓄积栏内，否则，按疏林地统计。小班的其他因子按作业设计填写。

(3)造林更新小班的数据更新。这类作业小班，经过经营单位的实测和主管部门的验收合格后，按实测设计进行变档，作业前后面积有差值或涉及几个调查小班，数据更新的方法同(1)。

(4)非生产经营的数据更新。征占用林地或因林权变更而引起变化的，按批准的征占用林地设计或按批准林权变更的文件，面积蓄积处理方法请参考(1)中的有关部分。乱砍滥伐、病腐木清理、森林火灾等成片发生的非生产性消耗的数据更新，按主管部门作出的现场调查材料进行数据更新，需要增加新小班的要增加新小班。

(5)人工造林成林数据更新。凡人工造林已达3~5年，自然更新封山育林后第6年和人工栽植果树后一年的小班，根据相关造林验收办法的要求，由资源管理部门组织调查验收，根据验收结果进行数据更新。

(6)蓄积进界小班数据更新。有蓄积进界的有林地小班，参照《国家二类调查技术规定》的标准，组织人员调查，根据调查结果进行数据更新。

5.3.2 林分生长模型

Avery 等把林分生长收获模型定义为：以森林群落在不同立地、不同发育阶段的现实状况为依据，经一定的数学方法处理后，能间接地预估森林生长、死亡及其他内容的图表、公式和计算机程序等(Avery T E，Burkhart H E，1983)。Bruce 在 1987 年世界林分生长模型和模拟会议上提出，林分生长模型是指一个或一组数学方程式，用来描述林木生长与林分状态和立地条件的关系。由于建立模型的目的不同，构造模型的数学方法也不同(Bruce D，L CWensel，1987)。Avery 和 Burkhart(1983)、唐守正等(1993)根据模型的层次将林分生长和收获模型分为以林分总体特征指标变量为基础的全林分模型、以林木为基本模拟单元的径阶模型和以个体树木生长信息为基础的单木模型 3 类。

全林分模型把整个林分作为一个单位，选择林分总体特征指标作为模拟的基础，将林分的生长量或收获量作为林分特征因子，以年龄、立地、密度及经营措施等的函数来预估林分的生长和收获。全林分模型可以直接提供较准确的单位面积上林分收获量及整个林分的总收获量，但无法知道总收获量在不同径阶林木上的收获量。径阶分布模型是以直径分布为自变量，以概率论为基础而建立的林分结构模型。径阶分布模型虽然不及单木生长模型提供的信息多，却比全林分模型详细，可以给出林分中各阶径的林木株数。单木模型是以模拟林分内每株树木的生长为基础的一类模型，一般从林木竞争机制出发，模拟林分内每株树木的生长过程。单木模型能较为清楚，也较为详细地说明林分的生长构成和变化规律，能够提供最多的信息，由此可以推断出林分的径阶分布及林分总收获量(Bruce D, L CWensel, 1987)。

全林分模型比较规范和简略，涉及的模拟因子较少，主要应用于林分调查数据，其对计算机要求不高，基本能满足森林经营活动的要求。其特点是把整个林分作为一个单位，建立林分的生长量和反映林分生产潜力的因子之间的回归关系。模型较简单、粗放，但易于使用。在现阶段，一些国家和地区仍用它作为确定经营工作的指南。

而在无人为干扰情况下，森林资源会随年龄的增加而变化，如平均树高、平均胸径、公顷蓄积量逐渐增加，公顷株数逐渐减少。因此此类森林资源其档案数据更新可通过林分生长模型方法进行更新，使用生长模型去估计林分在各种特定条件下的发育过程。林分生长模型是森林动态模拟的理论依据，是森林经营管理的重要工具。

影响林分生长的因子很多，但归纳起来可以有林分生长发育阶段、林地生长潜力(环境因素的综合)及林分对林地的利用程度(林地质量、年龄、密度)3 个综合因子(石丽萍，冯仲科，2005)。所以林分生长或收获量可以表达为：

$$Y = F(SI、A、SD) \tag{5-1}$$

式中：Y——林分每公顷的林分生长量；

SI——地位指数或其他立地质量指标；

A——林分年龄；

SD——林分的密度指标。

5.4　全林分生长模型

根据是否将林分密度作为自变量，可将模型分为与密度无关和与密度有关 2 类。传统的林分收获表属于与密度无关的模型，可变密度收获表及一致性生长模型都是以林分密度为自变量，属于与密度有关的模型(孟宪宇，1994)。

5.4.1　固定密度的全林分模型

依据林分密度情况(林分具有最大密度或者平均密度)，这类模型可以分为 2 类，正常收获模型(正常收获表)及经验收获模型(经验收获表)。

(1)收获表类型。第一种是正常收获表：反映正常林分各主要调查因子生长过程的模型，也称林分生长过程模型。建模数据取自同一自然发育体系的林分。正常林分是指适度郁闭(疏密度为 1.0 或完满立木度)、林分生长健康且林木在林地上分布较为均匀的林分。自然发育体系指的是特征相同的所有林分的总和。具体地说，在这个体系中较老的林分，其以前一定时期的发育与生长情况，应该与现有的年龄上与该时期相当的较幼林分的生长、发育情况一样。在一定年龄的较老林分中所测定的调查因子数值，也就是现在的幼龄林将来到达年龄时相应调查因子所应具有的数值。

(2)经验收获表。以现实林分为对象，以现实林分中的具有平均密度状态的林分为基础所编制的收获表，称为经验收获表，亦称现实收获表。

5.4.2 收获表的编制方法

设置标准地数量150块以上，各地位级或地位级指数中应选设30块以上。标准地内应有100~300株林木，标准地面积依林木大小的变异程度而定。

调查测定林分年龄，进行每木调查，测定林木树高及平均枝下高，以及林分的经营历史。

对标准地林木因子调查结果进行关系进行逻辑，在立地条件分级的基础上，将标准地进行归类，以林分年龄为自变量，建立 *H-A*、*N-A*、*D-A*、*V-A* 以及 *G-A* 的关系式(理论生长方程或经验生长方程)。其中：*H* 为林分平均高、*N* 为单位面积株数、*D* 为林分平均直径、*V* 为单位面积蓄积量、*G* 为单位面积胸高断面积、*A* 为林分平均年龄。

5.4.3 可变密度的全林分模型

林分密度是影响林分生长的重要因素之一，而林分密度控制又是营林措施中一个有效的主要手段，为了预估在不同林分密度条件下的林分生长动态，有必要将林分密度因子引入全林分模型。以林分密度为主要自变量反映平均单株木或林分总体的生长量和收获量动态的模型，称为可变密度的全林分模型。体现林分密度指标包括：株数密度(*N*)、公顷断面积(*G*)、疏密度(*P*)、立木度(*S*)、郁闭度、树冠竞争因子(*CCF*)、林分密度指数(*SDI*)、株距指数(*SI*)、生长空间指标(*GS*)、相对植株指标(*RS*)等(孟宪宇，1994；范万圣，1995；孟宪宇，1996)。

陈永芳采用可变密度收获预测模型来预测林分的生长与收获，分别建立了未经营林分和经营林分的生长和收获预测模型，并以福建杉木为例，验证得出所建模型精度高、灵活性强。林如青等在该模型的基础上，探讨了进行林分最优疏伐政策和最优轮伐期决策的方法。由于这种方法获得数据容易，预测林分收获量简单、方便、快捷，因此仍有国家和学者采用这种方法来模拟林分的生长情况，但所采用的基本模型有所变化。如李春静等采用Richards理论生长方程为基本模型，模型中引入立地指数、株数密度、林分年龄3个因子，建立了杨树农田防护林带的可变密度收获量模型。

20世纪60年代初，林分生长模型和收获模型必须一致的理论的提出，标志着林分生长和收获模型的发展进入一个新的历史时期(Buckman R E，1962；Clutter J L，1963)。林分生长和收获模型的一致，消除了因分开建立生长收获模型而导致的预测收获量不一致的情况。

同龄林的一致性生长和收获模型和异龄林的构建方法是类似的，不同之处在于前者是以林龄为自变量，而后者是以时间为自变量。邵国凡对此作了详细的介绍。Atta-Boateng和Moser将一致性林分生长和收获模型用于对混交热带雨林的管理，建立了包含林分水平的进界生长变化率、死亡率和存活率的方程式模型系统 。该系统可直接根据预定义的林分初始条件来预测用材林未来的发展情况，对清查数据的更新、天然林和人工林的经营计划都是十分有用的，还可以评估林分特性对林分生长量的影响，是上述一致性模型的扩展。国内也逐渐开始重视林分生长模型和收获模型的一致性问题。洪玲霞以大青山杉木整体生长模型为例，指出由该模型推导出的林分密度控制图和各种常用林分表，如收获表之间是一致的。

5.4.4　静态与动态生长模型

生长模型的建立最常见的有 2 种：一种是某一时间的林分预估值与该时间以前的林分状态无关，称之为静态生长模型；另一种则是某一时间的林分预估值与该时间以前的林分状态有关，称之为动态生长模型(陈永芳，2001；翁国庆，1996；石丽萍，2005)。

(1) 静态生长与收获模型。在自然竞争的生长(没有人为破坏，没有间伐，没遭受自然灾害、病虫害等) 条件下，我们就用静态生长模型，其数学关系式可表示为：

$$Y = F(SI、A、SD) \tag{5-2}$$

式中：y——林分因子；

SD——林分密度；

A——林龄；

SI——立地质量。

在假定林分因子生长过程可较好地用理查德方程描述时，a 是立地质量的函数，k 是与林分生长率有关的参数，可以表示为林分密度的函数。可得出：

$$Y = f(SI)\{1 - \exp[-f(SD)A]\}^{C} \tag{5-3}$$

(2)动态生长与收获模型。当林分经过经营特别是经间伐后，不能直接用分别栽植密度的可变密度收获模型预测其生长与收获，而需要用另一种模型，这就是动态模型。其数学表达式为：

$$Y2 = f(\Delta A、Y1、SI、A1) \tag{5-4}$$

式中：$Y1$——初期林分因子(如胸径、株数、树高、断面积和蓄积等)；

$Y2$——期末林分因子；

ΔA——预估期长度($\Delta A = A2 - A1$)；

$A1$——初期林分年龄；

$A2$——期末林分年龄；

SI——立地质量。

同理，设林分因子生长量可用理查德方程描述：

$$\Delta y = a[1 - \exp(-k\Delta A)]^{c} \tag{5-5}$$

由于 a 是立地质量的函数，k 是林分密度的函数，于是有：$a = f(SI)$，$k = f(SD)$。反映了林分因子生长量与年龄是隐式关系，为此，加一修正项以使该式成为生长量与年龄的显式关系。例如修正项采用 $e^{a3 \times A1}$，并将 Δy 改写为 $\Delta y = y2 - y1$，整理得：

$$y2 = y1 + f(SI)(1 - e^{-f(SD)y1\Delta A})^{C} e^{a3A1} \tag{5-6}$$

5.4.5　常见的林分生长模型形式

树木的整个生长过程，总的生长趋势是比较稳定的，遵循一条“S”形曲线。由于在一个具体的林分内，林分内单株树木的生长在理论上呈“S”形曲线，由单株生长所构成的林分整体生长也呈“慢—快—慢”的态势，而由分化所引起的林木径阶株数百分比累计分布也呈现“S”形状态。因此，“S”形或者近似“S”形的理论生长方程可以应用于林分林木生长或者分布的描述(龙腾周，2008；张建国，2004)。目前研究、应用较多的生长方程主要有：指数回归方程、坎派兹式(Gompertz)方程、逻辑斯蒂式(Logistic)方程、米尔里希式(Mitscherlich)方程、贝塔兰菲式(Bertalanffy)方程、理查德式(Richards)方程、舒马赫式(Schumacher)方程和科尔夫式(Korf)方程等。模型的拟合可以采用多种方法，现在被广泛采用的有迭代法(最小二乘法)、百分位元法、灰色模型预测法、遗传算法、系统动力学法，非线性回归法、麦夸方法、三次设计和改进单纯形法等拟合方法(唐守正，1991；翁国庆，1996；洪伟，1996)。

建立林分生长与收获模型，首先就要进行生长模型的选择，生长模型的选择是建立林分生长与收获模型的基础。大量研究表明，理想的生长模型必须满足以下 3 个主要条件：①能够较准确地反映树高、胸径和蓄积的生长规律；②必须在拟合过程中有较高的相关系数和较少参数；③符合生物学特性(李长胜，1988)。

林分生长和收获模型有很多种，常用的模型方程如下(龙腾周，2008；张建国，2004；石丽萍，2005；陈东来，1997)：

(1) 指数回归模型：

$$y = ae^{bx} \tag{5-7}$$

(2) Mitscherlich 模型：

$$y = a(1 - bx^{-cx}) \tag{5-8}$$

(3) Cilliers-VanWyke 模型：

$$y = a[1 - e^{-b(x-c)}] \tag{5-9}$$

(4) Gompertz 模型：

$$y = ke^{-\exp(a-bx)} \tag{5-10}$$

(5) Logistic 模型：

$$y = k/[1 + e^{a-bx}] \tag{5-11}$$

(6) Von bertalanffy 模型：

$$y = k(1 - e^{-cx})^{b} \tag{5-12}$$

(7) Richards 模型：

$$y = a(1 - be^{-kx})^{c} \tag{5-13}$$

(8) Korf 模型：

$$y = ae^{-\frac{b}{x^c}} \tag{5-14}$$

(9) Weibull 模型：

$$y = a(1 - e^{-bx^c}) \tag{5-15}$$

(10) Schumacker 模型：

$$y = ae^{-b/x} \tag{5-16}$$

(11) 修正指数模型：

$$y = a - bx^{-cx} \tag{5-17}$$

(12) 科列尔模型：

$$y = ax^{b}e^{-cx} \tag{5-18}$$

(13) 特烈其亚科夫模型：

$$y = a + b/x \tag{5-19}$$

(14) 二次抛物线模型：

$$y = a + bx + cx^{2} \tag{5-20}$$

（15）幂函数：

$$y = a + b^x \quad (5\text{-}21)$$

（16）双曲线：

$$1/y = a + b/x \quad (5\text{-}22)$$

5.4.6 林分生长模型的建立

(1)地位级指数。小班资源数据的林分平均因子基本上是林分平均高，应用并不普遍，使得地位指数在实际应用时受到限制。因此，采用林分平均高评定立地质量仍然有实际应用价值。所以，较多学者利用林分平均高与林龄所得到的地位级指数作为地位质量的指标(曾伟生，2003；林如青，2001；洪玲霞，1993；范万圣，1995)。

一般选用平均高生长曲线形式为 Schumacher 型，其对数形式为：

$$\ln H = \ln a - b(1/t) \quad (5\text{-}23)$$

式中：H——林分平均高；

t——林分年龄；

a、b——待定参数。

在各树种组平均树高生长曲线的经验方程产生后，利用上式就能够计算出地位级指数 L_p

$$L_p = H\exp(b/t - b/t_b) \quad (5\text{-}24)$$

式中：t_b——基准年龄，各树种组的 t_b 取值不同。

(2)林分密度指数。由于林分密度指数简单，测算容易，与林龄及立地关系不大，近年被许多人采用。林分密度指数是 Reineke(1933) 针对完满立木度林分提出的密度指标，表示为标准胸径时单位面积上的株数，综合了林分平均直径和株数密度 2 个指标，定义如下：

$$SDI = N\left(\frac{D}{D_0}\right)^{\beta} \quad (5\text{-}25)$$

式中：SDI——林分密度指数；

N——公顷株数；

β——参数；

D——林分平均直径；

D_0——标准直径，一般取值20cm。

为便于研究和应用，有学者提出采用相对密度来描述柳杉人工林的林分密度并据以建立生长模型。相对密度是指现实林分单位面积上的林木株数 N 与相同条件下最大密度林分单位面积株数 N_f 之比值，即 $P = N/N_f$ 来评定现实林分的密度，关键是确定最大密度林分单位面积上的林木株数。据研究，在未经间伐的、具有最大密度的林分中，单位面积株数与林分平均胸径之间呈幂函数关系(石丽萍，冯仲科，2005)，即

$$N_f = aD^{-b} \quad (5\text{-}26)$$

相对密度可表达为：

$$P = \frac{N}{aD^{-b}} \quad (5\text{-}27)$$

(3)林分断面积。在林分生长收获预估体系中，林分断面积既是用来预估材积收获的重要变量，又是被估计的主要因子。由于林分断面积具有较高的稳定性和预估性，且在森林调查中容易测定，所以，林分断面积模型是生长收获预估的主要建模对象。从众多研究者提出或应用的断面积生长模型来看，模型的基本形式有两大类，即 Richards 型和 Schumacher 型。由于 Schumacher 模型形式简单，计算方便，在生长模型研究中得以广泛应用，而 Richards 方程应用相对较少。我国学者对林分断面积生长方程的研究主要有以下内容：

杜纪山(2000)以 Richards 型方程构建了天然林区小班断面积生长方程。

$$G = c_1 L_p^{c2} \{ 1 - \exp[-c_4 S^{c5}(t - t_0)] \}^{c3} \quad (5\text{-}28)$$

式中：G——林分断面积；

L_p——地位级指数；

S——取值 $SDI/1000$；

t_0——林木树高达到胸高时的年龄(各树种组的 t_0 值均取 4 年)；

$c1 \sim c5$——待定参数。

黄增(2007)以地位指数、相对密度和年龄为辅助变量，选用 Korf 方程构造了柳杉人工林断面积生长模型：

$$G = b_1 S I^{b2} \exp[-b_3 / T^{b4Pb5}] \quad (5\text{-}29)$$

式中：P——相对密度。

(4)林分平均高。

$$H = f(SI)[1 - \exp - F(SD)A]^c \quad (5\text{-}30)$$

(5)林分形高。林分形高 FH 与林分平均高 H 之间的关系可表示为：

$$FH = [a1 + a2/(H + a3)] H \quad (5\text{-}31)$$

或

$$HF = a1 \times S I^{a2} \times (1 - e^{-a4 \times H})^{a3} \times e^{a \times A} \quad (5\text{-}32)$$

式中：$a1 \sim a4$——待定参数；

H——林分平均高；

SI——地位指数；

A——林龄。

(6)林分公顷蓄积量。从蓄积量预估的研究来看，预估林分蓄积量有多种方法和途径。常见的一种方法是首先建立形高预估方程和断面积预估方程，通过预估出的林分断面积 G 和形高 FH，然后利用蓄积量公式计算出林分蓄积量：

$$M = HF \times G \quad (5\text{-}33)$$

(7)平均胸径和公顷株数。按照林分断面积、平均胸径与密度存在的函数关系及相对密度的定义，可得林分平均胸径和株数的预估式：

$$D = \left(\frac{40\,000G}{\pi a P}\right)^{\frac{1}{2-b}} \quad (5\text{-}34)$$

$$N = 40\,000G / (\pi D^2) \quad (5\text{-}35)$$

或者

$$N = \frac{10\,000M}{aD^2(H + 3)f} \quad (5\text{-}36)$$

式中：N——预估单位面积株数；

f——实验形数；

M——单位蓄积；

D——平均胸径；

H——平均树高(陈东来，1997)。

(8)公顷植物生物量。采用生长方程 $W=F(D、H、M)$ 对乔木植物生物量进行更新预估，自变量取值为 D、H、M 的更新值。草本和灌木类植物生物量生长方程目前还缺少研究。

(9)林分郁闭度。

$$Pc_2 = Pc_1 + (a1 - a2Pc_1)DT/10 \tag{5-37}$$

式中：Pc_2——预估时刻林分郁闭度；

Pc_1——当前时刻林分郁闭度；

DT——预估间隔期(杜纪山，唐守正，王洪良，2000)。

(10)自然稀疏模型。在具备现势林分实际观测值的基础上，应用生长收获模型预估未来林分任意时刻的林分调查因子，关键是掌握林分的密度动态。无人为干预自然生长的林分密度动态体现于林分的自然稀疏过程。在林分的自然生长过程中，随着年龄和直径增大株数减少，株数减少的速率和林分的密度有关。基于最大密度的林分单位面积株数(N_f)与平均胸径存在幂函数关系式 $N_f=aD-b$，将其取对数后再微分，可得最大密度林分的自然稀疏方程(黄增，2007)。

$$\frac{d\ln N_f}{d\ln D} = -b \tag{5-38}$$

本式描述了最大密度线(即相对密度为1)林分在自然稀疏过程中单位面积株数随平均胸径的增加而减小的变化规律。但在现实林分中，大量的是相对密度小于1的林分，相对密度在林分生长过程中随时间而变化，因而自然稀疏规律要比相对密度为1的林分复杂得多。因此，研究相对密度小于1的一般林分自然稀疏规律更具有普遍性和实用性，在林分密度管理和生长动态模拟中有重要作用。根据林分在自然生长过程中，株数随平均胸径的增大而减小，且减少的速率和林分的相对密度有关这一特性，可将一般林分的自然稀疏微分方程形式写为：

$$\frac{d\ln N_f}{d\ln D} = -bf(p) \tag{5-39}$$

式中：$f(p)$——相对密度的函数。相对密度越大，林木间竞争就越激烈，自然稀疏越快，所以 $f(p)$ 应是 p 的增加函数。

现假设：$f(p) = p^r$，得到一般林分自然稀疏微分方程：

$$\frac{d\ln N_f}{d\ln D} = -bf(p) = -bp^r = -b\left(\frac{N}{aD^{-b}}\right)^r \tag{5-40}$$

本式描述了一般林分，包括最大密度的林分在自然稀疏过程中林分株数、平均胸径和相对密度之间的关系。其中 b 为自稀疏率，r 为自然稀疏指数。两边取积分可得：

$$N^{-r} = a^{-r}D^{rb} + C \tag{5-41}$$

其中 C 是由初始条件确定的积分常数。设林分初始胸径 D_1，初始株数 N_1，可求得

$$C = N_1^{-r} - a^{-r} D_1^{rb} \tag{5-42}$$

再将 C 值代入式(5-41)，最后得到：

$$N^{-r} = a^{-r} D^{rb} - a^{-r} D_1^{rb} + N_1^{-r} \tag{5-43}$$

即一般林分自然稀疏模型，描述了存活株数与平均胸径随时间变化的关系，为应用生长收获模型预估无人为干预林分的生长动态提供了理论依据。

5.5 广东资源档案属性数据更新模型

广东森林资源二类调查始于1984年，每间隔10年进行一次，1993～1994年，全省完成第二次二类调查，2003～2005年完成第三次二类调查。第三次调查期内，全省区划调查小(细)班108万，调查内容包括各类林地面积与权属面积、森林蓄积量与生长消耗量、森林植物生物量、森林生态状况(功能等级、森林自然度、健康度、土壤侵蚀、森林景观等)、森林生态功能(吸碳制氧、涵养水源、保育土壤量等)等。

根据小班区划原则，广东省森林资源小班采用固定地籍形式进行建库和管理。各调查小班根据明显的固定的地形地物界线(山脊、山谷、道路、河流)进行勾绘，并进行面积控制。林地小班内，根据森林资源的地类、树种、龄组、郁闭度、权属的类型差异，区划勾绘细班，形成县(市、区、林场)—镇(乡)—行政村—林班—小班—细班的识别管理体系，并分别以代码形式构成固地地籍小班号，完成对小(细)班的管理。在不同的经营调查周期内，因小班区划的地形地物界线不变，形成的小班范围不变，地籍小班号保持不变。但因不同的经营措施或自然灾害，致使小班内不同地块的树种、地类、龄组可能发生突变，小班内则勾绘相应的细班，用细班形式描述和管理不同地块的资源数据。因而，对细班的属性数据和空间数据(界线)的突变或整个小班属性数据的突变(空间数据不变)进行更新，是森林资源年度更新工作的一项重要内容。但总体而言，发生年度资源属性突变的小细班数量毕竟有限，绝大部分小细班仍处于自然生长过程。对于这部分处于自然生长、未受干扰的小细班，广东省则采用林分生长模型对部分因子(平均树高、平均胸径、公顷蓄积量、植物生物量等)进行模型更新，采用专家知识对部分因子(郁闭度、生态功能等级、自然度等生态状况)进行系统更新。专家系统知识将在第6章进行主题介绍，本节将重点描述广东省林分生长模型的使用情况和构建过程。

5.5.1 建模总体思路

为提高森林资源档案数据更新的准确度，首先在全省范围内，按不同优势树种收集二类调查原始数据作为模型拟合数据，按最适宜区、适宜区和较适宜区，并分别年龄或龄级计算平均树高及平均树高变动系数，模拟平均树高及其变动系数同平均年龄的关系，使用数理统计方法，将数据按立地条件好、中、差各占一定比例分为3种类型；然后按好、中、差3种立地条件分别模拟全省的公顷株数、平均树高、平均胸径、公顷蓄积量、平均年龄间的关系，拟合相应的数学模型；最后利用拟合的数学模型，经过数学变换，预测小班的公顷株数、平均树高、平均胸径、公顷蓄积量，以更新森林资源档案。

按上述总体思路，全省采用好、中、差3种立地的森林资源档案数据模型更新档案数据，则全省林地应属于同一总体。先将总体范围缩小，采用地域边界相连的两次二类调查数据，作为拟建模及检验数据。本研究采用具有多年专业调查经验的专业人士所调查的马尾松二类调查小班数据，再剔除有明显人为干扰的小班数据，作为建模及检验数据。

5.5.2　数据更新模型的建立

因数据更新模型同其他生物模型一样，要求符合生物学的生长特性，数学模型选择应具有合理性；且更新模型的选择应考虑自变量因子调查的可行性，即在传统二类调查中这些自变量因子应详尽调查，且方便调查；同时，考虑森林资源档案数据的庞大特点，数学模型选择要简易实用。因自然生长、无人为干扰的森林资源，因随林龄的增加，其资源属性发生的变化具有一定的规律，遵循 S 曲线过程。如平均树高、平均胸径、公顷蓄积量会随着林龄的增加而增加，公顷株数则因自然稀疏逐渐减少。因此，根据林分生长的生物学特性，林分平均树高、公顷株数、平均胸径、公顷蓄积量等因子具有数学模型解释意义，因而将其确定为数据更新模型的建模对象。

5.5.2.1　小班立地分级

对建模小班数据，按 5 年一个龄级且以各龄级中值替代龄级年龄，对各龄级平均树高、平均树高变动系数同年龄进行回归分析，建立回归关系如下：

$$H = 1.4929A^{0.5692} \quad [r = 0.9917 \quad r_{0.01}(2,\ 6) = 0.834] \tag{5-44}$$

$$C_H = 0.4982 - 0.0943\ln A \quad [r = -0.7782 \quad r_{0.05}(2,\ 6) = 0.707] \tag{5-45}$$

式中：H——平均树高；

C_H——平均树高变动系数；

A、ln——年龄、自然对数。

一定年龄的树高反映小班的立地条件，一般情况下，同一年龄所有调查小班的平均高服从正态分布，若按 1∶2∶1 的比例将这些调查小班分为好、中、差 3 类立地，则各类立地临界值为 $H(1 \pm 0.6745C_H)$。以广东省 20 年生马尾松为例，平均树高小于 7.02m 的小班立地条件为差，大于 9.41m 的小班立地条件为好，介于 7.02～9.41m 之间的小班立地条件为中。按此方法分类，建模数据立地较好 80 个，立地中等 216 个，立地较差 145 个。

5.5.2.2　拟合更新模型

对已进行立地分级的建模数据，按不同立地条件模拟平均年龄与平均树高、公顷株数、平均胸径、公顷蓄积量的相关关系，考虑选用模型的合理性、可行性、简明实用性，拟合结果如下：

(1) 平均树高。

好：$H = 2.0869A^{0.5341} \quad [r = 0.9627 \quad r_{0.01}(2,\ 78) = 0.287]$　(5-46)

中：$H = 1.3266A^{0.6060} \quad [r = 0.9408 \quad r_{0.01}(2,\ 214) = 0.176]$　(5-47)

差：$H = 0.7091A^{0.7100} \quad [r = 0.9627 \quad r_{0.01}(2,\ 143) = 0.214]$　(5-48)

(2) 公顷株数：

好：$N = 1763.05e^{-0.0402A} \quad [r = -0.6956 \quad r_{0.01}(2,\ 78) = 0.287]$　(5-49)

中：$N = 2475.26e^{-0.0427A} \quad [r = -0.5737 \quad r_{0.01}(2,\ 214) = 0.176]$　(5-50)

差：$N = 454.84 + 18442.41/A \quad [r = 0.4328 \quad r_{0.01}(2,\ 143) = 0.214]$　(5-51)

(3) 平均胸径。

好：$D = \exp(1.8548 - 0.1640\ln N + 0.2521\ln A + 0.4661\ln H)$

$[r = 0.9233 \quad r_{0.01}(4,\ 76) = 0.372)]$　(5-52)

中：$D=\exp(1.6215-0.1472\ln N+0.4132\ln A+0.2962\ln H)$

$$[r=0.8452\ r_{0.01}(4,\ 212)=0.229] \tag{5-53}$$

差：$D=\exp(2.6566-0.2727\ln N+0.3011\ln A+0.3827\ln H)$

$$[r=0.7820\ r_{0.01}(4,\ 141)=0.279] \tag{5-54}$$

(4)公顷蓄积。

好：$V=\exp(0.8388+0.5117\ln A+1.5408\ln H-0.7505\ln D)$

$$[r=0.5686\ r_{0.01}(4,\ 76)=0.372] \tag{5-55}$$

中：$V=\exp(0.1384+0.1174\ln A+1.6102\ln H-0.0220\ln D)$

$$[r=0.4969\ r_{0.01}(4,\ 212)=0.229] \tag{5-56}$$

差：$V=\exp(-0.0896+0.3856\ln A+1.0776\ln H+0.2004\ln D)$

$$[r=0.5457\ r_{0.01}(4,\ 141)=0.279] \tag{5-57}$$

式(5-46)~式(5-57)中：H、N、D、V、A、exp 分别代表平均树高、公顷株数、平均胸径、公顷蓄积、年龄、自然指数。

5.5.2.3 显著性检验

(1)显著性检验。尽管平均树高、平均树高变动系数、分级平均树高、分级公顷株数、分级平均胸径、分级公顷蓄积的预测模型属非线性模型，但都可利用线性化转换，变为线性模型。通过对拟合模型式(5-44)~式(5-57)的相关系数进行分析检验，除平均高变动系数在显著性水平 0.05 以下，相关系数大于临界值外，其余均在显著性水平 0.01 以下，相关系数大于临界值。表明上述拟合模型线性相关关系显著，回归模型实用。

(2)生物学评价。对式(5-46)~式(5-48)3 个平均树高模型，通过求导比较其连年高生长量可知：立地条件越好，连年高生长越快。这同林分平均树高生长规律非常吻合，因此所建模型从生物学角度看是合理的。对式(5-49)~式(5-51)3 个公顷株数模型进行比较发现：相同年龄时，立地条件越好，公顷株数越少，这是因为立地条件越好，林木生长越快，竞争越激烈，林木自然死亡株数越多，公顷株数越来越少。因此所建模型同林分公顷株数分布规律完全相符。对式(5-52)~式(5-54)3 个平均胸径模型进行比较发现：平均胸径同平均年龄和平均树高成正相关，同公顷株数成反相关。进一步分析还可发现：好的立地平均胸径同平均树高相关最紧密，中等立地平均胸径同平均年龄相关最紧密，差的立地平均胸径同公顷株数相关最紧密。这同林分平均胸径生长规律基本相符。一般情况公顷蓄积应同平均年龄、平均树高、平均胸径、公顷株数密切相关，建立公顷蓄积生长模型时应将平均年龄、平均树高、平均胸径、公顷株数 4 因子纳入自变量考虑范围。因二类调查过程中，多数情况公顷株数来源于公顷蓄积的反推，因此本研究公顷蓄积生长模型不考虑公顷株数。考虑到公顷蓄积同平均年龄、平均树高、平均胸径模型关系复杂，对式(5-55)~式(5-57)3 个公顷蓄积模型的生物学评价非常困难，因此模型的检验留待以后实践中进行。

5.5.2.4 实践检验

森林资源档案数据更新模型的优劣不仅要看模型本身的检验指标，更主要体现在模型拟合小班数据的精度方面。对平均树高、平均胸径、公顷蓄积等调查指标因子结合实际要求，给定检验最大误差限，将检验小班数据代入上述拟合模型中，预测各小班的平均树高、平均胸径、公顷蓄积，用预测数据同实测数据误差小于检验最大误差限的小班比例，反映模型拟合小班数据的精度。利用上述模型，对另外 36 个马尾松二类调查小班数据进行检验，有 91.7% 的小班(即 332 个)平均树高的误差小于 30%，有 97.0% 的小班(即 351 个)平均胸径的误差小于 30%，有 83.1% 的小班(即 301 个)公顷蓄积的误差小于 50%。由此可见，利用立地分级方法进行森林资源档案数据更新是可行的。

5.5.2.5　应用探讨

尽管利用立地分级方法进行森林资源档案数据更新基本可行，但直接利用模型预测平均树高、公顷株数、平均胸径、公顷蓄积，部分小班误差较大。因此本研究提出对立地分级模型进行数学变换计算平均树高、公顷株数、平均胸径、公顷蓄积的连年生长率，结合小班自身的生长情况，利用生长率进行预测，可提高预测精度。具体方法如下：

平均树高：

$$H_2 = H_1 F_H(A+1)/F_H(A) \tag{5-58}$$

公顷株数：

$$N_2 = N_1 F_N(A+1)/F_N(A) \tag{5-59}$$

平均胸径：

$$D_2 = D_1 F_D(A+1,\ N_2,\ H_2)/F_D(A,\ N_1,\ H_1) \tag{5-60}$$

公顷蓄积：

$$V_2 = V_1 F_V(A+1,\ H_2,\ D_2)/F_V(A,\ H_1,\ D_1) \tag{5-61}$$

式(5-58)~式(5-61)中：H_1、H_2、N_1、N_2、D_1、D_2、V_1、V_2分别代表前后两期平均树高、公顷株数、平均胸径、公顷蓄积；F_H、F_N、F_D、F_V分别代表平均树高、公顷株数、平均胸径、公顷蓄积的拟合函数。此外，若公顷蓄积模型精度不高时，可考虑用更新的平均树高、平均胸径、公顷株数查材积表计算公顷蓄积。

通过研究表明：

(1)利用立地分级方法进行森林资源档案数据更新不仅合理、可行、简明适用，而且能提高数据更新精度。

(2)因二类调查数据庞大，受调查精度影响利用数学模型模拟单个林分的生长过程时，少部分小班偏差较大。在进行森林资源档案数据更新时为提高更新精度，应避免采用数学模型直接更新可结合小班自身的生长情况，利用生长率进行数据更新。

(3)若建模数据来源有限，部分模型的无限外推会产生较大偏差。因此利用立地分级方法进行森林资源档案数据更新时，建模数据必须覆盖所需数据更新的空间范围，且应具备足够宽的时间区间若建模数据充分，在利用立地分级方法进行森林资源档案数据更新建模时，可考虑多种模型进行模拟林分生长过程，选择最优模型进行森林资源档案数据更新，以期提高数据更新精度。

本章参考文献

[1] 肖兴威. 2005. 中国森林资源清查[M]. 北京：中国林业出版社.

[2] 曾伟生，周佑明. 2003. 森林资源一类和二类调查存在的主要问题与对策[J]. 中南林业调查规划，22(4)：8－12.

[3] 江西省林业勘测设计院，江西省森林资源监测中心. 2005. 江西省森林资源监测体系研究成果

报告[J]. 林业资源管理，(1)：13－17.

[4] 李宝银，关玉贤. 1994. 福建省森林资源监测工作回顾与展望[J]. 林业勘察设计，(2)：26－29.

[5] 刘安兴. 2005. 浙江省森林资源动态监测体系方案[J]. 浙江林学院学报，22(4)：449－453.

[6] 高金萍. 2006. 基于时态GIS的森林资源基础数据更新管理技术的研究[D]. 北京林业大学博士学位论文，10.

[7] 余松柏，魏安世，何开伦. 2004. 森林资源档案数据更新模型和方法的探讨[J]. 林业调查规划，29(4)：99－102.

[8] 仲庆林，范志丽. 1995. 森林资源档案数据更新的几种方法[J]. 林业资源管理，(6)：9－11.

[9] Avery T E，Burkhart H E. 1983. Forest Measurements(The third edition)[M]. New York：McGraw-Hill Book Company.

[10] Bruce D，L CWensel. 1987. Modeling Forest Growth Approaches，Definitions and Problems in Proceeding of IUFRO Conference：Forest Growth Modeling and Prediction[R]. USDA Forest Service General Technical Report NC-120. Minneapolis，Minnesota，1－8.

[11] 唐守正，李希菲，孟昭和. 1993. 林分生长模型研究的进展[J]. 林业科学研究，6(6)：672－679.

[12] 马丰丰，贾黎明. 2008. 林分生长和收获模型研究进展[J]. 世界林业研究，21(3)：21－27.

[13] 孟宪宇. 1994. 测树学[M]. 北京：中国林业出版社.

[14] 陈永芳. 2001. 人工林生长与收获预测模型的研究[J]. 林业资源管理，(1)：50－54.

[15] 林如青，郑少玲. 2001. 人工林生长与收获预测模型应用探讨[J]. 林业资源管理，(2)：48－50.

[16] 李春静，智长贵，何军旗. 2007. 杨树农田防护林带全林生长模型的研究[J]. 信阳示范学院学报(自然科学版)，20(3)：325－327.

[17] 龙腾周. 2008. 基于理论生长方程的尾巨桉人工林栽培密度效益评价. 中国林业科学研究院硕士学位论文，6.

[18] 张建国，段爱国. 2004. 理论生长方程和直径分布模型的研究[M]. 北京：科学出版社，3－12.

[19] 唐守正. 1991. 广西大青山马尾松全林整体生长模型及其应用[J]. 林业科学研究，(S4)：8－13.

[20] 翁国庆. 1996. 林分动态生长模型的研究[J]. 林业资源管理，(4)：25－28.

[21] 洪伟，郑蓉，吴承祯等. 1996. 马尾松人工林生长动态预测与密度决策支持模型研究[J]. 福建林学院学报，16(3)：193－199.

[22] 李长胜. 1988. 森林生长和收获模型[J]. 国外林业，(1)：19－24.

[23] Buckman R E. 1962. Growth and Yield of Red Pine in Minnesota[R]. Tech Bull 1272. St. Paul，MN：USDA Forest Service Lake StatesForest Experiment Station，50.

[24] Clutter J L. 1963. Compatible Growth and Yield Model for Loblolly Pine[J]. For Sci，9(3)：354－371.

[25] 邵国凡，赵士洞等. 1995. 森林动态模拟[M]. 北京：中国林业出版社.

[26] Atta-Boateng J，Moser J W. 2000. A Compatible Growth and Yield Model for the Management of Mixed Tropical Rain Forest[J]. CanJ For Res，30(2)：311－323.

[27] 洪玲霞. 1993. 由全林整体生长模型推导林分密度控制图的方法[J]. 林业科学研究，6(5)：510－516.

[28] 范万圣，孔淑庆. 1995. 对林分密度与密度指标的初步评价[J]. 山西水土保持科技，(4)：

34－36.

［29］石丽萍，冯仲科．2005．人工林生长与收获预测模型的基本方法［J］．北京林业大学学报，27（S2）：222－225.

［30］陈东来，张春生，刘忠柱．1997．树木生长模型及拟合精度分析［J］．河北林果研究，12（2）：131－138.

［31］杜纪山，唐守正．1997．林分断面积生长模型研究评述［J］．林业科学研究，10（6）：599－606.

［32］杜纪山，唐守正，王洪良．2000．天然林区小班森林资源数据的更新模型［J］．林业科学，36（2）：26－32.

［33］黄增．2007．柳杉人工林林分生长模型的研究［J］．福建林学院学报，27（1）：74－79.

［34］Reineke L H. 1933. Perfecting a Stand Density Index for even Aged Forests［J］. Journal of Agricultural Research，46（7）：627－638.

［35］赵国平，季碧勇，赖江，杨建祥．2009．基于固定样地的林分生长模型研建［J］．华东森林经理，23（2）：10－13.

［36］孟宪宇，张宏．1996．闽北杉木人工林单木模型，北京林业大学学报［J］．18（2）：1－8.

［37］杜纪山，唐守正，王洪良．2000．天然林分生长模型在小班数据更新中的应用［J］．林业科学，36（3）：52－58.

［38］唐守正．1993．同龄纯林自然稀疏规律的研究［J］．林业科学，29（3）：234－241.

［39］林业部林业区划办公室，杉木、马尾松树种区划研究协作组．1988．主要树种区划研究［M］．北京：中国林业出版社.

第6章　基于专家系统监测森林资源与生态状况

在森林资源与生态状况数据年度更新工作中，其中一些监测因子，如生态功能等级、自然度、景观等级等，是需要综合其他因子的状况，通过一定的分析得来的。这些就需要用到一定的专家知识。本章的目的是利用专家系统技术，将林业专家多年积累的经验、技术和方法以及大量相关的专业知识，结合广东省的地域特点等基础数据，经过分析、提炼、整理，最终集成的一套智能化、实用化的森林资源与生态状况的数据年度自动更新系统。

6.1　专家系统介绍

专家系统(experts system)是人工智能研究最为活跃的一个分支。专家系统早期先导者之一，斯坦福大学的Edward Feigenbaum教授把专家系统定义为“一种智能的计算机程序，它运用知识和推理来解决只有专家才能解决的复杂问题”。也就是说，专家系统可视为一类具有专门知识的计算机智能程序系统，它能运用特定领域一位或多位专家提供的专门知识和经验，采用人工智能中的推理技术来求解和模拟通常由专家才能解决的各种复杂问题，达到与专家具有回答解决问题的能力，它可使专家的特长不受时间和空间限制。

一般而言，专家系统应包括三个主要部分：知识库、推理机与用户界面。其中，知识库组织基础事实与决策规则，推理机根据知识中存储的有效事实与规则，依据用户输入的实际条件而推演结果，而用户界面则是使用者与专家系统间的沟通桥梁。

专家系统的设计涉及的知识主要有知识工程、推理机制、人机界面和人工智能等，为方便说明本系统的实现，下面首先对推理决策系统的基本概念作一些简单描述。后面将把其具体细节内容渗透于专家系统的构建中。

(1)知识库。知识库的主要工作是收集人类的知识，将之有系统地表达或模块化，使计算机可以进行推论、解决问题。知识库包含2种形态：一是知识本身，即对物质及概念作实体的分析，并确认彼此之间的关系，它是相关领域中所谓的公开性的知识，包括领域中的定义、事实和理论在内；而另一则是人类专家所特有的经验法则、判断力与自觉。知识库与传统数据库在信息的组织、并入、执行等步骤与方法均有所不同。概括来说，知识库所包含的是可做决策的“知识”，而传统数据库的内容则是未经处理过的“资料”，必须经由检索、解释等过程才能被实际应用。

知识库和模型库建设的基础是知识获取，由于林业领域专家对计算机专家系统需要有一个了解认识过程，同时，现有计算机专家系统的知识规则相对比较单一，而人的思维则是多样且复杂的，所以需采取多种方式加强双方的沟通，相互学习，共同构造知识库和模型库。

在知识获取中注重普遍性与特殊性的有机结合，充分考虑广东省的实际情况，实现了系统的本地化。为了保证系统的实用性，基础知识都是广东省林业专家多年的理论和实践结合的结晶。项目中特别吸收林业专家、一线林业调查工作人员参加系统知识库的构建，将专家知识和经验结合在一起，大大保证了系统知识库的实用性。

(2)推理机。推理机是根据算法或决策策略来进行知识库内各项专门知识的推理，依据使用者的问题来推得正确的答案。推理机会根据知识库、使用者的问题及问题的复杂度来决定适当的算法或决策策略。知识的选择过程就是控制策略，知识的运用过程就是推理方式。

(3)解释机。解释机用于向用户解释“为什么”、“怎样”之类的问题，它回答用户对系统的提问，对系统得出的结论的求解过程或系统的当前求解状态提供说明，让非专家用户能够理解系统的问题求解，加强对求解结果的信任，并使专家和知识工程师易于发现和定位系统知识库中的错误，也使问题领域的专业人员或初学者能得到问题求解过程的直观学习。

(4)知识获取机制。知识获取机制是推理决策系统的最重要技术指标之一。一方面，知识获取机制以传授方式而不是编程方式接受专家对知识库的扩充和修改。它使领域专家可以修改知识库而不必了解知识库中知识的表示方法、知识库的组织结构等实现上的细节问题，从而大大提高系统的可扩充性。另一方面，通过用户对系统每次求解结果的反馈信息，知识获取机制自动进行知识库中知识的修改和完善，并可在系统的问题求解过程中自动积累，形成一些有用的中间知识如启发式规则，经过适当的实例验证以后，自动追加到知识库中，用以不断扩充知识库，增强和完善系统的性能。目前科研人员正在研究如何实现知识的自学习功能，例如，如何从大量的数据和信息中提取知识，这是知识获取机制的一道难题。

(5)人—机界面。首先了解一下接口的概念。接口的主要功能是提供相关资料的输入与输出，可分为两个主要部分：

①发展者接口。目的是方便协助系统发展者进行知识提炼、知识库与推理机的编辑与修订，对系统进行测试、记录并说明系统运作的过程状态和结果。

②使用者接口。即人—机界面，是系统与使用者之间的沟通桥梁，强调系统使用的亲和性与易用性，提供多种操作方法，并指示正确的行为模式。

构造这样一个完整的专家系统，其核心技术主要集中体现在三个方面：知识获取(包括人工方式的知识获取和机器学习)、知识表示和运用知识进行推理。

6.2 知识库的建立

专家系统在森林资源与生态状况监测中的应用不多，仍处于起步阶段，在年度档案更新方面的应用仍属空白。但因为森林面积的辽阔性，林业监测周期的长期性和森林资源管理的复杂性决定了开发各种林业专家系统有着广阔的前景。

本章以广东省为对象，将专家系统的理论和方法应用于森林资源与生态监测年度更新工作中，通过研究森林资源与生态状况监测因子，构建森林资源与生态状况因子年度更新专家系统。

专家系统的核心是知识库。下面将详细介绍需要利用专家系统更新的几种因子在知识库中的知识表达。

6.2.1 地类

当利用遥感影像检测出地类变化的小班并对其重新勾绘界线以后，就需要对新勾绘出的小班判读其地类。一般有 2 种方法，一种是利用台账进行更新，另一种就是利用遥感影像的信息对其进行判读，确定其地类。根据实际生产地需要，地类发生变化主要集中在采伐(或火烧)以及新造林地。这样，主要利用遥感信息判读出采伐迹地、火烧迹地、未成林造林地、乔木林这 4 种地类即可。

常用于遥感影像分类的方法有最大似然法、最小距离法等有监分类方法。但这些方法在系统中不易实现。这里提出了利用 CART 决策树分类的方法进行地类的判别。关于 CART 决策树模型在第 4 章中已经有详细的介绍，这里就不再赘述。下面给出了具体的操作方法。

以 Landsat TM 遥感影像为例，方便起见，确定参与分类的波段有 TM_{1-7}(不包括 TM_6)波段，以及 NDVI 波段。确定分类的类别为采伐迹地、火烧迹地、未成林造林地、乔木林。经过变量筛选确定 TM_7、TM_2、TM_5、TM_1 这 4 个波段参与分类。利用本年度遥感影像及建标数据建立 CART 决策树模型，生成判别规则。以下给出的是以广东省佛冈县为例建立的 CART 决策树模型后生成的判别规则。这里需要特别说明的是，这些判别规则可以根据实际情况进行更新。

```
/ *规则 1*/
IF (tm7 < =19) AND (tm3 < = 24) AND (tm2 < = 27)
THEN
    Prediction = '乔木林'
    Probability = 1.000000
/* 规则 2 */
IF (tm7 < = 19) AND (tm3 < = 24) AND (27 <tm2 < = 28)
THEN
    Prediction = '乔木林'
    Probability = 0.750000
/* 规则 3 */
IF (tm7 < = 17) AND (tm3 < = 24) AND (tm2 > 28)
THEN
    Prediction = '采伐迹地'
    Probability = 0.428571
/* 规则 4 */
IF (17 <tm7 < = 19) AND (tm3 < = 24) AND (tm2 > 28)
THEN
    Prediction = '乔木林'
    Probability = 1.000000
/* 规则 5 */
IF (19 <tm7 < = 25) AND (tm3 < = 24) AND (tm1 < = 71)
```

```
THEN
    Prediction = '人工未成'
    Probability = 0.833333
/* 规则 6 */
IF (19 < tm7 < = 25) AND (tm3 < = 24) AND (71 < tm1 < = 73)
THEN
    Prediction = '乔木林'
    Probability = 0.833333
/* 规则 7 */
IF (19 < tm7 < = 25) AND (tm3 < = 24) AND (tm1 > 73)
THEN
    Prediction = '人工未成'
    Probability = 0.666667
/* 规则 8 */
IF (tm7 < = 17) AND (24 < tm3 < = 26)
THEN
    Prediction = '采伐迹地'
    Probability = 1.000000
/* 规则 9 */
IF (17 < tm7 < = 21) AND (24 < tm3 < = 26)
THEN
    Prediction = '人工未成'
    Probability = 0.888889
/* 规则 10 */
IF (21 < tm7 < = 25) AND (25 < tm3 < = 26) AND (tm2 < = 30)
THEN
    Prediction = '采伐迹地'
    Probability = 0.642857
/*规则 11 */
IF (21 < tm7 < = 25) AND (24 < tm3 < = 26) AND (tm2 > 30)
THEN
    Prediction = '人工未成'
    Probability = 1.000000
/* 规则 12 */
IF (20 < = tm7 < = 25) AND (tm3 > 26)
THEN
    Prediction = '采伐迹地'
    Probability = 1.000000
/* 规则 13 */
```

```
IF (20 <tm7  < = 25) AND (tm3  > 26) AND (tm1  < = 73)
THEN
    Prediction  = '采伐迹地'
    Probability  = 0.500000
/* 规则 14 */
IF (20 <tm7  < = 25) AND (tm3  > 26) AND (tm1  > 73)
THEN
    Prediction  = '乔木林'
    Probability  = 0.687500
/* 规则 15 */
IF (tm7  > 25) AND (tm1  < = 71) AND (tm2  < = 32)
THEN
    Prediction  = '人工未成'
    Probability  = 0.666667
/* 规则 16 */
IF (tm7  > 25) AND (71 <tm1  < = 76) AND (tm2  < = 32)
THEN
    Prediction  = '采伐迹地'
    Probability  = 0.947368
/* 规则 17*/
IF (tm7  > 25) AND (71 <tm1  < = 76) AND (tm2  = 32)
THEN
    Prediction  = '采伐迹地'
    Probability  = 0.500000
/* 规则 18 */
IF (tm7  > 25) AND (tm1  < = 76) AND (tm2  > 32) AND (tm3  < = 29)
THEN
    Prediction  = '采伐迹地'
    Probability  = 1.000000
/* 规则 19 */
IF (tm7  > 25) AND (tm1  < = 76) AND (tm2  > 32) AND (tm3  > 29)
THEN
    Prediction  = '人工未成'
    Probability  = 0.750000
/*规则 20 */
IF (tm7  > 25) AND (tm3  < = 30) AND (76 <tm1  < = 78)
THEN
    Prediction  = '火烧迹地'
    Probability  = 0.764706
```

```
/* 规则 21 */
IF (tm7 > 25) AND (30 < tm3 < = 34) AND (76 < tm1 < = 78)
THEN
    Prediction = '乔木林'
    Probability = 0.500000
/*规则 22 */
IF (tm7 > 25) AND (tm1 > 78) AND (tm3 < = 34)
THEN
    Prediction = '火烧迹地'
    Probability = 0.837838
/* 规则 23 */
IF (tm7 > 25) AND (tm3 > 34) AND (76 < tm1 < = 80)
THEN
    Prediction = '人工未成'
    Probability = 1.000000
/* 规则 24 */
IF (tm7 > 25) AND (tm3 > 34) AND (80 < tm1 < = 89)
THEN
    Prediction = '采伐迹地'
    Probability = 0.440000
/* 规则 25 */
IF (tm7 > 25) AND (tm1 >89) AND (tm3 > 34)
THEN
    Prediction = '火烧迹地'
    Probability = 1.000000
```

将这25条判别规则录入到地类判读知识子库。就可以对地类发生变化的小班进行地类判读了。根据上期小班地类和本期该小班判读地类比较就可以得出该小班的台账类型。

6.2.2 森林郁闭度

森林郁闭度更新模型在第4章详细提过，主要也是利用CART决策树生成的决策规则将郁闭度判成0、0.1、0.2、…、1.0共11个类型，这里列出了以广东省博罗县2006年遥感影像数据得出的郁闭度判别规则，参与生成的预测变量有遥感信息(这里使用的是*TM*遥感影像的第5波段TM_5、第7波段TM_7、归一化差值植被指数波段TM_{NDVI}和缨帽变换后的湿度波段TM_{Wet}，并以无符号8位输出)和GIS信息(包括龄组和地类)，判别规则经过整理在知识库中如下所示：

```
/* 规则 1 */
IF (龄组 = "幼" AND tm_ wet < = 178 AND tm_ ndvi < = 192)
THEN
    郁闭度 = 0.3
```

```
/* 规则 2 */
IF (龄组 = "幼") AND (tm_ wet < = 178 AND tm_ ndvi > 192 AND tm_ ndvi < = 210)
THEN
    郁闭度 = 0.2
/* 规则 3 */
IF (龄组 = "幼") AND (tm_ wet < = 178 AND tm_ ndvi > 210)
THEN
    郁闭度 = 0.3
/* 规则 4 */
IF (龄组 = "幼" AND tm_ wet > 178 AND tm_ ndvi < = 186 AND tm7 < = 17)
THEN
    郁闭度 =0.2
/* 规则 5 */
IF (龄组 = "幼" AND tm_ wet > 178 AND tm_ ndvi < = 186 AND tm7 > 17)
THEN
    郁闭度 = 0.2
/* 规则 6 */
IF (龄组 = "幼" AND tm_ wet > 178 AND tm_ ndvi > 186 tm_ ndvi < = 203)
THEN
    郁闭度 =0.2
/* 规则 7 */
IF (龄组 = "幼") AND (tm_ wet > 178 AND tm_ ndvi > 203 AND tm_ ndvi < = 210)
THEN
    郁闭度 = 0.3
/* 规则 8 */
IF (龄组 = "幼" AND tm_ wet > 178 AND tm_ ndvi > 210 AND tm5 < = 55)
THEN
    郁闭度 = 0.3
/* 规则 9 */
IF (龄组 = "幼" AND tm_ wet > 178 AND tm_ ndvi > 210 AND tm5 > 55)
THEN
    郁闭度 = 0.6
/*规则 10 */
IF (龄组 = "中" AND tm_ wet < = 169 AND tm7 < = 20)
THEN
    郁闭度 = 0.4
/* 规则 11 */
```

```
IF (龄组 = "中" AND tm_ wet < = 168 AND tm7 > 20)
THEN
    郁闭度 = 0.4
/* 规则 12 */
IF (龄组 = "中" AND tm_ wet > 168 AND tm_ wet < = 175 AND tm7 < = 18 AND
tm5 < = 59)
THEN
    郁闭度 = 0.4
/* 规则 13 */
IF (龄组 = "中" AND tm_ wet > 168 AND tm_ wet < = 175 AND tm7 < = 18 AND
tm5 > 59)
THEN
    郁闭度 = 0.4
/* 规则 14 */
IF (龄组 = "中" AND tm_ wet > 168 AND tm_ wet < = 175 AND tm7 > 18 AND tm7
< = 22 AND tm_ ndvi < = 186)
THEN
    郁闭度 = 0.5
/* 规则 15*/
IF (龄组 = "中" AND tm_ wet > 169 AND tm_ wet < = 175 AND tm7 > 18 AND tm7
< = 22 AND tm_ ndvi > 186 AND tm_ wet < = 171)
THEN
    郁闭度 = 0.4
/* 规则 16 */
IF (龄组 = "中" AND tm_ wet > 169 AND tm_ wet < = 175 AND tm7 > 18 AND tm7
< = 22 AND tm_ ndvi > 186 AND tm_ wet > 171)
THEN
    郁闭度 =0.5
/* 规则 17 */
IF (龄组 = "中" AND tm_ wet > 169 AND tm_ wet < = 175 AND tm7 > 22)
THEN
    郁闭度 = 0.5
/* 规则 18 */
IF (龄组 = "中" AND tm_ wet > 175 tm_ wet < = 178 AND tm5 < = 62)
THEN
    郁闭度 = 0.5
/* 规则 19 */
IF (龄组 = "中" AND tm_ wet > 175 AND tm_ wet < = 178 AND tm5 > 62)
THEN
```

```
        郁闭度 =0.3
    /* 规则 20 */
    IF (龄组 = "中" AND tm_ wet > 178 AND tm_ ndvi < = 196)
    THEN
        郁闭度 =0.5
    /* 规则 21 */
    IF (龄组 = "中" AND tm_ wet >178 AND tm_ ndvi > 196 AND tm_ ndvi < = 216
AND tm5 < = 55)
    THEN
        郁闭度 = 0.5
    /* 规则 22 */
    IF (龄组 = "中" AND tm_ wet > 178 AND tm_ ndvi > 196 AND tm_ ndvi < = 216
AND tm5 > 55 AND tm5 < = 59)
    THEN
        郁闭度 = 0.3
    /* 规则 23 */
    IF (龄组 = "中" AND tm_ wet > 178 AND tm_ ndvi > 196 AND tm_ ndvi < = 216
AND tm5 > 59)
    THEN
        郁闭度 = 0.3
    /* 规则 24 */
    IF (龄组 = "近" AND (地类 = "乔" OR 地类 = "特灌" OR 地类 = "其灌") AND
tm7 > = 17)
    THEN
        郁闭度 = 0.6
    /*规则 25*/
    IF (龄组 ! = "幼" AND 龄组 ! = "中" AND 龄组 ! = "近" AND 龄组 ! = "成"
AND 龄组 ! = "过" AND (地类 = "乔" OR 地类 = "特灌" OR 地类 = "其灌") AND
tm7 > 17) AND tm_ ndvi < = 206)
    THEN
        郁闭度 =0.2
    /* 规则 26 */
    IF (龄组 ! = "幼" AND 龄组 ! = "中" AND 龄组 ! = "近" AND 龄组 ! = "成"
AND 龄组 ! = "过") AND (地类 = "乔" OR 地类 = "特灌" OR 地类 = "其灌") AND
tm7 > 17 AND tm_ ndvi > 207)
    THEN
        郁闭度 = 0.3
    /* 规则 27*/
    IF (龄组 ! = "幼" AND 龄组 ! = "中" AND 龄组 ! = "近" AND 龄组 ! = "成"
```

```
AND 龄组！ = "过") AND (地类！ = "乔" AND 地类！ = "特灌" AND 地类！ = "竹"
AND 地类！ = "其灌")
    THEN
    Node = 14
        郁闭度 = 0
        Probability = 1.000000
    /* 规则 28 */
    IF (龄组 = "近" ) AND (地类 = "竹") AND (tm7 < = 18)
    THEN
        郁闭度 = 0.4
    /* 规则 29 */
    IF (龄组！ = "幼" AND 龄组！ = "中" AND 龄组！ = "近" AND 龄组！ = "成"
AND 龄组！ = "过") AND 地类 = "竹" AND tm7 > 18)
    THEN
        郁闭度 = 0.4
    /* 规则 30*/
    IF (龄组 = "成") AND (tm7 < = 17) AND tm_ wet < = 178)
    THEN
        郁闭度 =0.6
    /* 规则 31 */
    IF (龄组 = "成" AND tm7 < = 17 AND tm_ wet > 178)
    THEN
        郁闭度 =0.5
    /*规则 32 */
    IF (龄组 = "成" AND tm7 > 17 AND tm7 < = 22 AND tm_ wet < = 166)
    THEN
        郁闭度 = 0.4
    /* 规则 33 */
    IF (龄组 = "成" AND tm7 > 17 AND tm7 < = 22 AND tm_ wet > 166 AND tm_ wet
 < = 178)
    THEN
        郁闭度 =0.6
    /*规则 34 */
    IF (龄组 = "成" AND (tm7 > 17 AND tm7 < = 22) AND tm_ wet > 178)
    THEN
        郁闭度 = 0.5
    /*规则 35 */
    IF (龄组 = "成" AND tm7 > 22 AND tm7 < = 27)
    THEN
```

```
    郁闭度 = 0.5
/* 规则 36 */
IF (龄组 = "成" AND tm7 > 27)
THEN
    郁闭度 = 0.6
/* 规则 37 */
IF (龄组 = "过" AND tm_ ndvi < = 186)
THEN
    郁闭度 = 0.5
/* 规则 38 */
IF (龄组 = "过" AND tm_ ndvi > 186 AND tm7 < = 20)
THEN
    郁闭度 = 0.7
/* 规则 39 */
IF (龄组 = "过") AND (tm_ ndvi > 186) AND (tm7 > 20)
THEN
    郁闭度 = 0.8
```

这里特别需要说明的是，以上生成的判别规则并不是一成不变的，其受到多重因素的影响。在实际操作中，可利用本年度遥感影像及建标数据建立本年度该地区的决策树模型，生成如上所示的判别规则，然后写入到知识库中，以完成对小班郁闭度因子的更新。

6.2.3 龄组

乔木林的龄级与龄组根据主林层优势树种(组)的平均年龄确定。各树种(组)的龄级期限和龄组的划分标准见表6-1～表6-3。乔木经济树种龄级与龄组划分标准参照一般用材林中的软阔执行。

表 6-1　生态公益林龄组划分（年）

树种	龄组划分					龄级期限
	幼龄林	中龄林	近熟林	成熟林	过熟林	
桉类	10 以下	11～15	16～20	21～30	31 以上	5
黎蒴	4 以下	5～6	7～8	9～10	11 以上	2
速生相思	6 以下	7～9	10～12	13～15	16 以上	3
南洋楹	6 以下	7～9	10～12	13～15	16 以上	3
杉木	15 以下	16～25	26～30	31～40	41 以上	5
马尾松	20 以下	21～30	31～40	41～60	61 以上	10
国外松(湿地松等)	10 以下	11～15	16～20	21～25	26 以上	5
软阔	10 以下	11～15	16～20	21～30	31 以上	5
硬阔	30 以下	31～50	51～60	61～80	81 以上	10
木麻黄	10 以下	11～15	16～20	21～30	31 以上	5
混交林	依优势树种确定龄组					

表 6-2　一般用材林龄组划分(年)

树种	龄组划分					龄级期限
	幼龄林	中龄林	近熟林	成熟林	过熟林	
桉类	5 以下	6～10	11～15	16～25	26 以上	5
黎蒴	2 以下	3～4	5～6	7～8	9 以上	2
速生相思	3 以下	4～6	7～9	10～12	13 以上	3
南洋楹	3 以下	4～6	7～9	10～12	13 以上	3
杉木	10 以下	11～20	21～25	26～35	36 以上	5
马尾松	10 以下	11～20	21～30	31～50	51 以上	10
国外松(湿地松等)	5 以下	6～10	11～15	16～25	26 以上	5
软阔	5 以下	6～10	11～15	16～25	26 以上	5
硬阔	20 以下	21～40	41～50	51～70	71 以上	10
木麻黄	5 以下	6～10	11～15	16～25	26 以上	5
混交林	依优势树种确定龄组					

表 6-3　速生丰产用材林、短周期工业原料用材林龄组划分(年)

树种	龄组划分					龄级期限
	幼龄林	中龄林	近熟林	成熟林	过熟林	
桉类	2 以下	3～4	5～6	7～8	9 以上	2
黎蒴	2 以下	3～4	5～6	7～8	9 以上	2
南洋楹	3 以下	4～6	7～9	10～12	13 以上	3
速生相思	4 以下	5～6	7～8	9～10	11 以上	2
软阔	2 以下	3～4	5～6	7～8	9 以上	2
杉木	6 以下	7～9	10～12	13～15	16 以上	3
马尾松	6 以下	7～9	10～12	13～15	16 以上	3
国外松(湿地松等)	3 以下	4～6	7～9	10～12	13 以上	3
混交林	依优势树种确定龄组					

根据龄组的定义，龄组在知识库中的表达如下所示：

if(优势树种 =“桉树”)and(林种 =“特种用途林”or 林种 =“防护林”)and(年龄 < =10)

then 龄组 =“幼龄林”;

if(优势树种 =“桉树”)and(林种 =“特种用途林”or 林种 =“防护林”)and(年龄 > =11 and 年龄 < =15)

then 龄组 =“中龄林”;

if(优势树种 =“桉树”)and(林种 =“特种用途林”or 林种 =“防护林”)and(年龄 > =16 and 年龄 < =20)

then 龄组 =“近熟林”;

if(优势树种 =“桉树”)and(林种 =“特种用途林”or 林种 =“防护林”)and(年龄 > =21 and 年龄 < =30)

then 龄组 =“成熟林”;

if(优势树种 =“桉树”)and(林种 =“特种用途林”or 林种 =“防护林”)and(年龄 > = 31)

then 龄组 =“过熟林”;

if(优势树种 =“黎蒴”)and(林种 =“特种用途林”or 林种 =“防护林”)and(年龄 < = 4)

then 龄组 =“幼龄林”;

if(优势树种 =“黎蒴”)and(林种 =“特种用途林”or 林种 =“防护林”)and(年龄 > =5 and 年龄 < =6)

then 龄组 =“中龄林”;

if(优势树种 =“黎蒴”)and(林种 =“特种用途林”or 林种 =“防护林”)and(年龄 > = 7and 年龄 < =8)

then 龄组 =“近熟林”;

if(优势树种 =“黎蒴”)and(林种 =“特种用途林”or 林种 =“防护林”)and(年龄 > =9 and 年龄 < =10)

then 龄组 =“成熟林”;

if(优势树种 =“黎蒴”)and(林种 =“特种用途林”or 林种 =“防护林”)and(年龄 > = 11)

then 龄组 =“过熟林”;

if(优势树种 =“速生相思”)and(林种 =“特种用途林”or 林种 =“防护林”)and(年龄 < =6)

then 龄组 =“幼龄林”;

if(优势树种 =“速生相思”)and(林种 =“特种用途林”or 林种 =“防护林”)and(年龄 > =7 and 年龄 < =9)

then 龄组 =“中龄林”;

if(优势树种 =“速生相思”)and(林种 =“特种用途林”or 林种 =“防护林”)and(年龄 > =10and 年龄 < =12)

then 龄组 =“近熟林”;

if(优势树种 =“速生相思”)and(林种 =“特种用途林”or 林种 =“防护林”)and(年龄 > =13 and 年龄 < =15)

then 龄组 =“成熟林”;

if(优势树种 =“速生相思”)and(林种 =“特种用途林”or 林种 =“防护林”)and(年龄 > =16)

then 龄组 =“过熟林”;

if(优势树种 =“南洋楹”)and(林种 =“特种用途林”or 林种 =“防护林”)and(年龄 < =6)

then 龄组 =“幼龄林”;

if(优势树种 =“南洋楹”)and(林种 =“特种用途林”or 林种 =“防护林”)and(年龄 > =7 and 年龄 < =9)

then 龄组 =“中龄林”;

if(优势树种 =“南洋楹”)and(林种 =“特种用途林”or 林种 =“防护林”)and(年龄 > =10and 年龄 < =12)

then 龄组 =“近熟林”;

if(优势树种 =“南洋楹”)and(林种 =“特种用途林”or 林种 =“防护林”)and(年龄 > =13 and 年龄 < =15)

then 龄组 =“成熟林”;

if(优势树种 =“南洋楹”)and(林种 =“特种用途林”or 林种 =“防护林”)and(年龄 > =16)

then 龄组 =“过熟林”;

if(优势树种 =“杉木”)and(林种 =“特种用途林”or 林种 =“防护林”)and(年龄 < =15)

then 龄组 =“幼龄林”;

if(优势树种 =“杉木”)and(林种 =“特种用途林”or 林种 =“防护林”)and(年龄 > =16 and 年龄 < =25)

then 龄组 =“中龄林”;

if(优势树种 =“杉木”)and(林种 =“特种用途林”or 林种 =“防护林”)and(年龄 > =26and 年龄 < =30)

then 龄组 =“近熟林”;

if(优势树种 =“杉木”)and(林种 =“特种用途林”or 林种 =“防护林”)and(年龄 > =31 and 年龄 < =40)

then 龄组 =“成熟林”;

if(优势树种 =“杉木”)and(林种 =“特种用途林”or 林种 =“防护林”)and(年龄 > =41)

then 龄组 =“过熟林”;

……

因篇幅原因，这里就不全部列出龄组的判别规则了。这些判别规则很容易根据龄组的定义给出。

6.2.4 生长类型

人工用材林必须进行生长类型调查，生长类型划分的标准如下。

(1)幼龄林划分标准。幼龄林生长类型按年均高生长量进行划分(表 6-4)。

表 6-4 幼龄林生长类型按年均高生长量进行划分(m)

类型 年均高生长量	Ⅰ	Ⅱ	Ⅲ
杉、松	>0.7	0.4~0.7	<0.4
桉、木麻黄	>1.5	1.0~1.5	<1.0
硬阔	>0.5	0.3~0.5	<0.3
软阔	>0.8	0.5~0.8	<0.5
速生丰产软阔	>2.0	1.5~2.0	<1.5

(2)中、近、成、过熟林按照年均蓄积生长量来划分：

Ⅰ：年均生长量>7.5m^3/hm^2；

Ⅱ：年均生长量4.5~7.5m^3/hm^2；

Ⅲ：年均生长量<4.5m^3/hm^2。

当林种为人工用材林时，必须更新其生长类型。根据生长类型的划分依据，必须先计算出年均高生长量和年均蓄积生长量。

年均高生长量=本年度平均高-上一年度平均高；

年均蓄积生长量=本年度公顷蓄积-上一年度公顷蓄积；

年均高生长量的单位是m，年均蓄积生长量的单位是m^3/hm^2。

生长类型在知识库中的表达如下：

```
if(龄组="幼龄林")
{
    switch 优势树种：
        case：杉、松
        {
            if(年均高生长量>0.7) 生长类型=Ⅰ;
            if(0.4<=年均高生长量<=0.7)生长类型=Ⅱ;
            if(年均高生长量<0.4) 生长类型=Ⅲ;
        }
case：桉树、木麻黄
        {
            if(年均高生长量>1.5) 生长类型=Ⅰ;
            if(1.0<=年均高生长量<=1.5)生长类型=Ⅱ;
            if(年均高生长量<1.0) 生长类型=Ⅲ;
        }
       case：硬阔
        {
            if(年均高生长量>0.5) 生长类型=Ⅰ;
            if(0.3<=年均高生长量<=0.5)生长类型=Ⅱ;
            if(年均高生长量<0.3) 生长类型=Ⅲ;
        }
case：软阔
        {
            if(年均高生长量>0.8) 生长类型=Ⅰ;
            if(0.5<=年均高生长量<=0.8)生长类型=Ⅱ;
            if(年均高生长量<0.5) 生长类型=Ⅲ;
        }
case：速生丰产软阔
        {
```

```
            if(年均高生长量>2.0) 生长类型 = Ⅰ;
            if(1.5 < =年均高生长量< =2.0)生长类型 = Ⅱ;
            if(年均高生长量<1.5) 生长类型 = Ⅲ;
        }
}
if(龄组 =“中、近、成、过熟林”
{
    if(年均蓄积生长量>7.5) 生长类型 = Ⅰ;
    if(4.5 < =年均蓄积生长量< =7.5) 生长类型 = Ⅱ;
    if(年均蓄积生长量<4.5) 生长类型 = Ⅲ;
}
```

6.2.5　生态功能等级

生态功能等级专家知识的定义如表 6-5 所示。

表 6-5　生态功能等级专家知识

<table>
<tr><th>地类</th><th>树种</th><th>郁闭度</th><th>生态功能等级</th></tr>
<tr><td>疏林林、未成林地、无林地、苗圃地、辅助生产用地、红树林未成林地、红树林宜林地</td><td></td><td></td><td>4</td></tr>
<tr><td rowspan="6">有林地、灌木林地、红树林有林地</td><td>任何优势树种</td><td>0.2～0.4</td><td rowspan="4">3</td></tr>
<tr><td>任何优势树种</td><td>0.5～0.7</td></tr>
<tr><td>针叶树、针叶混交林、桉树、竹林、经济林</td><td rowspan="4">≥0.8</td></tr>
<tr><td>软阔、硬阔且有生态经济树种</td></tr>
<tr><td>软阔、硬阔且无生态经济树种</td><td>2</td></tr>
<tr><td>红树林、非桉阔叶树、针阔混交林、阔叶混交林</td><td>1</td></tr>
</table>

生态功能等级在知识库中表示如下：

```
if(地类 =“疏林地、未成林地、无林地、苗圃地、辅助生产用地、红树林未成林地、红树林因林地)
then 生态功能等级 =“4”;
if(地类 =“有林地、灌木林地、红树林有林地”)
{
        if(0.2≤郁闭度≤0.4) then 生态功能等级 =“3”;
        if(0.5≤郁闭度≤0.7) then 生态功能等级 =“2”;
        if(郁闭度≥0.8);
            {
if(优势树种 =“针叶树、针叶混、桉树、竹林、经济林” or 优势树种 =“软阔、硬阔
```

且有生态经济树种”) then 生态功能等级 =“2”;

if(优势树种 =“软阔、硬阔且无生态经济树种” or 优势树种 =“红树林、非桉阔叶树、针阔混、阔叶混”) then 生态功能等级 =“1”;

}

}

6.2.6 森林自然度

森林自然度专家知识定义见表6-6。

表6-6 森林自然度专家知识

<table>
<tr><th>地类</th><th>树种</th><th>起源</th><th>林种</th><th>自然度</th></tr>
<tr><td>未成林地、苗圃地、无林地、辅助生产用地、红树林未成林地、红树林宜林地</td><td></td><td></td><td></td><td rowspan="3">5</td></tr>
<tr><td>无论何种地类</td><td></td><td></td><td>经济林</td></tr>
<tr><td>无论何种地类</td><td>有生态经济树种</td><td></td><td></td></tr>
<tr><td>其他灌木林地、疏林地</td><td></td><td></td><td></td><td rowspan="3">4</td></tr>
<tr><td>乔木林</td><td>针叶纯林</td><td></td><td></td></tr>
<tr><td>乔木林</td><td>阔叶纯林、针叶混交林、针阔混交林且非生态经济树种</td><td rowspan="2">人工</td><td></td></tr>
<tr><td>乔木林</td><td>阔叶混交林</td><td></td><td rowspan="3">3</td></tr>
<tr><td>乔木林</td><td>针叶混交林、针阔混交林</td><td>天然</td><td></td></tr>
<tr><td>红树林有林地</td><td></td><td>人工</td><td></td></tr>
<tr><td>红树林有林地</td><td></td><td rowspan="3">天然</td><td></td><td rowspan="3">不变或2</td></tr>
<tr><td>乔木林</td><td>阔叶纯林、阔叶混交林</td><td></td></tr>
<tr><td>国家特别规定灌木林地</td><td>非经济树种</td><td></td></tr>
</table>

森林自然度在知识库中的表示如下:

if(地类 =“未成林地、苗圃地、无林地、辅助生产用地、红树林未成林地、红树林宜林地”) then 自然度 =“5”;

if(林种 =“经济林”)then 自然度 =“5”;

if(树种 =“生态经济树种”then 自然度 =“5”;

if(地类 =“其他灌木林地、疏林地) then 自然度 =“4”;

if(地类 =“乔木林”and 树种 =“针叶纯林”)then 自然度 =“4”;

if(地类 =“乔木林”and 树种 =“阔叶纯林、针叶混交林、针阔混交林且非生态经济树种” and 起源 =“人工”) then 自然度 =“4”;

if(地类 =“乔木林”and 树种 =“阔叶混交林” and 起源 =“人工”) then 自然度 =“3”;

if(地类 =“乔木林”and 树种 =“针叶混交林、针阔混交林”and 起源 =“天然”) then 自然度 =“3”;

if(地类 =“红树林有林地” and 起源 =“人工”) then 自然度 =“3”;

if(地类 =“红树林有林地” and 起源 =“天然”) then 自然度 =“2 或 不变”;

if(地类 =“红树林有林地” and 起源 =“天然”) then 自然度 =“2 或 不变”;

if(地类 =“乔木林”and 树种 =“阔叶纯林、阔叶混交林” and 起源 =“天然”) then 自然度 =“2 或不变”;

if(地类 =“国家特别规定灌木林地” and 树种 =“非经济树种” and 起源 =“天然”) then 自然度 =“2 或不变”。

6.2.7　数据库逻辑检查

因为数据库因子之间存在着紧密的相关关系，更新完数据库因子后，需对其进行逻辑检查，以消除因子之间相互矛盾的情况。因而，有必要在专家系统知识库中建立因子逻辑检查子库。

逻辑库的逻辑规则用文字表述如下：

(1)地籍号检查。地籍号不应重号；不同小班的细班号应从1开始；地籍号细班号、小班号、林班号、村代码、乡镇代码不连续。

(2)同一小班林地类别应相同。

(3)地类——林地所有权。林业用地必填林地所有权。

(4)地类——林地使用权。林业用地必填林地使用权。

(5)地类——林木所有权。有林地、疏林地、灌木林地、未成林地、红树有林地、红树未成林地必填林木所有权。

(6)地类——林木使用权。有林地、疏林地、灌木林地、未成林地、红树有林地、红树未成林地必填林木使用权。

(7)地类——流域名称。林业用地必填流域名称。

(8)地类——工程类别(林种)。林业用地必填工程类别；自然保护区林只能自然保护区；工业原料林、速生丰产林才填速生丰产。

(9)地类——地貌。非红树林的林业用地必填地貌。

(10)地类——坡位。非红树林的林业用地必填坡位。

(11)地类——坡向。非红树林的林业用地必填坡向。

(12)立地类型检查。林业用地应填立地类型；第2位同地貌相同、第4位同坡位相同；立地类型标准控制每位数字范围。

(13)地类——林种。林业用地必填林种；非林地不填林种；竹林不能为经济林、薪炭林、工业原料林、速生丰产林；乔木林地、国家灌木林地才可为经济林；灌木林不能为用材林；苗圃地、辅助生产林地只能为一般用材林；红树林只能为自然保护区林、护岸林、国防林、实验林、母树林。

(14)地类——优势树种(林种)。有林地、疏林地、未成林地、红树林有林地、红树林未成林应填优势树种；灌木经济林应填优势树种，其他灌木林不填优势树种；苗圃地、无林地、辅助生产林地、红树林宜林地不填优势树种；乔木非经济林、疏林、未成林优势树种应为101—503；乔木经济林优势树种应为710—759；竹林优势树种应为601—602；红树有林地、红树林未成林地优势树种为801。

(15)地类——起源(林种)。有林地、疏林地、灌木林地、未成林地、红树林有林地、红树林未成林地应填起源；未成林造林地起源不应为天然；未成林封育地起源应为天然；红树林造林地起源应为人工；红树林天然封育地起源应为天然；灌木经济林地起源应为人工；灌木非经济林地起源应为天然；乔木经济林起源应为人工；竹林起源不应为飞播。

(16)地类——郁闭度(起源、龄组、公顷株数、平均高、成活保存率)。有林地、疏林地、灌木林地、红树林有林地应填郁闭度；未成林地、苗圃地、无林地、辅助林地、红树未成林地、红树宜林地不应填郁闭度；疏林地郁闭度应为0.1；灌木林非经济林地郁闭度应大于等于0.3；红树林有林地郁闭度应大于等于0.2；竹林、幼龄以上乔木林郁闭度应大于等于0.2；人工乔木幼龄林保存率大于80郁闭度可小于0.2；经济林保存率大于80郁闭度可小于0.2；公顷株数大于1050株的飞播乔木幼龄林郁闭度可小于0.2；公顷株数大于2250株，高度大于0.5m的天然乔木幼龄林郁闭度可小于0.2。

(17)地类——年龄(起源)。有林地、疏林地、未成林地、人工红树林有林地、红树林未成林造林地必填年龄；人工未成林造林地、红树林未成林造林地年龄不能超过3年；飞播未成林地、封育未成林地年龄不能超过5年。

(18)地类——龄组。乔木经济林、未成林、灌木林、红树林、竹林不填龄组；疏林地不应有幼龄林。

(19)地类——平均高。有林地、疏林地、未成林地、灌木林地、红树林有林地、红树林未成林地应填平均高。

(20)地类——平均胸径(林种、公顷蓄积)。有蓄积乔木林、疏林应填平均胸径且大于等于5cm；竹林应填平均胸径且大于等于2cm。

(21)地类——公顷株数。竹林必填公顷株数；除毛竹、茶叶、肉桂外公顷株数不应超10000株；2年以下毛竹公顷株数大于300，杂竹大于750郁闭度可小于0.2；飞播未成林公顷株数应达3000。

(22)地类——可及度(起源、林种、龄组)。乔木林、疏林用材近成过熟林应填可及度。

(23)地类——更新等级。天然乔木幼林、疏林地、无林地应填天然更新等级。

(24)地类(林种)——生长类型。未成林造林地应填生长类型。

(25)地类——成活保存率。1年人工未成林造林地应填成活率且应大于等于85%；1年以上人工未成林造林地应填保存率且应大于等于80%；红树林未成林造林地应填成活保存率且应大于等于50%。

(26)地类——经营措施(林种、生态等级、生长类型、起源、龄组)。林业用地应填经营措施；宜林荒山、宜林沙荒、红树林宜林地经营措施只能为人工造林；采伐迹地、火烧迹地经营措施只能为人工更新；其他无立木林地经营措施只能为人工造林、人工更新；暂难利用地经营措施只能为管护；生态等级为3级近成过的生态林地经营措施应为低效林改造；生长类型为3级近成过的商品林地经营措施应为低效林改造；封育未成林、红树林封育地经营措施应为封山育林；人工未成林经营措施应填抚育间伐；人工商品中幼林经营措施应填抚育间伐；人工生态幼林经营措施应填抚育间伐。

(27)地类——散生木蓄积(林种)。乔木林、疏林不应有散生蓄积。

(28)地类——生态等级(优势树种、郁闭度、林种)。林业用地应填生态等级；阔叶混、阔叶树、针阔混、红树林有林地郁闭度大于0.7，生态等级可能为1级。

下述标准不对国防林、实验林、母树林：阔叶混、阔叶树、针阔混、红树林有林地郁闭度0.5~0.7，针叶混、针叶树、乔木经济林、竹林、灌木林郁闭度大于0.4，生态等级可能为2级；郁闭度0.2~0.4的有林地、灌木林、红树林有林地，生态等级可能为3级；疏林、未成林地、苗圃地、无林地、辅助生产林地、红树林未成林地、红树林宜林地，生态等级可能为4级。

(29)地类——自然度(优势树种、起源)。林业用地应填自然度；无林地、辅助生产用地、苗圃地、未成林地、红树林宜林地、红树林未成林地、经济林自然度应为5；其他灌木林、针叶纯林、人工阔叶纯林、人工针叶混、人工针阔混自然度应为4；天然针叶混、天然针阔混、人工阔叶混、人工红树林有林地自然度应为3；天然阔叶纯林、天然阔叶混、国家灌木非经济林、天然红树林有林地自然度应小于3。

(30)地类——健康度。红树林有林地、红树林未成林、非红树的林业用地应填健康度；无灾害等级的林地健康度应为1。

(31)地类——土壤侵蚀等级。非红树的林业用地应填土壤侵蚀等级。

(32)地类——石漠化等级(石漠化成因)。非红树的林业用地应填石漠化等级；石漠化等级大于30的林地应填石漠化成因。

(33)地类——灾害等级。林业用地应填灾害等级，灾害等级每位应为0~4。

(34)地类——景观等级。有林地、红树林有林地应填景观等级。

(35)地类——勾绘年度。林业用地应填小细班改变年度。

(36)地类——其他情况调查。林业用地不能填征占；非林地不能填退耕；红树林应填其他情况调查，且代码应为3或4。

(37) 地类——公顷蓄积。非乔木林、非疏林不应有公顷蓄积；疏林地应有公顷蓄积。

(38)地类——生物量。灌木林、红树林有林地、红树林未成林地应有灌木生物量；无蓄积乔木林、未成林应有下木生物量；有林地、疏林地、灌木林地、未成林地、采伐迹地、无立木林地、宜林荒山、辅助林地的草本生物量、灌木生物量、下木生物量不可同时为0。

(39)林种——国家生态标准。生态林应填是否符合国家生态标准。

(40)林种——事权保护码。生态林应填事权保护码；事权保护码为11、12暂时不用；事权保护码为31、32只有县代码前位为01的可用；国防林、母树林、名胜古迹林、自然保护区林、沿海防护林、护岸林事权管理码应为21；保护小区林、农田防护林、其他防护林事权管理码应为22。

(41)林种——优势树种。速生丰产林、工业原料林的优势树种不应为木麻黄、荷木、台湾相思、硬阔。

(42)平均胸径——公顷蓄积。平均胸径大于等于5cm应有公顷蓄积。

(43)优势树种——公顷蓄积。单一树种公顷蓄积>65%，优势树种为此单一树种(主要树种)；针叶树种公顷蓄积和>65%，优势树种为针叶混，记录最大蓄积的针叶树种(主要树种)；阔叶树种公顷蓄积和>65%，优势树种为阔叶混，记录最大蓄积的阔叶树种(主要树种)；都达不到公顷蓄积的65%，优势树种为针阔混，记录最大蓄积的树种(主要树种)。

(44)公顷蓄积——散生木蓄积。公顷蓄积与散生木蓄积不可同时存在。

(45)优势树种——林种、年龄、龄组。按44条的主要树种，结合林种、年龄决定龄组。

(46)生态经济树种——林种、优势树种。疏林地不填生态经济树种；非软阔、硬阔生态林不填生态经济树种。

(47)小班蓄积——小细班面积、公顷蓄积、各分树种蓄积。小班蓄积应等于小细班面积同公顷蓄积之积；小班蓄积应等于各分树种蓄积之和；散生木蓄积不计入小班蓄积；经济林蓄积、其他用材树种蓄积不考虑同时存在。

(48)小细班面积检查。小细班面积不为0。

6.3 软件实现

该专家系统已经融入到森林资源与生态状况年度监测信息管理系统中，请参见第8章。

6.4 结论

本章讨论了利用专家系统更新森林资源与生态状况监测因子，专家系统的核心是知识库的建立，本章详细介绍了地类、森林郁闭度、龄组、生长类型、生态功能等级、森林自然度等因子的专家判别知识以及其在知识库中的表达方式。知识库中各个因子的专家判别知识是动态的，会根据不同的情况有不同的判别规则，因而知识库将被设计成一个开放的系统，可以根据实际需要去更新专家知识，具体实现将在第8章中予以介绍。

本章参考文献

[1] 贾春华，赵天忠，黄水生. 2005. 知识库在森林资源数据更新系统中的应用[J]. 内蒙古林业调查设计，28(z1)：71-74.

[2] 丁全龙. 2006. 支持知识自动获取的造林专家系统地研究与探索[D]. 北京林业大学硕士学位论文.

[3] 赵正勇. 2005. 针阔混交林TM遥感图像自动分类识别技术研究[D]. 东北林业大学硕士学位论文.

[4] 杨盘洪. 2007. 山西马铃薯专家系统地构建及基于BP神经网络知识获取的探讨[D]. 太原理工大学硕士学位论文.

[5] 吕勇. 2004. 森林资源资产评估专家系统研究[D]. 中南林学院博士学位论文.

[6] 彭达. 2005. 森林生态功能等级划分标准的探讨[J]. 林业建设，(5)：5-7.

[7] 王登峰. 2004. 森林生态宏观监测体系研究[M]. 北京：中国林业出版社.

[8] 文昌宇，黄俊泽. 2006. 浅谈广东森林自然度划分标准[J]. 中南林业调查规划，25(3)：8-10.

第7章　基于VRS的DGPS-PDA在年度监测样地数据采集中的应用

本章在介绍GPS、DGPS、RTK、VRS、PDA等技术的基础上，详细阐述了基于VRS技术的DGPS-PDA在森林资源年度监测中应用的工作流程及操作步骤。研究表明，样地定位平均精度可达0.5m左右，在信号较好的地方，精度可达0.3m左右，大大提高了样地数据与遥感信息的匹配精度，从而也提高了遥感定量模型的估测精度，也为快速精确纠正高分辨率遥感影像建立控制点库提供了技术支撑。利用PDA进行野外数据采集，提高了工作效率。基于VRS技术的DGPS-PDA在将来的森林资源监测工作中将会广泛应用。

7.1　基本概念

7.1.1　GPS简介

GPS(global positioning system)是卫星全球定位与导航系统的英文缩写，通常称为“全球定位系统”。该系统是美国从20世纪70年代开始研制，到1993年全部建成并投入使用。它是由空间星座、地面监控系统和用户设备等三大部分组成。工作原理是：由在过地心的6个极地轨道面上，均匀分布着24颗GPS卫星全天候、实时地向地面发送卫星星历等定位信息，用户接收机根据接收到的卫星信息，经过处理实时显示所处的位置坐标，从而达到全球性、全天候、连续的精密三维导航与定位的目的。普通手持式GPS单机定位精度为10~15m。

7.1.2　DGPS简介

随着GPS技术的发展和完善，应用领域的进一步开拓，人们越来越重视利用差分GPS技术来改善定位性能。它使用一台GPS基准接收机和一台用户接收机，利用实时或事后处理技术，将卫星钟误差和星历误差消除，并将电离层延迟和对流层延迟误差部分消除，定位精度大大提高。因此，差分GPS定位技术(DGPS)在最近几年中得到了迅速发展和广泛应用。

7.1.3　RTK简介

RTK(real time kinematic)技术是GPS实时载波相位差分的简称，该技术将GPS数据处理和无线通信技术相结合，对数据实现实时解算，在数秒内获得高精度位置信息。传统的RTK技术拓展了GPS的使用空间，但也存在较大的局限性，主要表现为以下几点：①用户需要架设本地的参考站；②随距离的增长误差增大，使得流动站和参考站的距离受到限制，一般要求小于15km；③可靠性和可行性随测站间距离的增加而降低(刘亮，2007；张琼，2008；赵俊义，2009）。

7.1.4　PDA 简介

PDA(personal digital assistant)，即个人数码助理，一般指掌上电脑，通常采用微软标准的 Windows Mobile 操作系统，支持手写笔作为输入设备，而存储卡作为外部存储介质。大多数 PDA 具有 USB 和蓝牙接口，目前，许多 PDA 还具备 Wi-Fi 连接以及 GPS 全球卫星定位系统。相对于传统电脑，PDA 的优点是轻便、小巧、可移动性强，同时又不失功能的强大，缺点是屏幕过小，且电池续航能力有限。近年来，PDA 在野外调查和数据采集领域逐步得到应用。

7.2　VRS 简介

VRS(visual reference station)，即虚拟参考站，是利用基准站网进行 GPS 测量的一种方式。顾名思义，该参考站实际上是不存在的而是虚拟的。VRS 网络中，各固定参考站不直接向移动用户发送任何改正信息，而是将所有的原始数据通过数据通讯信发给控制中心。同时，移动用户在工作前，先通过 GPRS 向控制中心发送一个概略坐标，控制中心收到这个位置信息后，根据用户位置，由计算机自动选择最佳的一组固定基准站，根据这些站发来的信息，整体改正 GPS 的轨道误差、电离层以及对流层和大气折射引起的误差，将高精度的差分信号发给移动站。这个差分信号的效果相当于在移动站旁边，生成多个虚拟的参考基站，从而解决了 RTK 作业距离上的限制问题，并保证了用户的精度。

GPRS(general packet radio service)是对原 GSM 网络结构的扩展，在承载语音业务的同时，数据传输功能日益完善。基于 GPRS 差分网络的建成，数据通信不受距离限制，投入成本低、实现范围大、无盲区覆盖，并能保证 100% 数据传输的有效性。

基于 GPRS 的实时差分系统主要由移动站、数据通信链路、基站和服务器四大部分组

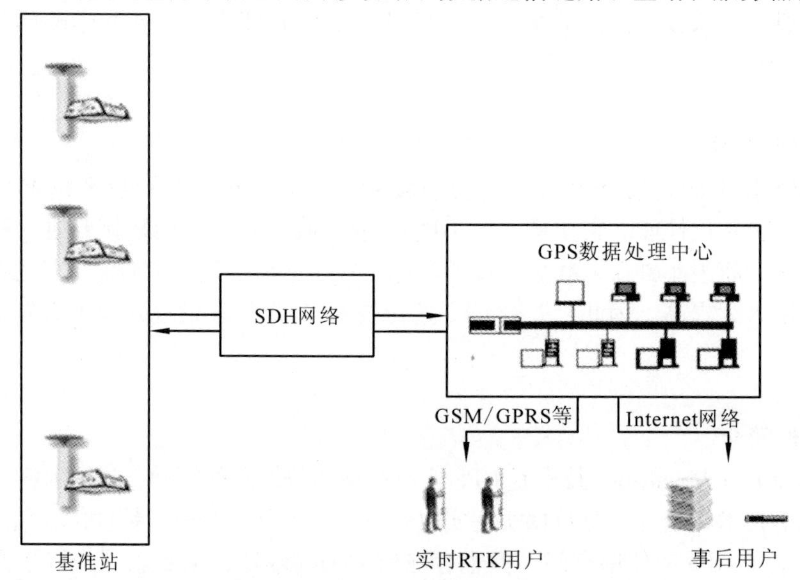

图 7-1　数据处理中心与基准站和移动站的通信

成。利用 GPS 通过 GPRS 接收高精度 GPS 实时差分信号，以达到高精度定位的目的。在实际工作中，移动站开机后自动登录 GPRS 网络并与省测绘院服务器通信，服务器对其进行身份认证；服务器接收来自基站的差分改正信息通过 Internet 接入 GPRS 网络，将数据传给移动站，移动站进行实时差分，最后由用户终端显示并记录差分后的定位信息。图 7-1 是数据处理中心与基准站和移动站的通信示意图。

广东省于 2007 年年初建成了国内第一个覆盖全省的 VRS 系统(即连续运行卫星定位服务系统，简称 GDCORS)，如图 7-2 所示。

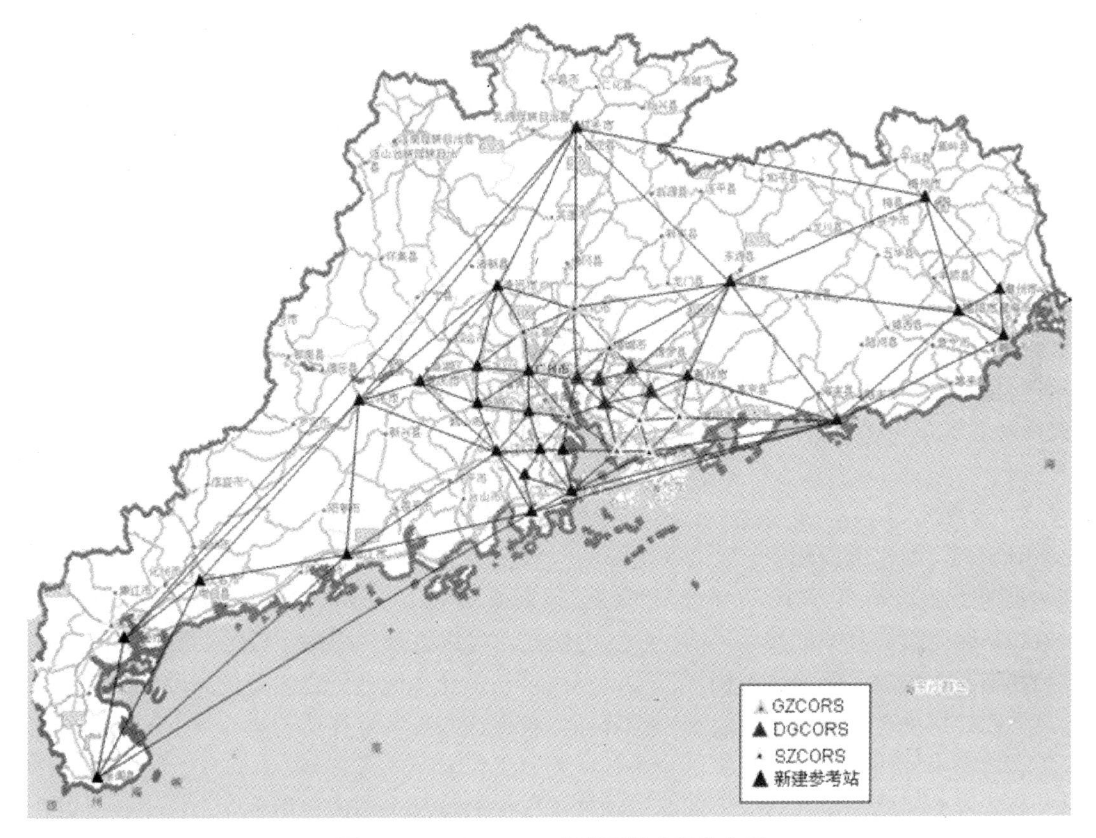

图 7-2　GDCORS 38 个联网基准站分布图

该系统成功集成 GPS、网络 RTK、计算机网络、数字中继、分布式软件、远程监控、移动通信当代先进技术，建成了我国第一个覆盖全省的连续运行卫星定位服务系统。该系统在广东省内共包含 38 个连续运行卫星跟踪站和广州、深圳、东莞 3 个地市级的子系统。系统能够提供从厘米级到米级各种精度要求的空间定位服务。图 7-2 为 GDCORS 38 个联网基准站分布示意图。其中，蓝色为新的基准站，黄色为深圳市建立的基准站，红色为东莞建立的基准站，绿色为广州建立的基准站，目前，这 38 个基准站均已互联，用户可根据广东省国土资源厅提供的用户名及密码登录。

7.3　DGPS-PDA 在年度监测样地数据采集中的应用

手持式单机定位 GPS 在林业调查中的应用已有十多年的历史了，它具有价廉、轻便、能耗低的优点，其优越的导航、定位功能不仅提高了地面样地定位精度，而且大大减少了野外作业时间和工作量，提高了工作效率，是森林资源管理中的重要工具。近年来，随着科技的发展，结合了 GPS 功能的 PDA 在森林资源及生态状况年度监测中发挥了越来越重要的作用。

7.3.1 遥感外业建标

随着空间技术的迅猛发展，网络技术不断更新与完善，GPS 定位精度越来越高，遥感影像空间分辨率越来越高，建立遥感标志的精度要求也越来越高，森林资源年度监测遥感判读标志数据采用 DGPS-PDA 数据采集器进行数据采集、处理。

在 PDA 上建立遥感数据标志库后，通过后期处理，转换为内业人眼判读使用的遥感判读标志数据库，方便判读人员准确地进行遥感判读。

7.3.2 林业建模、验证数据

各种林业模型的建立以及模型的验证，需要进行野外数据的采集，例如二元材积表模型、生物量模型、遥感估测蓄积量数据验证等。结合 DGPS-PDA，可以帮助技术人员高效、快速准确地进行样地的导航定位，在实地调查中直接进行属性数据的录入，直接形成各种模型数据库，对比传统的手工填写，减轻了工作量，提高了效率，保证了数据的准确性。

7.3.3 采集 GCP

GPS 测量技术的应用，在先期阶段，主要应用于高等级控制测量当中，利用该项技术，我国已于 1996 年和 1997 年分期布设了国家 A 级和 B 级 GPS 大地控制网，作为大地测量和基础测绘的基本框架。目前，GPS 定位技术可以进一步应用于资源勘测、地壳运动监测和施工放样等多个领域。同样，可以利用该技术在林区范围之内布设区域控制网，并通过专业数据处理软件对观测数据进行处理，获得这些控制点在所需坐标系下的坐标，这些具有精密坐标的控制点，是林区今后各项测量工作参照的位置基准。

高分辨率遥感影像在林业上的应用越来越广，而且许多地区采用独立坐标系，所以在遥感影像的纠正中需要采集精确的 GCP，必须利用高精度的 GPS，具有实时差分 GPS 的 PDA 数据采集器可以为监测区遥感图像的快速纠正提供精确参考点。

7.3.4 面积求算

在森林资源年度监测工作中，需要建立各种台账数据库，其中造林、采伐、火烧、征用林地等可能发生部分小班面积改变的台账类型都需要在日常的工作中建立台账数据库，利用具有 GPS 功能的 PDA，结合监测区的遥感影像和小班空间数据，可以精准地求算面积，为日常台账库的建立提供基础数据。

采伐林地常常地形陡峭、树高郁闭、灌木丛生，常规伐区调查难以进行或精度不高，采用 GPS 接收机进行伐区调查设计可以克服因植被阻挡和坡度造成的透视困难，随调查人员的运动实时记录下伐区的边界坐标及运动轨迹，与计算机接口后方便地进行标图并求出伐区面积。

传统的林地面积的量测是建立在纸质地形图的基础之上，外业人员在野外进行目视勘测，在地形图上清绘边界，然后利用方格纸或者求积仪进行面积的求算，耗费大量人力物力，测定结果精度也较低。因此，我们可以利用 GPS 动态定位技术进行实时测量，确定边界点的坐标，并利用相关软件对测量数据进行处理，从而获得某一区域林地面积。这种方法所测边界点坐标为直接测量，面积计算采用多边形法，林地量测面积精度较高。工作人员只须配备一台 DGPS-PDA 即可快速高效完成林地面积的求算。

7.4　主要软硬件设备

与单机定位 GPS 相比，基于 VRS 技术的 DGPS-PDA 对于软、硬件的要求相对较高，需要配备以下软、硬件设备：①互联的基准站，可以利用国土部门建好的基准站；②移动站，需要另外购买；③移动通信设备，要求配备有蓝牙通信功能的全球通手机；④软件，包括外业数据采集软件及后处理软件。

7.5　Trimble Geo-XT 流动站实例应用

本研究以 Trimble Geo-XT 流动站为例，介绍基于 VRS 技术的 DGPS-PDA 在森林资源年度监测数据采集工作中的应用。Trimble Geo-XT 是一款集成了差分型 GPS、坚固 PDA 以及可连续运行 10 小时锂电池的调查设备，配套有 TerraSync 数据采集软件和 GPS Pathfinder Office 后处理软件。Terrasync 软件能实现野外点、线、面等位置、特征及属性数据的采集，依据样地的已知坐标精准导航，根据调查内容定制调查表格和数据字典，实现野外无纸化调查，同时，该软件还可以实现设置接收机的 GPS 参数，配置实时差分修正的信息源，查看当前 GPS 卫星状态等信息。GPS Pathfinder Office 软件是外业数据采集与 GIS 系统之间的连接纽带，它包含了数据采集准备、坐标系统定义、事后差分处理、数据导入导出等工具。

7.5.1　系统参数配置

在实际工作中，流动站开机后，要登录 GPRS 网络并与 VRS 服务器连接，服务器对其进行身份认证，服务器接收来自参考站的差分改正信息通过 Internet 接入 GPRS 网络，将数据传给流动站，流动站进行实时差分，最后由用户终端显示并记录差分后的定位信息。第一次使用前首先要进行系统配置，主要是配置网络连接及登录 VRS 服务器的参数(配置好之后第二次定位则可以自动按配置文件启动系统)。步骤如下：

①蓝牙手机和 GEO-XT 流动站匹配；②设置流动站的网络连接，选择利用蓝牙手机作为上网调制解调器，输入连接密令“*99***1#”，连接上网；③连接网络后，在流动站的 Terasync 软件的设置菜单中，打开实时设置，点击外部源，进入，选择网络连接，然后输入 GDCORS 的 IP 地址，再点击源列表，进入，选择 DGPS 差分模式，输入用户名和密码(需要 GDCORS 的运营管理部门分配)，确定即可。

由于无线通信技术的迅速发展，在实际应用中应注意以下几点：①选用蓝牙手机无线连接方式与流动站连接，避免电缆的羁绊，为外业提供便捷；②目前市场上大部分手机都集成蓝牙功能，在选择型号上一定要支持“CMNET”节点连接的手机，例如诺基亚系列、三星系列手机等；③现在 3G 网络开始逐步普及，它的应用大大提高了无线传输速率，使得接入 VRS 网络更快、更可靠。另外，采用3G 网络，仅需要更换支持3G 信号的手机即可，其网络连接设置及口令不变。

7.5.2 坐标系统设置

根据监测区小班数据设置坐标系统，在移动站手持机 Trimble Geo-XT 上设置椭球、基准面、坐标系统(图 7-3)。

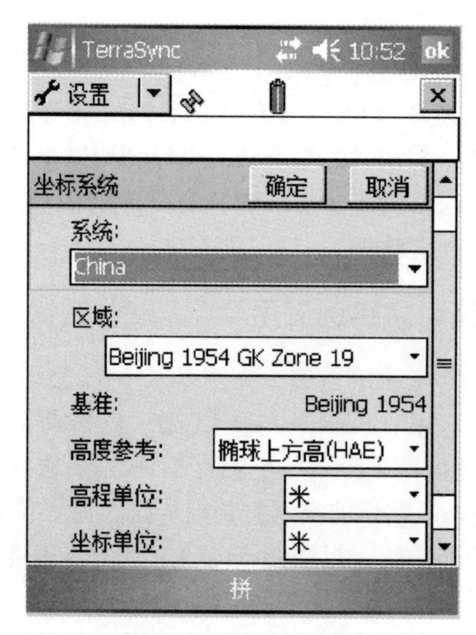

图 7-3　坐标系统设置

7.5.3 定制调查表格

(1)定义数据字典。利用 Geo-XT 的台式机处理软件，可以进行调查表格的数据字典定制，定制目的是方便在野外快速录入。在进行数据字典定制时，如果该因子有代码，则一般定制为菜单型，其他因子根据需要可定制为数字型、文本型、日期型等。在森林资源与生态状况年度监测中，遥感建标数据库以及林业建模数据库如表 7-1、表 7-2 所示。

表 7-1　遥感外业判读标志数据库设计

序号	数据项名称	字段名称	数据类型	宽度	单位	备注
1	小地名	Xdm	字符型	20		
2	图幅号	Tfh	字符型	16		
3	纵坐标	Zzb	字符型	10		
4	横坐标	Hzb	字符型	10		
5	地籍号	Djh	字符型	14		
6	地类	Dl	字符型	8		菜单型
7	海拔	Hb	数值型	3	米(m)	
8	坡向	Px	数值型	1		菜单型

（续）

序号	数据项名称	字段名称	数据类型	宽度	单位	备注
9	坡位	Pw	数值型	1		菜单型
10	坡度	Pd	数值型	2		
11	平均年龄	Nl	数值型	2	年	
12	郁闭度	Ybd	数值型	3		
12	灌木盖度	Ggd	数值型	2		
13	草本盖度	Cgd	数值型	2		
14	平均高	Pjg	数值型	2	米(m)	
15	平均胸径	Pjxj	数值型	3	厘米(cm)	
16	远景照片	P1	通用型			
17	近景照片	P2	通用型			

表 7-2　林业建模、验证数据库设计

序号	数据项名称	字段名称	数据类型	宽度	单位	备注
1	地籍号	Djh	字符型	20		
2	地类	Dl	字符型	10		
3	角规号	Jgh	数值型	1		
4	断面积	Dmj	数值型	3		
5	树种	Sz	字符型	10		菜单型
6	树高	Sg	数值型	8	米(m)	
7	胸径	Xj	数值型	3	米(m)	
8	灌木盖度	Ggd	数值型	3		
9	草本盖度	Cgd	数值型	3		
10	灌木种类	Gmzl	字符型	8		菜单型
11	灌木高度	Gmgd	数值型	3	米(m)	
11	草本种类	Cbzl	字符型	8		菜单型
12	下木树种	Xmzl	字符型	8		菜单型
12	下木高度	Xmgd	数值型	3	米(m)	
13	下木地径	Xmdj	数值型	4	厘米(cm)	
14	草本重量	Cbzl	数值型	3	千克(kg)	
15	灌木重量	Gmzl	数值型	3	千克(kg)	
16	纵坐标	Zzb	数值型	10		
17	横坐标	Hzb	数值型	10		

在台式机上利用软件 GPS Pathfinder Office 中的数据字典编辑器，可以定制调查表格和数据字典，如图 7-4、图 7-5 所示。

(2)数据导入。将坐标系统、数据字典定义好之后，在台式机软件 GPS Pathfinder Office 中将数据(可以是 Shp 格式)直接转换为 TerraSync 专用的 imp 格式，也可以在导入时

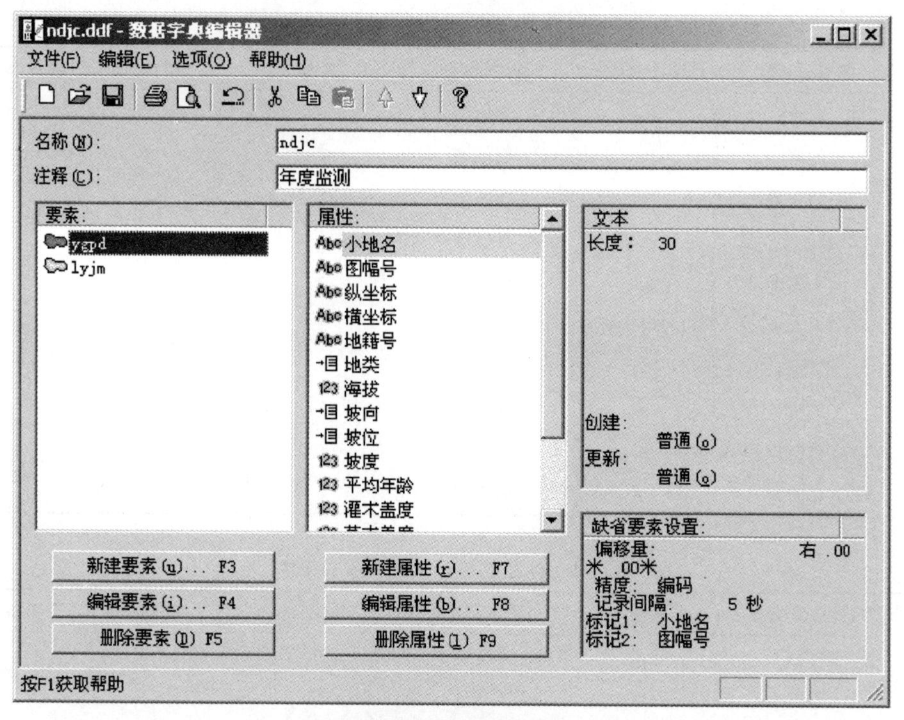

图 7-4　定义数据字典

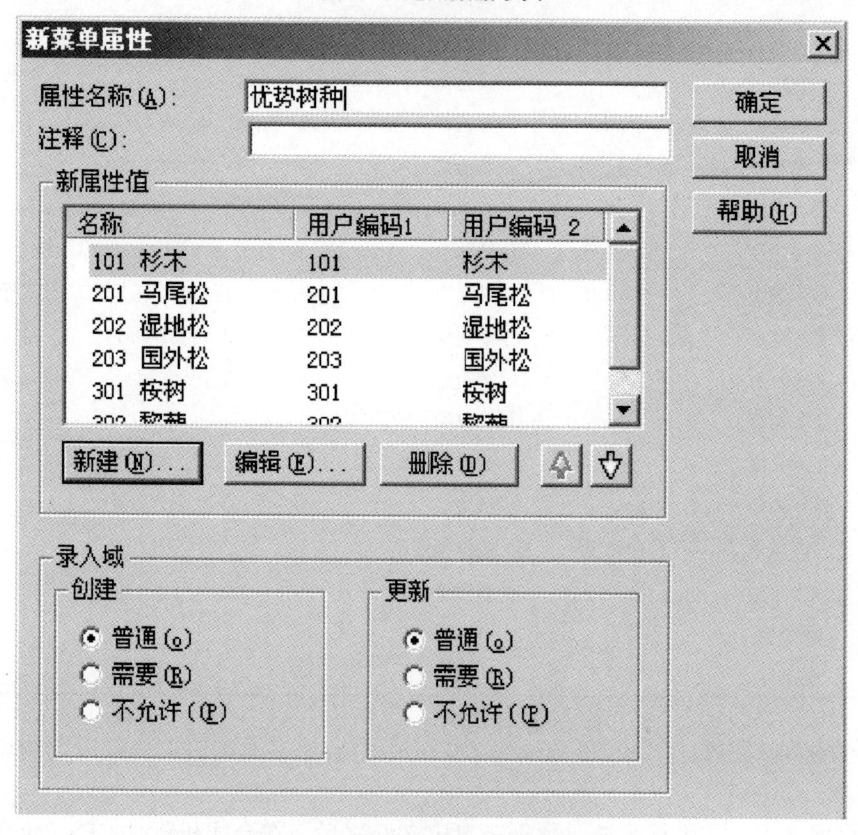

图 7-5　定义菜单型数据字典属性

可以直接将计算机与 Geo-XT 进行同步后导入，也可以将 Shp 数据直接导入 PDA 中的 SD 卡。遥感影像、栅格地形图可以转为 BMP 或 TIF 格式后直接导入到 PDA 存储卡中。

7.5.4　导航及定位

相关数据准备完毕之后，第一次使用之前需要进行网络连接、系统启动等参数配置，设置好之后第二次定位则可以自动按配置文件启动系统，才能进行导航、定位。

在野外启动 TerraSync 软件系统后，收到 3 颗以上 GPS 卫星信号并连接到 VRS 服务器后，即可进行实时差分定位，收到的卫星信号越多，定位越精确。在定位时，系统可自动将地理坐标信息记录到目标文件的字段中（如样地调查表中的横坐标、纵坐标），无须再将坐标手工输入。

可以通过遥感背景图中的某个位置作为导航目标来进行导航，也可以输入坐标，然后将其作为目标来导航，也可以查询某个已知样点，将该样点数据调出，然后将该样点作为目标点进行导航。

7.5.5　野外数据采集

将处理好的目标区域空间数据及小班数据调入，即可进行调查数据录入，对于菜单型字段，可以选择相应的值录入，对于数字型和文本型字段，需要手工填写录入，对于日期型字段，系统可以自动录入。图 7-6 是野外数据采集操作界面。

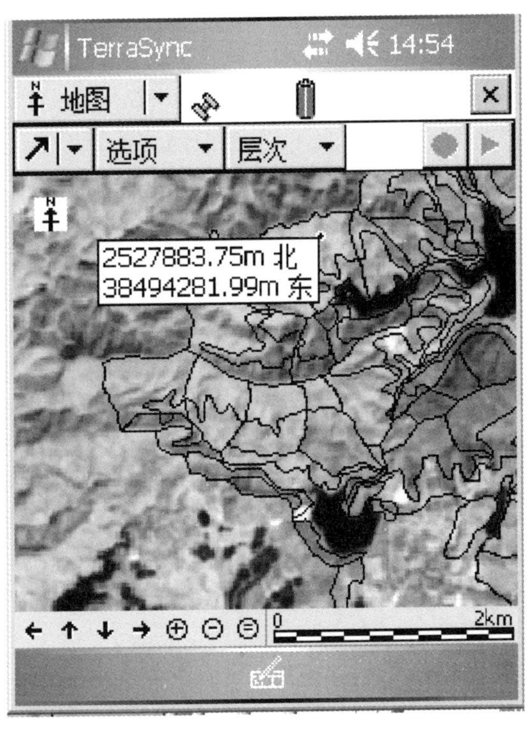

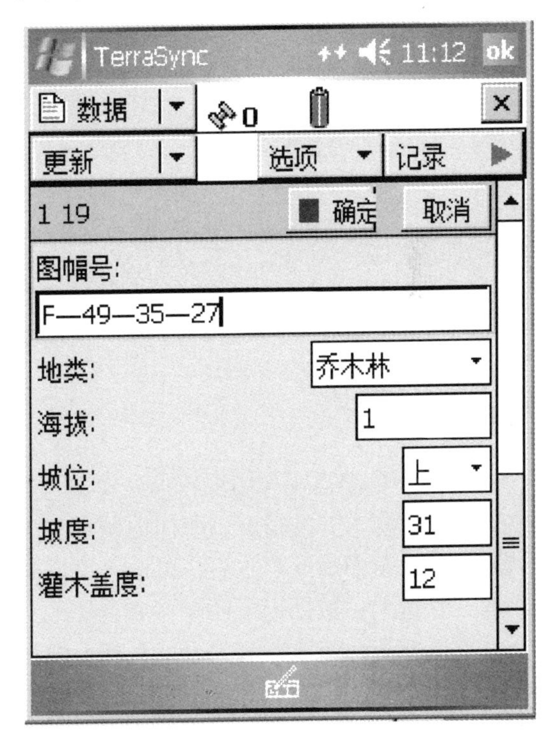

图 7-6　Geo-XT 数据采集操作界面

7.5.6 数据导出

利用 Geo-XT 的台式机处理软件可以将外业调查数据导出为标准的 Shp 格式文件和 MDB 数据库文件，方便利用台式机进行数据处理、汇总。遥感判读人员可利用遥感标志数据库进行遥感判读训练，遥感图像处理人员可利用 Geo-XT 采集的 GCP 进行遥感图像精纠正。

7.6 精度分析

选择广东省国土资源厅测绘院布设的 9 个已知点(因保密原因，在此不便将已知点坐标列出)，利用 Geo-XT 进行实测，各点定位误差见表 7-3。

由表 7-3 可以看出，除 9 号已知点外，其余 8 个点误差均在 0.5m 左右，在信号较好的地方可达 0.3m 左右。由于 9 号已知点位于连州市北部麻布镇，是距 38 个参考站最遥远的一个点，因此，定位误差稍稍偏大，即便如此，定位精度仍然可达 1m 左右。

表 7-3 GeoXT 接收机实时差分定位精度

点号	县(区)	乡镇	点名	误差(m)
1	花都区	赤泥镇	哑佬岭	0.647
2	清新县	太平镇	刘三妹	0.411
3	清新县	回澜镇	收费站办公楼	0.719
4	清新县	珠坑镇	挂榜村	0.279
5	清新县	禾云镇	瓦坑西山	0.379
6	清新县	沙河镇	章坑小学	0.651
7	清新县	石潭镇	茅坳顶	0.628
8	连州市	龙潭镇	龙潭镇教办	0.422
9	连州市	麻布镇	东村小学	1.186
平均误差				0.591

7.7 小结

简易 GPS 单点定位精度较低，定位产生偏差，或多或少会影响遥感标志数据库的建立，降低面积求算的精度。而样地调查卡片的采集，传统上往往是用卡片进行记录。样地调查卡片经全面检查验收后，再输入计算机。这种作业模式往往存在以下问题：野外卡片填写工作量大，数据记录模糊不清、录入出错等。

在森林资源年度监测中 DGPS-PDA 的实际应用中，发现该系统具有以下特点：

(1)定位精度高。采用手持式 GPS 单机定位精度较低，使样地定位产生偏差，或多或少会影响样地定位精度及其与遥感信息的匹配精度。而采用 DGPS-PDA 技术，由于平均定位精度可达 0.5m 左右(在信号较好的地方可达 0.3m 左右)，可对遥感样地进行精确定位，在建立遥感标志库和建模及验证数据采集中发挥重要作用。

(2)提高了数据采集效率。传统做法是用调查卡片在野外手工填写数据，经全面检查验收后，再录入计算机。这种作业模式往往存在卡片填写及计算机录入工作量大，数据记录模糊不清、录入容易出错等缺点。而利用PDA，可以事先将调查表格和数据字典做好(甚至可根据历史调查数据将部分数据如县名、县代码、流域等因子事先做好存储在表格中)，在外业调查时可进行快速录入，外业结束时，直接将数据导入后台处理软件或相关GIS软件即可。

(3)实现了无纸化调查。用户可以根据调查项目内容灵活定制调查表格、可将调查用图(遥感图、地形图、矢量图、专题图等)、调查表格等数据统统导入到流动站，无须带纸质的图纸和表格即可开展野外调查工作。

(4)基于VRS网络的差分GPS性能优越。体现在以下几点：①定位方式灵活。除可用GDCORS进行实时差分定位外，还可用组合信标、组合卫星、整合的SBAS(如MSAS，日本广域差分系统)等其他定位方式工作。②数据兼容性较好。支持的数据格式较多，包括：ArcGIS Shapefile，MapInfo MIF，Microsoft Access MBD，dBase，AutoCAD DXF等格式，兼容性较好。③系统集成度较高。目前，大多数GPS流动站都内置PDA、GPS及天线、电池，配备有充电插座、数据线、SD卡，甚至一些流动站还具备多媒体数据(如视频、照片等)的采集功能，集成度较高，并且可通过互联网将数据实时传回到数据中心。

(5)在偏远落后的山区，该类地区如果没有GSM网络覆盖或信号很弱，则不能采用VRS差分网络，此时可以在系统设置上把差分源切换到“整合的SBAS”模式下，采用MSAS广域差分进行定位，其误差在1m左右。

(6)扩展性强。基于VRS技术的DGPS-PDA可以应用到其他林业专题调查项目(如森林资源二类调查、湿地调查、采伐设计调查等)中，还可以进行面积求算、遥感外业建标、纠正高分辨率遥感影像的地面控制点(GCP)采集、遥感定量分析中建模样地数据采集等。由于其定位精度高，提高了样地与遥感影像的匹配程度，也为建立高分辨率遥感影像的定量估测模型提供了技术基础。

基于VRS技术的DGPS-PDA在林业中的应用还在起步阶段，在应用过程中，目前还存在以下问题：

(1)由于流动站同样要接收GPS卫星信号才能进行定位，因此，也存在某些地形复杂的山区接收不到信号的问题。

(2)应用成本较高。目前应用VRS的GPS流动站价格都比较昂贵，除软、硬件费用外，还需要考虑手机通信费用。

(3)部分数据录入速度较慢。虽然可以实现无纸化调查，但由于PDA屏幕较小，对于样木表中的树高、胸径等数据来说，录入速度较慢。

(4)因为连续运行参考站网络的建立、运营管理都是国土、测绘相关部门负责，因此需要国土、测绘相关部门的协助。

(5)参考站仍然需要加密。从图7-2可以看出，珠三角地区的参考站分布较密，山区的参考站分布较稀疏，距离参考站越远，定位误差越大。因此，在距参考站较远的一些山区，仍然需要加密参考站。

(6)与单机定位GPS相比，基于VRS的DGPS-PDA对于软、硬件的要求相对较高，需要配备以下软、硬件设备：①参考站，可以利用国土、测绘部门建好的参考站网络；②流动站；③移动通信设备，有些高端流动站已将移动通信设备集成到流动站；④软件，包括外业数据采集软件及后处理软件。

本章参考文献

[1] 刘亮，白征东，杨聪.2007. VRS系统介绍及核心问题的探讨[A].//中国测绘学会工程测量分会，中国GPS协会环境监测委员会. 现代空间定位技术应用研讨交流会论文(第5卷第3集)[C].

[2] 邓军，李刚.2006. 基于VRS技术GPS-PDA在土地变更调查中的应用研究[J]. 农业网络信息，(3)：27-29.

[3] 张琼，王建文.2008. VRS技术原理及网络RTK在城市规划测量中的应用[J]. 测绘与空间地理信息，(4)：63-65.

[4] 赵俊义，毛钧.2009. VRS、RTK在地籍测量中的应用与研究[J]. 测绘与空间地理信息，32(1)：151-153.

[5]魏安世. 2009. 基于VRS技术的DGPS-PDA在森林资源连续清查中的应用研究[J]. 广东林业科技，(6)：106-112.

第8章　C/S结构的森林资源与生态状况年度监测信息管理系统

以NET为开发平台，ArcGIS Engine为开发组件，ArcSDE作为空间数据引擎，基于SQL Server 2000建立空间数据库，开发C/S结构的森林资源与生态状况年度监测信息管理系统，为省、市、县各级林业主管部门进行年度监测提供具体的操作平台。该平台把“3S”技术与森林资源与生态状况信息管理有机地结合起来，运用遥感模型、生长模型、专家知识库，实现森林资源与生态状况空间数据及属性数据的年度更新、查询分析、统计汇总、制图输出、存储管理等功能 。

8.1　系统创建目的和意义

信息化是当今世界经济和社会发展的大趋势，林业建设已从木材生产为主转向以生态林业、现代林业建设为主，林业迎来了跨越式发展的新阶段，林业传统行政管理模式的局限性日渐明显，极大地妨碍了管理和决策的准确性与科学性。传统的林业森林资源监测，从资源调查到数据整理成册，最后制订经营方案，需要很长时间，根本无法及时掌握森林资源的动态变化。这种滞后现象致使森林资源与生态状况监测管理方法在数据的精度、可靠性和现实性上都无法满足现代森林资源经营和管理的要求，应用新的管理手段代替传统管理方法势在必行。

森林资源作为一种生长于地表的多年再生性资源，具有周期长、分布地域广、层次性强等特点，它极易受人为因素及自然力作用的影响，表现出较强的动态性，反映资源现状的信息量大，内容复杂。随着以计算机为中心的“‘3S’一体化”技术及网络技术的迅速发展，以其为技术手段的森林资源与生态状况年度监测管理的可操作性越来越明显，展示了广阔的发展前景。各林业科研单位、生产单位在实践中建立了许多林分生长收获模型和经营模型、遥感定量估测模型、专家知识库等为建立年度监测信息管理系统提供强大的技术支撑；林业相关行业在以往的信息化、数字化建设中培养积蓄了大量的技术力量，同时完成了大量操作人员计算机技术培训工作，逐步形成了能够满足建设信息管理系统中需要的新型的运行管理体系，为实现年度监测信息管理系统工程建设提供了必要的人员和体制保障。

基于GIS开发平台，运用遥感模型、生长模型、专家知识库与遥感(RS)和全球定位系统(GPS)相结合的森林资源与生态状况年度监测管理信息系统建设，可有效解决长期以来存在的资源数据不清、信息采集与处理手段落后、耗时多、成本高、精度差、周期长，以及数据处理能力弱、信息利用效率低、交流速度慢、共享性差等突出问题。建立结构合理、功能齐全、技术先进，与森林资源和生态状况管理工作现代化要求相适应的森林资源与生态状况年度监测管理信息系统，是实现林业资源管理的科学化、现代化、规范化的必由之路，是面向社会提供的林业资源信息服务，保障林业资源、生态环境与状况可持续性发展的重要手段，对全面提升森林资源监测手段和科学决策水平，适应现代林业建设要求，促进林业建设事业快速、健康、有序发展具有深远的意义。

8.2　系统目标

针对森林资源复杂的数据类型，利用面向对象技术及其标准的可视化建模语言 UML，结合第三代地理数据模型 Geodatabase，建立基于 SQL Server 年度监测地理信息数据库。在建成数据库的基础上，利用 ESRI 为用户提供 ArcGIS Engine 组件构建森林资源与生态状况年度监测信息管理系统。具体目标如下。

8.2.1　建立森林资源数据库及基础数据中心

建立基础地理信息及林业专题信息的数据分层、分类编码体系，实现数据的规范化与标准化，主要包括基础地理信息库、遥感数据库、森林资源基础数据库和模型数据库(遥感模型、生长模型、专家知识)的建立和完善。在森林资源基础数据平台的建设中，以森林资源基础数据库的建立为核心，以二类调查区划的小班为基本单位，建立地理信息、遥感影像信息、资源属性信息的森林资源基础数据平台。

8.2.2　构建森林资源与生态状况年度监测信息管理系统

系统把“3S”技术与森林资源与生态状况信息管理有机地结合起来，运用遥感模型、生长模型、专家知识库、人机交互平台，实现森林资源与生态状况空间数据及属性数据的年度更新、查询分析、统计汇总、制图输出、存储管理等功能。

具体目标如下：

(1)为用户提供标准的 GIS 用户界面，具有查询显示、统计汇总及专业制图功能，方便对森林资源与生态状况空间数据及属性数据进行更新，用户接口统一、友好。

(2)良好的开放性、可移植性和可扩充性。系统基于当前流行的组件技术，采用面向对象的软件工程技术，有利于系统升级及功能的扩展与延伸。在本项目设计中，将基于 UML 技术，以面向对象的分析、设计、开发的方法指导整个项目设计与开发活动，使系统具有良好的开放性、可移植性和可扩充性。

(3)系统设计应符合信息系统的基本要求和标准，数据类型、编码、图式符号应符合现有的标准和行业规范。基础空间数据库建设应遵循和执行统一标准和规范，数据分层、分类与编码、精度、符号等标准尽可能参照已有的标准。

(4)充分考虑“3S”(GIS，GPS，RS)技术、数据融合与挖掘技术在森林资源与生态状况管理中的作用和潜力，合理运用组件技术、数据库技术、集成技术等多种技术开发软件系统，使系统保持技术先进性。系统能够根据 2 期遥感数据和上一年度的小班综合分析建立专家知识库，自动提取突变小班，自动录入台账，实现土地利用变化监测；根据林分的生长模型自动更新资源自然消长森林资源数据(如蓄积量、林组、树种结构等)，根据遥感定量模型、专家知识库更新生态因子(如健康度、森林景观等级、生态功能等级等)。

(5)因为系统涉及数据保密问题，系统建设要保证数据具有良好的安全性，保证网络系统和数据的安全运行，把系统故障降低到最低程度。

8.3 系统开发技术

8.3.1 组件技术

组件技术是继面向对象技术之后发展起来的一种新的软件工程技术，是面向对象技术的延伸。组件是按照规范设计的模块，这些定义良好的软件模块，在系统中共存，并可充分地相互作用。按照这种结构，可以将若干组件组合起来，以建立更大和更复杂的系统。组件技术的关键是根据信息系统的功能和应用，形成一个对用户充分透明的属性和方法接口，做到组件的即插即用和无缝集成。使用组件技术开发系统有如下优点。

(1)编程技术难度和工作量下降，开发周期变短，开发成本降低。庞大的系统被分解成许多小"积木"，将编程的技术难度和工作量在人员个体和时间上进行了合理分摊。

(2)可以实现分层次的编程，从而促进软件的专业化生产。

(3)软件的复用率提高，使软件的使用效率得到提高并延长了使用寿命。它使大量的编程问题局部化了，使软件的更新和维护变得快速和容易，软件的成本大大降低。传统林业信息软件开发中存在大量的重复劳动，使用组件技术后，可逐渐积累林业信息管理软件的"积木"，为以后高效开发信息系统积累资料。

8.3.2 空间数据库的面向对象建模和存储技术

(1)面向对象 Geodatabase 数据模型。建立一个高性能的空间数据库，其关键在于选择一个恰当的空间数据模型。空间数据模型是关于 GIS 中空间数据组织的概念，反映现实世界中空间实体(spatialentity)及其相互之间的联系，为空间数据组织(spatial data organization)和空间数据库模式(spatial database schemas)设计提供基本的概念和方法。从理论角度来看，地理空间数据模型标志着 GIS 的发展水平，对沟通信息科学和地球科学、完善 GIS 基础研究具有重要意义；从技术角度来看，它又是从根本上解决复杂空间问题，使得 GIS 能够真正支持综合决策的关键。Geodatabase 是从 ArcGIS 8 开始引入的一种全新的面向对象的数据模型，它是一个建立在 DBMS 之上的统一的、智能化的空间数据库。所谓"统一"，在于 Geodatabase 之前的所有的空间数据模型都不能在一个同一的模型框架下对 GIS 通常所处理和表达的地理空间要素(如矢量、栅格)进行统一的描述，而 Geodatabase 做到了这一点。所谓"智能化"，是指在 Geodatabase 模型中，地理空间要素的表达较之以往的模型更接近于我们对现实事物现象的认识和表达。Geodatabase 中引入地理空间要素的行为、规则和关系，这使我们不需编写任何程序代码即可实现数据对象的主要操作行为，即大多数的操作行为都可以通过对象中值域(Domain)、子类型(Subtype)、规则等的定义以及 ArcInfo 提供的应用框架中丰富的其他功能来完成。

相对于其他空间数据模型而言，Geodatabase 有其明显的优势。

①在同一数据库中统一管理各种类型的空间数据。

②空间数据的录入和编辑更准确。这得益于智能化的合法性规则检查。

③空间数据更面向实际的应用领域。用户处理的不再是简单的点、线、面而代之以电杆、街道和用地等。

④要素具有更丰富的关联环境。使用拓扑联系、空间关联或是一般关联，不仅可以定义要素的特征，还可以定义要素与其他要素的关联情况。

⑤高质量的地图制作。对不同的空间要素，可以定义不同的“绘制”方法，而不受限于 ArcInfo 等客户端已给出的工具。

⑥要素的动态显示。在 ArcInfo 中处理要素时，它们能根据相邻要素的变化作出响应。

⑦要素形状更形象的定义。在 Geodatabase 中，可以用直线、圆弧、椭圆弧和贝赛尔曲线来定义要素形状。

⑧要素都是连续无缝的。利用 Geodatabase 可以实现无缝无分块的海量要素存储。

⑨多用户并发编辑地理数据。Geodatabase 允许多用户编辑同一地区的要素，并可以协调出现的冲突。

利用 Geodatabase 数据模型可以建立面向对象的空间数据库，或者说实体关系数据库，当前的商用关系数据库理管系统中，通过特定的数据库引擎如 ArcSDE，就可以实现空间数据和非空间数据的统一存储和集中管理。

(2)应用 CASE 工具建立地理数据库的方法。建立 Geodatabase 的方法有 4 种：

一是用 ArcCatalog 创建方案。当创建数据库时可能没有任何数据或只有少量数据，可以用 ArcCatalog 中的工具创建要素数据集、几何网络和数据库内部的其他条目的方案。

二是导入已经存在的数据。如果数据以 Coverage、Shapefile、INFO 表和 dBASE 表的格式存在，就要进行数据转换，把其他格式的数据输入 Geodatabase 中。

三是用 ESRI 提供 GeoDBDesigner、GeoDBDiagrammer 创建简单的模型，再把数据导入模型。

四是用 CASE 工具创建。在利用 UML 设计的模型基础上，CASE 工具帮助用户创建 COM 类，用来执行定制要素的行为，并创建保存定制要素属性的数据库方案。

第 4 种方式使用工业标准的 UML 来表达地理数据库模型，并通过 ERSI 推出基于 Case 工具实现从地理数据库的逻辑结构到物理结构的解决方案，借助 Case 和 UML 来设计数据库，其优点包括内置元数据生成和数据关联及属性的可视化，对于包含大量空间数据库和属性数据库并且各表之间存在各种关系的数据库而言，采用第 4 种方式较为合适。针对森林资源复杂的数据类型，森林资源与生态状况年度监测系统建立地理数据库主要采用第 4 种方法。

UML(unified modeling language)语言用视图构造系统模型，视图用图来描述，图又用模型元素的符号来表示，图中包含的模型元素可以有类、对象、节点、组件、关系(关联、通用性、依赖性)等，这些模型元素有具体的含义。UML 的特点是易于使用、表达能力强，进行可视化建模，与具体实现无关。UML 模型可以通过一些专用的工具来制作，如 Microsoft Visio、Rational Rose 等。ArcGIS 9 的 CASE 工具有两个主要行为组成：生成代码和生成图表。前者用来建立

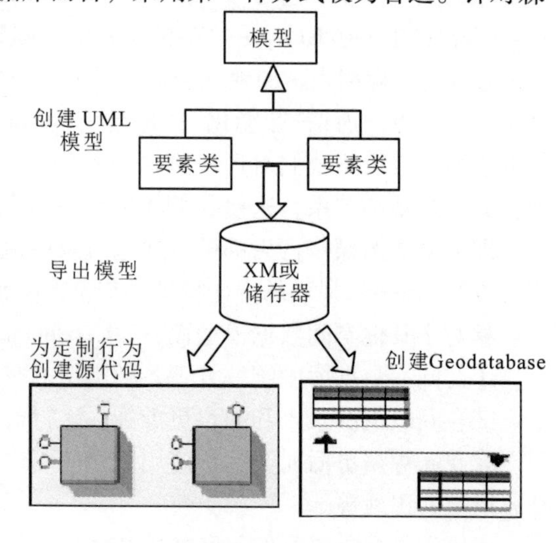

图 8-1　UML 建模

行为，后者用来在 Geodatabase 中创建方案。使用 UML 建模工具 CASE 建立 Geodatabase，包括用 UML 定制所有的 Geodatabase 计划、产生计划和使用数据实现计划，如图 8-1 所示，完成这个过程的步骤如下：①用 UML 设计对象模型；②输出模型到微软的数据库或 XML 元数据交换文件中；③生成代码，并执行行为；④使用 ArcCatalog 中的模型向导为 UML 的定制对象创建 Geodatabase 方案。

8.3.3 ArcGIS Engine 技术

ArcGIS Engine 是一个基于 ArcObjects 构建的可编程的嵌入式 GIS 工具包。基于 ArcGIS Engine 开发出的 GIS 应用系统最大的特点就是能够完全脱离 ArcGIS 软件系统(如 ArcMap、ArcCatalog)，而功能却完全不逊于 ArcGIS 软件。ArcGIS Engine 由一个软件开发工具包和一个可以重新分发的、为所有 ArcGIS 应用程序提供的运行时组成组件库和工具库，开发人员可以将功能嵌入到已有的应用软件中，如自定义行业专用产品或嵌入到商业生产应用软件中，采用 ArcGIS Engine 开发年度监测信息管理系统，开发周期短、效率高，具有良好的通用性和可移植性。

ArcGIS Engine 有五个组成部分：

(1)基本服务：由 GIS 核心 ArcObjects 构成，几乎所有的 GIS 应用程序都需要。

(2)数据存取：ArcGIS Engine 可以对许多栅格和矢量格式进行存取，包括强大而灵活的地理数据库。

(3)地图表达：包括用于创建和显示带有符号体系和标注功能的地图 ArcObjects，及包括创建自定义应用程序的专题图功能的 ArcObjects。

(4)开发组件：用于快速应用程序开发的高级用户接口控件和用于高效开发的一个帮助系统。

(5)运行时选项：ArcGIS Engine 运行时可以与标准功能或其他高级功能一起部署。

8.4 系统开发和应用环境

8.4.1 系统开发环境

网络环境：100 兆带宽，能保证快速、稳定的数据传输。

硬件环境：微机、打印机等各种外部设备。

操作系统：Windows 系列操作系统。

服务器端操作系统：Windows 2000 Server。

客户端操作系统：Windows XP 或 Windows 2000/Professional。

数据库管理系统：选用 SQL Server 作为数据库管理系统，与 ArcSDE 结合，SQL Server 可以支持空间数据的存储，具有管理海量数据的能力。

数据建库工具：UML 来表达地理数据库模型，用 ArcCatalog 进行表结构调整及数据转换。

开发平台：选用 C#. Net + ArcGIS Engine + Crystal 开发森林资源与生态状况年度监测信息管理系统。

系统构架：数据库管理维护与局域网应用功能采用 C/S 结构，C/S 结构面向相对固定的用户群，对信息安全的控制能力很强，是应用较为成熟的软件体系架构，被广泛应用于专有网络环境中。本系统数据接口及信息维护任务在本地进行，这些工作(系统数据维护、用户管理)安全性要求较高、数据流量大，需要强大的 GIS 功能的支持，因此只采用 C/S 模式。

8.4.2 系统应用环境

(1)服务器端。

操作系统：Windows XP 或 Windows 2000 / Professional。

数据库管理系统：SQL Server。

空间数据引擎：ArcSDE。

(2)客户端。

操作系统：Windows XP 或 Windows 2000 / Professional。

组件库：ArcEngine、. Net Framework、Crystal。

(3)网络环境：100 兆带宽，能保证快速、稳定的数据传输。

(4)硬件环境：采用包括微机、打印机等各种外部设备。

8.5 系统设计

8.5.1 需求分析

系统分析与设计的基础是用户需求，系统分析者先需要界定系统边界，分析当前系统存在问题，关注系统所关心的核心问题，重点围绕如何方便用户开展年度监测工作，需求参考国家及地方的调查规程，用各种用例视图将现实问题用标准规范的系统建模语言抽象地表达出来，与用户进行沟通，达到相互理解，从而形成共识。

(1)现有的森林资源管理(监测)系统的现状。

①系统功能分割、共享性差。地方性、专业性软件的大量研制，减轻了业务人员日常工作量，完善了管理，提高了功效，但各软件系统自成体系。在系统开发上，不少信息只按软件开发人员确定的思路和流程处理，系统缺乏弹性及扩张性。在系统使用上，结合信息资源不能共享，信息内容与形式过于单一，上下层缺乏信息交流，使各信息用户界面风格不一，操作复杂，这样造成了森林资源信息分散，信息共享难以实现。

②系统设计不规范。没有标准的建模语言建立完备的系统设计模型及建立完整详实的系统设计文档。

③数据不规范。大量原始数据中的体系和层次划分不一致，名词术语不规范(同名异物或同物异名)，没有严格的地方编码。

④没有按照统一的标准与规范提交数据，因而提交的数据项参差不齐，错误较多，难以对大量数据统筹管理。信息利用效率低、交流速度慢；数据之间不协调等问题已变得越来越突出，难以从中进行较深层次的信息开发和知识挖掘，以满足各级林业管理工作的需要。

森林资源信息管理系统仅限于图形和属性的管理查询及图像输出，没有深入研究空间分析模型，也没有将营林管理、资源消长、决策模型结合起来进行动态和综合的管理。

(2)需求分析。根据上述提出现有的森林资源管理(监测)系统的现状问题，依据当前森林资源与生态状况监测特点，参考国家林业局提出的数字林业建设标注与规范以及用户需求，对森林资源与生态状况信息管理系统进行前期需求分析，系统的具体需求如下：

①用户情况。年度监测具体要落实到小班，系统主要用户对象是县(区)林业局管理及其工作人员。市、省用户可以根据县(区)上交的数据(空间数据和属性数据)汇总、统计分析；基层单位管理者的这类用户重点解决森林资源的年度更新，包括二类小班图面更新、属性更新，提供数据的综合统计、分析功能；普通用户，主要是对森林资源数据的检索和维护。

②功能要求。森林资源与生态状态信息管理系统，应在遵循统一的标准规范前提下，整合现有各项监测数据，重整数据结构、组织数据交换，研制内外数据接口，重建数据环境、形成合理的系统结构，充分发挥年度监测系统的整体效益。系统应能快速地进行森林资源的空间信息和属性信息的双向查询检索，应实现所研究区域资源数据的更新、统计分析、资源统计报表的管理、资源数据的导出、预览及打印功能。为了更加直观地了解研究区域的基本现状，系统应采用灵活多样的统计图形显示。由于基层单位日常处理的事务繁杂，与之有关的上级部门及工程项目比较多，用户会提供各种数据、表格、文档并提出各种需求。

③性能要求。普通操作的计算机响应时间不超过1秒；地理数据操作的计算机响应时间不超过10秒；大数据量查询、统计操作的计算机响应时间不超过30秒，系统要求具有数据备份及安全恢复功能，以及严密的用户权限控制。

8.5.2　开发原则

为实现系统的总体目标，在整个系统的建设过程中严格遵循软件工程的要求，以“实用、高效、先进、可靠”为基本准则，建设“规范、安全、开放”的森林资源与生态状况年度监测信息管理系统。系统建设遵循以下原则：

实用性原则：此系统建设紧紧围绕森林资源与生态状况日常管理、规划工作，以需求为导向，优化管理模式；同时充分考虑用户操作方便，界面友好，符合日常工作习惯。

模块化原则：采用软件工程开发中的结构化和原型化相结合的方法，根据用户的需求，自上而下，对系统进行功能解析与模块划分。在进一步的用户需求调查基础上明确系统用户模式，建立最下层次的基础积木块，然后通过连接搭成面向应用的“上层模块”。

标准化和规范化原则：必须采用对于已经颁布的行业标准，规范系统的开发，以备系统的扩展。

扩展性原则：随着时间的推移，越来越多的技术方法会应用到年度监测信息管理系统中来，系统设计时必须考虑扩展性，有利于系统的更新换代。只有采用了标准化和规范化，扩展性才有保证。

可靠性原则：包括系统运行可靠性及数据完整性。即在正常情况下，系统可持续长时间稳健运行，在非常情况下，系统具有一定的容错性及恢复功能。系统应有授权管理功能，以保证数据的正确性和完整性，即不能是任何人都可对系统数据进行编辑操作。

8.5.3　标准化设计

标准化是对重复性事务和概念通过制定、发布和实施标准，达到统一、化简、协调和选优，以获得最佳秩序和社会效益的过程。标准化是保证数据处理、管理、交换、共享的有效手段。

(1)数据标准。数据标准制定的具体内容是针对林业管理所设计的林业基础地理空间数据库、林业专题数据库及数据的管理(如数据建库、数据交换与共享)，提出科学而实用的数据分类与编码原则，建立基础空间数据与林业专题数据标准与规范的分类编码体系。

标准制定原则包括：

一致性、兼容性原则：分类体系上与现有国家、行业标准保持一致。

科学性、系统性原则：分类体系科学，系统。

完整性、可扩充性原则：标准设置足够的收容类目，以便新增要素时，不会打乱原有体系，以满足未来发展需要。

实用性、适应性原则：从实际出发，充分顾及林业调查规划的数据特点，名称尽量沿用地方习惯名称、代码尽量简短易记。

林业专题数据标准制定需参照的相关国家、行业标准：

- 《林业标准化管理办法》(国家林业局，2004)
- 《数字林业标准与规范》(国家林业局，2004)
- 《国家基本比例尺地形图分幅和编号》(GB/T 13989—1992)
- 《国土基础信息数据分类及代码》(GB/T 13923—1992)
- 《地理信息技术基本术语》(GB/T 17694—1999)
- 《信息分类和编码的基本原则和方法》(GB/T 7027—2002)
- 《森林资源代码林业行政区划》(LY/T 1440—1999)(国家林业局)
- 《元数据标准 DF 01—4500》(国家林业局)

标准体系建设是一项复杂的系统工程，需要统一规划、分期实施。本标准体系优先建立本系统所涉及的核心数据标准。其他标准在以后的应用中不断完善、扩展。

(2)开发标准。

- 《软件开发规范》(GB 8566—88)
- 《信息处理—按记录组处理顺序文卷的程序流程》(ISO 6593—1985)
- 《软件维护指南》(GB/T 14079—93)
- 《软件工程术语》(GB/T 11457—89)
- 《信息处理—流程图编辑符号》[GB 1526—891(ISO 5807—1985)]
- 《信息处理—流程图编辑符号》(GB/T 15538—1995)
- 《信息处理—程序构造约定》[GB 13502—92(ISO 5806)]
- 《信息处理系统 配置图符号及其约定》[GB/T 14085—93(ISO 8790)]

(3)文档标准。

- 《计算机软件产品开发文件编制指南》(GB 8567—88)
- 《计算机软件需求说明编制指南》(GB 9386—88)
- 《计算机软件测试文件编制指南》(GB 9385—88)

(4)管理标准。

- 《计算机软件配置管理计划规范》(GB/T 12505—90)
- 《计算机软件质量保证计划规范》(GB/T 12504—90)

- 《计算机软件可靠性和可维护性管理》(GB/T 14394—93)
- 《质量管理和质量保证标准 第三部分》(GB/T 19000 394)

(5)质量标准。

- 《规定与质量有关的术语》(ISO 8402)
- 《质量管理和质量保证标准》(ISO 9000—3)
- 《可靠性管理标准》(ISO DIS 9000—4)
- 《对 ISO9000—3 未具体示出的软件质量特性规定标准》(ISO/IEC 9126)
- 《对质量体系核查指南中核查步骤的规定》(ISO 13011—1)
- 《软件配置管理》(ISO/TC 17)

8.5.4　功能设计

(1)设计思想。系统功能设计是对系统中各项功能进行组织、定义，以体现用户所要实现的目标。本设计先将系统按使用对象划分为维护管理子系统(系统管理员、数据库维护人员)和应用子系统(局域网用户)。年度监测管理信息系统框架见图 8-2。

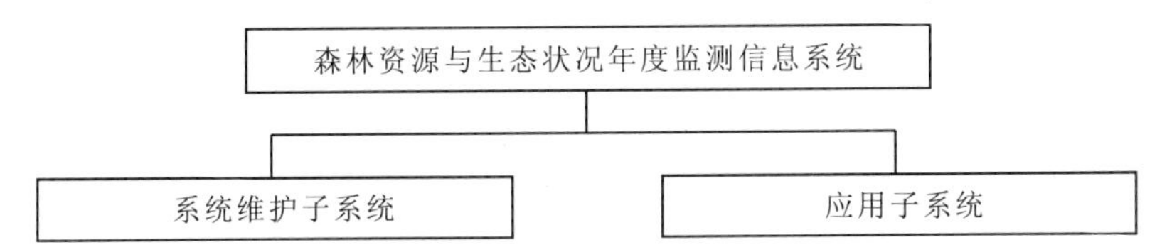

图 8-2　年度监测管理信息系统框架

(2)维护管理子系统。维护管理子系统包括数据维护管理和数据使用管理，主要包含代码表管理、元数据管理、数据备份、权限管理、日志管理等。具体功能如图 8-3 所示。

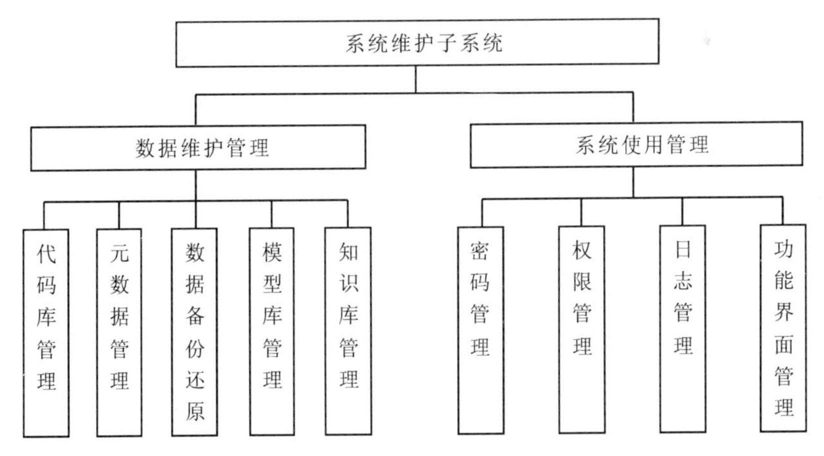

图 8-3　系统维护子系统

①代码库管理。为便于数据管理和保持数据的一致性，系统数据库中的数据一般会按类别进行编码，系统应具有对这些代码的组织管理功能(表 8-1)。

②元数据管理。元数据在数据库管理与数据应用中起着非常重要的作用，应实现元数据与相关数据的关联互动功能(表 8-2)。

表 8-1　代码库管理

功能名称	功能描述
创建代码表	增加新代码表，用以管理数据的某一种分类
删除代码表	删除代码表
关联代码	将代码表与数据表中某些字段进行关联
增加代码	在代码表中增加新代码
删除代码	在代码表中删除代码

表 8-2　元数据管理

功能名称	功能描述
元数据输入	元数据录入
元数据编辑	元数据修改，记录的增加、删除等操作
元数据查询检索	按关键字、条件查询等多种方式查询元数据
元数据导出	导出以 html 格式或其他 Excel 格式等

③数据备份与还原。数据备份与还原包括数据的备份、还原以及根据需要选择数据导入和数据导出(表 8-3)。

表 8-3　数据备份还原

功能名称	功能描述
数据备份	备份整个数据库
数据还原	还原备份的数据库
选择数据导入	选择需要数据导入
选择数据导出	选择需要数据导出

④模型库管理。各模型因子和分析参数因用户的请求均由模型库从监测数据库中调出，让用户可以查看和修改(表 8-4)。

表 8-4　模型库管理

功能名称	功能描述
模型添加	对模型进行分类添加
模型修改	对各类模型进行修改
模型删除	删除知识库
模型检索	可以检索需要查看的模型

⑤知识库管理。知识库管理功能包括：知识输入、添加、删除、修改和查询(表8-5)。

表 8-5　知识库管理

功能名称	功能描述
知识库添加	对知识库进行分类添加
知识库修改	对知识库进行修改
知识库删除	对知识库删除

⑥权限管理。由于不同用户所拥有的数据、应用系统的权限有差异，因此，对于年度

监测信息管理系统的应用需要进行权限管理(表 8-6)。

表 8-6　权限管理

功能名称	功能描述
添加用户	给不同用户设置不同权限
添加组	对组设置不同权限
受控权限	系统不同的功能设置权限

⑦日志管理。系统应具有日志记录功能，一旦对数据进行访问，特别是修改数据时，系统自动记录下登录用户、机器名称、访问时间、对数据的修改内容，一旦将来发现问题，即可从日志上获取数据访问情况(表 8-7)。

表 8-7　日志管理

功能名称	功能描述
日志记录	记录用户登录和操作信息以及系统运行信息
日志查询	对记录的日志进行查询
日志删除	日志的人工和自动删除
日志归档	日志的人工和自动归档
日志设置	对日志开关、删除、归档的设置

(3)系统应用子系统。系统应用子系统是系统的核心部分，包括以下模块(图 8-4)：

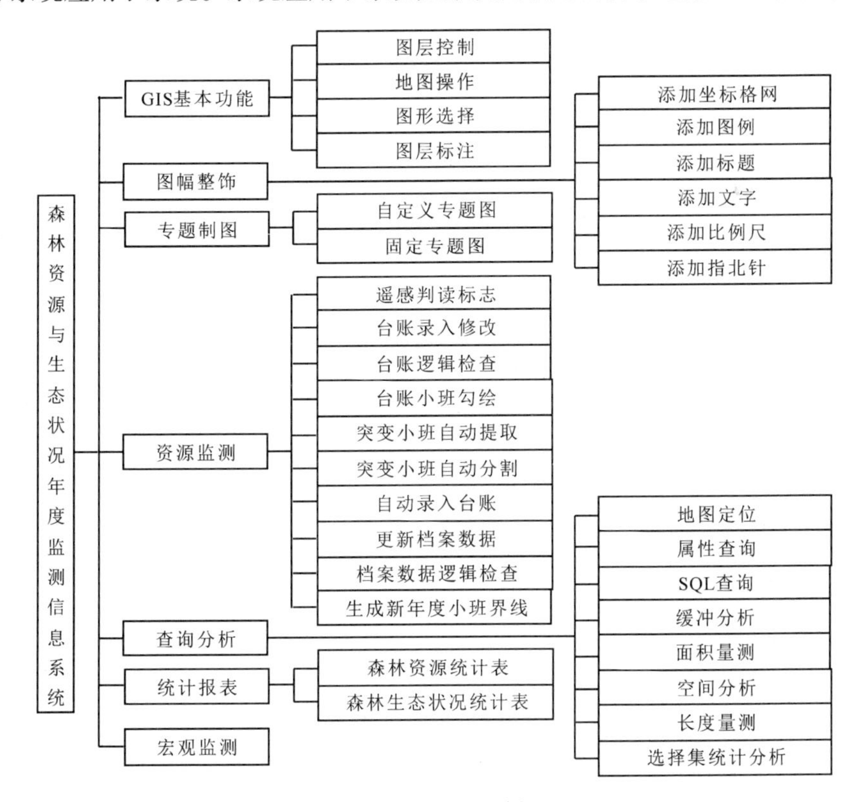

图 8-4　应用子系统框架

①GIS 基本功能。实现一些常用的基础 GIS 功能，包括图层控制、图形浏览、选择等(表 8-8)。

表 8-8　GIS 基本功能

类别	功能名称	功能描述
图层控制	打开图层	打开一个或多个数据库图层或本地文件图层
	关闭图层	关闭一个或多个图层
	移动图层	变换图层的上下顺序
	图层设置	设置图层的可见、可选、可编辑、标注属性、图元的显示样式
	保存工作空间	将图面信息保存到工作空间中
	调入工作空间	恢复工作空间指明的图面信息
地图浏览	放大	缩小视野范围，拉近目标
	缩小	扩大视野范围，远离目标
	漫游	视野平移
	前后视图	当前视野的前一或后一视野
	全图(层)	显示全图
	缩放至选择集	显示被选择实体集的视野范围
	指定比例尺	地图缩放到指定比例尺
图形选择	点选	以鼠标点取选择特征
	线选	以鼠标画线选取该折线所路经的特征
	矩形、圆、多边形选	以鼠标画矩形、圆或多边形选取特征
图形标注	一般标注	包括按任意子段标注，子段属性的过滤，标注位置设置、标注显示规则
	高级标注	多字段标注

②图幅整饰。图幅整饰模块可以实现地图制作，包括地类分布图、林种分布图、作业设计图等(表 8-9)。

表 8-9　图幅整饰

类别	功能名称	功能描述
专题图生成	自定义专题	按指定属性或空间分析结果设置图形颜色、样式，制作专题图
图幅整饰	加载标题	按任意大小和样式加在标题
	加载文字	按任意大小和样式加在文字
	加载指北针	调用符号库、指北针
	加载图例	
	加载网格	按任意的网格大小加载网格

③查询分析。查询分析主要是对空间图形属性查询，包括点击查询、条件查询、面积测量、周长测量、地名定位、图幅索引定位、缓冲区分析(表 8-10)。

表 8-10　查询分析

类别	功能名称	功能描述
图幅整饰	点击查询	该功能实现鼠标在地图上单击显示单击点图形属性信息
	条件查询	用户通过输入框输入需查询的字或词，然后在目标图层的属性数据库中遍历与输入字、词相匹配的数据，如果有即可显示，并且可以双击该查询属性数据与图形进行关联
	面积测量	测量面积
	周长测量	测量周长
	按地名调图	按地名调图
	按索引调图	按图幅索引号调图
	缓冲区分析	该功能包括两子功能：(1)通过鼠标在地图上绘制的点、线、多边形等几何图形与需查询的图层进行空间叠加，在叠加的基础上根据相交、包含、相离等空间关系进行查询，在查询的基础上在地图上进一步定位到目标对象。(2)先利用鼠标选中一图层的某一对象，然后利用该对象与指定的图层进行空间叠加，通过图层间相互叠加的组合关系进行查询

④资源监测。资源监测模块主要是对二类小班数据空间和属性的更新(表 8-11)。

表 8-11　资源监测

类别	功能名称	功能描述
小班相关属性数据编辑功能	小班调查卡片设计	可自行设计调查卡片，增加、删除调查因子，并排版
	小班因子数据编辑	对小班因子、生物量、角规等调查数据进行编辑
	台账数据录入编辑	对台账数据录入、编辑
二类专题图层编辑	二类小班面状图层编辑	根据相关资料(如作业设计)或遥感影像，对小班面状图层进行编辑(添加细班、合并细班、删除细班、界线修改等)
	面生成线	由编辑好的小班面状图层，根据其编码规则及关系，生成新的小班界线图层
逻辑检查	逻辑检查	对各类调查表进行相应的逻辑检查，如有错误，立即调出与其对应的小(细)班到当前视图中央
档案更新	人机交互更新	以遥感影像为信息源，结合调查台账，进行图形和属性数据人机交互更新
	生长模型更新	对于自然生长的林分，在立地分级的基础上，通过建立立地分级模型、平均胸径生长模型、平均高生长模型、公顷株数生长模型、林分公顷蓄积量生长模型、主要树种形高模型等数学模型更新森林资源因子
	专家知识库更新	对于自然生长的林分，使用专家知识库结合遥感定量估测模型，更新生态功能等级、森林自然度、健康度等生态因子
	小(细)班空间变化计算机解译	根据两年度遥感影像、结合上一年度小班数据，自动识别突变小班，自动填入台账

⑤统计报表(表 8-12)。

表 8-12 统计报表

统计汇总	二类调查统计报表	按二类调查细则规定的39个统计表进行统计汇总并输出报表
	自定义报表统计	除统计二类调查的39个统计报表外，可以自己定义统计表，进行统计并输出报表
	表合并	由县合并到市、由县或市合并到省(区)。这样，可以方便地实现全省(区)范围内分流域或生态区位进行查询、统计
	汇总	由县汇总到市，由市汇总到省(区)

8.6 数据库设计

8.6.1 设计思想

数据库设计是空间数据建库的基础，也是系统软件设计的重要组成部分。数据库设计是指对于一个给定应用环境、构造最优的数据模型，建立数据库及其应用系统，使之能够有效地存取数据，满足各种用户的需求。数据库的设计包括物理设计和逻辑设计两个部分。物理设计主要是规划空间数据在存储介质里的储存方式，逻辑设计是反映空间数据在系统应用中的表现形式。可以说逻辑层是物理层的表现，而物理层又是逻辑层的基础，二者紧密联系。

8.6.2 数据库框架设计

根据国家林业局提出的《数字林业标准与规范》和项目建库的要求，将数据库分为两个部分，基础数据库和管理数据库。基础数据库分为三大类：林业基础地理数据库、林业资源数据、栅格数据库。管理数据用以控制系统对应用数据的使用(图 8-5)。

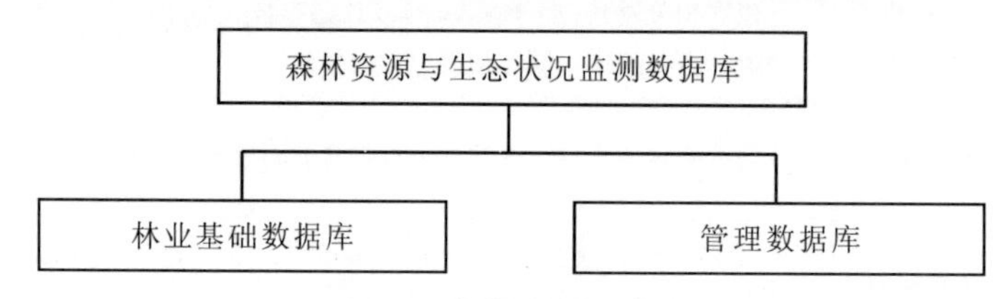

图 8-5 数据库框架设计

林业基底地理数据库：包括居民地、地名、铁路、公路、水系、地貌、地理格网等要素构成的数据库，其中包括地形要素间的空间关系及相关属性信息。

林业资源数据库：包括二类小班面状数据、二类小班界线、台账数据库等。

栅格数据库：包括拼接好的栅格地形图、DEM、遥感影像等。

管理数据库：包括元数据、数据字典、代码库、模型库以及其他管理数据。

8.6.3 数据库逻辑设计

本系统数据库的建设涉及的数据来源多样(空间、非空间数据)、数据格式各异(结构化表格数据、非结构化文档数据、影像数据、图片等)，数据量巨大，数据库设计将是一项复杂的系统工程，必须遵循一定的设计指导思想，才能保证设计的数据库内容上的完整性、结构上的合理性、逻辑上的清晰。数据库设计应遵循规范化、安全性、可扩展性等设计原则。

(1)数据逻辑组织结构：数据库中的数据按照格式可以分为矢量数据和栅格数据。

矢量数据：数据分层，逻辑无缝，物理无缝(图 8-6)。

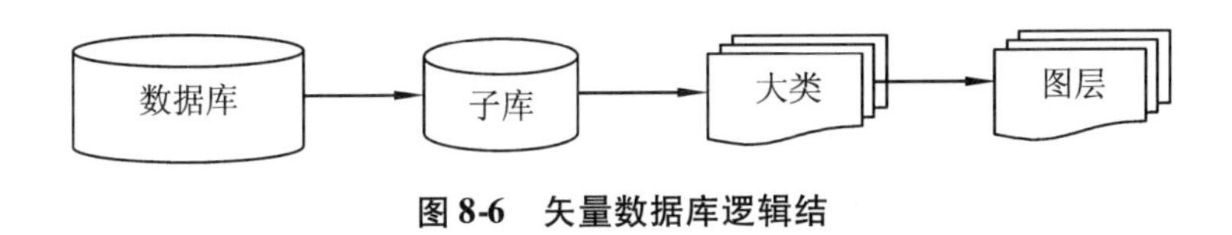

图 8-6　矢量数据库逻辑结

栅格数据：数据分区，逻辑无缝。物理存储视数据量而定(图 8-7)。

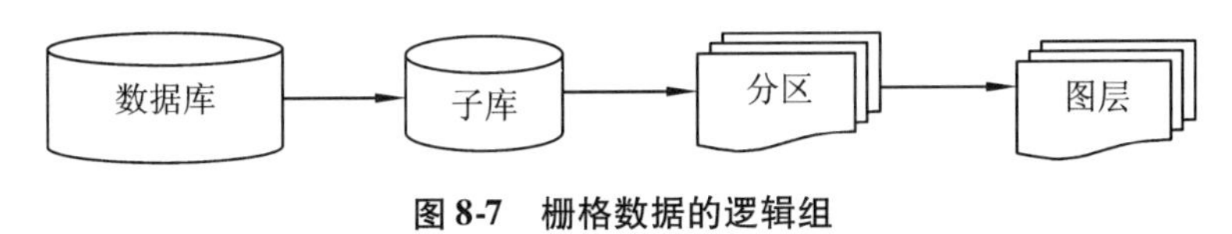

图 8-7　栅格数据的逻辑组

(2)数据一体化设计：所有数据集中存储、统一管理、相互关联、图形与属性数据采用空间数据库技术统一存储。

(3)连续无缝数据库设计：数据库采取空间上逻辑连续无缝的设计，实现研究区范围数据的无缝漫游。

(4)栅格数据压缩存储、检索机制设计：栅格数据(扫描图、遥感影像)采用 MrSID 软件进行压缩以及建立多级影像金字塔索引方式，实现海量数据的超大比例压缩及快速还原显示。

(5)系统检索机制设计：为了在应用中进行高效的查询，须建立一种高效的数据库检索机制。建立以下空间索引表：①林业区划索引；②1∶1 万图幅索引；③地名库索引。

(6)数据库命名规则设计：数据库内容繁杂，因此，数据库分为多级逻辑子库，以广东省惠城区为例，逻辑子库命名规则见表 8-13。

8.6.4　数据库物理设计

(1)空间数据模型。本系统选用 ArcGIS 系列软件作为 GIS 平台。ArcGIS 的 Geodatabase 地理模型基于标准的关系—对象数据库技术，用户可以在数据中加入方法和行为及其他关系和规则。Geodatabase 数据模型包括 4 种主要数据结构，以 Feature datasets 管理矢量数据(在 Feature datasets 中可以定义要素类、关系类、地理网格、平面拓扑，还可以通过域限制属性的取值范围，利用有效性规则约束要素类的行为和取值)，以 Raster datasets 管理栅格数据，以 TIN datasets 管理高程数据，以 Locators 管理坐标点、地理编码、邮编及地名、路径定位信息。系统采用前 3 种数据结构。

(2)数据库存储设计。系统数据包括属性数据、空间数据与文件数据。属性数据具有结构规则、单元尺寸确定的特征，可直接存储于关系数据库的属性表中；文件数据的单元尺寸是可变的，包括各类数据文件如规划文档等，上载到关系数据库的变长字段中，以便于共享与管理；空间数据通过空间数据引擎存储于关系数据库，能实现快速的查询、检

表 8-13 数据库命名规则

<table>
<tr><th>数据库
GeoDatabse</th><th colspan="2">矢量数据集、栅格目录、属性数据
Feature Datasats、Raster Catalog、Tables</th><th>数据或图层(文件)
Feature Class
Raster Datasats</th><th>数据或图层
文件别名(Alias)</th></tr>
<tr><td rowspan="28">数据库
Guangdong</td><td colspan="2" rowspan="4">EL0801</td><td>ELXB08012006</td><td>惠城区档案小班 2006</td></tr>
<tr><td>ELTZ08012007</td><td>惠城区台账小班 2007</td></tr>
<tr><td>ELJX08012006</td><td>惠城区小班界线 2006</td></tr>
<tr><td>⋮</td><td>⋮</td></tr>
<tr><td colspan="2" rowspan="6">RD0801</td><td>RG0801</td><td>惠城区 1 万地形图</td></tr>
<tr><td>DG0801</td><td>惠城区 1 万三维地形</td></tr>
<tr><td>SSPT5285304021008r</td><td></td></tr>
<tr><td>SLDS7122044051123r</td><td></td></tr>
<tr><td>RS08012005</td><td>惠城区 2005 年遥感影像</td></tr>
<tr><td>⋮</td><td>⋮</td></tr>
<tr><td colspan="2" rowspan="11">VG0801</td><td>VGZJ0801</td><td>惠城区 1 万注记</td></tr>
<tr><td>VGMJ0801</td><td>惠城区 1 万民居</td></tr>
<tr><td>VGXZJT0801</td><td>惠城区 1 万线状交通</td></tr>
<tr><td>VGMZJT0801</td><td>惠城区 1 万面状交通</td></tr>
<tr><td>VGMZSY0801</td><td>惠城区 1 万面状水域</td></tr>
<tr><td>VGXZSY0801</td><td>惠城区 1 万线状水域</td></tr>
<tr><td>VGGX0801</td><td>惠城区 1 万管线</td></tr>
<tr><td>VGLWT0801</td><td>惠城区 1 万了望台</td></tr>
<tr><td>VGJQX0801</td><td>惠城区 1 万计曲线</td></tr>
<tr><td>VGSQX0801</td><td>惠城区 1 万首曲线</td></tr>
<tr><td>VGGCD0801</td><td>惠城区 1 万高程点</td></tr>
<tr><td rowspan="7">属性数据</td><td rowspan="5">二类调查</td><td>ELSW08012004</td><td>生物量表</td></tr>
<tr><td>ELSP08012004</td><td>四旁树表</td></tr>
<tr><td>ELJG08012004</td><td>角规表</td></tr>
<tr><td>ELDM08012004</td><td>地名表</td></tr>
<tr><td>ELD</td><td>二类数据代码表</td></tr>
<tr><td rowspan="2">自定义属性数据</td><td>RSPDBZ</td><td></td></tr>
<tr><td>ForestryModel</td><td></td></tr>
</table>

索。基于 Geodatabase 地理模型，本系统将按逻辑子库的分类定义若干 Feature dataset 和 Raster datasets，一个逻辑子库的全部数据存储在同一数据集中，以便于相关要素的专题表现，也方便在需要时建立地理格网和平面拓扑。根据数据库构成分别定义各层次要素类，必要时还可定义子类。选择 Point、Multipoint、Single-part polyline、Multipart polyline、Single-part polygon、Multipart polygon 等几何类型作为要素的几何类型。要素的符号化由应用程序实现，要求在要素类的属性中表示对应的符号化信息。空间数据的存储机制如图 8-8 所示。

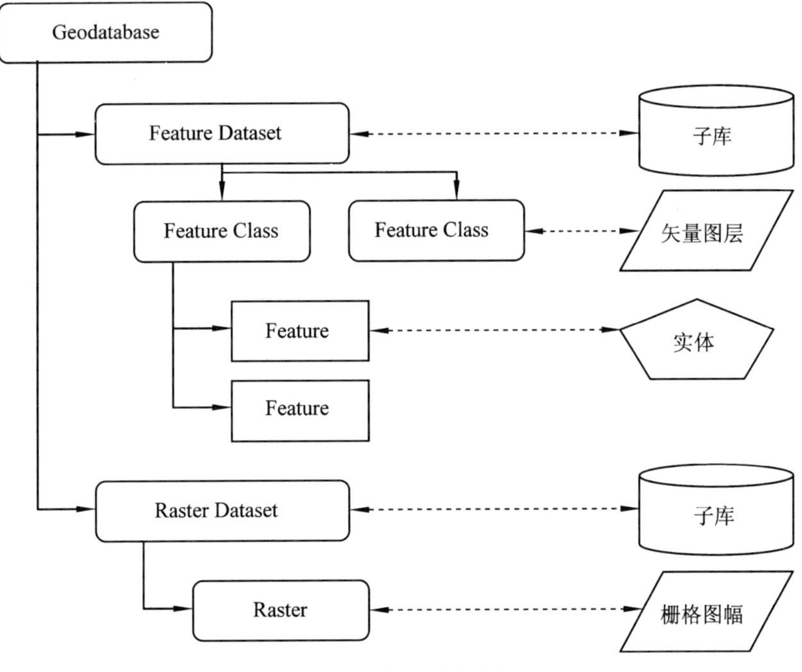

图 8-8　空间数据的存储机制

(3)数据库结构设计。

◆ 森林资源空间数据分类、分层代码及逻辑命名(表 8-14)。

表 8-14　空间数据分类

代码	要素名称	几何	图层	逻辑名称
1000	注记要素	点		
1100	行政区注记	点	注记	V + 比例尺代码 + ZJ + 单位代码
1110	地级市注记	点		
1120	县级市注记	点		
1130	乡、镇注记	点		
1140	村委会注记	点		
1150	自然村注记	点		
1200	交通注记	点		
1300	水系注记	点		
1400	山名	点		
1500	单位注记	点		
2000	居民地			
2010	居民地	面	民居	V + 比例尺代码 + MJ + 单位代码
4000	交通及附属设施			
4100	铁路	线	线状交通	V + 比例尺代码 + XZJT + 单位代码

（续）

代码	要素名称	几何	图层	逻辑名称
4200	公路	线		
4210	高速公路	线		
4220	等级公路	线		
4230	等外公路	线		
4240	高架公路	线		
4300	其他道路	线		
4310	机耕路、大车路	线		
4320	乡村路	线		
4330	小路	线		
4400	道路附属设施	线		
4430	涵洞	线		
4440	隧道	线		
4500	城市公路	面	面状交通	V + 比例尺代码 + MZJT + 单位代码
4600	桥梁			
4610	点状桥梁	点	点状交通	V + 比例尺代码 + DZJT + 单位代码
4620	线状桥梁	线	线状交通	V + 比例尺代码 + XZJT + 单位代码
5000	管线和垣栅			
5100	电力线	线	管线	V + 比例尺代码 + GX + 单位代码
5200	通信线	线		
5400	围墙	线		
6000	水系及附属设施			
6100	河流、湖泊、池塘			
6110	单线河	线	线状水系	V + 比例尺代码 + XZSY + 单位代码
6120	双线河	面	面状水系	V + 比例尺代码 + MZSY + 单位代码
6160	池塘	面		
6300	水利设施			
6310	水库	面	面状水系	V + 比例尺代码 + MZSY + 单位代码
6320	水渠	线	线状水系	V + 比例尺代码 + XZSY + 单位代码
6330	堤坝	线	线状水系	
6400	泉眼	点	点状水系	V + 比例尺代码 + DZSY + 单位代码
7000	境界			
7100	行政区划界	线	小班	ELXB + 林业区划代码 + 年份
7140	自治州、地区、盟、地级市界	线		
7150	县、自治县、旗、县级市界	线		
7160	乡、镇、国营农、牧场界	线		
7170	村界、管理区界	线		

（续）

代码	要素名称	几何	图层	逻辑名称
7200	其他界线			
7220	自然保护区界	线		
7230	征地界线	线		
9000	林业专题			
9500	小班信息			
9510	细班界	线	小班	ELXB + 林业区划代码 + 年份
9520	小班界	线		
9530	林班界	线		
9540	工区界	线		
9550	分场界	线		
9560	林场界	线		
9990	等高线	线	等高线	V + 比例尺代码 + DGX + 单位代码
9991	计曲线	线	计曲线	V + 比例尺代码 + JQX + 单位代码
9992	首曲线	线	首曲线	V + 比例尺代码 + SQX + 单位代码
9993	高程点	点	高程点	V + 比例尺代码 + GCD + 单位代码
9994	三角点	点	高程点	
9995	控制点	点	高程点	

◆森林资源属性数据。森林资源属性数据主要包括二类调查地名表(表 8-15)、二类调查因子表(表 8-16)、二类调查角规表(表 8-17)、二类调查生物量表(表 8-18)、二类调查台账表(表 8-19)、二类调查抽样因子表(表 8-20)、二类调查抽样角规表(表 8-21)、二类调查林班表(表 8-22)、二类数据逻辑表(表 8-23)。

表 8-15 二类调查地名表结构

序号	数据项名称	字段名称	数据类型	宽度	单位
1	林业区划代码	XDM	字符型	4	
2	县名	XM	字符型	8	
3	乡镇号	XZH	数值型	2	
4	乡镇名	XZM	字符型	8	
5	村号	CH	数值型	2	
6	村名	CM	字符型	8	
7	乡镇村号	XZCH	数值型	4	

表 8-16 二类调查因子表结构

序号	数据项名称	字段名称	数据类型	宽度	单位
1	地籍号	DJH	字符型	14	
2	林业区划代码	XDM	字符型	4	
3	乡镇号	XZH	数值型	2	
4	村号	CH	数值型	2	
5	林班号	LBH	数值型	1	
6	小班号	XBH	数值型	3	
7	细班号	XIBH	数值型	2	
8	地类	DL	数值型	2	
9	林地所有权	LDSY	数值型	1	
10	林地使用权	LDSY	数值型	1	
11	林木所有权	LMSY	数值型	1	
12	林木使用权	LMSY	数值型	1	
13	流域	LY	数值型	1	
14	工程类别	GCLB	数值型	1	
15	地貌	DM	数值型	1	
16	坡位	PW	数值型	1	
17	坡向	PX	数值型	1	
18	坡度	PD	数值型	2	度(°)
19	海拔	HB	数值型	4	米(m)
20	立地类型	LDLX	数值型	6	
21	小细班面积	XIBMJ	数值型	5. 1	公顷(hm^2)
22	林种	LZ	数值型	2	
23	事权保护	SQBH	数值型	2	
24	国家生态	GJST	数值型	1	
25	优势树种	YSSZ	数值型	3	
26	起源	QY	数值型	1	
27	郁闭度	YBD	数值型	3. 1	
28	年龄	NL	数值型	3	年
29	龄组	LZ	数值型	1	
30	平均高	H	数值型	4. 1	米(m)
31	平均胸径	D	数值型	4. 1	厘米(cm)
32	公顷株数	GQZS	数值型	5	
33	可及度	KJD	数值型	1	
34	天然更新	TRGX	数值型	1	
35	经营措施	JYCS	数值型	1	
36	生长类型	SZLX	数值型	1	
37	成活保存率	CHBCL	数值型	3	百分比(%)
38	散生木蓄积	SSMXJ	数值型	3	立方米(m^3)
39	生态功能	STGN	数值型	1	
40	自然度	ZRD	数值型	1	

（续）

序号	数据项名称	字段名称	数据类型	宽度	单位
41	森林健康度	SLJK	数值型	1	
42	土壤侵蚀	TRQS	数值型	2	
43	森林景观等级	SLJGDJ	数值型	1	
44	沙化类型	SHLX	数值型	1	
45	石漠化类型	SMHLX	数值型	2	
46	石漠化成因	SMHCY	数值型	2	
47	勾绘年度	GHND	数值型	4	年
48	其他情况	QTQK	数值型	1	
49	公顷蓄积	GQXJ	数值型	6.2	立方米(m^3)
50	小班蓄积	XBXJ	数值型	5	立方米(m^3)
51	杉木蓄积	SMXJ	数值型	5	立方米(m^3)
52	马尾松蓄积	MWSXJ	数值型	5	立方米(m^3)
53	湿地松蓄积	SDSXJ	数值型	5	立方米(m^3)
54	国外松蓄积	GWSXJ	数值型	5	立方米(m^3)
55	桉树蓄积	ASXJ	数值型	5	立方米(m^3)
56	黎蒴蓄积	LSXJ	数值型	5	立方米(m^3)
57	速相思蓄积	SXSXJ	数值型	5	立方米(m^3)
58	南洋楹蓄积	NYYXJ	数值型	5	立方米(m^3)
59	木麻黄蓄积	MMHXJ	数值型	5	立方米(m^3)
60	荷木蓄积	HMXJ	数值型	5	立方米(m^3)
61	台相思蓄积	TXSXJ	数值型	5	立方米(m^3)
62	软阔蓄积	RKXJ	数值型	5	立方米(m^3)
63	硬阔蓄积	YKXJ	数值型	5	立方米(m^3)
64	经济林蓄积	JJLXJ	数值型	5	立方米(m^3)
65	生物量	SWL	数值型	7.1	吨(t)
66	乔木生物量	QMSW	数值型	7.1	吨(t)
67	干生物量	GANSW	数值型	7.1	吨(t)
68	枝生物量	ZSW	数值型	7.1	吨(t)
69	叶生物量	YSW	数值型	7.1	吨(t)
70	根生物量	GENSW	数值型	7.1	吨(t)
71	草本生物量	CBSW	数值型	7.1	吨(t)
72	灌木生物量	GMSW	数值型	7.1	吨(t)
73	下木生物量	XMSW	数值型	7.1	吨(t)
74	杉公顷蓄积	SMGX	数值型	6.2	立方米(m^3)
75	马公顷蓄积	MWSGX	数值型	6.2	立方米(m^3)
76	湿公顷蓄积	SDSGX	数值型	6.2	立方米(m^3)

（续）

序号	数据项名称	字段名称	数据类型	宽度	单位
77	国公顷蓄积	GWSGX	数值型	6.2	立方米(m^3)
78	桉公顷蓄积	ASGX	数值型	6.2	立方米(m^3)
79	黎公顷蓄积	LSGX	数值型	6.2	立方米(m^3)
80	相公顷蓄积	SXSGX	数值型	6.2	立方米(m^3)
81	南公顷蓄积	NYYGX	数值型	6.2	立方米(m^3)
82	木公顷蓄积	MMHGX	数值型	6.2	立方米(m^3)
83	荷公顷蓄积	HMGX	数值型	6.2	立方米(m^3)
84	台公顷蓄积	TXSGX	数值型	6.2	立方米(m^3)
85	软公顷蓄积	RKGX	数值型	6.2	立方米(m^3)
86	硬公顷蓄积	YKGX	数值型	6.2	立方米(m^3)
87	经公顷蓄积	JJLGX	数值型	6.2	立方米(m^3)
88	公顷生物量	GSW	数值型	6.2	吨(t)
89	乔公生物量	QMGSW	数值型	6.2	吨(t)
90	干公生物量	GAGSW	数值型	6.2	吨(t)
91	枝公生物量	ZHGSW	数值型	6.2	吨(t)
92	叶公生物量	YEGSW	数值型	6.2	吨(t)
93	根公生物量	GEGSW	数值型	6.2	吨(t)
94	草公生物量	CBGSW	数值型	6.2	吨(t)
95	灌公生物量	GUGSW	数值型	6.2	吨(t)
96	下公生物量	XMGSW	数值型	6.2	吨(t)
97	年公生物	NGSW	数值型	6.2	吨(t)
98	年乔公生物	NQGSW	数值型	6.2	吨(t)
99	年草公生物	NCGSW	数值型	6.2	吨(t)
100	年灌公生物	NGGSW	数值型	6.2	吨(t)
101	年下公生物	NXGSW	数值型	6.2	吨(t)
102	角规点数	JG	数值型	1	
103	界定地籍号	JDDJH	字符型	8	
104	界定面积	JDMJ	数值型	5.1	公顷(hm^2)

表 8-17　二类调查角规表

序号	数据项名称	字段名称	数据类型	宽度	单位
1	地籍号	DJH	字符型	14	
2	树种	SHZH	数值型	3	
3	断面积	DM	数值型	3.1	
4	胸径	D	数值型	4.1	厘米(cm)
5	树高	H	数值型	4.1	米(m)
6	株数	N	数值型	6.2	
7	蓄积	XJ	数值型	5.2	立方米(m^3)

表 8-18　二类调查生物量表

序号	数项名称	字段名称	数据类型	宽度	单位
1	地籍号	DJH	字符型	14	
2	优势草本	YSCB	数值型	2	
3	草本平均高	CBPJG	数值型	3. 1	米(m)
4	草本盖度	CBGD	数值型	3	百分比(%)
5	草本年龄	CBNL	数值型	1	年
6	优势灌木	YSGM	数值型	2	
7	灌木平均高	GMPJG	数值型	3. 1	米(m)
8	灌木地径	GMDJ	数值型	4. 1	厘米(cm)
9	灌木盖度	GMGD	数值型	3	百分比(%)
10	灌木株数	GMZHS	数值型	4	
11	灌木年龄	GMNL	数值型	3	年
12	优势下木	YSXM	数值型	2	
13	下木平均高	XMPJG	数值型	3. 1	米(m)
14	下木地径	XMDJ	数值型	4. 1	厘米(cm)
15	下木株数	XMZHS	数值型	3	
16	下木年龄	XMNL	数值型	2	年

表 8-19　二类调查台账表

序号	数据项名称	字段名称	数据类型	宽度	单位
1	地籍号	DJH	字符型	14	
2	草本年龄	CBNL	数值型	1	年
3	草本平均高	CBPJG	数值型	3. 1	米(m)
4	草本盖度	CBGD	数值型	3	百分比(%)
5	优势草本	YSCB	数值型	2	
6	灌木年龄	GMNL	数值型	3	年
7	灌木平均高	GMPJG	数值型	3. 1	米(m)
8	灌木盖度	GMGD	数值型	3	百分比(%)
9	优势灌木	YSGM	数值型	2	
10	下木年龄	XMNL	数值型	2	年
11	下木公顷株	XMGQZ	数值型	3	
12	下木平均高	XMPJG	数值型	3. 1	米(m)
13	下木地径	XMDJ	数值型	4. 1	厘米(cm)
14	优势下木	YSXM	数值型	2	
15	经济林断面	JJLDM	数值型	4. 1	
16	其他硬阔断面	TYKDM	数值型	4. 1	
17	台相思断面	TXSDM	数值型	4. 1	

（续）

序号	数据项名称	字段名称	数据类型	宽度	单位
18	其他软阔断面	TRKDM	数值型	4. 1	
19	荷木断面	HMDM	数值型	4. 1	
20	木麻黄断面	MMHDM	数值型	4. 1	
21	南桦楹断面	NYYDM	数值型	4. 1	
22	速相思断面	SXSDM	数值型	4. 1	
23	黎蒴断面	LSDM	数值型	4. 1	
24	桉树断面	ASDM	数值型	4. 1	
25	国外松断面	GWSDM	数值型	4. 1	
26	湿地松断面	SDSDM	数值型	4. 1	
27	马尾松断面	MWSDM	数值型	4. 1	
28	杉木断面	SMDM	数值型	4. 1	
29	公顷断面	GXDM	数值型	4. 1	
30	台账类型码	TZLXM	数值型	2	
31	台账类型	TZLX	字符型	8	
32	台账面积	TZMJ	数值型	5. 1	公顷（hm^2）
33	地类	DL	数值型	2	
34	林木所有权	LMSYQ	数值型	1	
35	林木使用权	LMSYQ	数值型	1	
36	林种	LZ	数值型	2	
37	优势树种	YSSZ	数值型	3	
38	散生木蓄积	SSMXJ	数值型	3	立方米（m^3）
39	郁闭度	YBD	数值型	3. 1	
40	年龄	NL	数值型	3	年
41	平均高	H	数值型	4. 1	米（m）
42	平均胸径	D	数值型	4. 1	厘米（cm）
43	公顷株数	GQZS	数值型	5	
44	成活保存率	CHBCL	数值型	3	百分比（%）
45	生态等级	STDJ	数值型	1	
46	灾害等级	ZHDJ	字符型	5	
47	健康度	JKD	数值型	1	
48	侵蚀等级	QSDJ	数值型	2	
49	石漠化	SMH	数值型	2	
50	公顷蓄积	GQXJ	数值型	6. 2	立方米（m^3）
51	小班蓄积	XBXJ	数值型	5	立方米（m^3）
52	杉木蓄积	SMXJ	数值型	5	立方米（m^3）
53	马尾松蓄积	MWSXJ	数值型	5	立方米（m^3）

（续）

序号	数据项名称	字段名称	数据类型	宽度	单位
54	湿地松蓄积	SDSXJ	数值型	5	立方米(m^3)
55	国外松蓄积	GWSXJ	数值型	5	立方米(m^3)
56	桉树蓄积	ASXJ	数值型	5	立方米(m^3)
57	黎蒴蓄积	LSXJ	数值型	5	立方米(m^3)
58	速相思蓄积	SXSXJ	数值型	5	立方米(m^3)
59	南洋楹蓄积	NYYXJ	数值型	5	立方米(m^3)
60	木麻黄蓄积	MMHXJ	数值型	5	立方米(m^3)
61	荷木蓄积	HMXJ	数值型	5	立方米(m^3)
62	台相思蓄积	TXSXJ	数值型	5	立方米(m^3)
63	软阔蓄积	RKXJ	数值型	5	立方米(m^3)
64	硬阔蓄积	YKXJ	数值型	5	立方米(m^3)
65	经济林蓄积	JJLXJ	数值型	5	立方米(m^3)
66	草本生物量	CBSW	数值型	5	吨(t)
67	灌木生物量	GUMSW	数值型	5	吨(t)
68	下木生物量	XMSW	数值型	5	吨(t)
69	年草公生物	NCGSW	数值型	4.2	吨(t)
70	年灌公生物	NGGSW	数值型	4.2	吨(t)
71	年下公生物	NXGSW	数值型	4.2	吨(t)
72	消耗蓄积	XHXJ	数值型	5	立方米(m^3)

表 8-20　二类调查抽样因子表

序号	数据项名称	字段名称	数据类型	宽度	单位
1	样地号	YDIH	数值型	3	
2	地籍号	DJH	字符型	14	
3	GPS 纵 1	GPSZ1	数值型	11.3	米(m)
4	GPS 横 1	GPSH1	数值型	12.3	米(m)
5	位置 1	WZ1	备注型	4	
6	GPS 纵 2	GPSZ2	数值型	11.3	米(m)
7	GPS 横 2	GPSH2	数值型	12.3	米(m)
8	位置 2	WZ2	备注型	4	
9	GPS 纵 3	GPSZ3	数值型	11.3	米(m)
10	GPS 横 3	GPSH3	数值型	12.3	米(m)
11	位置 3	WZ3	备注型	4	
12	乡镇号	XZH	数值型	2	
13	村号	CH	数值型	2	
14	林班号	LBH	数值型	1	

（续）

序号	数据项名称	字段名称	数据类型	宽度	单位
15	小班号	XBH	数值型	3	
16	细班号	XIBH	数值型	2	
17	地类	DL	数值型	2	
18	林种	LZ	数值型	2	
19	优势树种	YSSZ	数值型	3	
20	平均高	H	数值型	4.1	米(m)
21	平均胸径	D	数值型	4.1	厘米(m)
22	年龄	NL	数值型	3	年
23	龄组	LINZU	数值型	1	
24	散公顷蓄积	SGQXJ	数值型	6.2	立方米(m^3)
25	角规点数	JG	数值型	1	
26	公顷蓄积	GQXJ	数值型	6.2	立方米(m^3)
27	公顷蓄积1	GQXJ1	数值型	6.2	立方米(m^3)
28	公顷蓄积2	GQXJ2	数值型	6.2	立方米(m^3)
29	公顷蓄积3	GQXJ3	数值型	6.2	立方米(m^3)
30	杉公顷蓄积	SMGX	数值型	6.2	立方米(m^3)
31	马公顷蓄积	MWSGX	数值型	6.2	立方米(m^3)
32	湿公顷蓄积	SDSGX	数值型	6.2	立方米(m^3)
33	国公顷蓄积	GWSGX	数值型	6.2	立方米(m^3)
34	桉公顷蓄积	ASGX	数值型	6.2	立方米(m^3)
35	黎公顷蓄积	LSGX	数值型	6.2	立方米(m^3)
36	相公顷蓄积	SXSGX	数值型	6.2	立方米(m^3)
37	南公顷蓄积	NYYGX	数值型	6.2	立方米(m^3)
38	木公顷蓄积	MMHGX	数值型	6.2	立方米(m^3)
39	荷公顷蓄积	HMGX	数值型	6.2	立方米(m^3)
40	台公顷蓄积	TXSGX	数值型	6.2	立方米(m^3)
41	软公顷蓄积	RKGX	数值型	6.2	立方米(m^3)
42	硬公顷蓄积	YKGX	数值型	6.2	立方米(m^3)
43	经公顷蓄积	JJLGX	数值型	6.2	立方米(m^3)

表 8-21　二类调查抽样角规表

序号	数据项名称	字段名称	数据类型	宽度	单位
1	样地号	YDIH	数值型	3	
2	地籍号	DJH	字符型	14	
3	样点号	YDH	数值型	1	
4	树种	SZ	数值型	3	

（续）

序号	数据项名称	字段名称	数据类型	宽度	单位
5	断面积	DMJ	数值型	3. 1	
6	胸径	D	数值型	4. 1	厘米(cm)
7	树高	H	数值型	4. 1	米(m)
8	距离	JL	数值型	5. 2	米(m)
9	方位角	FWJ	数值型	3	度(°)
10	株数	N	数值型	6. 2	株
11	蓄积	XJ	数值型	5. 2	立方米(m^3)

表 8-22　二类调查林班表

序号	数据项名称	字段名称	数据类型	宽度	单位
1	序号	XH	数值型	4	
2	乡镇村号	XZCH	数值型	4	
3	林班号	LBH	数值型	1	
4	林班面积	LBMJ	数值型	3. 1	公顷(hm^2)

表 8-23　二类数据逻辑表

序号	数据项名称	字段名称	数据类型	宽度	单位
1	序号	XH	数值型	4	
2	逻辑条件	LJTJ	字符型	200	

◆自定义属性数据。自定义属性表包括遥感判读标志表（表 8-24）、生长模型表(表 8-25)、逻辑规则表(表 8-26)、专家知识表(表 8-27)。

表 8-24　遥感判读标志表 RSPDBZ

序号	数据项名称	字段名称	数据类型	宽度	单位
1	地形图幅号	TFH	字符型	10	
2	横坐标	X	数值型	12. 3	米(m)
3	纵坐标	Y	数值型	11. 3	米(m)
4	地类	DL	字符型	20	
5	海拔	HB	数值型	4	米(m)
6	坡向	PX	字符型	4	
7	坡位	PW	字符型	4	
8	坡度	PD	数值型	2	度(°)
9	优势树种成数	YSSZCS	数值型	2	
10	优势树种	YSSZ	字符型	6	
11	伴生树种成数	BSSZCS	数值型	1	
12	伴生树种	BSSZ	字符型	6	

（续）

序号	数据项名称	字段名称	数据类型	宽度	单位
13	年龄	NL	数值型	3	年
14	平均高	H	数值型	4. 1	米(m)
15	平均胸径	D	数值型	4. 1	厘米(cm)
16	郁闭度	YBD	数值型	3. 1	
17	灌木盖度	GMGD	数值型	3	百分比(%)
18	草本盖度	CBGD	数值型	3	百分比(%)
19	卫星或传感器	WXCGQ	字符型	10	
20	条带号	COL	数值型	3	
21	行号	ROW	数值型	3	
22	过境扫描时间	GJSMSJ	日期型		
23	色调	SD	字符型	6	
24	亮度	LD	字符型	4	
25	形状	XZ	字符型	6	
26	结构	JG	字符型	6	
27	相关分布	XGFB	字符型	10	
28	分布地域	FBDY	字符型	6	
29	实地照片时间	SDZPSJ	日期型		
30	卫星影像	WXYX	图像		
31	林相外貌照片	LXWM	图像		
32	林分内结构照片	LFNBJG	图像		

表 8-25 生长模型表 ForestryModel

序号	数据项名称	字段名称	数据类型	宽度	单位
1	模型名称	ModelName	字符型	50	
2	分级类型	fj	短整型	2	
3	因子	sz	字符型	10	
4	代码	code	整型	4	
5	参数 1	a	数值型	12. 8	
6	参数 2	b	数值型	12. 8	
7	参数 3	c	数值型	12. 8	
8	参数 4	d	数值型	12. 8	
9	参数 5	e	数值型	12. 8	
10	参数 6	f	数值型	12. 8	
11	参数 7	g	数值型	12. 8	
12	参数 8	h	数值型	12. 8	
13	参数 9	i	数值型	12. 8	

表 8-26　逻辑规则表 TZCHECK

序号	数据项名称	字段名称	数据类型	宽度	单位
1	编号	bh	整型	4	
2	逻辑条件	TZLJ	字符型	200	
3	逻辑输出	TZCW	字符型	200	

表 8-27　专家知识表 TZTABLE

序号	数据项名称	字段名称	数据类型	宽度	单位
1	编号	bh	整型	4	
2	专家知识	ZGGZ	字符型	200	
3	结果输出	PDTZ	字符型	20	
4	结果输出	PDDL	字符型	20	
5	类别	int	整型	4	

8.6.5　数据建库方法与流程

森林资源与生态状况监测数据库内容涉及森林资源数据、基础地理数据，以及每年的大量新增数据，因此需要借助规范化的流程和一个科学的支撑平台来管理这些海量数据。

(1)数据建库技术平台。本系统采用以 SQL Server 作为空间数据管理平台、ArcSDE 作为空间数据引擎、以 ArcGIS 软件和 Geodatabase 数据模型的应用原理为依托，将森林资源与生态状况监测数据统一面向基于 SQL Server 数据库的 ArcSDE Geodatabase 加载，完成林业基础地理信息数据库的建设工作。

Microsoft SQL Server 是由微软 Microsoft 出品，基于关系型数据库的大型数据库系统，它具有独立于硬件平台、对称的多处理器结构、抢占式多任务管理、完善的安全系统和容错功能，并具有易于维护的特点。

ArcSDE 具备很多优点，主要有：

①ArcSDE 是一个地理数据共享服务器。它采用数据库技术和 C/S 体系结构，地理数据以记录的形式存储，数据可以在整个网络上共享，为跨越 Internet 开放的空间数据访问提供了有力手段。

②ArcSDE 是一个高效的地理数据服务器。由于利用了数据库的强大数据查询机制，ArcSDE 可以实现在多用户条件下的高效并发访问。它不仅采用了空间索引，而且对空间坐标采取了整数量化和增量压缩存储的计算方式，减少浮点运算，所以获得了快速的检索和处理地理数据的能力。

③ArcSDE 可以管理海量的无缝地理数据。由于数据库的强大的数据处理能力加上 ArcSDE 独特的空间索引机制，每个数据集的数据量不再受限制。和传统的地理数据存储方式不一样的是，数据不用根据地理位置分割管理，用户和客户端只要指定数据的类型，而不需要指定所在的人为定义的图幅图号。海量的数据管理能力使用数据可以集中管理，从而降低了数据的维护费用，大大推动了 GIS 的数据共享和应用。

④ArcSDE 是一个安全的地理数据库。通过数据库的备份功能可以随时备份地理数据，

而且用户只能通过连接来访问授权的数据，保证了数据访问的合法性。

因此，安全、高效、海量的 SQL Server 数据库应用平台和 ArcSDE GIS 数据库引擎，作为森林资源监测管理应用系统数据库建库的先进技术手段，为森林资源数据将来广泛、安全、高效的应用提供了有力的保障。

(2)数据库 UML 建模。UML(unified modeling language)统一建模语言，是一种用于描述、构造软件系统以及商业建模的语言，综合了在大型、复杂系统的建模领域得到认可的优秀的软件工程方法。UML 由图和元模型组成，图是语法，元模型是语义。UML 主要包括三个基本构造块：事物(things)、关系(relationships)和图(diagrams)。

研究用 Microsoft Visio 2003 创建监测地理数据库 UML 模型，ESRI 公司提供了 ArcInfo UML Model 模型 包括使用地理数据库所需要的对象模型，有 5 个包组成：Logical View、ESRI 类、ESRI 用户接口、ESRI 网络和工作空间。UML 软件表现为目录的方式，目录中保存了整个对象模型的不同部分。Logical View 是根层次，包括其他 3 个包。数据库设计者和开发者可以使用工作空间包来建立自己的对象和数据库设计，对于复杂模型需要建立多个包。ESRI Classes 包由用于创建对象模型的 Geodata Acess Components 部分构成，用于访问地理数据库在内的空间数据源，对象模型中的要素类和对象类将从这些类来继承，ESRI Interfaces 包，包括由 ESRI Class 包中构件来实现的接口的定义。通过 ESRI 提供的 ArcInfo UML Model，使用 Visio 建模工具，根据数据库的逻辑分类，在工作空间(workspace)大致建立 7 个包：DG_ Base、DG_ Raster、DG_ SocioEcnomic、DB_ SpectialTopic、DB_ Vector、RelationTable、Domions。DG_ Base 包含了基础适量数据(如道路、河流等)，DG_ Raster 包含栅格数据(遥感数据、地形图等)，DG_ SocioEcnomic 包含经济数据，DB_ SpectialTopic 包括专题数据(主伐作业设计图、抚育采伐作业设计图、自然保护区规划图、森林公园规划图等)，DB_ Vector 包含国家林业一类、二类调查适量数据、RelationTable 包含一些与其他数据相关连的属性表(如生物量、角规表等)，Domions 则用于定义字段的类型和有效值。可以在 UML 模型中建立要素类、属性关系类、非属性关系类，建立属性域、子类型、关系规则、连接规则等。

建立好 UML 模型后，在 Microsoft Visio 中，将建立好的模型输出成 Repository 或是 XMI 格式，在输出到微软知识库前，要利用 Viso 中的 UML Semantic Checker 来检查语义是否存在错误，否则无法正常生成 Geodatabase 表。

利用 ArcCatalog 中的方案生成向导生成空间数据库的方案并得到 Geodatabase，在向导中可以定义 UML 图中不能表示的空间参考以及 Geodatabase 各要素的属性特征，如要素类的空间索引、关系类中的源关键字和目标关键字等(图 8-9)。

采用 UML 模型建立的空间数据库具有以下优点：

- 利于空间数据库的整体概念的设计；
- 清晰表达各级数据表之间的关系及数据库结构；
- 数据库建立方案的可复用性；
- 方便地维护整体数据库。

(3)数据入库。数据入库包括矢量数据入库和栅格数据入库，首先根据数字林业分类和编码，对原始矢量数据标准化处理，包括森林资源调查数据、行政界线以及林业基础矢量数据等。在标准化处理过后，数据有 . SHP、. TAB、. GEOWAY 等格式，需要统一格

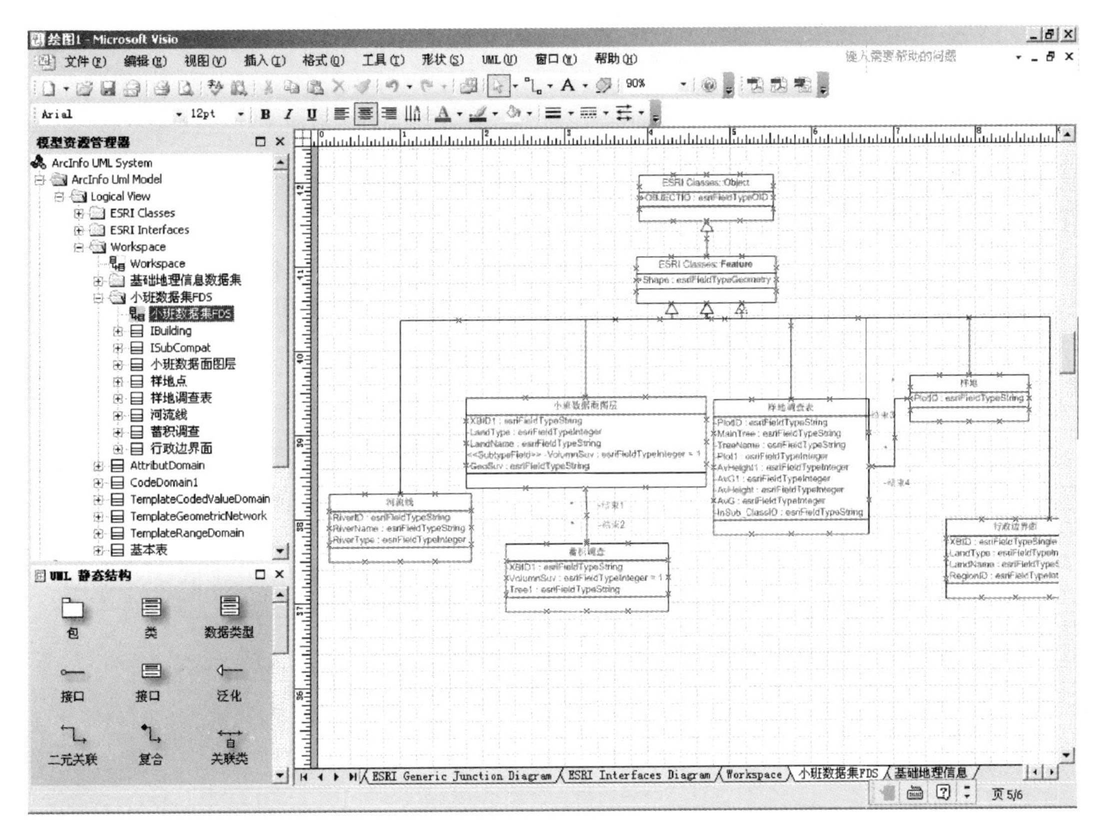

图 8-9　UML 建模方法

式。交换格式用 .SHP 文件格式，由于数据采集过程中设计到诸多人为因素和非人为因素，使得数据质量有时不能得到保证，所以在建立 GIS 空间数据库之前还必须要进行数据的质量检验和控制，包括定位精度、属性精度、逻辑一致性等检查和控制，在数据逻辑检查过后，填写森林资源元数据。在设计好地理数据库模型基础，把数据导入 SQL Server 数据库。栅格数据入库前需要数据配准、数据压缩以及建立影像金字塔等。具体入库流程如图 8-10 所示。

8.7　系统实现

8.7.1　系统初始化

第一次登录需要填写左边 6 个文本框是数据库连接参数，右边 5 个输入框是用户登录参数。这时您需要输入这些参数，才可以登录系统。在 6 个数据库连接参数文本框中依次输入服务器名称(您安装数据库的计算机名称)、服务名称(sde：sqlserver：服务器名称)、数据库名称(guangdong)、用户名(sa)、密码(sa)、版本(sde. default 或 dbo. default 或 default)；在右边 5 个用户登录参数文本框中依次输入市名、县名、年度、用户名、密码(系统管理员密码 gdly)，点击登录即可。如果参数输入正确的话，系统初始化进入主界面；第一次如果填写正确，左边 6 个文本框下次则不再出现，直接输入正确用户名密码进入系统。

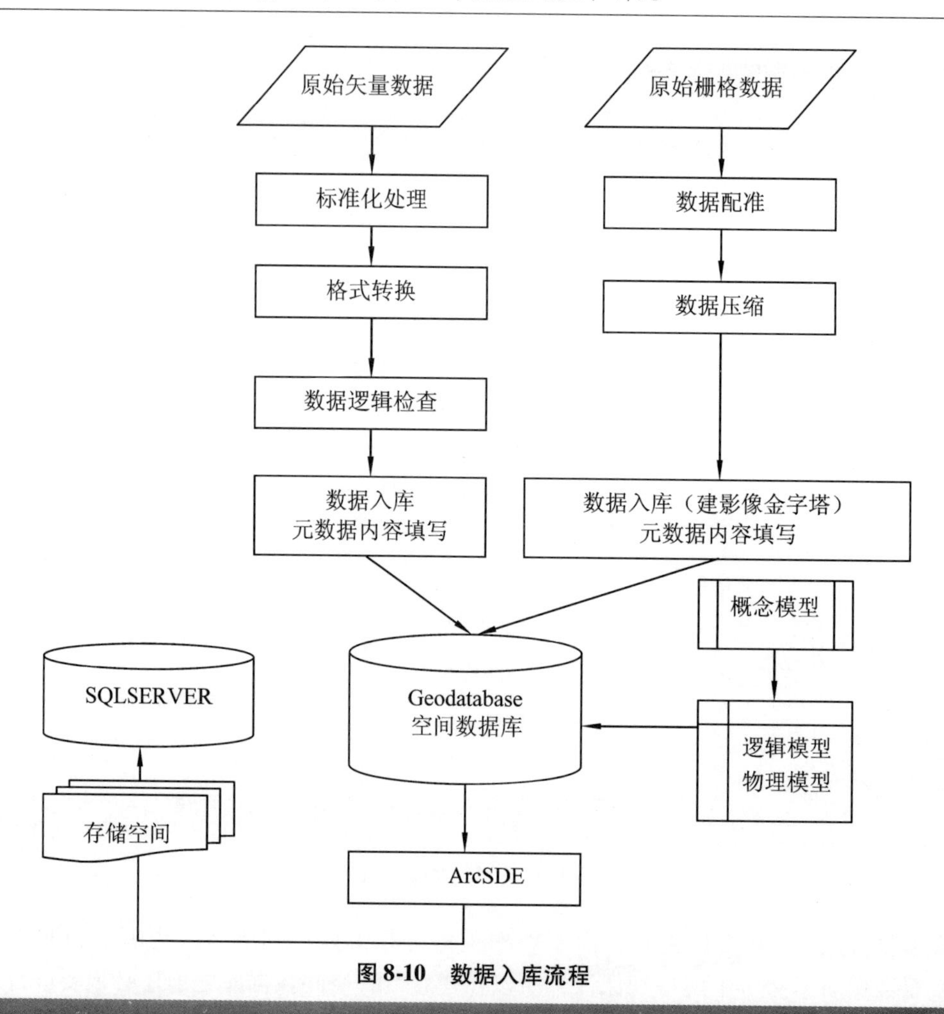

图 8-10 数据入库流程

图 8-11 登录系统界面

如果没有该单位的任何数据，则会出现如下对话框，提醒用户需要导入数据库。

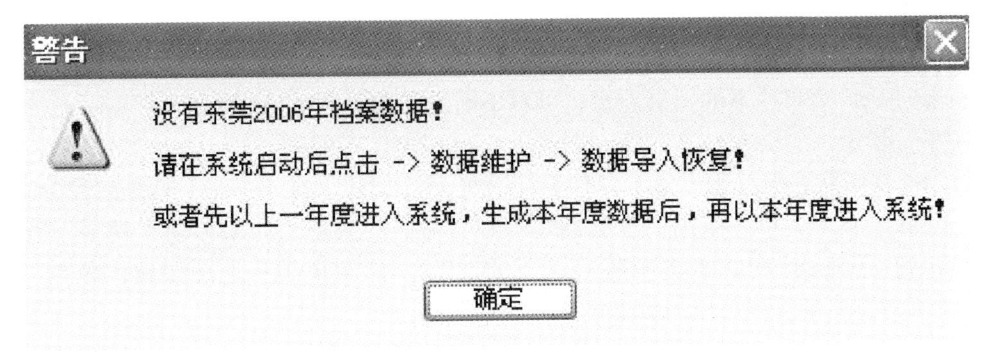

图 8-12　没有数据，弹出警告对话框

进入系统后，弹出系统主界面，主界面包括菜单栏、工具条、图层控制区、数据视图、打印视图以及状态条。菜单栏包括文件、视图、图幅整饰、查询分析、资源监测、专题制图、系统维护、用户管理以及帮助(彩图 41)。

8.7.2　基本功能介绍

系统的基本功能包括文件打开、保存工程、加载数据、重新加载数据、图像导出、页面设置、打印预览、打印、退出。视图放大、缩小、点击放大、任意移动、全景显示、回到前一屏幕范围、回到后一屏幕范围，刷新、中心放大、中心缩小、选择要素、选择图型、地图导出、标注等。

8.7.2.1　打开工程

打开工程可以打开上次保存对地图操作的工程。点击“打开工程”，或出现如下对话框，找到要打开的 *. mxd 文件，单击打开即可。

8.7.2.2　保存工程

保存工程可以保存当前对地图操作的工程，如在地图上添加比例尺、图例，保存工程后，下次打开地图上还存在比例尺、图例。点击“保存工程”或，设置好要保存的路径和名称，保存的为 *. mxd 文件，单击保存即可。

8.7.2.3　加载数据

加载数据可以根据需要，加载程序外数据，如 GPS 采集数据。点击“加载数据”，或可以加载 Shapefiles、Geodatabases、Rasters、Servers、Layers、MIF 等数据。

8.7.2.4　视图图像的输出

在文件菜单图像输出可以把当前数据视图图像输出为 . JPJ、. BMP、. TIF、. PDF 等 10 种格式。

8.7.2.5　打印操作

打印操作包括，页面设计，打印预览、打印。可以根据实际业务需要，设置打印尺寸为 A4 纸打印、A3 纸打印等；可以对要打印的地图通过“打印预览”菜单预览，选择打印机打印(彩图 42)。

8.7.2.6　地图放大缩放、平移、刷新

直接点击菜单或工具按钮，对数据视图进行操作，包括视图放大、缩小、点击放大、

任意移动、全景显示、回到前一屏幕范围、回到后一屏幕范围，刷新、中心放大、中心缩小(彩图43)。

8.7.2.7　图层卷帘显示

点击“视图”菜单栏下的图层卷帘，可对不同图层卷帘显示(彩图44)。

8.7.2.8　书签

将当前视图状态保存为书签，以便于快速显示。创建一个书签后(如书签名为“甲木山”)，系统会在书签单中添加一个以创建书签名命名的菜单，如果移动了视图，当快速将视图转到“甲木山”时，点击书签菜单下的“甲木山”菜单项，地图快速定位到“甲木山”，还可通过书签管理可以对创建的书签进行管理。

8.7.2.9　符号化显示

通过点击图层控制框，可以设置点、线、面符号，可以改变符号的填充颜色、样式、大小、旋转角度等(彩图45)。

8.7.2.10　图层标注

可以自动生成小班注记，也可以根据图层字段灵活设置图层标注，通过右键点击图层，“属性设置”菜单设置图层标注，如果是小班图层，点击“小班标注”生成小班标注(如在地形图上叠加小班标注图层，图8-13)。

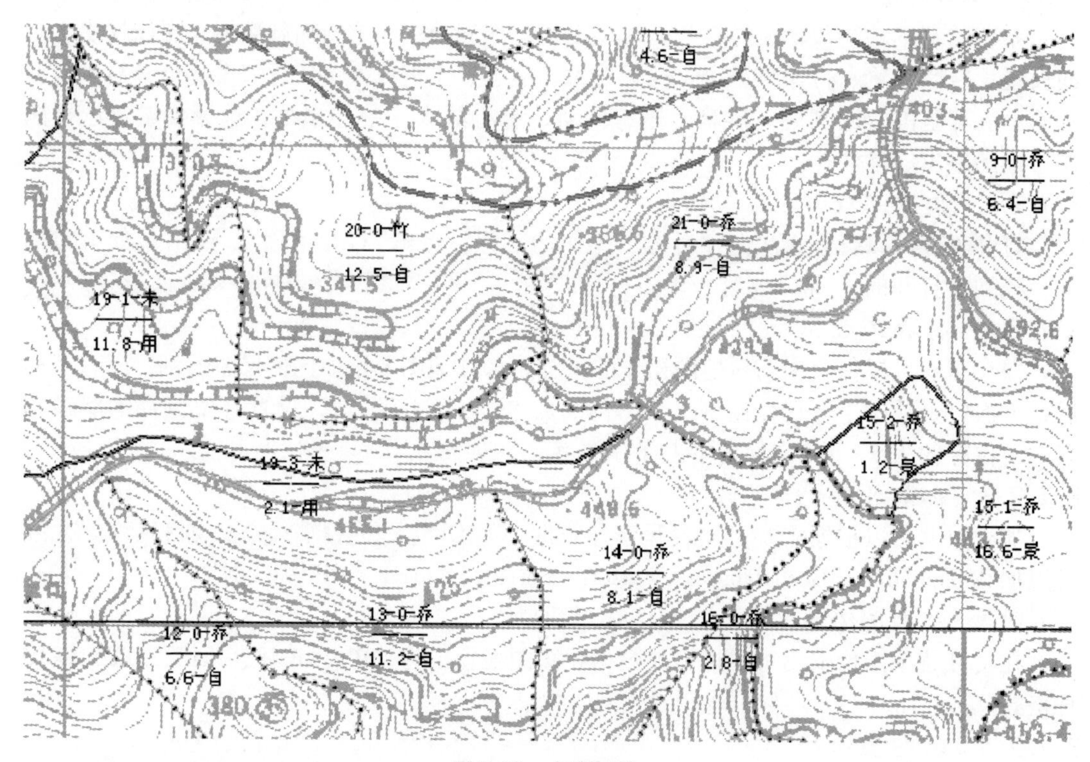

图8-13　小班标注

8.7.3　查询分析

查询分析模块可以方便地测量长度，面积，可以属性与图形数据双向查询、统计，在进行资源数据查询方面，可通过对林班、小班图形(图元)查询其相应的调查或统计数据(属性数据)，获得所要求的林班、小班数据；也可以通过属性查询相应的图元，获取适应某些条件要求的林班、小班数据。具体有 3 种形式。

(1)查询属性特征。森林资源地理信息数据库可以通过空间数据直接查询属性数据。选择图形中的某一个或者多个要素，可以查询要素的记录，统计要素的最大值、最小值、均值、方差等信息。

(2)通过属性特征查询空间特征。可以通过简单条件查询要数的空间要素，如地籍号、地名、图符号查询要数信息；也可以通过标准的 SQL 语言查询空间要素。SQL 命令可以构造一个相当复杂的查询，如地类 =“有林地” and 面积 > 30，可以查询出小班面积大于 30hm^2 地类等于有林地的小班。

(3)空间对空间查询。可以通过线，多边形，圆形与图形查询与其相交的要素，如查询一个新设计的防火林通过小班的信息(线面查询)。公路穿过多少河流(线线查询)，火烧地块与小班相交的信息(面面查询)。

缓冲区查询。可以通过点、线、面，建立与其周围一定范围按一定规则(相交、包含等)叠加分析，获得感兴趣的要素信息。如在林业规划种，需要按照河流一定纵深范围来规划森林的砍伐区。

查询分析模块包括：信息查询、条件查询、测量长度、测量面积、缓冲区分析、点选择、线选择、多边形选择、圆形选择、选择属性统计，地籍号、地名、图符号查询。

8.7.3.1　要素属性查询

在查询分析菜单下点击信息查询(或者从工具栏上选择)，可以选中要素查询其属性信息，可以在查询结果窗口中选择图层，查询该图层的要素属性信息(彩图 46)。

8.7.3.2　地图定位

可以根据地籍号、地名、图符号把地图快速按条件定位到地图中央(图 8-14)。

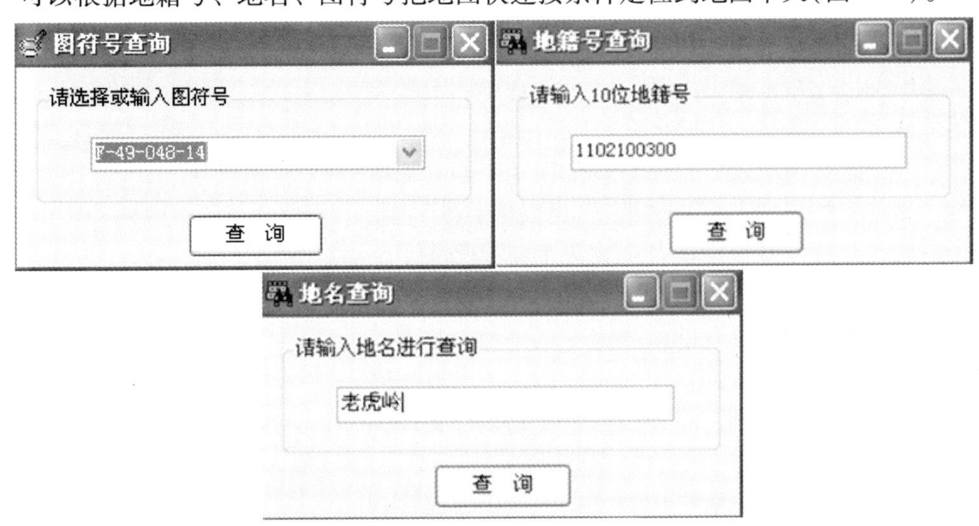

图 8-14　地图定位

8.7.3.3　条件查询

在查询分析菜单下点击“条件查询”(或者从工具栏上选择　)，弹出查询窗体，在查询窗口中点击图层下拉箭头，选择需要查询的图层，单击创建图层的方法下拉箭头，选择一种查询方法。有4种选择方式(创建新的选择集、加入到当前选择集、在当前选择集中选择、在当前选择集中选择)，选择要查询的字段，运算符，以及唯一的字段属性值。在查询前要检查语法是否正确或者输入的条件是否会选中要素，单击应用，要素属性显示以及在地图空间位置高亮显示(彩图47)。

8.7.3.4　量测长度、求算面积

量测长度：点击相应的菜单或工具按钮，在数据视图单击进行长度量测，双击可以结果量测，单位为m，在状态栏的左边显示量测结果。在量测过程中，当前长度和部长度均可实时显示。

求算面积：点击相应的菜单或工具按钮，在数据视图单击画多边形，双击结束，求算结果在状态栏的左边显示，单位为m^2。

8.7.3.5　缓冲分析

通过缓冲分析获得某图层感兴趣的要素，对于点缓冲区生成是以点为圆心，以指定的距离为半径画圆。对于线，分别对每个顶点和每条边生成缓冲区。对于多边形，按一定距离生成多边形缓冲区。首先选择要查询的图层，在选择缓冲范围(可以对、线、面作缓冲分析)设置空间操作(包含分析、相交分析、交叉分析等)设置缓冲距离(彩图48)。

8.7.4　资源监测

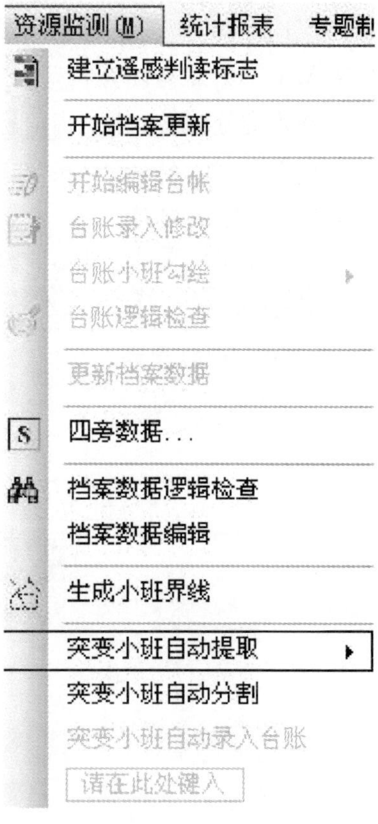

森林的面积蓄积、类型、林种、树种的结构和分布及变动情况等森林资源信息，过去只能从森林资源档案中的文字表格上了解情况，缺乏直观的空间数据反映，难以分析变化的空间分布规律。森林资源监测模块对森林资源信息(主要是二类调查数据)数据管理和分析功能弥补了这一不足，充分利用“3S”技术结合遥感定量模型、生长模型以及专家知识库来年度更新森林资源数据库，信息从单一的森林资源转向森林资源和生态状况的综合信息，信息更加丰富，方便林业生产及决策；系统把新编二元立木材积模型、新编植物生物量模型、新编林分形高表以及林分蓄积生长及生物量生长模型来更新自然消长森林资源因子；利用专家知识库来更新自然消长生态因子；利用计算机自动检测突变小班和人机交互录入台账来更新突变小班的空间和属性信息，做到了图面和属性动态管理和监测，并以多种方式输出决策所需的地理空间信息。

森林资源模块主要包括遥感判读标志、台账录入修改、台账小班勾绘、台账逻辑检查、更新档案数据、档

案数据逻辑检查、生成小班界限、自动提取突变小班(图 8-15)。

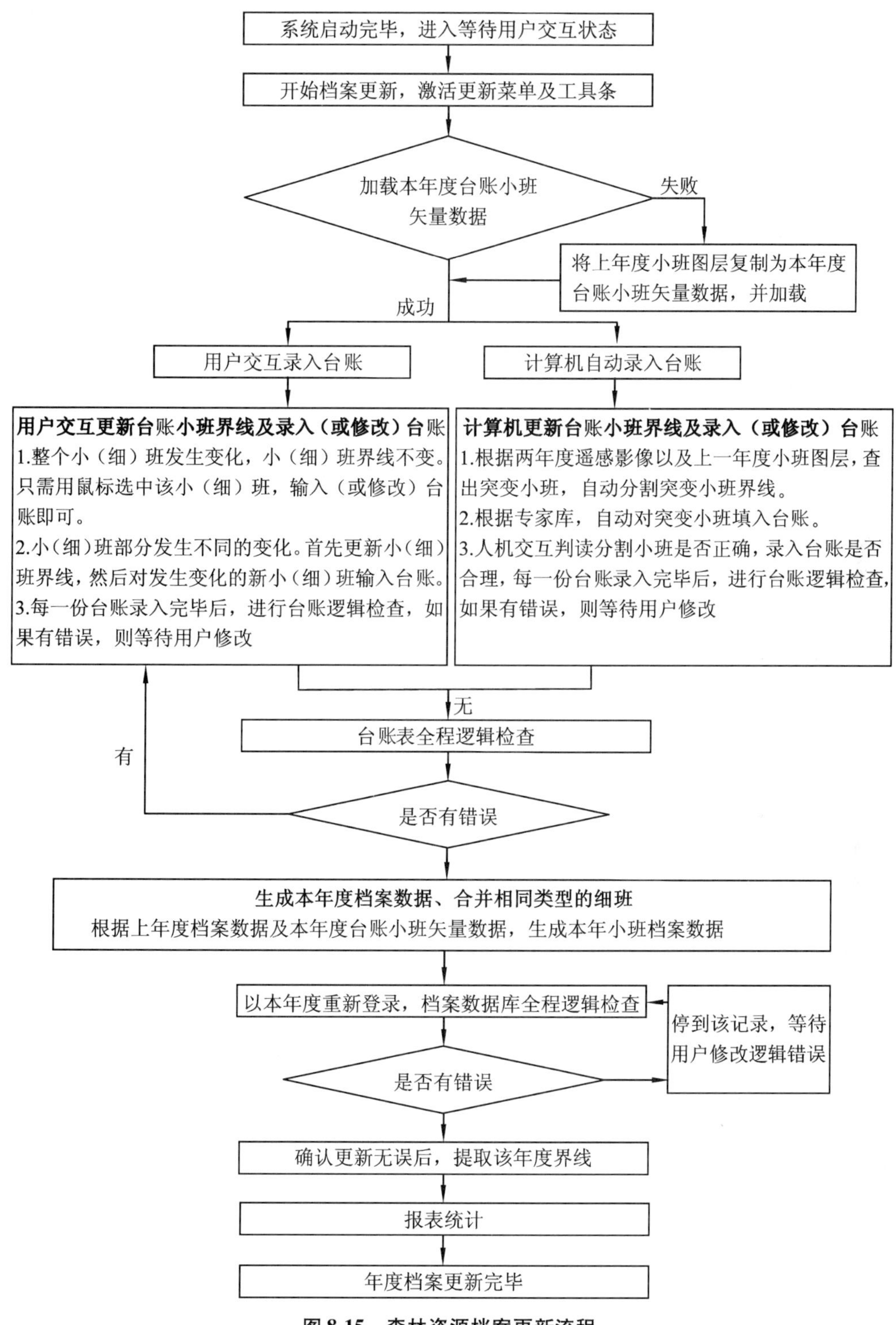

图 8-15 森林资源档案更新流程

8.7.4.1 建立遥感判读标志

通过GPS遥感建标，把采集数据分地类录入遥感判读标志数据库，为人机交互判读提供解译参考(彩图49)。

8.7.4.2 开始档案更新

点击“开始档案更新”菜单，如果是本年度第一次进行档案更新工作，系统会自动建立本年度的台账小班图层。

8.7.4.3 开始编辑台账

点击“开始编辑台账”，系统会激活相应的菜单及工具按钮。

8.7.4.4 台账录入修改

目前，由于高分辨率影像很难每年全省覆盖一次，所以在现阶段，档案更新所使用的是中分辨率遥感影像。在进行台账录入修改之前，应将比例尺设置在1∶10000～1∶25000之间，以便于台账小班录入及勾绘。

点击台账录入修改，然后用鼠标点击要录入台账的小(细)班，点击后，被点中的小(细)班会闪烁一次，闪烁之后，系统会弹出台账调查表(台账录入修改对话框)。

台账类型可分为以下19类：

①乔木进界(包括经济林进界)：原无蓄积乔木林分，经生长平均胸径达到5cm，已有蓄积量，需补充调查建立台账，此类台账包含乔木经济林进界；

②乔木皆伐(包括经济林皆伐)：对乔木林分使用皆伐方式进行采伐作业后，应建立皆伐作业台账，此类台账包含乔木经济林采伐；

③乔木择伐：对乔木林分使用择伐方式进行采伐作业后，应建立择伐作业台账；

④疏林皆伐：对疏林使用皆伐方式进行采伐作业后，应建立皆伐作业台账；

⑤森林火灾：对经森林火灾后，造成乔木林、竹林、疏林、灌木林、未成林林地损失，应建立森林火灾台账；

⑥病虫危害：对经病虫危害后，造成乔木林、竹林、疏林、灌木林、未成林林地损失，应建立病虫危害台账；

⑦其他灾害：对经台风、霜冻等灾害后，造成乔木林、竹林、疏林、灌木林、未成林林地损失，应建立其他灾害台账；

⑧征占用地：对林地改变用途，不再作为林地经营，应建立征占用地台账；

⑨造林失败：对未成林造林地，因保存率达不到要求，应建立造林失败台账；

⑩散生采伐：对有散生木的林地进行散生木采伐，应建立散生采伐台账；

⑪其他采伐(竹林、灌木林、未成林采伐，包括红树林、红树林未成林采伐)：乔木林、疏林、苗圃、无林地之外的林地进行砍伐，应建立其他采伐台账，具体有竹林、灌木林、未成林、红树林、红树林未成林的砍伐；

⑫乔木改造(指当年采伐乔木林后造林，包括经济林、疏林改造，含当年成林)：对乔木林分进行改造，应建立乔木改造台账，包含经济林、疏林改造，改造可以当年成林；

⑬其他改造(指当年采伐竹林、灌木林、未成林、红树林、红树未成林后造林，含当年成林)：乔木林、疏林之外的林地进行改造，应建立其他改造台账，具体有竹林、灌木林、未成林、红树林、红树林未成林的改造，改造可以当年成林；

⑭萌芽成林(含当年采伐成林)：乔木林、疏林采伐作业后，天然萌芽成林应建立萌

芽成林台账，包含当年采伐萌芽成林；

⑮采伐造林(含当年成林)：当年采伐乔木林、疏林后，立即造林，应建立采伐造林台账，采伐造林可当年成林；

⑯无林造林(包括红树造林，含当年成林)：在无林地上进行造林，应建立无林造林台账，包含红树林宜林地上进行的红树林造林，无林造林可当年成林；

⑰人造成林(人工造林未成林，包括人工红树未成林)：人工未成林地成林后，应建立人造成林台账，包含人工红树未成林的成林；

⑱封育成林(封育未成林，包括封育红树未成林)：封育未成林地经封育后达到成林标准，应建立封育成林台账，包含封育红树未成林的成林；

⑲退耕还林(含当年成林)：非林地转变用途，变为林地，应建立退耕还林台账，可当年成林。

一张台账调查表输完后，系统会围绕台账类型对输入因子进行逻辑检查，提示错误信息。如果发现输入有误，可按"录入修改"(快捷键 M)按钮修改错误；在输入过程中可按"取消"按钮取消输入；输入完后发现不应该对该小(细)班进行台账录入，则可按"删除台账"(快捷键 D)按钮删除记录，可以删除该台账记录；输入完毕或不再输入，可按"退出"(快捷键 X)按钮退出台账输入。如果想要该小(细)班图形以 1∶10000 显示在屏幕中央，可按"地图定位"(快捷键 P)按钮进行定位(彩图 50)。

因"录入修改""删除台账"仅针对当前记录进行，若要处理记录不是当前记录时，可按"⏮(第一条记录)"、"◀(上一条记录)"、"▶(下一条记录)"、"⏭(最后一条记录)"、"地籍号查询"等按钮将要处理记录定位成当前记录，再按"录入修改"、"删除台账"、"地图定位"进行处理。其中"地籍号查询"要在左边的文本框中输入不含县代码的 10 地籍号进行搜索记录。

8.7.4.5　台账小(细)班勾绘

先用▶按钮选中要进行勾绘的原小(细)班，然后用🖉按钮根据遥感影像特征对变化的小(细)班进行台账小(细)班勾绘，勾绘结果见彩图 51 ~ 彩图 58。

8.7.4.6　突变小班自动提取

系统根据新一年度的遥感数据和上一年度小班数据，自动提取突变小班(彩图 59)

8.7.4.7　突变小班自动分割

点击资源监测下"空间变化计算机提取"菜单，系统对突变的小班根据遥感影像特征和前一年度小班属性信息，自动分割突变小班(彩图 60)。

8.7.4.8　自动录入台账

点击资源监测下"突变小班自动录入台账"菜单，系统根据自动提取的突变小班结果，读取两年度 NDVI 之差、新一年度 NDVI、专家知识库等信息，自动录入台账(图 8-16)。

8.7.4.9　台账逻辑检查

点击"台账逻辑检查"，系统将执行全程逻辑检查，如果没有任何错误，则会弹出如下对话框(图 8-17)。

台帐调查表

广东省森林资源与生态状况台账调查表

市:东莞市　县、区、林场:东莞市　地类 乔木林 11
林种 果树林 51　优势树种荔枝 711　年龄 7　郁闭度0.3
档案面积 7.1　平均胸径2　平均高2.2　公顷蓄积0　小班蓄积0

当前地籍号 1711102500　当前记录号4　前一台账小班地籍号 1403100600

1	台账类型	1	23	湿地松断面	0	45	草本盖度	0
2	台账面积	7.1	24	国外松断面	0	46	草本高度	0
3	地类	11	25	桉树断面	0	47	草本年龄	0
4	林木所有权	2	26	黎蒴断面	0	48	公顷蓄积	0
5	林木使用权	2	27	速相思断面	0	49	小细班蓄积	0
6	区划林种	31	28	南洋楹断面	0	50	杉木蓄积	0
7	优势树种	301	29	木他黄断面	0	51	马尾松蓄积	0
8	郁闭度	0.4	30	荷木断面	0	52	湿地松蓄积	0
9	平均年龄	1	31	其他软阔断面	0	53	国外松蓄积	0
10	平均树高	1.5	32	台相思断面	0	54	桉树蓄积	0
11	平均胸径	0	33	其他硬阔断面	0	55	黎蒴蓄积	0
12	公顷株数	1000	34	经济林断面	0	56	速生相思蓄积	0
13	成活保存率	90	35	优势下木	33	57	南洋楹蓄积	0
14	生态功能等级	4	36	下木基径	3	58	木麻黄蓄积	0
15	灾害类型等级	00000	37	下木高度	1	59	荷木蓄积	0
16	森林健康度	1	38	下木公顷株数	1000	60	其他软阔蓄积	0
17	侵蚀类型等级	10	39	下木年龄	1	61	台湾相思蓄积	0
18	石漠类型等级	11	40	优势灌木	0	62	其他硬阔蓄积	0
19	散生木蓄积	0	41	灌木盖度	0	63	经济林蓄积	0
20	公顷断面	0	42	灌木高度	0	64	下木生物量	4.7
21	杉木断面	0	43	灌木年龄	0	65	灌木生物量	0
22	马尾松断面	0	44	优势草本	0	66	草本生物量	0

台账类型 1乔木进界 2乔木皆伐 3乔木择伐 4疏林皆伐 5森林火灾 6病虫危害 7其他灾害 8征占林地 9造林失败 10散生采伐 11其他采伐 12乔木改造 13其他改造 14萌芽成林 15采伐造林 16无林造林 17人造成林 18封育成林 19退耕还林

查地籍号(10位　P 地图定位
D 删除台帐　取　消　M 录入修改　X 退　出

图 8-16　突变小班自动录入台账

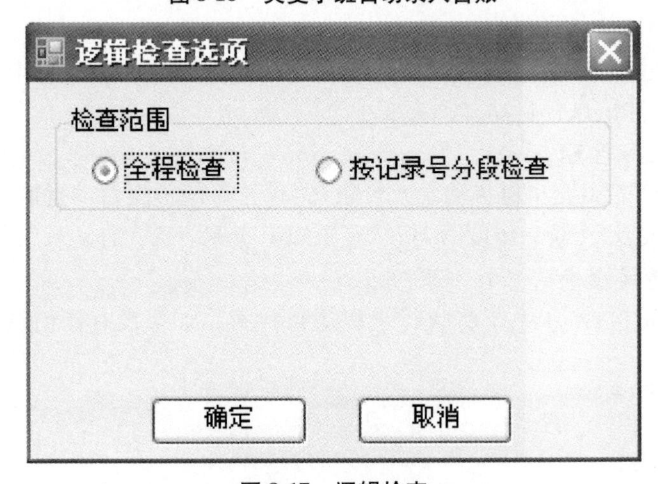

图 8-17　逻辑检查

如果有逻辑错误，则系统会弹出错误警告对话框，如图 8-18 所示。

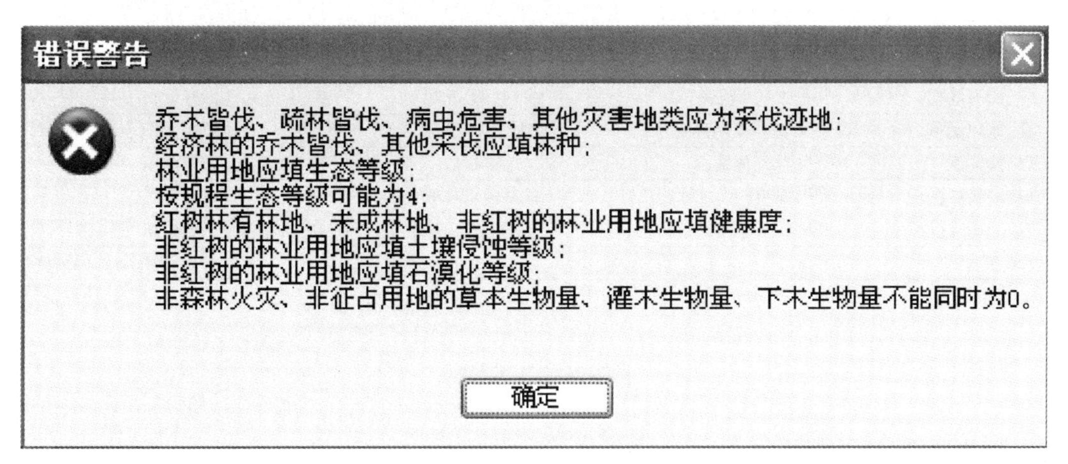

图 8-18　逻辑检查

如果有逻辑错误，系统会弹出台账调查表，但是，假如这时在台账调查表上点击了退出，系统会弹出如下对话框，说明没有将全程逻辑检查进行到底，后面的数据可能还有逻辑错误。

8.7.4.10　更新档案数据

如果台账数据中有比较严重的逻辑错误，则不能更新档案，会弹出如下对话框(图 8-19)。

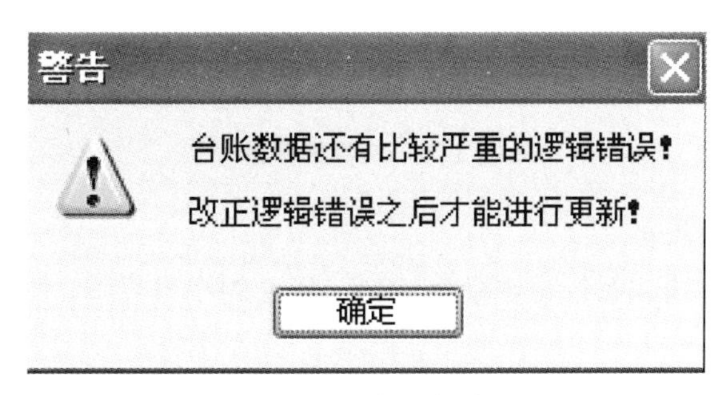

图 8-19　台账出错

点击更新档案数据，系统可自动进行档案数据更新，生成新一年的档案库(更新库)。如果已有更新的档案数据。如果从来没有做过新一年度的更新档案数据，则系统直接出现生成新一年度档案数据进度提示框。生成新一年度档案数据之后，请退出系统，重新以新的年度登录，以便进行新年度的档案数据逻辑检查、生成小班界线、统计报表等。

8.7.4.11　四旁数据

需要手工输入，请将原来的四旁数据进行手工录入，四旁数据是统计森林覆盖率和林木绿化率必须数据(图 8-20)。

四旁数据

东莞市2006年度四旁数据表

乡村四旁面积	1738.00000	乡村四旁蓄积	122519	乡村四旁株数	893837	1亩以上四旁面积	1197.00000
城区绿化面积	236.400000	城区绿化蓄积	1377	城区绿化株数	390000	1亩以上城区面积	236.400000
其他林面积	1683.60000	其他林蓄积	9870	其他林株数	2778000	1亩以上其他面积	1200.00000
非林经济林面积	23981.0000	非林经济林蓄积	539	非林经济林株数	39568650	1亩以上非经面积	21000.0000
主干道绿化面积	212.100000	主干道绿化蓄积	5941	主干道绿化株数	350000	1亩以上干线面积	212.100000
土地总面积	240845.20000000						

修改(M)　保存退出(X)

图 8-20　四旁数据

8.7.4.12　档案数据逻辑检查及编辑

更新档案数据之后，退出系统，以新一年度(如 2007 年)进入系统，然后进行逻辑检查，如果有逻辑检查错误，则系统会弹出档案因子表，可以在这个对话框中进行修改(图 8-21)。

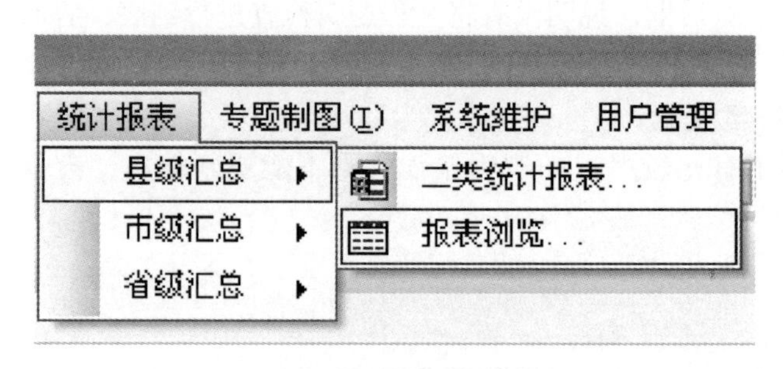

图 8-21　档案因子表

8.7.4.13　生成小班界线

点击生成小班界界线，系统可自动生成新一年度的小班界线。如果已有生成的小班界线，则提示是否覆盖。

8.7.5　统计报表

根据《广东省森林资源二类调查与森林资源生态状况调查工作操作细则》规定的森林资源和生态状况统计报表，系统采用功能强大的水晶报表(crystal reports)开发了森林资源二类调查统计报表，通过“报表统计”菜单，可以方便地统计县、市、省森林资源的数量、质量、分布状况。

在统计报表模块可以根据不同用户对象对森林资源与生态状况数据汇总，如果用户对象是县(区)，提供县级汇总接口，市级汇总和省级汇总为灰色，不能使用，如果是市级用户则提供市级汇总接口，省级用户提供省级汇总接口。统计与打印出各类土地面积统计、生态公益林面积统计表等报表。统计前先勾选要统计的报表选项，可以点击全选按钮，可以勾选所有的报表。点击统计按钮，可以对勾选的报表统计进行统计，如果以前有统计过，弹出提示，“是否覆盖以前的统计报表”。点击“确定”则覆盖，点击“取消”则跳过，继续汇总统计。选择“打印”则对汇总的数据打印(图 8-22)。

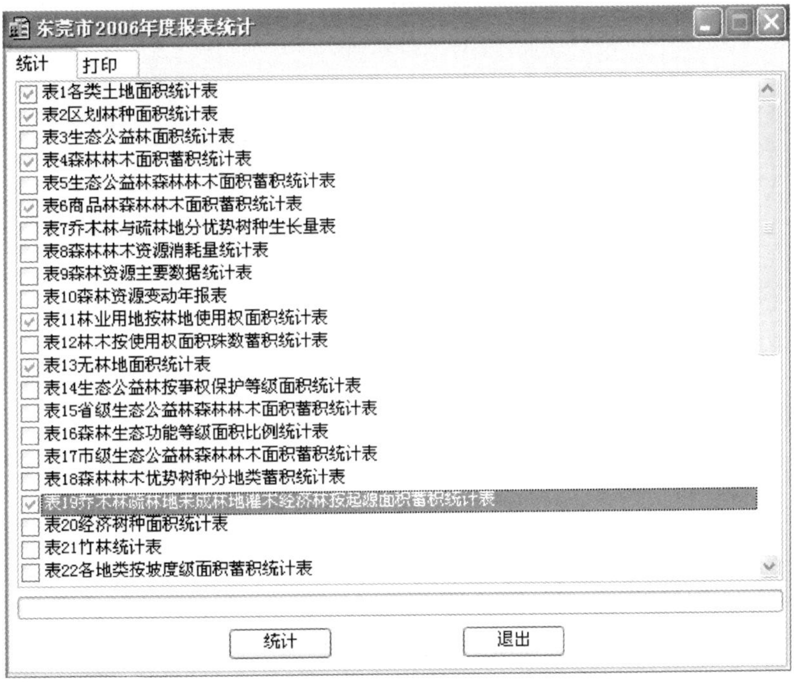

图 8-22　统计报表

统计完之后，点击打印标签页，可进行选择(选择其中的一个镇)打印(A3 或 A4)，可以全表打印(A3 或 A4)，也可以全县乡镇打印(A3)(图 8-23)生成报表见图 8-24。

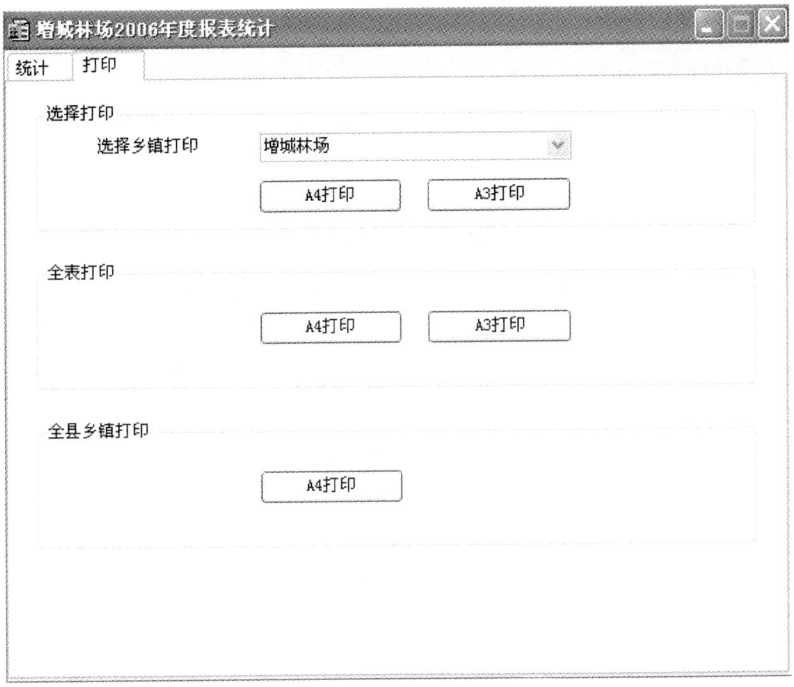

图 8-23　打印对话框

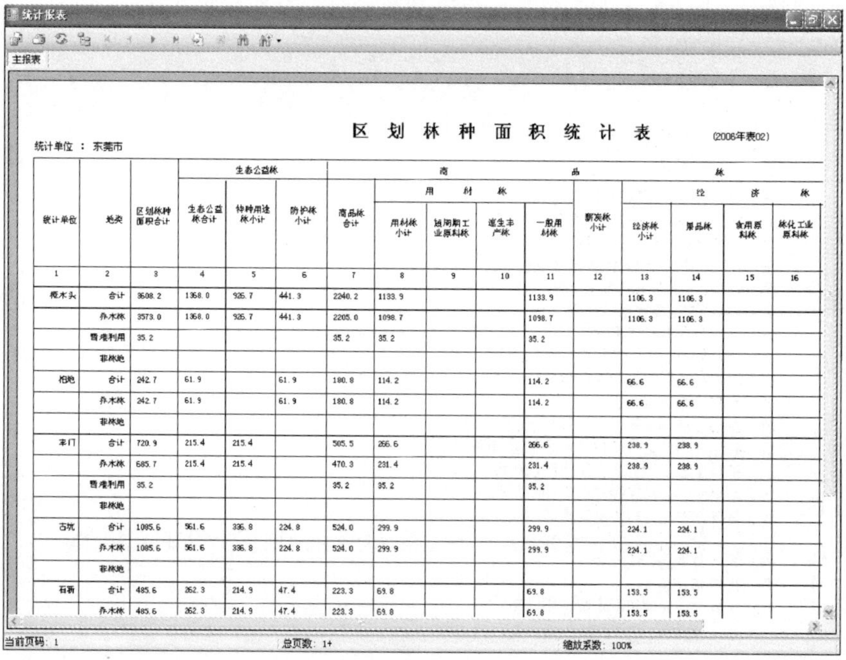

统计报表

主报表

区　划　林　种　面　积　统　计　表　(2006年表02)

统计单位 ： 东莞市

统计单位	地类	区划林种面积合计	生态公益林			商品林									
			生态公益林合计	特种用途林小计	防护林小计	商品林合计	用材林				薪炭林小计	经济林			
							用材林小计	短周期工业原料林	速生丰产林	一般用材林		经济林小计	果品林	食用原料林	林化工业原料林
1	2	3	4	5	6	7	8	9	10	11	12	13	14	15	16
樟木头	合计	3608.2	1368.0	926.7	441.3	2240.2	1133.9			1133.9		1106.3	1106.3		
	乔木林	3573.0	1368.0	926.7	441.3	2205.0	1098.7			1098.7		1106.3	1106.3		
	暂难利用	35.2				35.2	35.2			35.2					
	非林地														
柏地	合计	242.7	61.9		61.9	180.8	114.2			114.2		66.6	66.6		
	乔木林	242.7	61.9		61.9	180.8	114.2			114.2		66.6	66.6		
	非林地														
丰门	合计	720.9	215.4	215.4		505.5	266.6			266.6		238.9	238.9		
	乔木林	685.7	215.4	215.4		470.3	231.4			231.4		238.9	238.9		
	暂难利用	35.2				35.2	35.2			35.2					
	非林地														
古坑	合计	1085.6	561.6	336.8	224.8	524.0	299.9			299.9		224.1	224.1		
	乔木林	1085.6	561.6	336.8	224.8	524.0	299.9			299.9		224.1	224.1		
	非林地														
石新	合计	485.6	262.3	214.9	47.4	223.3	69.8			69.8		153.5	153.5		
	乔木林	485.6	262.3	214.9	47.4	223.3	69.8			69.8		153.5	153.5		

当前页码：1　总页数：1+　缩放系数：100%

图 8-24　区划林种统计表

8.7.6　专题制图

林业专题图包含大量信息，能直观显示森林面积、树种、龄级等多项林分因子的分布状况，且能体现规划设计的思想，因此它们是林业生产和管理不可缺少的基本资料，也是各类森林调查、规划设计工程必须提供的主要成果之一。利用森林资源地理信息数据库，除了固定形式的专题图(地类分布图、林种分布图、树种分布图等)以外，通过专题图模块可以方便地定制不同的专题图，如唯一符号专题图、唯一值(独立值)专题图、分级专题图、密度图、饼状专题图、柱状专题图等。在内容表点击右键，弹出菜单，点击专题制图。

(1)简单专题图。简单专题图包括地类分布图、林种分布图、树种分布图(彩图 61)、生态功能等级分布图、事权与保护等级分布图、森林景观等级分布图、石漠化等级分布图、森林健康度分布图、森林资源度分布图。

(2)定制专题图。唯一符号专题图：唯一符号专题图可以清楚地表现出事物的分布状况，可以改变符号的颜色和改变标签。

唯一值专题图：在唯一值地图上，可以根据属性值(或特征)来绘制要素并用不同颜色来作色(图 8-25)。

分级专题图：当用户需要对特定的事物进行定量或数量化绘图时，可以选择使用颜色分级地图，在颜色分级地图中，不同的颜色等级可以适合特定的属性值。

比例分号专题图：用比例符号能够精确地表示数据值，比例符号的大小反映出数据真实值的大小。

点密度专题图：可以用点密度来表示某一区域中大量的属性值主要集中在什么地方。

图 8-25　唯一值专题图制作窗口

柱状专题图和饼状专题图：柱状专题图和饼状专题图，可以对大量定量化的数据进行表示，可以选择多个字段，设置背景，改变符号的颜色，以及过滤一部分。

8.7.7　图幅整饰

图幅整饰与打印模块能制作各种林业需要的设计图，可以添加标题、指北针、比例尺、图框、坐标网络、插入文字、插图图片等。如图 8-26 所示，经过图幅整饰，得到完整、美观的设计图。

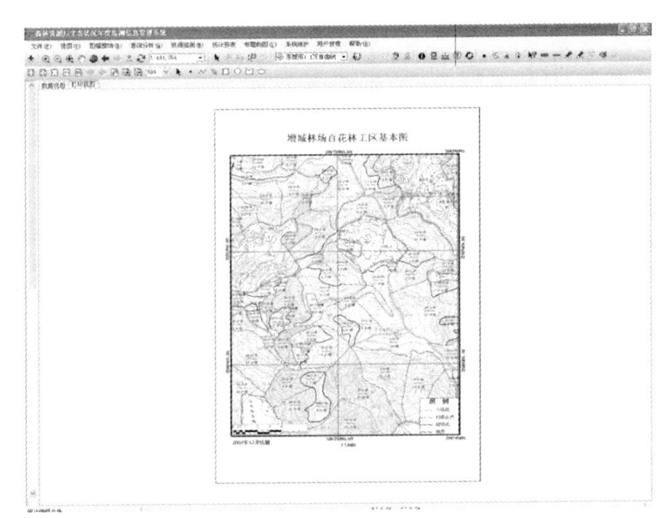

图 8-26　林区基本图

8.7.8 宏观监测

宏观监测模块主要是对土地第一生产力(NPP)计算，需要导入模型，包括太阳总辐射，植物吸收有效辐射，低温胁迫系数，高温胁迫系数，水分胁迫系数，最大光能利用率。输入参数后自动计算12个月NPP以及全年全省NPP(彩图53)。

8.7.9 系统维护

系统维护是给系统管理员使用的，用于对整个系统的初始化、维护、监控和定制工作。包括数据维护、林分模型管理、遥感模型管理、元数据管理、代码表维护、逻辑规则库管理等。

8.7.9.1 数据备份

点击“数据维护”下拉菜单“数据导出备份”，可对目标数据进行备份。在如下对话框中，选择要备份的数据(可以是矢量图形数据、栅格图像、统计表或数据表等)，命名好备份名称(如“增城林场2007”)，点击备份即可(图8-27)。

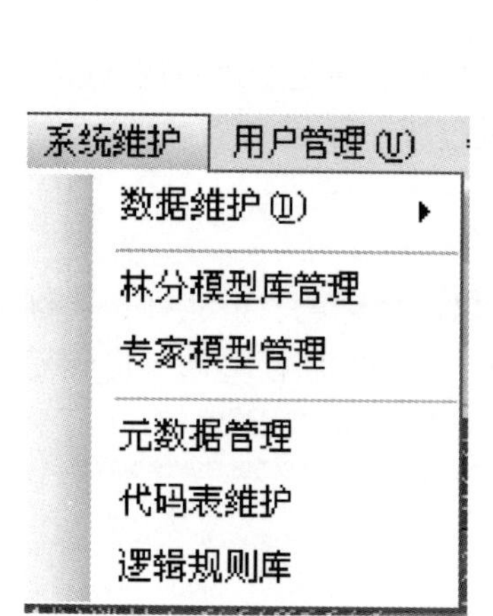

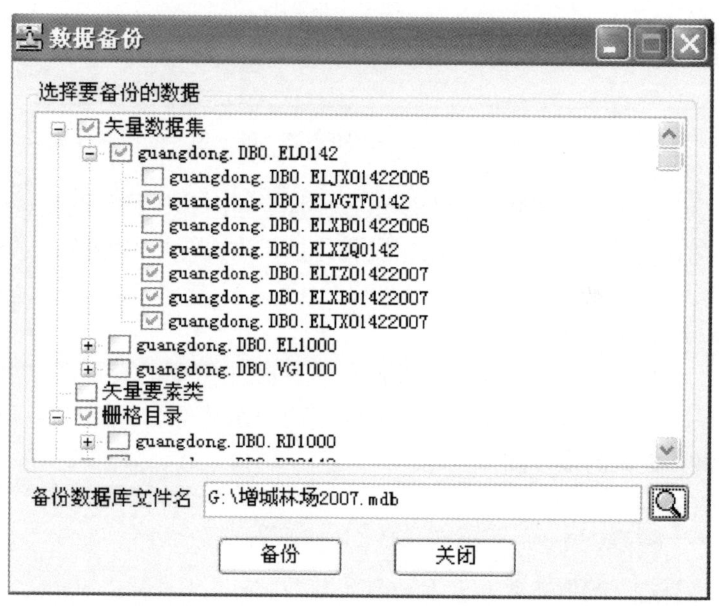

图8-27 数据备份

8.7.9.2 数据恢复

点击“数据维护”下拉菜单“数据导入恢复”，输入要恢复的数据库文件夹名，可将备份的数据导入到系统数据库中。在如下对话框中，选择要导入的数据(可以是矢量图形数据、栅格图像、统计表或数据表等)，点击恢复即可。如果系统数据库中已经有该数据，则系统会提示是否要覆盖(图8-28)。

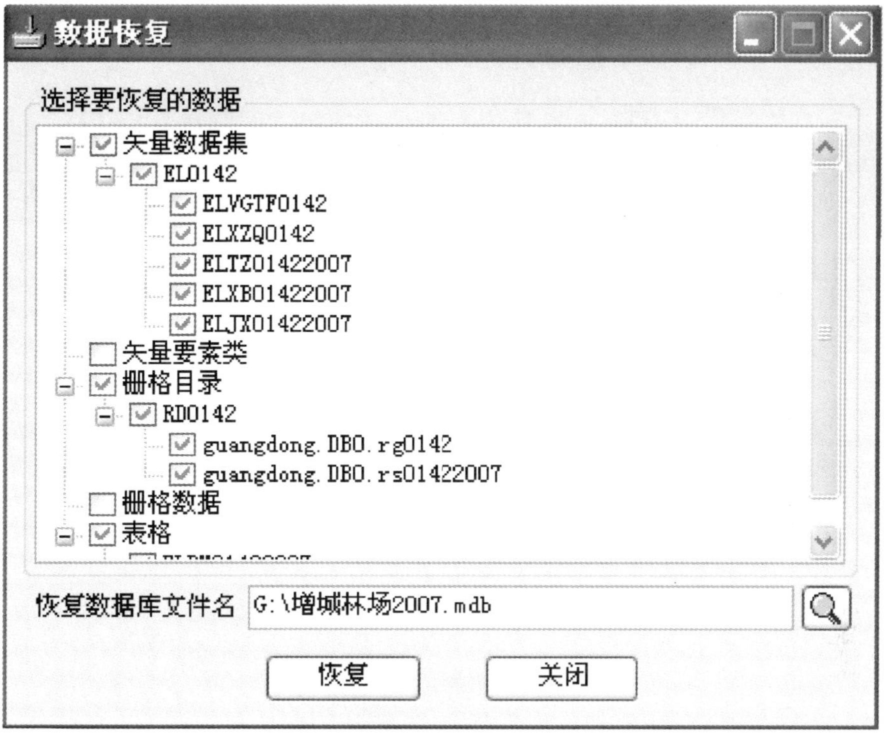

图 8-28　数据恢复

8.7.9.3　上交档案数据

点击“数据维护”下拉菜单“上交档案数据”，输入要上交的打包数据库文件名，可将本年度要上交的数据(面状小班、小班界线、统计表、地名表、四旁数据表等)统一打包成一个数据库文件，用户可以选择县级用户还是市级用户(图 8-29)。

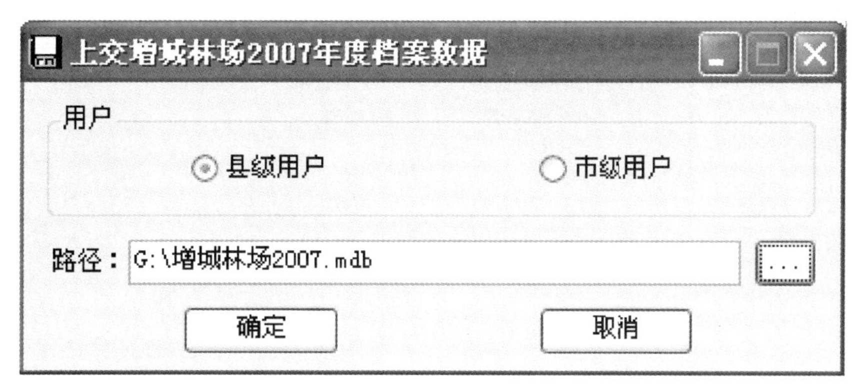

图 8-29　上交档案数据

8.7.9.4　林分模型管理

林分模型管理模块主要是对 193 个生长模型进行管理，可以添加模型、删除模型、修改模型参数(图 8-30)。

林分生长模型库管理

编号	模型名称	因子	代码	分级	参数a
9	林木材积模型...	桉树	301		0.000087
10	林木材积模型...	藜蒴	302		0.000062
11	林木材积模型...	速相思	303		0.000073
12	林木材积模型...	软阔	307		0.000067
13	林木材积模型...	硬阔	402		0.000060
14	灌木生物量模...	桃金娘	22		0.844764
15	灌木生物量模...	岗松	23		0.207840
16	灌木生物量模...	杂灌	24		0.056928
17	灌木生物量模...	竹灌	25		0.053834
18	平均高生长模...	杉木1	101	1	1.541900
19	平均高生长模...	马尾松1	201	1	0.873600
20	平均高生长模...	湿地松1	202	1	2.589400
21	平均高生长模...	硬阔1	402	1	1.245100
22	平均高生长模...	桉树1	301	1	7.233600
23	平均高生长模...	藜蒴1	302	1	2.817000
24	平均高生长模...	速相思1	303	1	1.876400
25	平均高生长模...	软阔1	307	1	4.841900
26	平均高生长模...	针叶混1	501	1	0.984100
27	平均高生长模...	针阔混1	502	1	1.327000

更新

关闭

图 8-30 林分模型管理

8.7.9.5 元数据管理

元数据管理主要是森林资源元数据管理。元数据按层状结构进行组织，在森林资源数据库中，建立 4 层元数据，分别为数据库、数据集、数据项和数据值相对应，即数据库层、数据集层、数据项层和数据值层(图 8-31)。

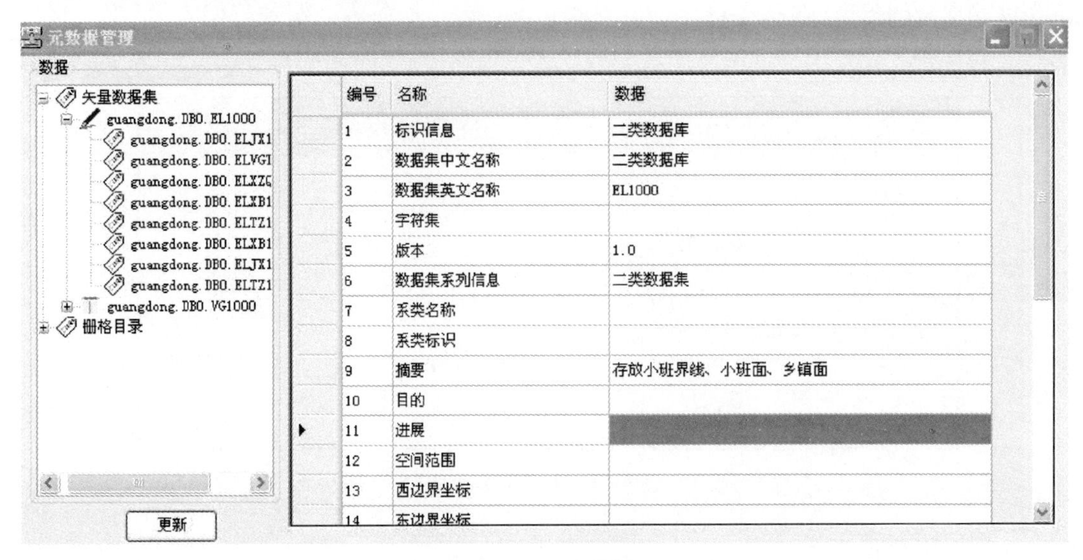

图 8-31 元数据管理

8.7.9.6 代码表管理

预览显示林业因子代码表(图 8-32)。

代码表

编号	因子	因子代码	因子简写	类别	类别号
1	乔木林	11	乔	DL	1
2	竹林	12	竹	DL	1
3	疏林	20	疏	DL	1
4	国家灌木	31	特灌	DL	1
5	其他灌木	32	其灌	DL	1
6	人工未成	41	未	DL	1
7	封育未成	42	育	DL	1
8	苗圃地	50	苗	DL	1
9	采伐迹地	61	采	DL	1
10	火烧迹地	62	火	DL	1
11	无木林地	63	无木	DL	1
12	宜林荒山	64	荒	DL	1
13	宜林沙荒	65	沙	DL	1
14	暂难利用	66	难	DL	1
15	辅助林地	70	辅	DL	1
16	红树有林	81	红有	DL	1
17	红树未成	82	红未	DL	1
18	红树封育	83	红育	DL	1

图 8-32　代码表管理

8.7.9.7　逻辑规则库管理

逻辑规则库管理主要是添加、修改、删除逻辑规则库，包括逻辑条件和逻辑结果，系统运行台账输入和逻辑检查过程中需要调用逻辑规则库(图 8-33)。

逻辑规则

逻辑条件　台账类型 = 1 and (地类 <> 11 or 小班蓄积 > 0)

逻辑结果　该小班台账类型不能填 1-乔木进界

编号	逻辑条件	逻辑结果
1	台账类型 = 1 and (地类 <> 11 or 小班蓄积 > 0)	该小班台账类型不...
2	台账类型 = 2 and (地类 <> 11 or 小班蓄积 = 0)	该小班台账类型不...
3	台账类型 = 3 and (地类 <> 11 or 小班蓄积 = 0)	该小班台账类型不...
4	台账类型 = 3 and 台帐小班蓄积 > 小班蓄积	3-乔木择账后的蓄...
5	台账类型 = 4 and 地类 <> 20	该小班台账类型不...
6	台账类型 = 5 and 地类 > 89	该小班台账类型不...
7	台账类型 = 6 and 地类 > 89	该小班台账类型不...
8	台账类型 = 7 and 地类 > 89	该小班台账类型不...
9	台账类型 = 8 and 地类 > 89	该小班台账类型不...
10	台账类型 = 9 and 地类 <> 41	该小班台账类型不...
11	台账类型 = 10 and 散生木蓄积 = 0	该小班档账数据无...
12	台账类型 = 11 and (地类 = 11 or 地类 = 20 or 地类 = 50 or 地类 = 61 or ...	该小班台账类型不...
13	台账类型 = 12 and 地类 <> 11 and 地类 <> 20	该小班台账类型不...
14	台账类型 = 13 and (地类 = 11 or 地类 = 20 or 地类 = 50 or 地类 = 61 or ...	该小班台账类型不...

增加　修改　保存　删除　取消　退出

图 8-33　逻辑规则

8.7.9.8 专家知识库

主要是对专家条件、输出结果、输出类别的录入和修改(图 8-34)。

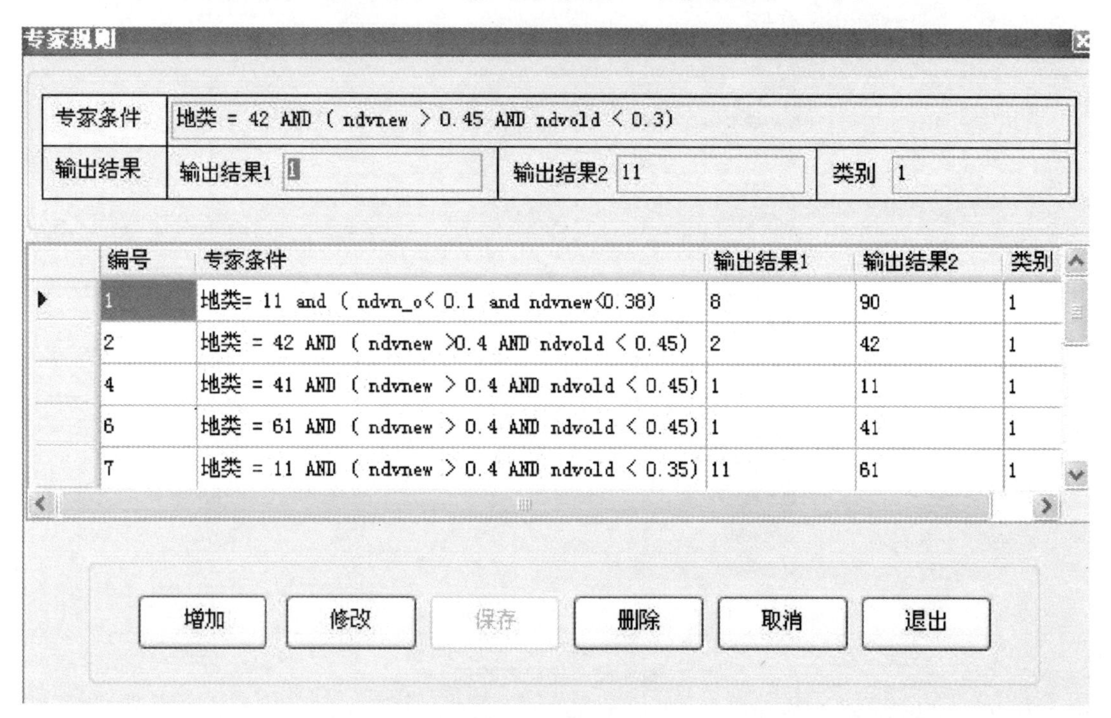

图 8-34 专家知识库

8.7.10 用户管理

用户管理模块主要完成权限管理、日志管理、修改密码等用户管理操作。权限管理可以对用户设置不同的权限(如用户、组、受控权限)，包括系统各部分的操作权限管理和数据操作的权限管理。系统应能对所有上机操作人员自动判断分类，拒绝、警示非法操作并加以记录；系统具有日志记录功能，一旦对数据进行访问，特别是修改数据时，系统自动记录下登录用户、机器名称、访问时间、对数据的修改内容，一旦将来发现问题，即可从日志从获取数据访问情况。日志管理包括日志的查询、过滤、删除等。图 8-35 为权限管理窗口。

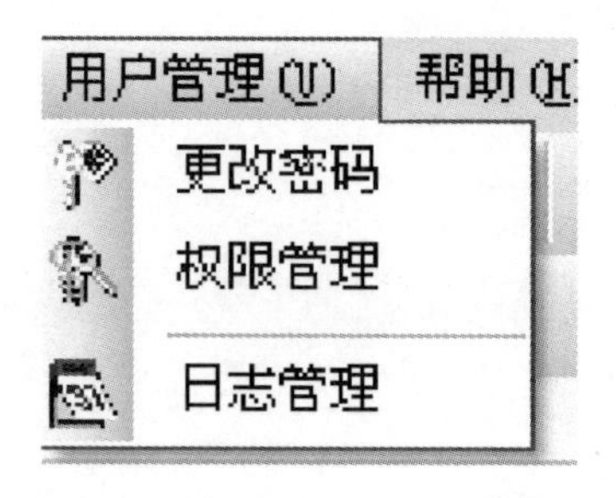

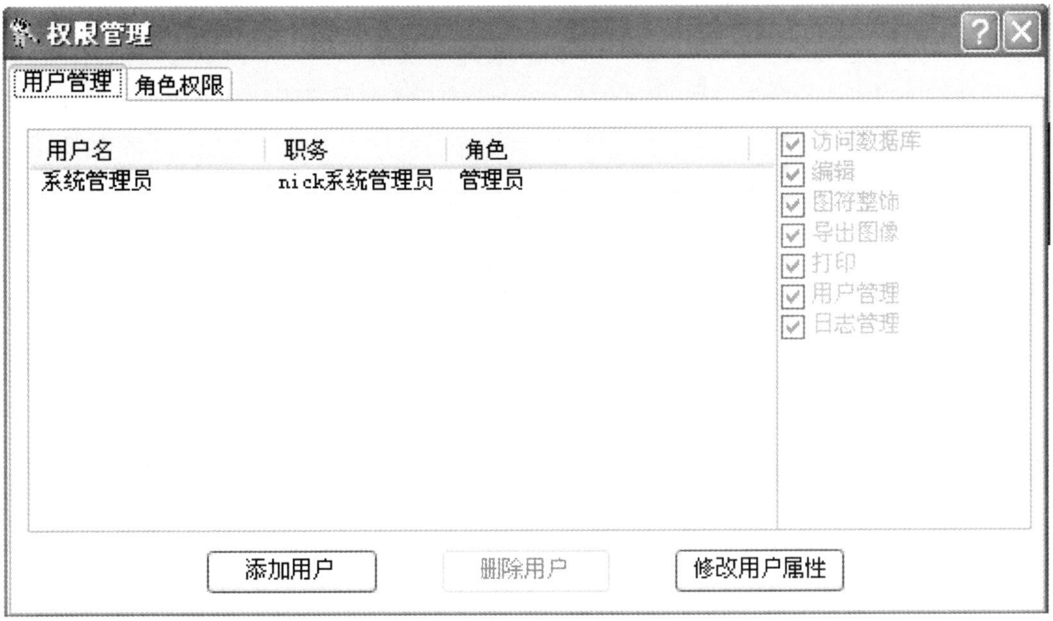

权限管理

用户管理　角色权限

用户名	职务	角色
系统管理员	nick系统管理员	管理员

访问数据库
编辑
图符整饰
导出图像
打印
用户管理
日志管理

添加用户　删除用户　修改用户属性

图 8-35　权限管理

8.7.11　帮助(图 8-36)

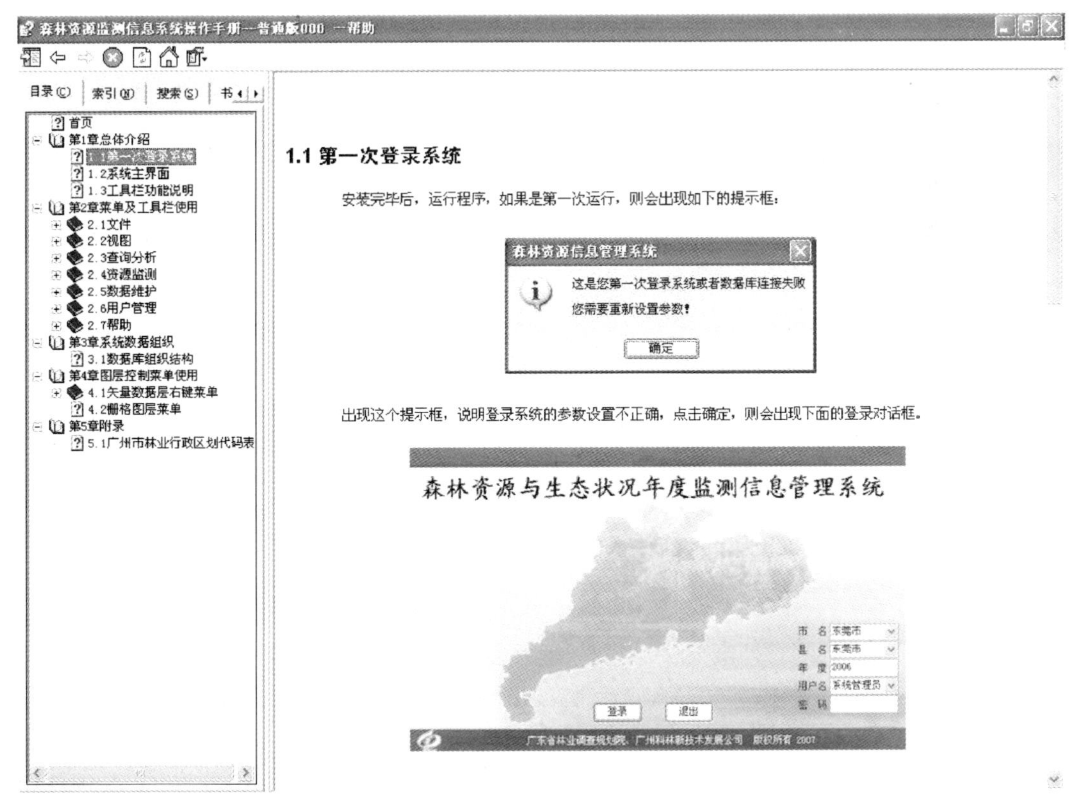

图 8-36　在线帮助

8.8 系统评价

森林资源与生态状况年度监测信息管理系统紧紧围绕森林资源和生态状况年度监测体系建设，将资源监测系统、地理信息系统、“3S”技术有机地结合起来，实现了森林资源监测与管理的科学化、信息化、智能化，是森林资源和生态宏观监测研究建设的一个重大进展，弥补了当前森林资源和生态宏观信息管理平台的空缺。系统的实施具有以下成果：

(1)整合集成各项监测信息资源。林业监测信息呈现多源性、多样性、多态性、多粒度、异构性等特点，致使信息资源在横向上不能共享、纵向不等贯通，形成孤岛问题非常突出(肖兴威等，2007)。系统建库根据国家林业局提出的森林资源数据库的建设规范、森林资源数据规范与编码，参照国内其他行业定制的标准和系统实际开发的需要，运用建模工具软件，采用可视化建模的方法及标准的建模语言，来设计森林资源与生态状况地理数据库，消除了信息孤岛，提高监测信息管理系统的信息共享能力。

(2)实现了“3S”技术与森林资源监测有机结合。“3S”技术的日益完善，森林资源与生态状况年度监测信息管理系把“3S”技术与森林资源监测与管理有机结合起来，克服了传统监测系统的缺陷，提高了森林资源监测水平。借助地理信息系统有利于地面调查或遥感图像数据采集，将资源变化情况落实到山头地块，实现了地籍管理，准确地获取多种组合形式的林业资源统计数据，清晰直观地表现数据之间的联系和发展趋势，实现数据可视化以及空间地理分析与实际应用的集成，以满足森林资源管理和领导决策的需要，为合理规划资源、优化结构，编制林业规划和采伐限额，进行规划设计和森林资源管理提供可靠依据；利用RS技术的实时或准实时功能，提供最新的图像信息，结合遥感定量估测模型，实现对突变小班的检测和空间数据自动更新；利用GPS实现遥感建标、定位以及野外边界辅助测定。把“3S”与林业模型库和知识库相结合，使之能够更新森林资源和生态状况各项复杂因子，实现森林森林资源与生态状况年度监测与管理的智能化。

(3)建立了森林资源与生态状况年度监测信息管理平台。按照新时期林业发展的要求，制定监测信息管理规范，充分发挥监测信息资源的潜力，整合各项监测信息资源，运用先进开发技术来构建森林资源与生态状况年度监测信息管理平台，不仅实现了对森林资源数量进行监测，更能够对生态环境信息进行动态监测，为全面建立森林资源与生态状况综合监测体系打下坚实的基础。系统的功能强大，包括森林资源信息的信息查询、统计报表、专题图生成、空间数据和属性数据人工更新以及计算机的自动更新，数据逻辑检查、修改，可视化输出与打印等，提高了监测信息系统的信息共享、综合分析评价和决策能力。

本章参考文献

[1] 宁利国，孙成良. 2007. GIS在林业上应用的发展概况[J]. 林业勘察设计规划，(2)：13-14.

[2] 赵松龄，董杰，韩敏. 2006. 大连市河流信息管理系统的开发研究[J]. 仪器仪表学报，(6)：978-979.

[3] 夏朝宗，熊利亚，杨为民. 2003. 地理信息系统技术在森林资源管理中的应用研究[J]. 计算机工程与应用，(9)：4-6.

[4] 魏安世，李伟，陈鑫 . 2006. 基于 ArcGIS Engine 的森林资源管理信息系统设计与开发[J]. 广东林业科技，(2)：31 - 36.

[5] 胡文英，赵耘 . 2004. 地理信息系统在林业上的应用现状及其前景[J]. 西部林业科学，(6)：100 - 102.

[6] 周榕 . 2008. 福建省森林资源监测管理应用系统的设计与实现[J]. 林业勘察设计，(1)：10 - 14.

[7] 马俊吉，冯仲科，樊辉，闫秀婧，张彦林. 2007. 甘肃省林场级森林资源管理信息系统的研建[J]，(8)：12 - 17.

[8] 林中大，魏安世，刘惠明 . 2003. 广东省县级林业地理信息系统(GIS)的建立和应用[J]. (1)：27 - 30.

[9] 陈立标，赵连清，于秀藏等 . 2003. 河北省森林资源管理信息系统建设的思考[J]. (4)：35 - 37.

[10] 王伟 . 2004. 县级森林资源信息管理系统构架初步研究[D]. 北京林业大学硕士论文.

[11] 韩鹏，徐占华，褚海峰等 . 2005. 地理信息系统开发方法[M]. 武汉：武汉大学出版社.

[12] 李世明，李增元，陆元昌 . 2006. 利用开源软件开发基于的县级林业空间信息共享系统[J]. 林业科学，42(7)，141 - 144.

[13] 谭炳香，杜纪山 . 2001. 遥感相结合的森林资源信息更新与制图方法研究[J]. 林业科学研究，14(6)：692 - 696.

[14] 张芳，罗保华，王桂红 . 2008. 基于的森林资源管理信息系统建设研究[J]. 河北农业科学，12(3)：144 - 145.

[15] 王得军，黄生，马胜利等 . 2004. “3S”技术在森林资源规划设计调查中的应用研究[J]. 林业资源管理，(5)：75 - 771.

[16] 肖化顺 . 2004. 森林资源监测中林业“3S”技术的应用现状与展望[J]. 林业资源管理，(2)：53 - 581.

[17] 徐爱俊，方陆明，唐丽华等 . 2005. 基于 GIS 的县级生态公益林管理系统的设计与开发[J]. 浙江林学院学报，22(1)：82 ~ 86.

[18] 魏梅，杜爱林 . 2008. 论县级森林资源信息管理系统建设[J]. 现代林业科学，(17)：314 - 315.

[19] 张军，陆守一，程燕妮 . 2002. 网络化森林资源信息管理集成系统解决方案[J]. 林业资源管理，(3)：75 - 77.

[20] 吕恒，彭世揆，林杰 . 2003. 基于 Mapx 的森林资源管理信息系统[J]. 南京林业大学学报，27(6)：67 - 71.

[21] 马文乔 . 2006. 森林资源档案管理系统的研建与数据更新方法的研究[D]. 北京林业大学硕士论文.

[22] 陈端吕 . 2001. 森林资源管理信息系统的研究现状及发展[J]. 林业资源管理，(6)：73 - 78.

[23] 文东新，胡月明，石军南，唐代生. 2006. 森林资源管理信息系统设计方案探讨[J]. 西北林学院学报，21(3)：167 - 169.

[24] 刘泽文. 2005. 森林资源管理系统的研制与实现[D]. 中南林学院硕士论文.

[25] 常新华 . 2003. 森林资源信息化管理及信息系统建设研究[D]. 北京林业大学硕士论文.

[26] 赵天忠，李慧丽，陈钊 . 2004. 森林资源信息集成系统解决方案的探讨[J]. 北京林业大学学报，(3)：11 - 15.

[27] 张茂震，唐小明. 2008. 省级森林资源数据共享平台构架及资源整合的研究[J]. 福建林学院学报，28(2)：169 - 174.

[28] 陈义彬.2005. 县级森林资源信息管理系统的研究与设计[D]. 北京林业大学硕士论文.

[29] 钟晶鸣，吴保国，金萌.2006. 县级森林资源管理信息系统结构模式的探讨[J]. 农业网络信息，(8)：62-64.

[30] 方陆明，唐丽华，徐爱俊.2005. 县级林业资源管理信息系统的结构研究与应用[J]. 浙江林学院学报，22(3)：249~254.

[31] 申晋.2008. 西山林场森林资源信息管理系统的研建[D]. 北京林业大学硕士论文.

[32] 王少平，陈满荣，俞立中等.2000. “3S”在农业非点源污染研究中的应用[J]. 农业环境保护，19(5)：289-292.

[33] 丁生. 2006. 县级森林资源信息管理系统的研制与应用[D]. 南京林业大学硕士论文.

[34] 魏安世，李伟，杨志刚等. 2010. 基于 RS、GIS 的森林资源年度监测信息系统设计与开发[J]. 广东林业科技，(1)：44-50.

第9章　B/S结构的森林资源信息共享平台

与传统的基于桌面或局域网的GIS相比，WebGIS具有访问范围更广泛、平台独立、系统成本低、操作简单、计算负载平衡高效等优点。本章研究利用WebGIS来进行森林资源管理，建设广东省森林资源与生态状况数据共享平台，实现广东省森林资源与生态状况数据在互联网上发布。

9.1　概述

我国不少地方林业管理部门拥有自己的森林资源管理信息系统，但大多数都处于单机运行和各自为政的状态。这些管理系统能对本地森林资源状况进行统计、分析，但是数据应用效率低，不能充分发挥数据的实际应用价值，数据共享性较差。因此，建立符合林业技术规程和数据库建设规定的网络化森林资源与生态状况数据共享平台显得十分必要，这也是森林资源信息化、共享化的必然发展趋势。

本章采用微软公司的.NET作为软件开发平台，ESRI公司的ArcGIS Server作为WebGIS开发平台，以ArcSDE作为空间数据引擎，结合GIS理论和构建WebGIS的相关技术，建立一个基于互联网遵循ASP.NET技术规范的，并能满足政府机关及社会各界用户可在线交互操作的，又具有空间查询和统计报表查询功能的广东省森林资源与生态状况信息共享平台。通过该平台可共享森林资源与生态状况空间及属性数据的年度监测成果。

9.2　应用开发技术综述

9.2.1　WebGIS

随着网路技术的飞速发展，Internet已成为GIS新的系统发布平台。利用Internet技术在Web上发布空间数据供用户浏览和使用是GIS发展的必然趋势。从Internet的任一节点，网络用户都可以浏览Web站点中的空间数据，制作专题图，进行各种空间检索和空间分析，这就是基于Web的地理信息系统——WebGIS。WebGIS是GIS技术和Web技术集成的产物，是在Internet/Intranet网络环境下的一种兼容、存储、处理、分析、显示与应用地理数据的计算机信息系统，是利用Web技术来扩展和完善地理信息系统的一项新技术。WebGIS继承了GIS的部分功能，侧重于地理信息与空间数据处理的共享，是一个基于Web计算平台实现地理信息处理与地理信息分布的网络化软件系统。随着地理信息互操作和Web服务技术的发展，WebGIS技术已经从初始的在Web上简单地发布地理信息转换成为实现地理信息互操作和地理信息Web服务的关键技术。

在运行环境上，WebGIS基于Web计算平台，运行于Internet多用户并发访问的分布式环境。在技术上，WebGIS是GIS技术与组件技术、互操作技术、分布式技术的集成。WebGIS显然要求支持Internet/Intranet标准，具有分布式应用体系结构，可以看做是由多主机、多数据库与多台终端通过 Internet/Intranet 组成的网络，其网络客户端为 GIS 功能层和数据管理层，用以获得信息和各种应用网络 Server 端为数据维护层提供数据信息和系统服务。WebGIS 采用 B/S 的请求应答机制，具有较强的用户交互能力，可以传输并在浏览器上显示空间和多媒体数据，用户通过交互操作，对空间数据进行查询分析。

9.2.1.1 WebGIS 的技术优势

①较低的开发和应用管理成本：WebGIS 是利用通用的浏览器进行地理信息的发布，并使用通常是免费的插件 ActiveX 或 Java Applet 进行开发，从而大大降低了终端客户的培训成本和技术负担。而且，利用组件技术，用户可根据实际需求选择需要的组件，这也最大限度降低了用户的经济负担。

②真正的信息共享：WebGIS 可以通过的浏览器进行信息发布的特点，使得不仅是专业人员，而且普通用户也能方便地获得所需的信息。此外，Web 服务正在渗入千家万户，在全球范围内任意一个 Web 站点的 Internet 用户都可以获得 WebGIS 服务器提供的服务，真正实现 GIS 的大众化。

③巨大的扩展空间：Internet 技术基于的标准是开放的、非专用的，是经过标准化组织 IETF 和 W3C 为 Internet 制定的，这就为 WebGIS 的进一步扩展提供了极大的发挥空间，使得 WebGIS 很容易与 Web 中的其他信息服务进行无缝集成，建立功能丰富的具体 GIS 应用。

9.2.1.2 WebGIS 的组织策略

WebGIS 系统在结构上可以简单地分为三个部分：

①WebGIS 客户端，用以显示空间数据信息并支持 Client 端的在线处理，如查询和分析等。

②WebGIS 信息代理，用以均衡网络负载，实现空间信息网络化。

③WebGIS 服务器，完成后台空间数据库的管理。

WebGIS 的功能实现实际上就是在客户端和服务器端分别对数据进行分析操作，然后通过网络通信来传递处理结果以完成特定的任务，其中数据处理的核心角色既可以由服务器充当，也可以由客户端来充当。

根据 WebGIS 的服务器和客户端的关系以及数据传送的形势，可以将 WebGIS 的组织形势分为 3 种：基于客户端的策略、基于服务器端的策略、客户端和服务器端的混合策略。

(1)基于客户端。要在客户端进行相关的空间操作，即使是最简单的 GIS 功能，在完全的瘦客户端是无法实现的，当然也就无法实现真正的动态与交互。由于以上原因，基于客户端的模式也是 WebGIS 的一种发展方向，Autodesk 公司的 MapGuide 是典型的代表。这种模式一般采用配套的服务器端和客户端软件，把需要的地理空间数据从服务器端下载到客户端，由客户端进行处理。这种处理具有以下特点：

①基于客户端的软件，可真正实现动态交互，只要空间数据下载到客户端，那么，所有的操作都像传统的桌面 GIS 一样，操作结果能够瞬息产生，无须等待。

②处理矢量图形，矢量数据格式因比栅格数据格式更加精确，所以很有利于诸如放大、缩小、漫游这样的空间操作。

③这种处理模式充分利用了客户端的处理能力，减少了服务器端处理的数据量和网络

传输负担。

④但同时由于客户端软件较小，因此功能比较有限，一些复杂的功能没法实现，而且对于地理空间数据标准有局限性。

⑤客户端在首次运行时必须下载软件，不同平台下载软件可能不同，而且软件版本更新存在问题。

⑥客户端下载的是矢量数据，下载的矢量数据可能被其他软件打开，容易造成数据的不安全。

(2)基于服务器端。现在通用的网络浏览器如IE、firefox不支持矢量数据格式，它们支持栅格数据格式是GIF和JPEG，栅格数据格式进行空间操作、空间分析是十分麻烦的，而且在客户端由于用户的差异性，不可能要求用户安装上同一种GIS软件。所以WebGIS是一种设计模式，是基于瘦客户的B/S结构。这种模型是由客户端向CGI发出服务请求，CGI接到服务请求后调用GIS应用服务器和地理空间数据进行处理，最后将处理结果以静态HTML页面的形势送到客户端。这是典型的瘦客户、胖服务器模型。这种策略有以下特点：

①由于无须开发客户端应用程序，而只需要构建服务器端的业务逻辑功能，所以减小了开发难度，提高了开发效率。

②服务器端业务逻辑层功能强大，可以实现较复杂的分析，存在的局限性小。

③符合目前主流的应用程序分层次开发的潮流。将服务器端功能层次化，有利于系统的更新与功能扩展，提高了系统的维护效率。

④由于没有客户端的限制，能够实现随时随地的实时网络访问。采用支持跨平台的多层次开发体系，应用系统的可移植性强。

(3)服务器、客户端兼顾的混合策略。基于服务器端的模式和基于客户端的模式各有优势，往往服务器模式的优点恰恰是客户端模式的缺点，而服务器模式的缺点恰恰是客户端模式的优点。所以最好能将两者结合起来，混合组织策略就是这种思想。这种模式往往采用前端插件技术(Plug in，ActiveX，Java Applet)将Web GIS服务器上的部分处理功能移植到客户端，通过利用客户端的处理能力，平衡客户和服务器的数据量，减轻了网络传输负担。但是，这种策略的缺点也同样明显，即程序复杂性强、开发工作量大，不适于小型的应用。

9.2.2 NET开发平台

本研究中进行ArcGIS Server二次开发使用的语言是Visual C#. net，它是在ArcGIS平台进行二次开发中可以选用的最优秀的语言之一。得益于ESRI程序员的辛勤努力，开发基于ArcObjects的GIS程序可以让程序员使用的开发语言实在太多了，除了VB、VC++外，.NET平台上的语言和JAVA都可以用于进行GIS的二次开发。使用何种语言进行开发应完全取决于程序员的爱好和编程习惯，而不要认为它们在性能上有什么差异。根据本研究的实际情况，选择了Asp. net平台的C#作为开发工具。

9.2.3 ArcObjects与ArcGIS体系

ArcObjects是一套ArcGIS的可重用的通用的二次开发组件集。使用ArcObjects进行二次开发是现在 GIS 二次开发中最流行的开发方式。ESRI 的程序员们将 GIS 的不同功能——从数据管理到图形显示——做成一个个 COM 组件，他们自己也使用这套组件开发出了 ArcGIS 这套软件。ArcObjects 是 ArcGIS 软件的核心，从理论上讲，如果水平足够高，也可以使用 ArcObjects 开发出一套 ArcGIS 软件来。

ESRI 公司将其软件使用 COM 技术重新建构以后，与 1999 年推出了全新的 GIS 产品——ArcInfo8。2001 年，ArcGIS8.1 出现了。2004 年，ArcGIS 的版本变为 9。ArcGIS 是一套全面的、完善的和可伸缩的软件平台。无论是单用户还是多用户，无论是在桌面端、服务器端还是在互联网上，ArcGIS 都可以提供地理信息系统服务。

如图 9-1 所示，ArcGIS 是 ESRI 全套软件产品的总称，其软件体系分为四个部分：桌面版 GIS，嵌入式 GIS，WebGIS 和移动 GIS。桌面版 GIS、嵌入式 GIS 和 WebGIS 的一部分，都是使用 ArcObjects 开发的，这些 GIS 程序正是通过 ArcObjects 组件对象来获取数据，完成地理分析任务并输出地图的。

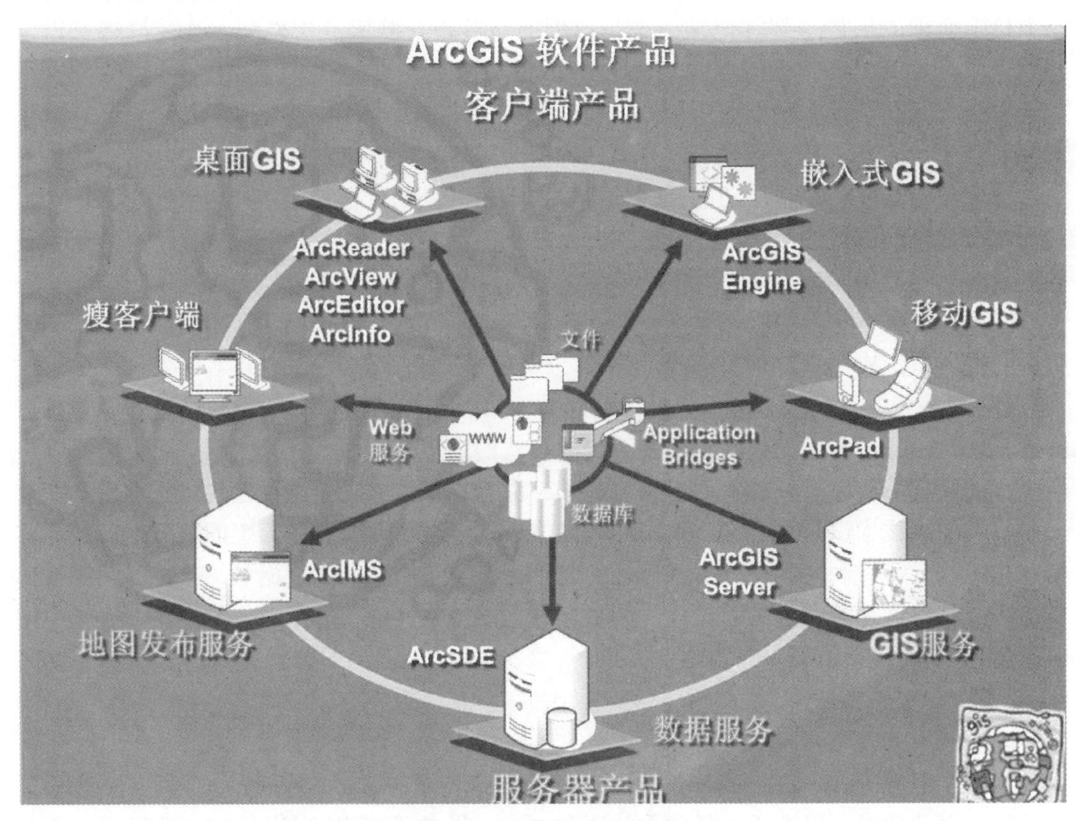

图 9-1　ArcGIS 软件产品

9.2.4　ArcGIS Server

9.2.4.1　概述

ArcGIS Server 是一个基于 Web 的企业级 GIS 解决方案，它从 ArcGIS 9.0 版本开始加入 ESRI 产品家族。ArcGIS Server 为创建和管理基于服务器的 GIS 应用提供了一个高效的框架平台。它充分利用了 ArcGIS 的核心组件库 ArcObjects，并且基于工业标准提供 Web-

GIS服务。ArcGIS Server将两项功能强大的技术——GIS和网络技术结合在一起，GIS擅长与空间相关的分析和处理，网络技术则提供全球互联，促进信息共享。

ArcGIS Server与过去的WebGIS产品相比，它不仅具备发布地图服务的功能，而且还能提供灵活的编辑和强大的分析能力。由于ArcGIS Server基于强大的核心组件库ArcObjects搭建，并且以主流的网络技术作为通信手段，所以它具有许多优势和特点。

(1)集中式管理带来成本的降低。无论从数据的维护和管理上还是从系统升级上来说，都只需在服务器端进行集中的处理，而无须在每一个终端用户上做大量的维护工作，这不但节约投入的时间成本和人力资源，而且有利于提高数据的一致性。

(2)瘦客户端也可以享受到高级的GIS服务。过去只能在庞大的桌面软件上才能实现的高级GIS功能的时代终止于ArcGIS Server。通过ArcGIS Server搭建的企业GIS服务使得客户端通过网络浏览器即可以实现高级的GIS功能。

(3)使WebGIS具备了灵活的数据编辑和高级GIS分析能力。另外，ArcGIS Server可以实现网络分析和3D分析等高级的空间分析功能。

(4)支持大量的并发访问，具有负载均衡能力。ArcGIS Server采用分布式组件技术，可以将大量的并发访问均衡的分配到多个服务器上，可以大幅度地降低相应时间，提高并发访问量。

ArcGIS Server的出现使得我们可以利用主流的网络技术(例如，.Net和Java)来定制适合自身需要的网络GIS解决方案，具有更大的可伸缩性来满足多样化的需求。

9.2.4.2 ArcGIS Server架构

ArcGIS Server是一个分布式系统，由分布在多台机器上的各个角色协同工作。ArcGIS Server搭建的WebGIS解决方案支持多种类型的客户端，包括ArcGIS Desktop、ArcGIS Engine Application、Web Browser。下面简要介绍一下利用ArcGIS Server搭建的WebGIS的各个组成部分(图9-2)。

(1)GIS server：运行SOC和SOM的机器。SOM即Server Object Manager(管理器)，负责管理调度Server Object，而具体Server Object的运行是在ArcSOC.EXE进程中。SOC即Server Object Container(容器)。SOM和SOC可以运行在同一台机器上，也可以是SOM独占一台机器，管理一个或多个运行SOC的机器。采用分布式部署，可以大幅提高GIS Server的整体性能，扩展能力更强。

(2)Web Server：运行Web应用程序或Web Service的机器。这里的Web应用程序或Web Service通过访问GIS Server并调用GIS Server的对象来实现GIS功能，然后把结果返回给客户端。

(3)Web Browsers：诸如IE，Firefox等Web浏览器软件。

(4)桌面应用程序：可以是ArcGIS Desktop和ArcGIS Engine应用。通过Http协议访问在Web Server上发布的ArcGIS网络服务，或者通过Lan/Wan直接连接到GIS Servers。一般通过ArcCatalog应用程序来管理ArcGIS Server。

其中服务器对象是提供和管理GIS资源，比如地图、定位器以及地理处理模型等服务的软件对象，开发人员使用这些对象来开发应用系统。我们知道ArcObjects是ArcGIS软件家族的基础，ArcGIS Server的服务器对象也是ArcObjects对象，也同样构建在ArcObjects基础之上，因此ArcGIS Server使我们能在Web Application和Web Services中通过ArcObjects 提供高级的 GIS 功能。

GIS 服务器的服务器对象管理器是一个运行在 Windows 上的服务，它管理着一组分布在一个或多个服务器对象容器机器上的服务器对象。当应用程序通过 LAN 或 WAN 连接到 ArcGIS Server 的时候，实际上是连接到服务器对象管理器，所以连接时提供的参数是服务器对象管理器所在机器的名称或 IP 地址。

服务器对象真正运行在服务器对象容器机器上。每一个容器机器可以运行多个容器进程。而每一个容器进程中可以由一个或多个服务器对象。容器进程是由服务器对象管理器来控制启动或停止的。

ArcGIS Server 是一个安全的服务器，只有被 GIS 服务器管理员认证的用户才被授权连接到 GIS 服务器上。ArcGIS Server 提供两个级别的安全配置：GIS 服务器级别和运行在 Web 应用服务器上的 Web 应用和 Web Services 级别。

GIS 服务器级别的安全是由操作系统的账号来认证的。在服务器对象管理器所在的机器和所有服务器对象容器的机器上，在安装 ArcGIS Server 时创建了 Agsusers 和 Agsadmin

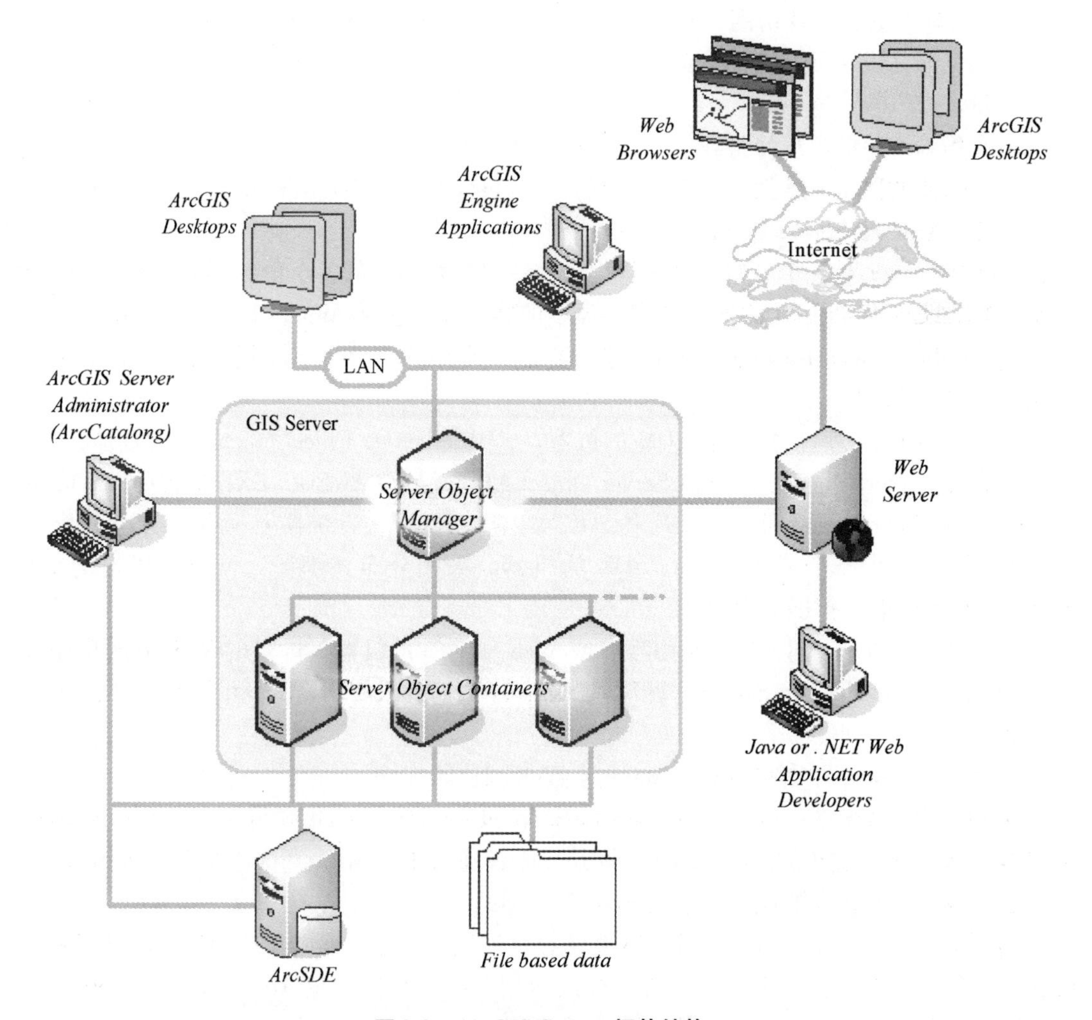

图 9-2 ArcGIS Server 拓扑结构

两个操作系统用户组。Agsusers组的成员对GIS服务器中的服务器对象具有使用的权限，没有管理的权限。Agsadmin组的成员对GIS服务器就有管理的权限，可以实施添加和删除服务器对象以及容器机器等管理工作。

运行在Web服务器上的Web应用连接到GIS服务器时，必须是一个有效的GIS服务器的用户，比如是Agsusers组的一个成员。Web应用必须以Impersonation方式连接服务器。在应用级别，Web应用和Services定义了基于标准的ASP.NET和J2EE的安全模型。基于这个标准的安全模型，开发人员可以构建匿名的应用和服务，也可以构建需要认证和授权的安全应用。

9.2.4.3　ArcGIS Server的功能

作为一个开发人员，可以使用ArcGIS Server在Web应用上实现很多GIS功能，这里简要列举如下：

(1)在浏览器中分图层显示多个图层；

(2)在浏览器中缩放、漫游地图；

(3)在地图上点击要素查询信息；

(4)在地图上查找要素；

(5)显示文本标注；

(6)绘制航片和卫星影像；

(7)使用缓冲区选择要素；

(8)使用SQL语句查询要素；

(9)使用多种渲染方法渲染图层；

(10)通过Internet编辑空间要素的坐标位置信息和属性信息；

(11)动态加载图层；

(12)显示实时的空间数据；

(13)网络分析。

ArcGIS Server适合创建从简单的地图应用到复杂的企业GIS应用等的系统工程。ArcGIS Server也对应多个扩展模块可以完成一些额外的高级功能，这里不再赘述。

9.2.4.4　ArcGIS Server的编程模型

使用ArcGIS Server编程，实际上就是利用运行在服务器上的ArcObjects编程。原来在桌面系统上开发ArcObjects应用的开发人员能够在学习远程ArcObjects编程的规则和编程模式之后进行ArcGIS Server的应用开发。熟悉ArcObjects编程模型的开发人员只需要使用框架(ASP.NET和Java)进行Internet编程的知识。

ArcGIS Server有3种API：Server API、.NET Web Controls以及Java Web Controls。

Server API就是ArcObjects的对象库。远程ArcObjects编程与在桌面应用中ArcObjects编程基本是一致的，需要更多编程细节和规则是：

(1)如何连接到服务器；

(2)得到运行在服务器上的服务器对象；

(3)在服务器上创建新的对象；

(4)使用远程ArcObjects编程的最佳方式。

剩下的工作就是如何使用ArcObjects的对象完成自己的工作了。ArcGIS Server对象库包括细粒的 ArcObjects 对象和粗粒的 ArcObjects 对象，它们按功能逻辑划分成不同的组件(图 9-3)。

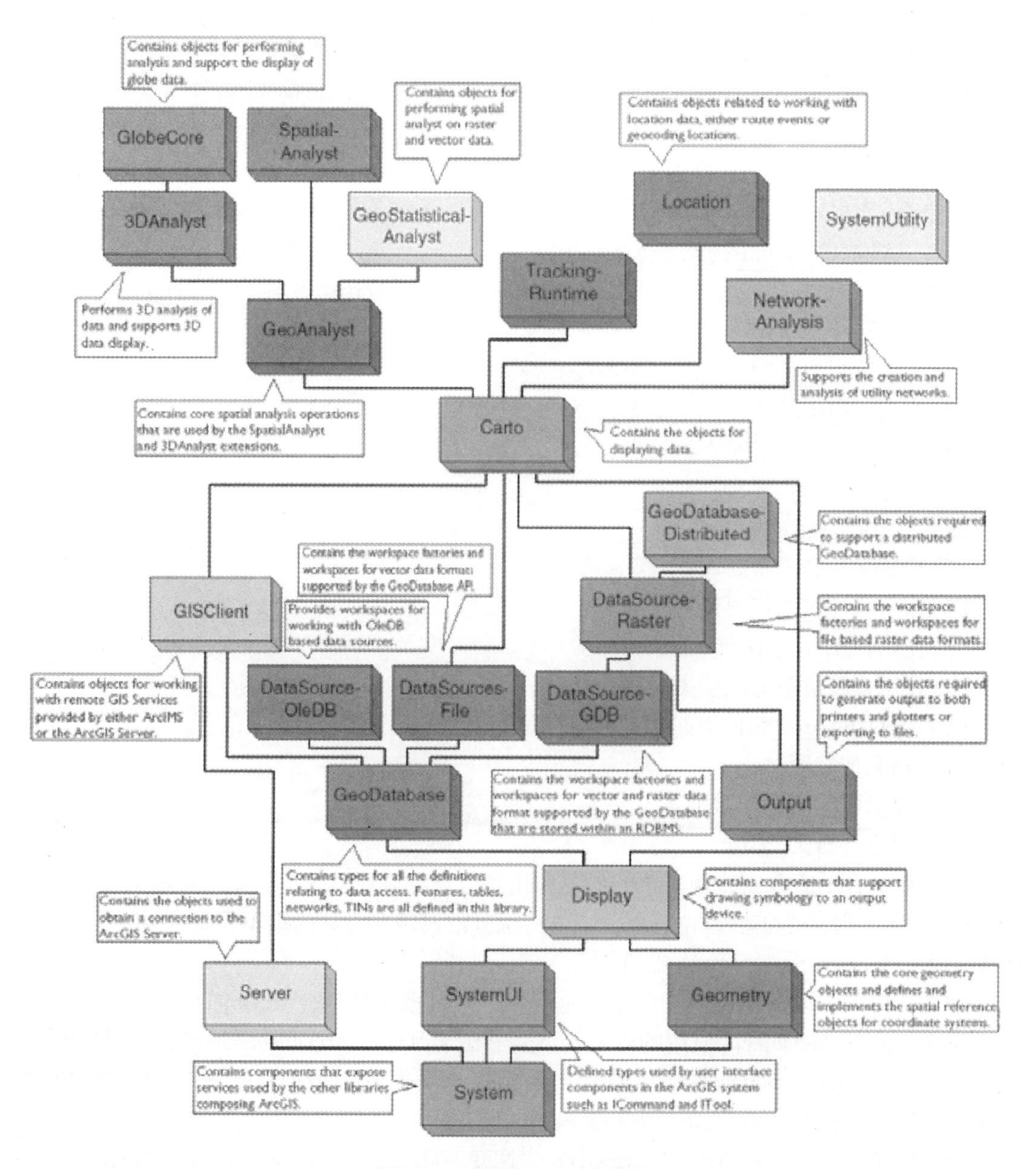

图 9-3　ArcObjects 对象组件

其中服务器对象是粗粒的 ArcObjects 对象，其运行在 SOM 上，在 9.2 版本中，提供 MapServer 和 GeocodeServer 对象。服务器对象使用细粒的 ArcObjects 对象，应用开发可以使用这些粗粒的服务器对象，也可以通过粗粒的服务器对象来访问 ArcObjects 中细粒的对象。服务器对象可以用 GIS 服务器管理员提前配置生成。使用 ArcGIS Server 编程时将会涉及 server context、pooling、stateful 以及 stateless 等。

9.2.4.5 ArcGIS Server Web 应用开发框架

ArcGIS Server 提供了 .NET 和 Java 两种应用开发框架(application developer framework)。它是由一组 Web 控件、应用模板以及开发帮助和示例组成。应用模板使开发人员在使用 GIS 服务器上的 ArcObjects 构建和部署 .NET 和 Java 的 Web 应用更加容易，可以将它作为 Web 应用开发的起点。

应用模板包括：Map View Template、Search Template、PageLayout Template、Thematic Template、Geocoding Template、Buffer Selection Template 以及 Web Service Catalog Template。

Web 控件包括：Map control、PageLayout control、TOC control、Overview Map control、Toolbar control、NorthArrow control、ScaleBar control、Impersonation control。应用模板一般包括2~3个 Web 控件。

9.3 开发平台搭建

建立网络平台所涉及的软件较多，而且对于不同的软件根据操作系统的不同需要一些额外的配置，才能使网络发布成功，因此，开发平台的搭建是一个复杂的工作。

9.3.1 ArcGIS Server 的安装

9.3.1.1 安装前的准备

安装前准备好下列清单：

(1)Windows XP 系统安装盘;

(2)Visual Studio 2005 安装光盘或安装文件;

(3)ArcGIS Server For Microsoft. NET Framework 9.2 的安装光盘或安装文件;

(4)ArcGIS Server 的授权文件。

从 ESRI 网站上下载最新的 SP5 补丁包。

9.3.1.2 安装 IIS

(1)插入 Windows XP Professional 安装光盘，选择“安装可选的 Windows 组件”;

(2)在弹出的 Windows 组件向导中选中 Internet 信息服务(IIS)项。根据提示完成 IIS 的安装。

具体系统需求可见 ESRI Support Center 系统需求说明文章。

9.3.1.3 安装 Visual Studio 2005

(1)把 Visual Studio 2005 安装光盘放入光驱，或找到安装文件。找到 Setup. exe 文件，双击运行，在弹出的对话框中点击“安装 Visual Studio 2005”;

(2)在弹出的安装程序向导界面中，点击“下一步”;

(3)选中“我接受许可协议中的条款”，点击“下一步”;

(4)在左边的面板中选中“自定义”，默认的安装路径 C: \ Program Files \ Microsoft Visual Studio 5，如果需要修改安装路径，点击“浏览”，最后点击“下一步”;

(5)为了加快安装的速度和节省磁盘空间，可以把 Visual C + + 、Visual J + + 和 Microsoft SQL Server 2005 Express 前面的对号去掉，点击“安装”;

(6)安装程序开始安装组件;

(7)点击“完成”;

(8)点击“退出”。至此 Visual Studio 2005 安装完成。

9.3.1.4　ArcGIS Server 安装

(1)插入 ArcGIS Server 光盘，在 ArcGIS9.2 Server Enterprise 标题下选择安装 ArcGIS Server for Microsoft. NET Framework，将会进入 ArcGIS Server for. NET 的安装程序(图 9-4，图 9-5)；

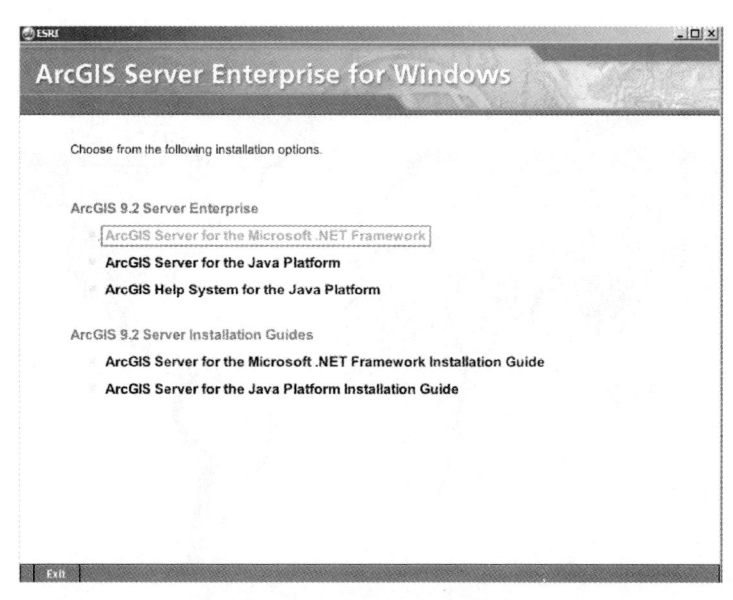

图 9-4　ArcGIS Server 安装向导

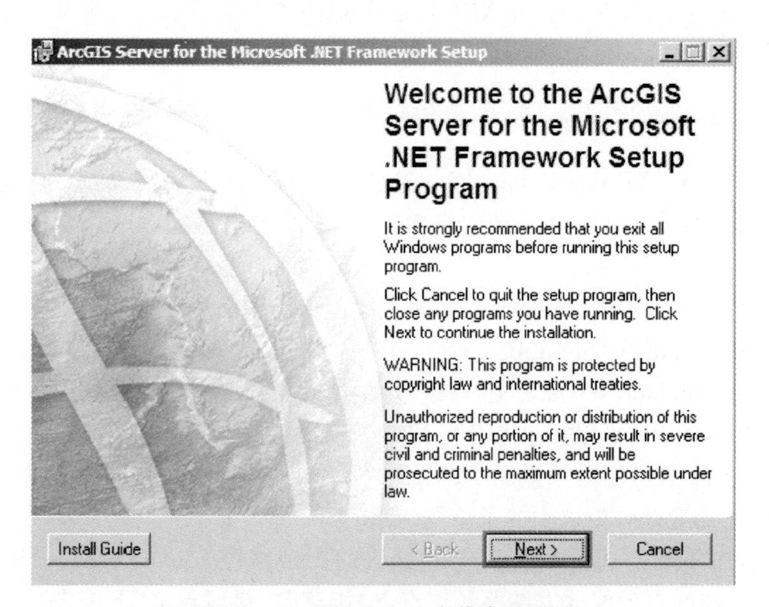

图 9-5　ArcGIS Server 安装欢迎界面

(2)接受协议，点击下一步；

(3)在组件选择界面中安装所有 ArcGIS Server 组件，包括 SOC、SOM 以及开发所需要的 Web ADF 和 Mobile ADF；

(4)输入 ArcGIS Server 的实例名称，实例使用默认值 ArcGIS(图 9-6)；

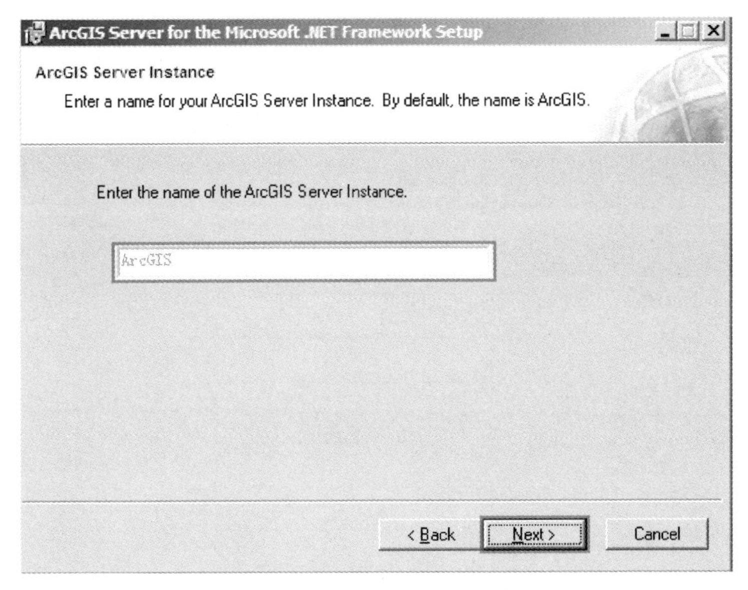

图 9-6　ArcGIS Server 实例

(5)确认无误后，点击下一步，开始安装；
(6)安装完成后，程序自动进入 Post Install 配置过程(图 9-7)。除此之外，也可以在

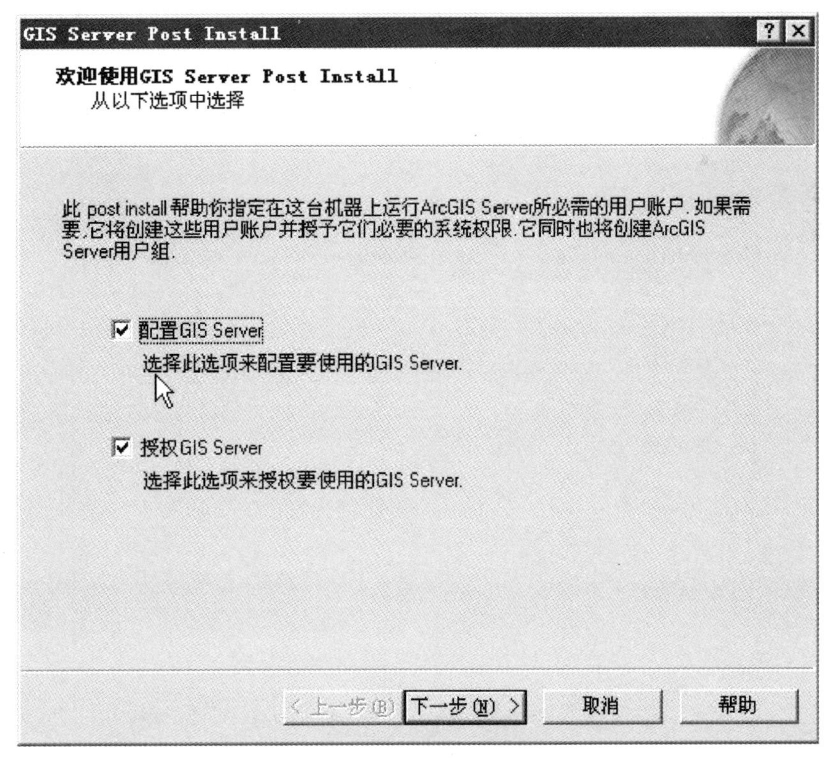

图 9-7　ArcGIS Server 配置向导

开始菜单中选择 ArcGIS Server Post Install；

(7)Post Install 包括配置和授权两个可选部分；

(8)指定 SOM，SOC，ArcGISWebService 用户的账号(图 9-8、图 9-9)；

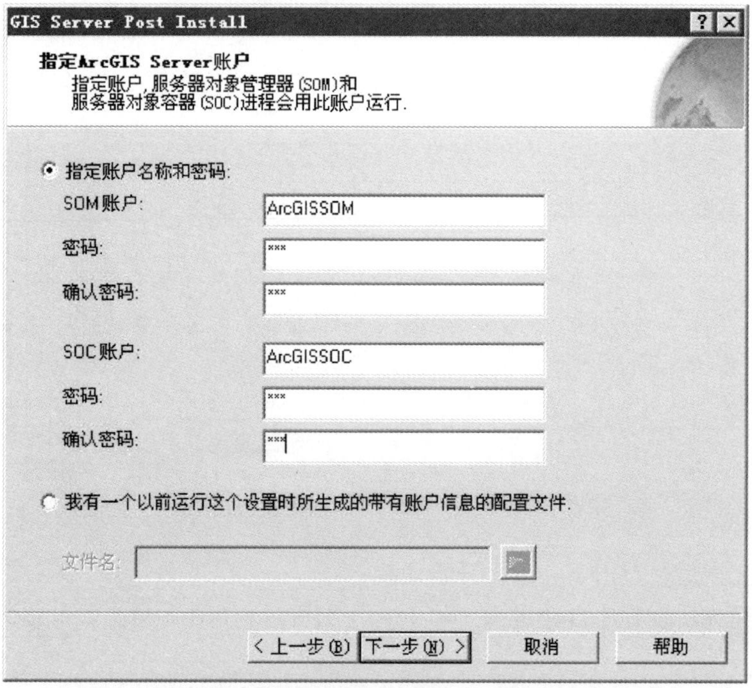

图 9-8　配置 ArcGIS Server 账户

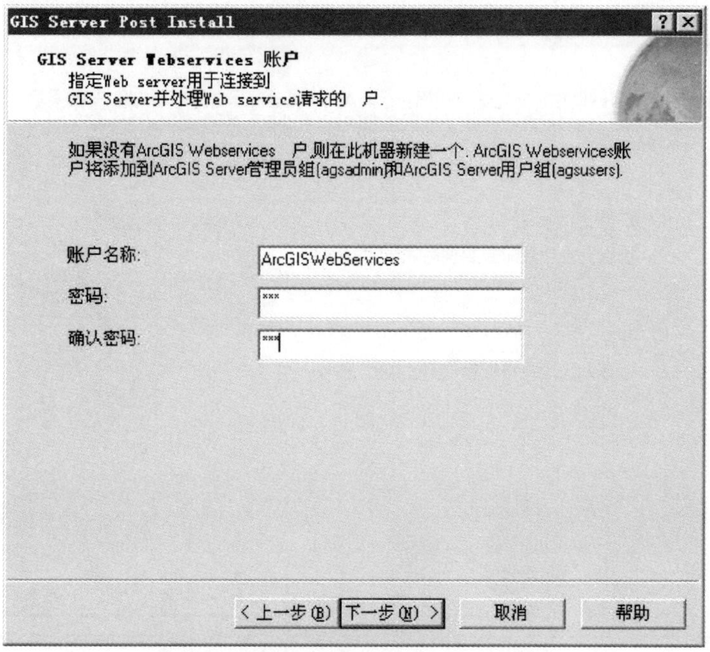

图 9-9　配置 ArcGIS Webservices 账户

(9)指定 ArcGIS Server 工作目录位置和 Web 服务器的主机名；

(10)设置 ArcGIS Server 代理服务器；

(11)设置是否导出配置参数，选择“是”，为以后重新配置提供参考(图 9-10)；

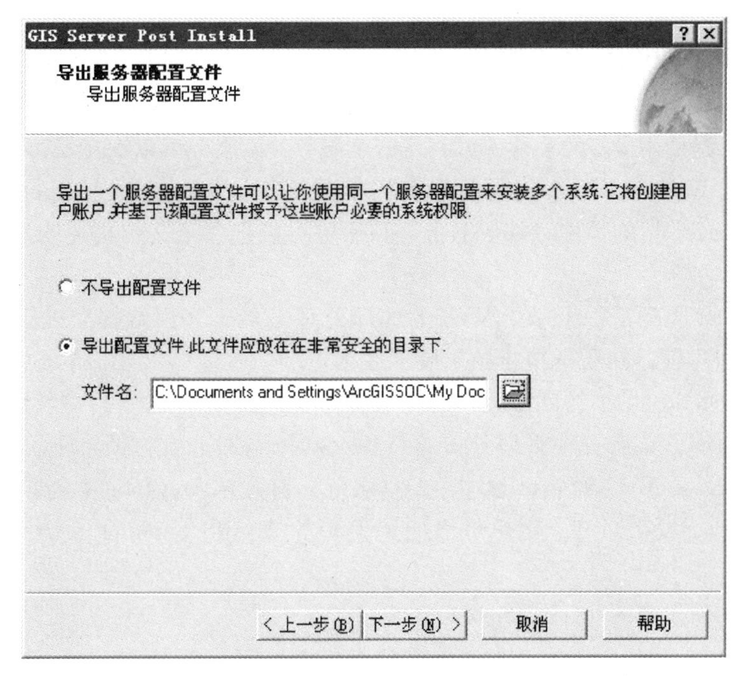

图 9-10　导出服务器配置文件

(12)仔细核对信息无误后，开始安装 ArcGIS Server(图 9-11)；

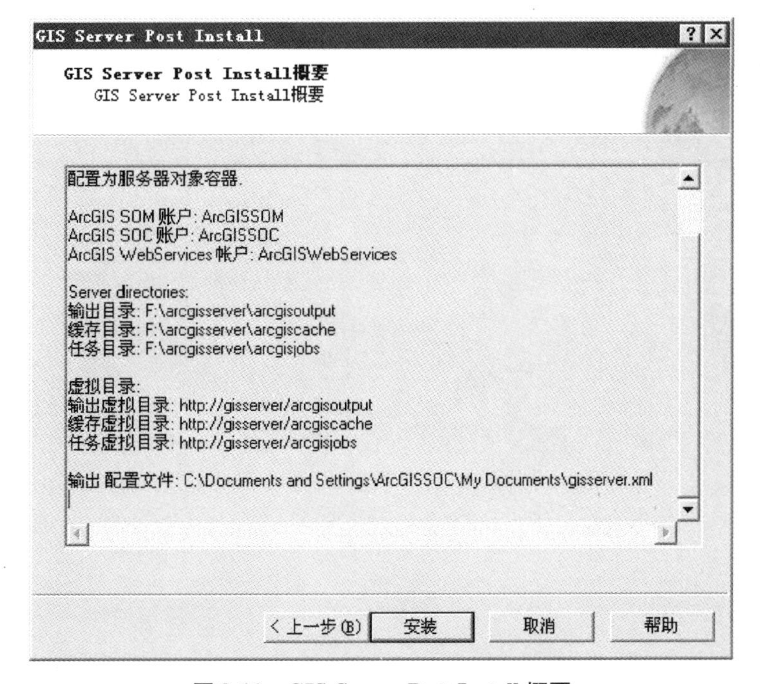

图 9-11　GIS Server Post Install 概要

(13)设置授权方式，本研究中选择以授权文件方式授权；

(14)确认汇总信息无误后，完成 Post Install 过程。

9.3.2 地图服务发布

ArcGIS Server 可以支持多种服务类型。用户通过 ArcGIS Server 发布的这些服务可以享用 GIS 功能。ArcGIS Server 9.2 支持 5 种服务类型：

Map Service 是使用最多的一种 ArcGIS Server 服务。该服务可以支持发布二维地图，支持建模，支持 OGC WMS 和 KML，支持在线编辑空间数据等。本系统主要使用的是 Map Service。

Geocode Service 指的是地址编码服务，该服务可以把一个文本描述的地址转化为一个地理坐标。

Geoprocessing 服务是一个基于 Web 的地理处理工具，客户端提交处理请求，服务器执行空间分析和建模，然后把执行结果展现在客户端。

Geodata Service 提供了访问 Geodatabase 数据库内容的功能，支持在线数据查询、数据提取、数据更新等。该服务在管理分布式的 Geodatabase 时非常方便。

Globe Service 是 ArcGIS Server 提供的 3D 服务。首先在 ArcGlobe 中创建 3d 文档，然后通过 ArcGIS Server 发布即可。用户可以使用免费的 ArcGIS Explorer 来访问 ArcGIS Server 发布的 3D 服务。

下面介绍如何发布一个 Map Service。

本系统中对每一个林业行政区森林资源与生态状况发布数据建立一个 Map Service，并有效地组织起来。

9.3.2.1 制作地图文档

下面以广东省从化市为例，介绍如何制作一个可供发布的地图文档。

(1)在开始菜单启动 ArcMap，建立一个空文档。

(2)点击 Add Data 按钮，地位到 SDE 数据库，选中相应的图层数据(二类小班数据、行政界限数据等)，点击 Add 按钮。这样就把需要的数据加载到 ArcMap 中(图 9-12)。

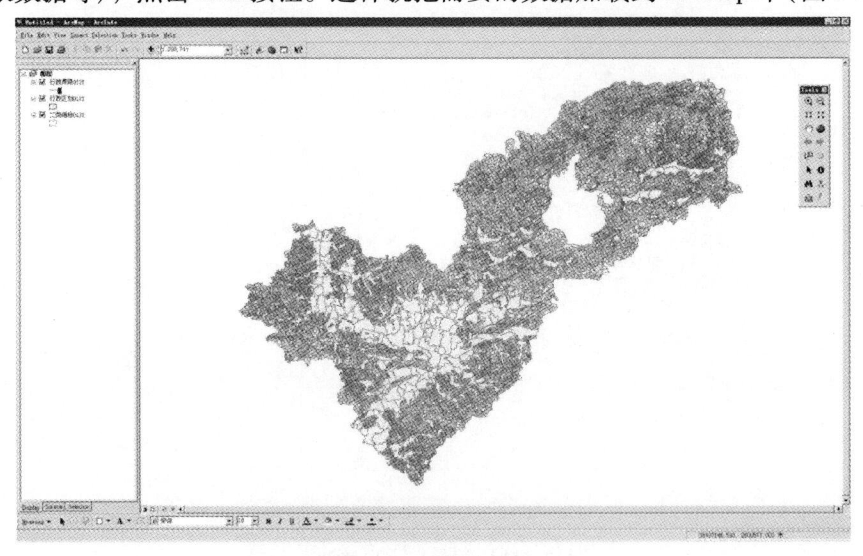

图 9-12 地图文档制作

(3)右键点击图层，选中 Properties 菜单。

(4)添加点击 Symbology 标签，选中 Unique Values 渲染方式。点击 Add All Values 按钮，点击确定按钮。

(5)设置符号化方式后，地图信息更丰富，如图 9-13 ~ 图 9-16 所示(分别为树种分布图、林种分布图、生态功能等级分布图和公顷蓄积量等级分布图)。

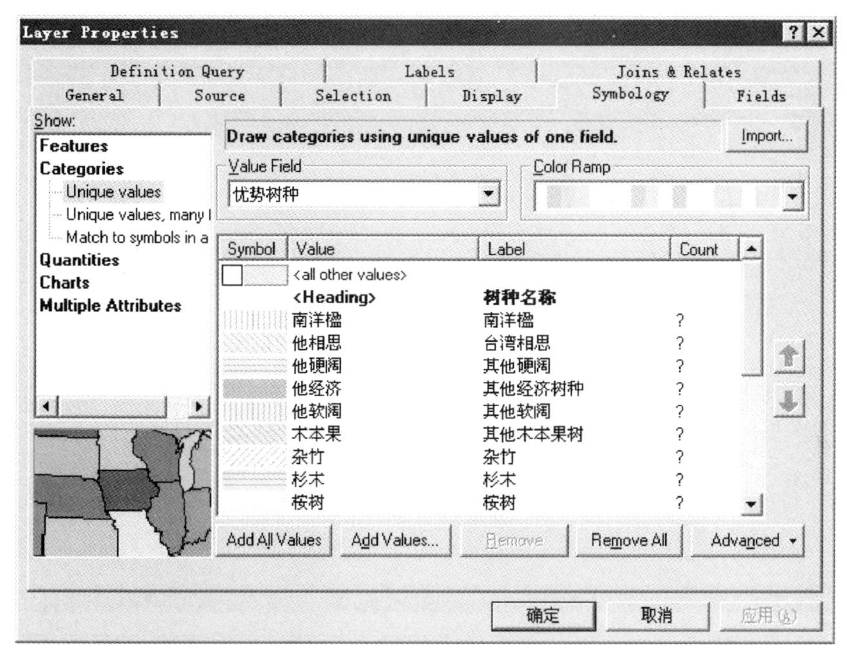

图 9-13　树种符号化设置

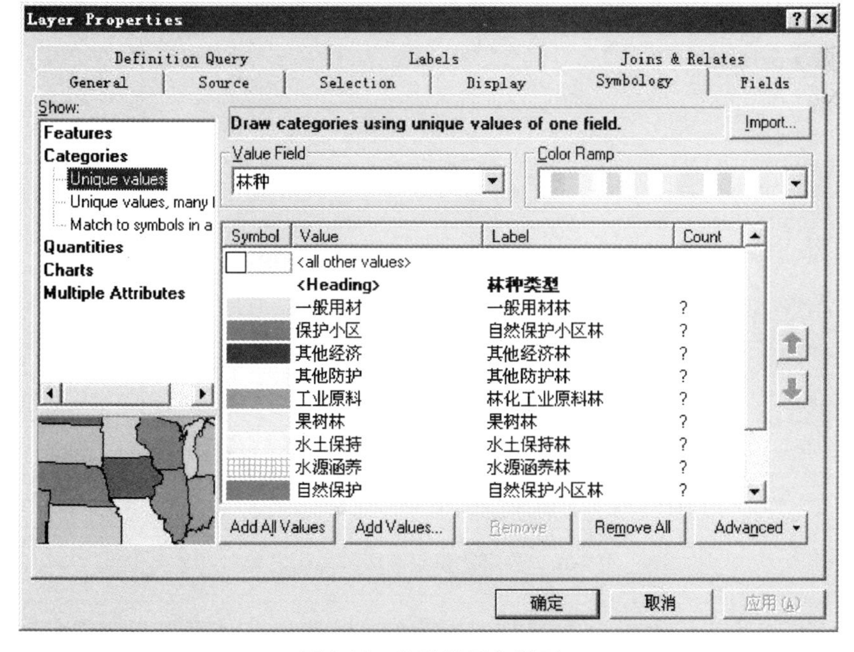

图 9-14　林种符号化设置

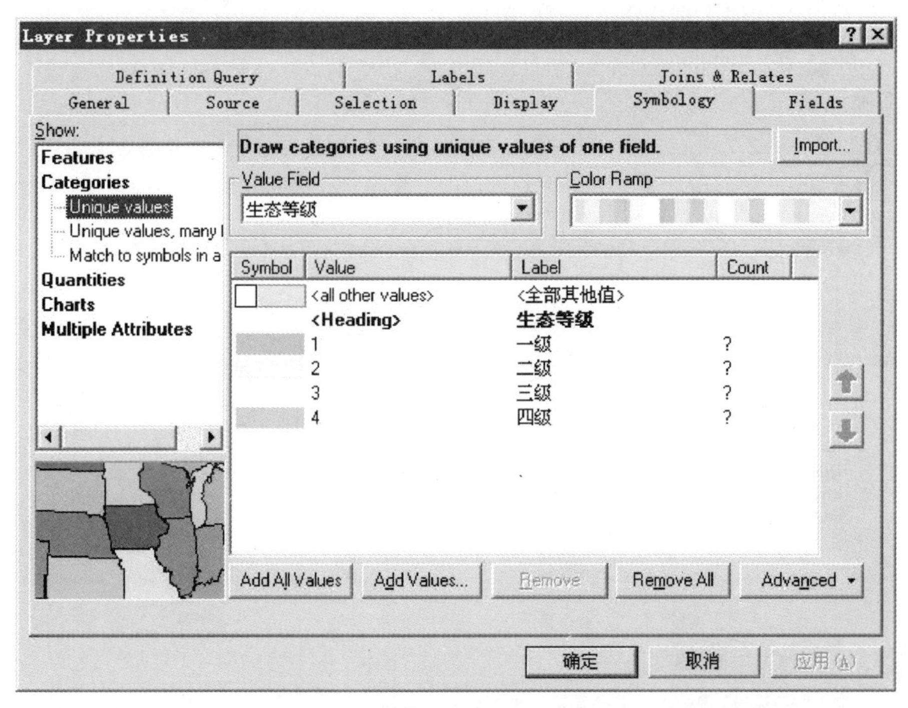

图 9-15 生态功能等级符号化设置

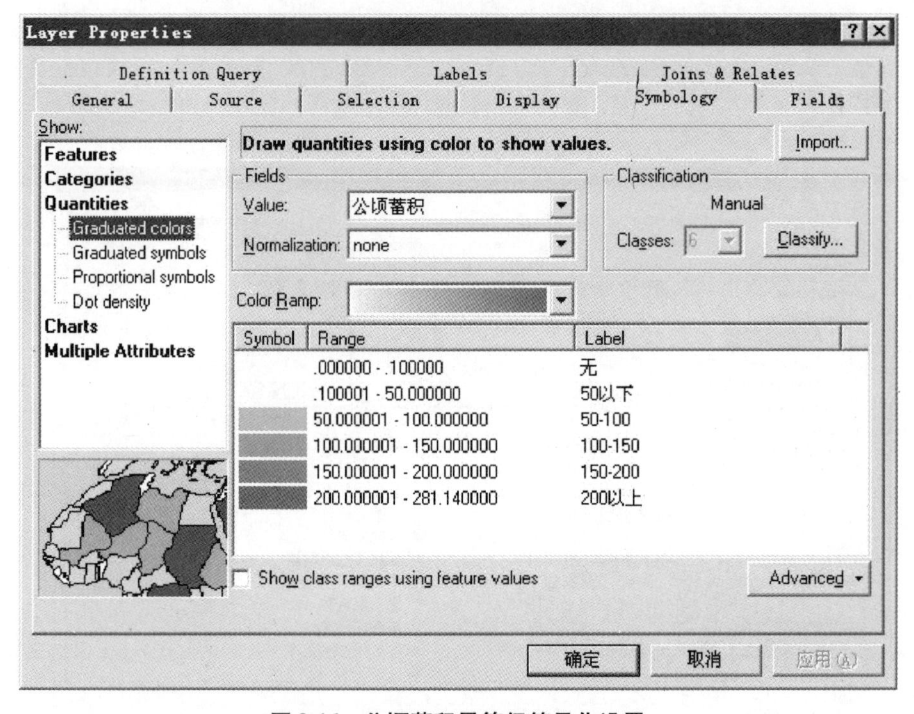

图 9-16 公顷蓄积量等级符号化设置

(6)从 File 菜单中选择 Save as 菜单。定位到 GIS-Data 文件夹，在文件名输入框中输入：0122. mxd(从化的林业行政代码为 0122)，点击保存按钮。将此文档作为 ArcGIS Server 地图服务发布的文档(彩图 63)。

(7)关闭 ArcMap。用以上方法制作全省所有县市区的需要发布的地图文件，为方便以后程序的编制，地图文件名以该县(市)区的林业行政代码命名。可以事先做好广东省森林生态等级分布图(彩图 64)和广东省公顷蓄积量等级分布图(彩图 65)。

9.3.2.2　ArcGIS Server 的附加设置

(1)用户组添加必要的账号。点击开始→设置→控制面板→管理工具→计算机管理→系统工具→本地用户和组→组，对 Agssdmin 和 Agsusers 组进行用户设置。

①在 Agsadmin 组中加入本机的管理员号 Administrator;

②在 Agsusers 组中加入管理员 Administrator，guests 和本机名。

(2)开启来宾账号。若允许 LAN 中的其他机器用 Guest 访问本机的 GIS Server，必须将 Guest 账号启用，并删除其密码。其具体的步骤为：

①点击开始→设置→控制面板→管理工具→本地安全策略→本地策略→安全选项→网络访问：本地账号的共享和安全模式，选为：仅来宾→本地用户用来宾身份验证。账户：来宾，账户状态：已启用。

②点击开始→设置→控制面板→管理工具→本地安全策略→本地策略→用户权利指派→拒绝从网路访问此计算机，删除其中的 Guest 账号。

③删除 Guest 账号密码。

(3)指定读写权限。为 ArcGIS Server Containers 账号对数据文件夹和输出文件夹指定读写权限。具体步骤为：

①如果文件夹属性中没有安全标签，打开 <工具>下的 <文件夹选项>，点击 <查看>，取消"使用简单文件夹共享(推荐)"选项。

②设置 SOC 账号对"C：\ Inetpub \ wwwroot \ temp；C：\ Program Files \ ArcGIS \ log；C：\ Program File \ ArcGIS \ cfg"三个文件夹具有读写权限。如果没有，进行设置并选中"用在此显示的可以应用到子对象的项目替代所有子对象的权限项目"的项。方法为：选中文件夹，右击点击"属性→安全"，点击"添加"，加 Container 账号并对其权限进行设置。

(4)防火墙设置。Windows 自带的防火墙的缺省设置使得 Windows 阻止所有从 ArcGIS Server 的连接。解决这个问题，需要在 Windows 防火墙设置中打开 80 端口，135 端口，ArcSOM. exe 和 ArcSOC. exe。具体步骤为：

①启动 Windows 防火墙。开始→设置→控制面板→Windows 防火墙。默认情况下，防火墙是启用的，这是推荐的设置。

②点击"例外"选项卡。点击"添加端口"。

③添加下面的信息：名称：Web Port(http)→端口号：80→类型：TCP→点击"确定"。

④添加 135 端口，点击"添加端口"。

⑤添加下面的信息：名称：DCOM(ArcGIS Server)→端口号：135→类型：TCP→点击"确定"。

⑥点击"添加程序"将 ArcSOM. exe 添加到例外选项卡里。

⑦点击"浏览"，并浏览到：<ArcGIS Install Directory> \ bin \ ArcSOM. exe，并点击

确定。

⑧点击“添加程序”，将 ArcSOC. exe 添加到例外。

⑨点击“浏览”，并浏览到：< ArcGIS Install Directory > \ bin \ ArcSOC. exe，并点击“确定”。

⑩这些端口和程序入口显示在程序和服务列表中。确保其之前的 Check 框被选中，而后关闭 Windows 防火墙。

9.3.2.3 在 ArcCatalog 中发布 Map Service

(1)以 ArcGISSOM 用户的身份登录操作系统。

(2)从开始菜单启动 ArcCatalog。在 ArcCatalog 的目录树中，展开 GIS Servers，双击 Add GIS Server，出现如下界面，选中“Manage GIS Services”，点击下一步。

(3)在 server url 后面输入 http://localhost/arcgis/services，其中 arcgis 为实例名，在 Host Name 后面输入自己的主机名。点击 Finish 即可完成 GIS Server 的添加。

(4)在 ArcCatalog 的目录树中，定位到 D：\ GIS-Data 文件夹。

(5)右键点击“0102. mxd”文档，选择“Publish to ArcGIS Server”。

(6)在“Publish to ArcGIS Server”向导的第一个面板中，接受默认的服务名称“从化”。

(7)接受默认的选项点击“下一步”，直到完成。

(8)发布服务成功后，就可以在 GIS Servers 目录下看到“从化”服务了。

9.3.2.4 在 ArcGIS Server Manager 中发布 Map Service

另外一种发布服务的方法就是使用 ArcGIS Server Manager。这种方法可以更方便地管理地图服务。下面介绍如何使用 ArcGIS Server Manager 进行配置及发布地图服务。

(1)在 Windows 资源管理器中定位到地图文件所在的文件夹，把该文件夹设置为网络共享。

(2)从开始菜单中启动 ArcGIS Server Manager。

(3)在页面中 User Name 后面的文本框中输入：计算机名 \ 用户名；Password 后面输入密码。点击 Log In(图 9-17)。

(4)登 VI 成功后，点击“GIS Server”超链接切换服务标签页，然后点击“Add Host Machine”，添加主机名，本实例中主机名为“GISSERVER”(图 9-18)。

(5)登录成功后，点击“Service”超链接切换服务标签页，然后点击“Add New Service”。

(6)输入服务的名称：从化的行政代码“0122”，点击 Next 按钮(图 9-19)。

(7)在 Map Document 栏中输入“0122. mxd”所在的物理绝对路径(图 9-20)。

(8)点击 Next 按钮，直到完成发布(图 9-21)。

(9)地图发布完成后界面如下，这时“0122”服务是停止状态。

(10)选中“0122”服务前面的复选框，点击 Start 按钮，启动该服务。

按照上面的步骤，发布广东省其他所有县(区)的地图服务，并按照行政区划代码按照图 9-22 的方式进行组织。以市级代码为名称建立文件夹，然后各县(区)的地图服务放在相应的文件夹中。例如：龙门县的行政区划代码是 0824，则其所在的文件夹为“08”(惠州市)，其地图服务名称为“0824”。

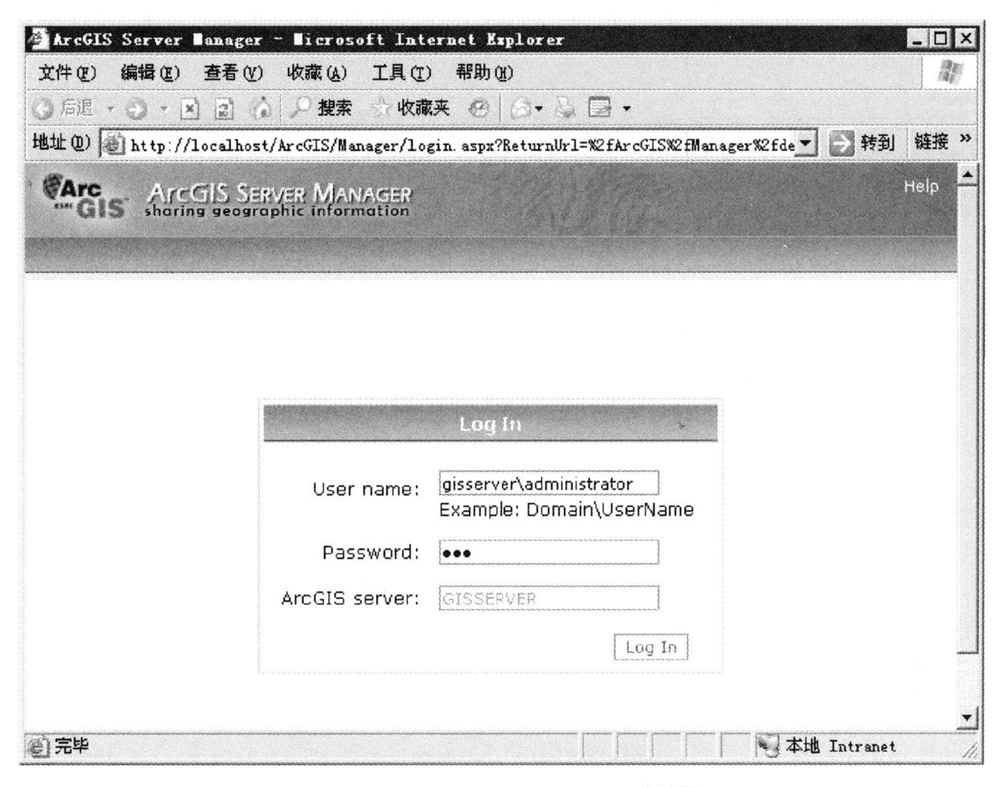

图 9-17　ArcGIS Server Manager 登录界面

图 9-18　添加主机名

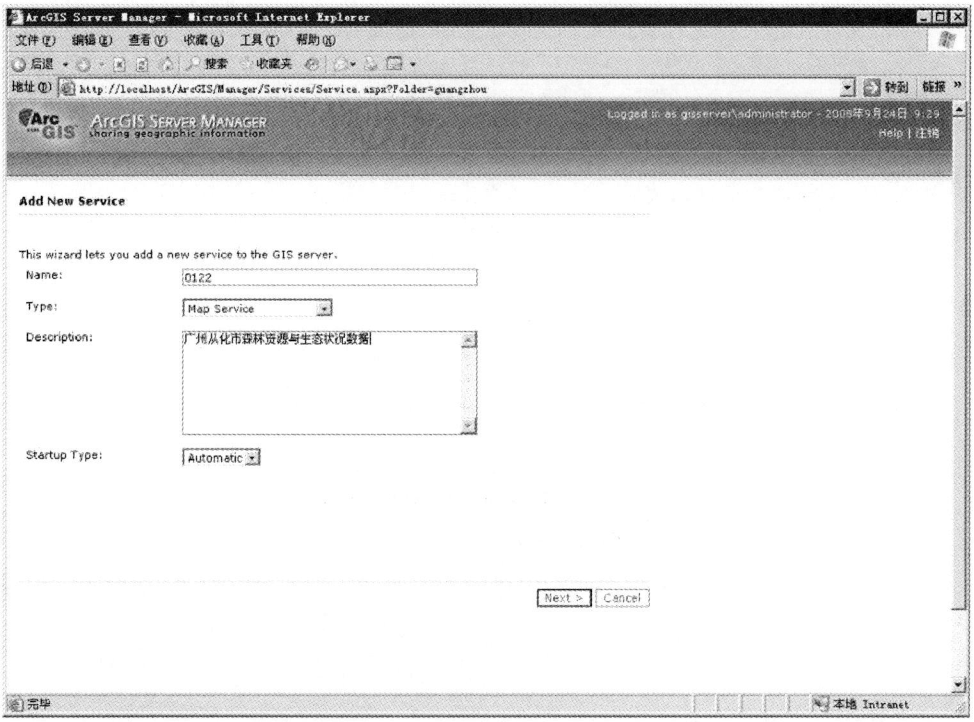

ArcGIS Server Manager - Microsoft Internet Explorer

文件(F) 编辑(E) 查看(V) 收藏(A) 工具(T) 帮助(H)

后退 搜索 收藏夹

地址(D) http://localhost/ArcGIS/Manager/Services/Service.aspx?Folder=guangzhou 转到 链接

ArcGIS ArcGIS Server Manager sharing geographic information

Logged in as gisserver\administrator - 2008年9月24日 9:29

Help | 注销

Add New Service

This wizard lets you add a new service to the GIS server.

Name: 0122

Type: Map Service

Description: 广州从化市森林资源与生态状况数据

Startup Type: Automatic

Next > Cancel

完毕 本地 Intranet

图 9-19 添加地图服务(一)

ArcGIS Server Manager - Microsoft Internet Explorer

文件(F) 编辑(E) 查看(V) 收藏(A) 工具(T) 帮助(H)

后退 搜索 收藏夹

地址(D) http://localhost/ArcGIS/Manager/Services/Service.aspx?Folder=guangzhou 转到 链接

ArcGIS ArcGIS Server Manager sharing geographic information

Logged in as gisserver\administrator - 2008年9月24日 9:31

Help | 注销

Add New Service

Map Document: F:\地图\广东省2006\广州市\从化市\conghuashi2006.mxd

Type in the location of the resource. If you want to browse to a location, only shared drives appear in the list.

Data Frame: Active Data Frame Change...

Output Directory: F:\arcgisserver\arcgisoutput

Virtual Output Directory: http://gisserver/arcgisoutput

Supported Image Return Type: MIME + URL

Specify cache directory

Server Cache Directory: F:\arcgisserver\arcgiscache

< Previous Next > Save Cancel

完毕 本地 Intranet

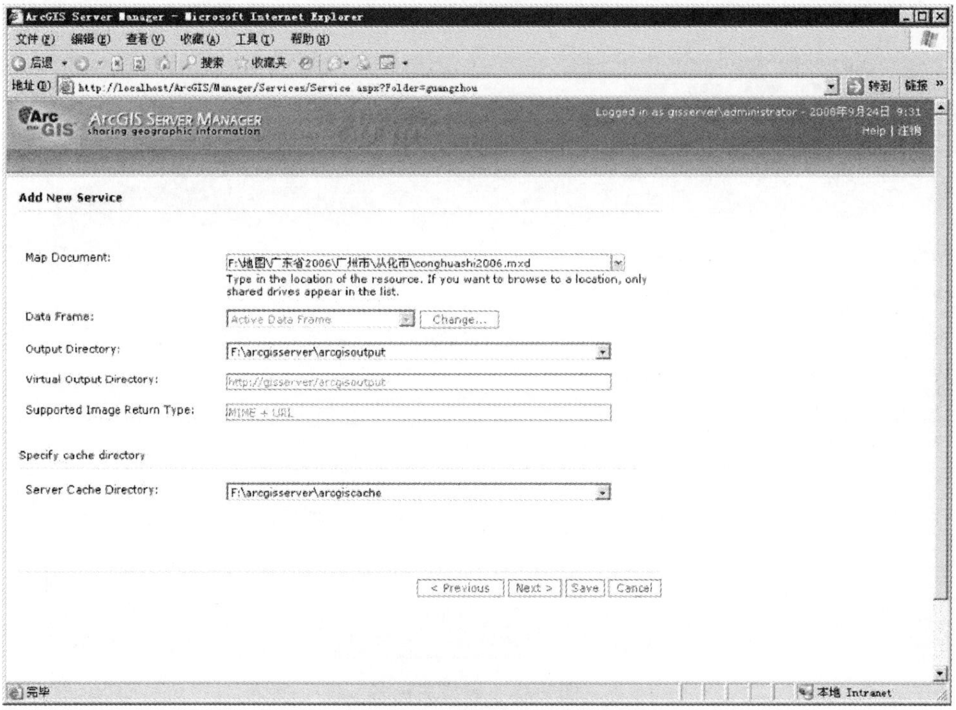

图 9-20 添加地图服务(二)

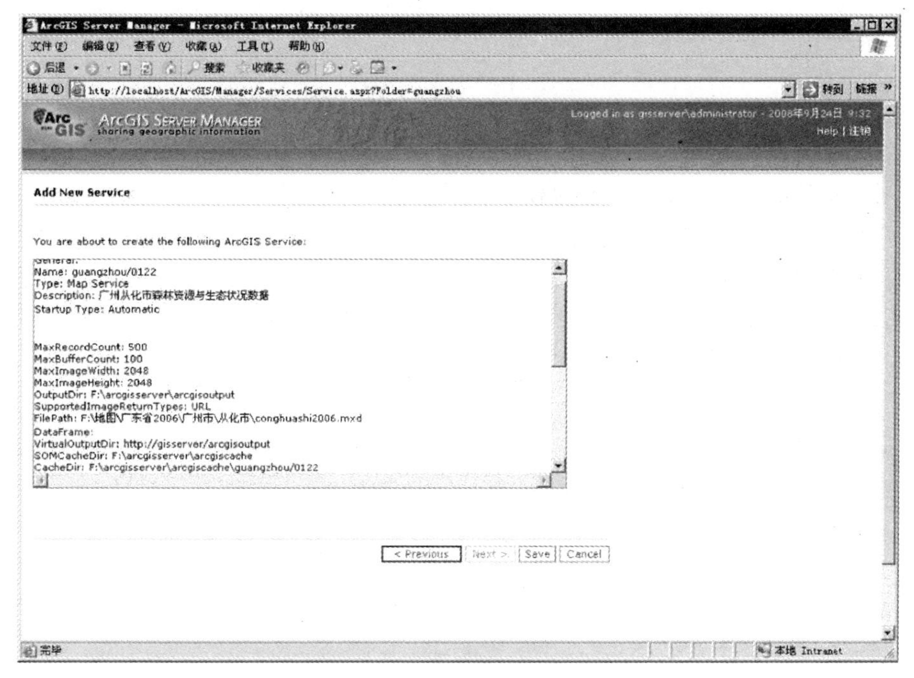

图 9-21　添加地图服务(三)

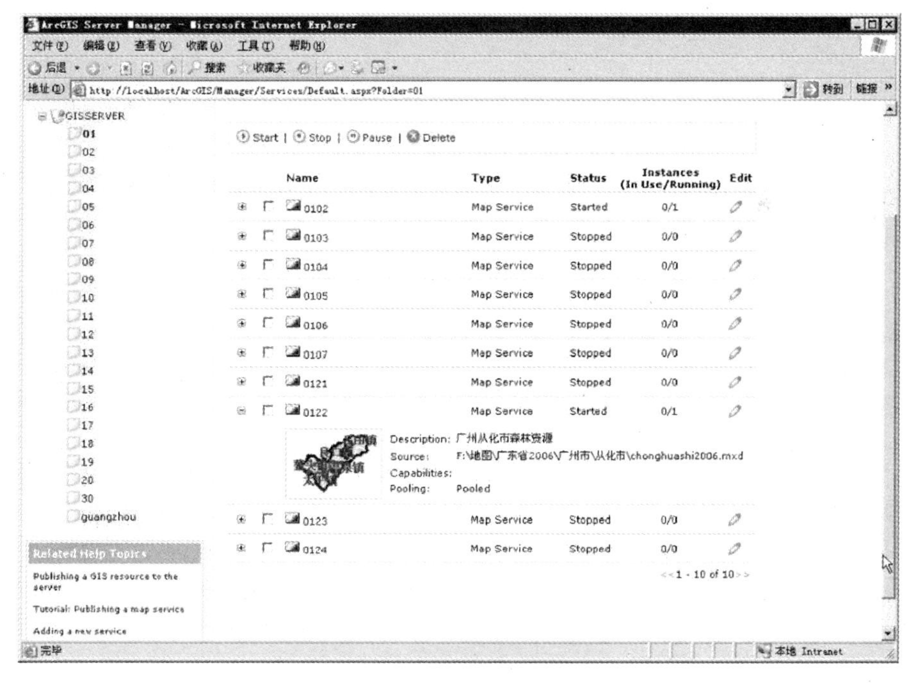

图 9-22　广东省地图服务管理

9.4 共享平台开发

9.4.1 平台界面设计

(1)从开始菜单中启动 VS2005，从"文件"→"新建"→"网站"，在新建网站对话框中，选中 Web Mapping Application 为模板，位置选择 HTTP 方式，输入：http：//localhost/guangdonglinye，点击确定按钮；

(2)网站创建后，在解决方案管理器中选中"Defalult. aspx"，点击"查看代码"按钮；主工作区显示出 Default 页面的代码，这些代码是 Web Mapping Application 模板生成的；

(3)选中 Default. aspx，点击"查看设计器"按钮，主工作区显示页面的设计界面，zhuangbility 工作区界面设置如下：

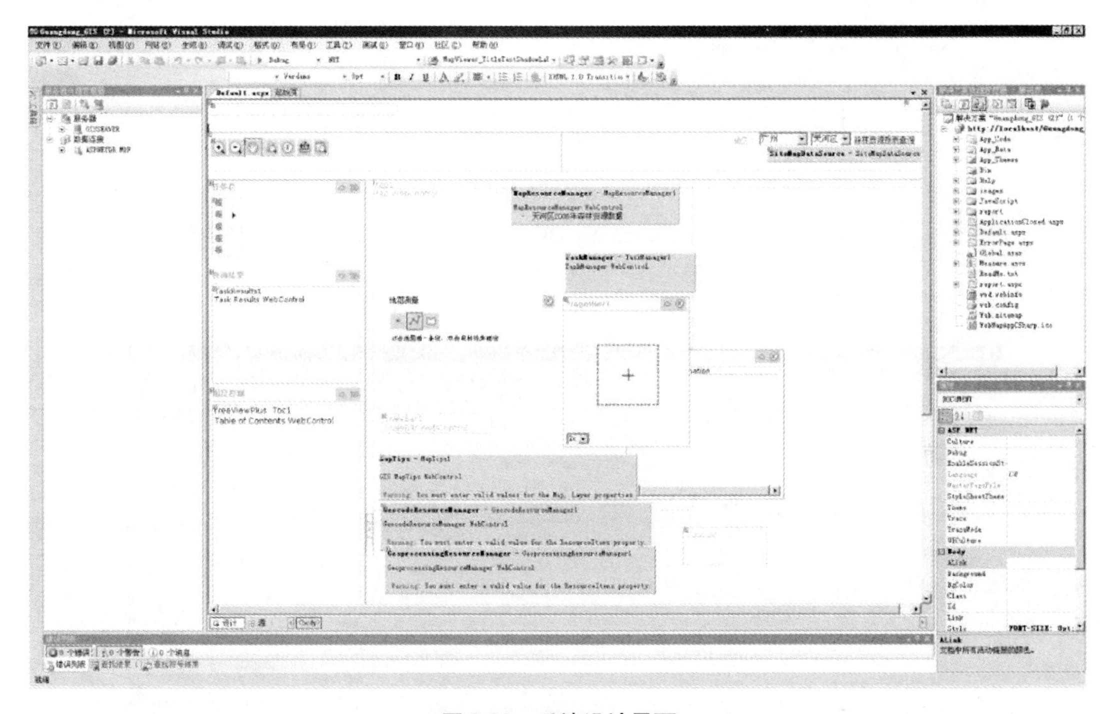

图 9-23　系统设计界面

(4)在设计界面上找到 Map Resource Manager 控件，点击控件右上角的小三角，在弹出的小窗口中点击"Edit Resources"链接；

(5)在弹出的 Map Resource Item 集合编辑器中，点击"添加"按钮；

(6)添加一个地图资源项后，在右侧的 Definition 后面点击小按钮；

(7)在 Map Resource Definition Editor 窗口中，Type 选中 ArcGIS Server Local，Data Source 中输入用户自己的计算机名称，此项目的机器名称为"ArcGIS Server"，点击 Resource 后面的按钮；

(8)在弹出的对话框中选中 Service 为"从化"，Data Frame 选中 default；

(9)定义完成后地图资源的界面如图 9-22 所示，点击 OK 按钮完成即可；

(10)在页面的设计视图下找到 Map1 控件，查看其属性列表，设置 Map Resource Manager 属性为 Map Resource Manager1；

（11）在解决方案中展开 App_ Themes，页面可以使用如下的主页作为页面显示风格，默认的页面主题是 Blue_ Bridge，下一步将修改主页面的主题为 Green_ Trees；

（12）双击解决方案中的 Web. config 文件，在主工作区显示该文件的内容，找到 <pages> 节点，修改为 Green_ Trees；

（13）在启动调试之前，需要设置 Web 应用的身份，右键点击解决方案，选择"Add ArcGIS Identity"；

（14）在弹出的对话框中，输入用户名、密码、主机名，该用户名需要具有 ArcGIS Server 的访问权限，即位于 Agsadmin 或 Agsusers 组中，点击 OK 按钮；

（15）经过程序编写，调试，系统界面见彩图 66。

在这个系统中，最左上角的是标题栏，写着系统的名称"广东省森林资源与生态状况数据共享平台"。下面左边是工具条，分别有"放大"、"缩小"、"漫游"、"全图显示"、"点图查询"、"测量"6 个工具。在右边是地区选择下拉菜单，通过该下拉菜单可以切换到另一个地区的地图。在其右边有一个"森林资源报表查询"的超链接，通过该链接可以进入报表查询系统，对广东省每年的森林资源和生态状况各统计报表进行查询、浏览和进行导出下载。网页的最中间就是每个地区的森林资源和生态状况发布地图，该地图由"行政界线"、"森林（树种）分布图"、"林种分布图"、"生态功能等级分布图"、"公顷蓄积量分布图"以及"行政区划"6 个图层组成。地图左边是"查询结果"工具栏，在网页中各种查询结果都可以在该工具栏内显示出来。下面是导航工具栏，用户可以使用该工具栏进行地图的导航工作。地图右面是图层控制栏，该工具栏显示所有图层及其各个图层的图例，用户可以使用该工具栏显示或隐藏不同的图层从而得到想要查询的地图。最右下角是该地图的比例尺，随着地图的缩放该比例尺也不断随之发生变化。

9.4.2 地图服务间的切换

本系统发布全省所有县市的森林资源与生态状况的专题数据，在 9.3.2 节中对每个县（区）建立了一个地图服务，在用户客户端要通过用户的操作使地图控件能在不同的服务间进行切换，下面给出了关键代码：

```
protected void DropDownListcity_ SelectedIndexChanged( object sender, EventArgs e)
{
    //用户选择的地级市行政代码
string m_ citycode = this. DropDownList1. SelectedItem. Value. ToString( );
//用户选择的县级市行政代码
string m_ countycode = this. DropDownList2. SelectedItem. Value. ToString( );
CommonUntility m_ CommonUntility = new CommonUntility( );
//定义 Mapresourcemanager 的 ResourceItems
GISResourceItemCollection <MapResourceItem> mric = MapResourceManager1.
ResourceItems;
MapResourceItem mapResourceItem = new MapResourceItem( );
//定义地图服务的来源
```

```
GISResourceItemDefinition definition = new GISResourceItemDefinition( );
string MapDataSource = ConfigurationManager. AppSettings[ "MapDataSource" ];
definition. DataSourceDefinition = MapDataSource;
//地图服务的 DatasouceType
definition. DataSourceType = "ArcGIS Server Local";
//地图服务的资源定义，如从化市的服务为“(default)@01/0122”
definition. ResourceDefinition = "(default)@" + m_ citycode + "/" + m_ county-
code;
definition. DataSourceShared = true;
mapResourceItem. Parent = MapResourceManager1;
mapResourceItem. Definition = definition;
//插入新的服务，删除旧的服务，并使地图的服务需求保持不变
MapResourceManager1. ResourceItems. Insert
(Map1. MapResourceManagerInstance. ResourceItems. Count-1, mapResourceItem);
MapResourceManager1. CreateResource(mapResourceItem);
mapResourceItem. InitializeResource( );
MapResourceManager1. ResourceItems. Remove ( MapResourceManager1. ResourceItems
[Map1. MapResourceManagerInstance. ResourceItems. Count-1]);
//刷新 TOC 控件
int a = 3;
Toc1. ExpandDepth =a;
Toc1. Refresh( );
}
```

9.4.3 主要功能简介

(1)放大、缩小、漫游。点击地图工具栏上相应的工具按钮，即可完成操作。

(2)全图显示。当进行放大缩小等操作后，如在网页地图界面中查看地图的全貌，点击此按钮即可。

(3)地图测量。地图测量在地图服务中比较常用。本系统提供了3种距离查询，包括点(坐标)测量、长度测量和面积测量。

坐标测量(图9-24)：通过鼠标点击地图上相应的点可以返回该点的地理坐标。

长度测量(图9-25)：通过鼠标在地图上画线可以测量出线段长度和整个总长度。

面积测量(图9-26)：通过鼠标在地图上画多边形可以测量出该多边形的周长和面积。

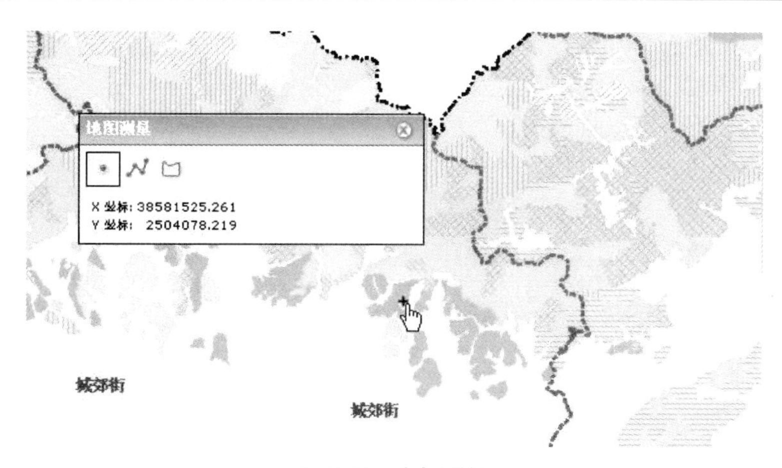

图 9-24　坐标测量

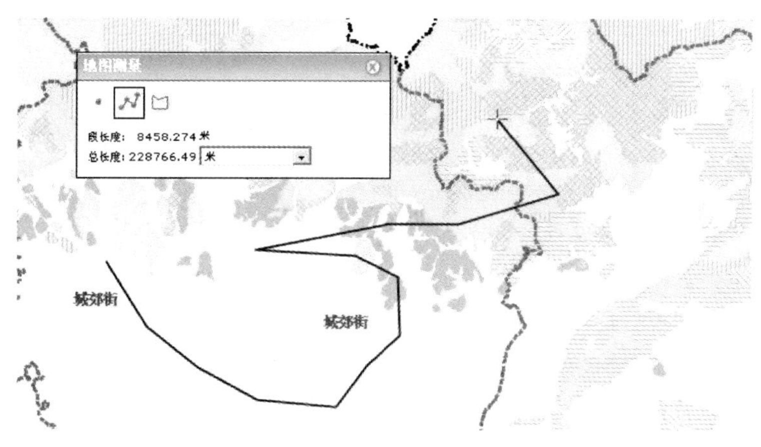

图 9-25　长度测量

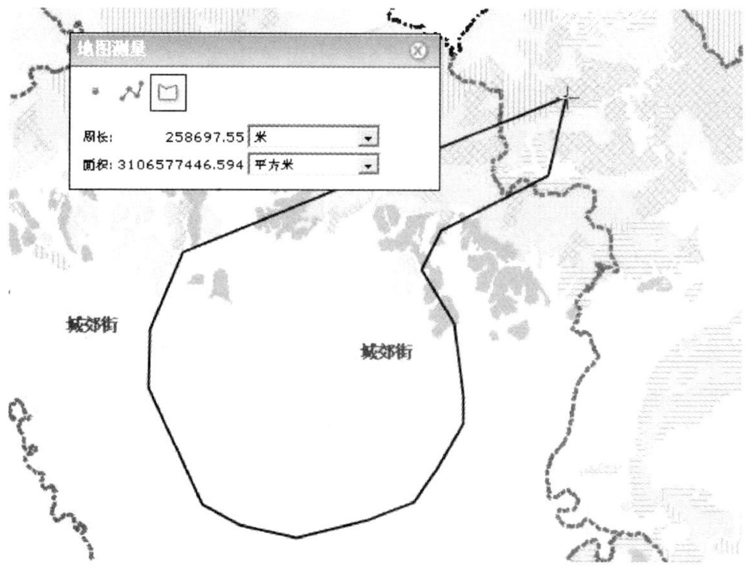

图 9-26　面积测量

(4)点图查询功能

使用点图查询工具，在地图上点某一点，可以查询该位置的森林资源档案数据，可以查询的这个位置所在的林业小(细)班森林资源调查的到的100多个因子结果(图9-27)。

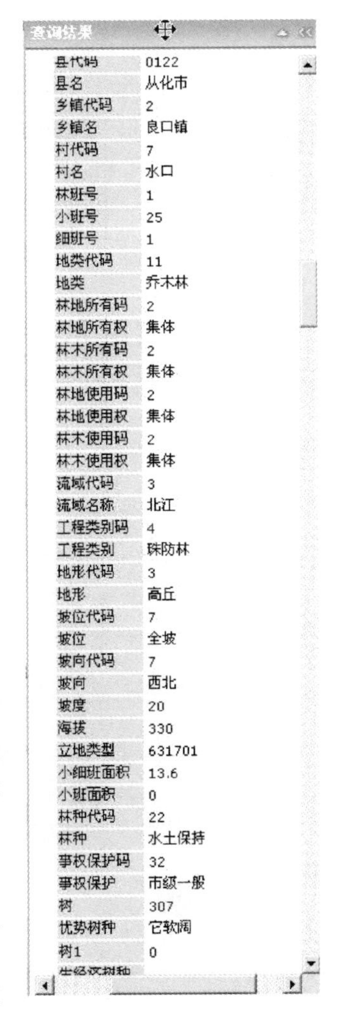

图9-27 查询结果

(5)地图定位功能。输入坐标点，或小(细)班地籍号，可以地图快速定位到该位置(小班)。

(6)导航功能：使用导航工具栏，可以对地图进行导航浏览。

(7)图层控制：该地图包含森林分布图(彩图67)，林种分布图(彩图68)，生态功能等级分布图(彩图69)，森林公顷蓄积量分布图(彩图70)，可以通过对这些图层进行打开、关闭操作，来完成相应专题地图的查看。

9.4.4 森林资源统计报表查询系统

广东省森林资源与生态状况数据共享平台除了各类专题地图的发布，森林资源统计报表的发布也是一个十分重要的内容。森林资源统计报表包括二类调查的39个统计表：各类土地面积统计表、区划林种面积统计表；生态公益林(地)面积统计表；森林、林木面积蓄积统计表；生态公益林(地)森林、林木面积蓄积统计表；商品林(地)森林、林木面积蓄积统计表；乔木林与疏林地分优势树种(组)生长量表；森林、林木资源消耗量统计表；森林资源主要数据统计表；森林资源变动年报表；林业用地按林地使用权面积统计表；林木按使用权面积、株数、蓄积统计表；无林地面积统计表；生态公益林(地)按事权、保护等级面积统计表；省级生态公益林(地)森林、林木面积蓄积统计表；森林生态功能等级面积、比例统计表；市级生态公益林(地)森林、林木面积蓄积统计表；森林、林木优势树种(组)分地类蓄积统计表；乔木林、疏林地、未成林地、灌木经济林按起源面积蓄积统计表；经济树种面积统计表；竹林统计表；各地类按坡度级面积、蓄积统计表；天然更新等级面积、比例统计表；经营措施类型面积统计表；森林自然度等级面积、比例统计表；主林层森林植物群落类型面积、比例统计表；林地土壤侵蚀类型与等级面积、比例统计表；森林灾害按等级面积统计表；森林健康度等级面积、比例统计表；森林景观资源质量等级面积、比例统计表；沙化类型面积、比例统计表；石漠化面积统计表；石漠化按成因面积统计表；林地各类土地植物生物量统计表；林地各类土地植物储能量统计表；林地非毛细管土壤储水量统计表；林地植物储碳量、放氧量、二氧化碳吸收量、光能利用率统计表；林地生境指数统计表；红树林面积统计表。

9.4.4.1 使用Crystal Report创建报表

以上要发布的报表是根据森林资源二类调查小(细)班档案数据进行计算、统计得到的。森林资源二类调查小(细)班档案数据存放在SDE数据库中，利用Crystal Report连接到该数据库，进行统计分析，生成以后 39 个报表，并将其导出成*.rpt 文件。

Crystal Report for Visual Studio. Net 是以 Crystal Report 8.0 的架构为基础，并且针对 .Net 平台作更进一步的强化与发展，以确保能提供 .Net 开发人员最丰富且完整的报表功能。

9.4.4.2　报表的发布

利用 Crystal Report 创建完报表后，下一步就是报表在网页上进行发布了。在 ASP. Net 中利用报表查看控件(Crystal Report Viewer)可以很容易地完成此项工作，基本步骤如下：

(1)建立 Web Form 网页；

(2)将报表查看控件(Crystal Report Viewer)加至 Web Form 网页中。

(3)绑定报表查看器控件，亦即设置报表查看器控件的报表来源。在此平台中，采用动态绑定的方法，也就是利用编程代码根据用户的选择动态地加载相对应的报表。

(4)设置报表查看器控件的各项属性。

在地图网页的最右上角点击“森林资源报表查询”即可进入报表发布页面。在报表最上面一栏是报表查询工具栏，包括地区选择、年度选择和报表名称选择，通过这些下拉菜单可以选择要查询的某个地区某个年度的某个报表内容。选择完毕后点击“查看”按钮网页就会切换到用户所选择的报表(图 9-28)。在报表选择栏下面的是报表工具栏，通过该工具栏可以进行报表的翻页、打印、导出等操作。

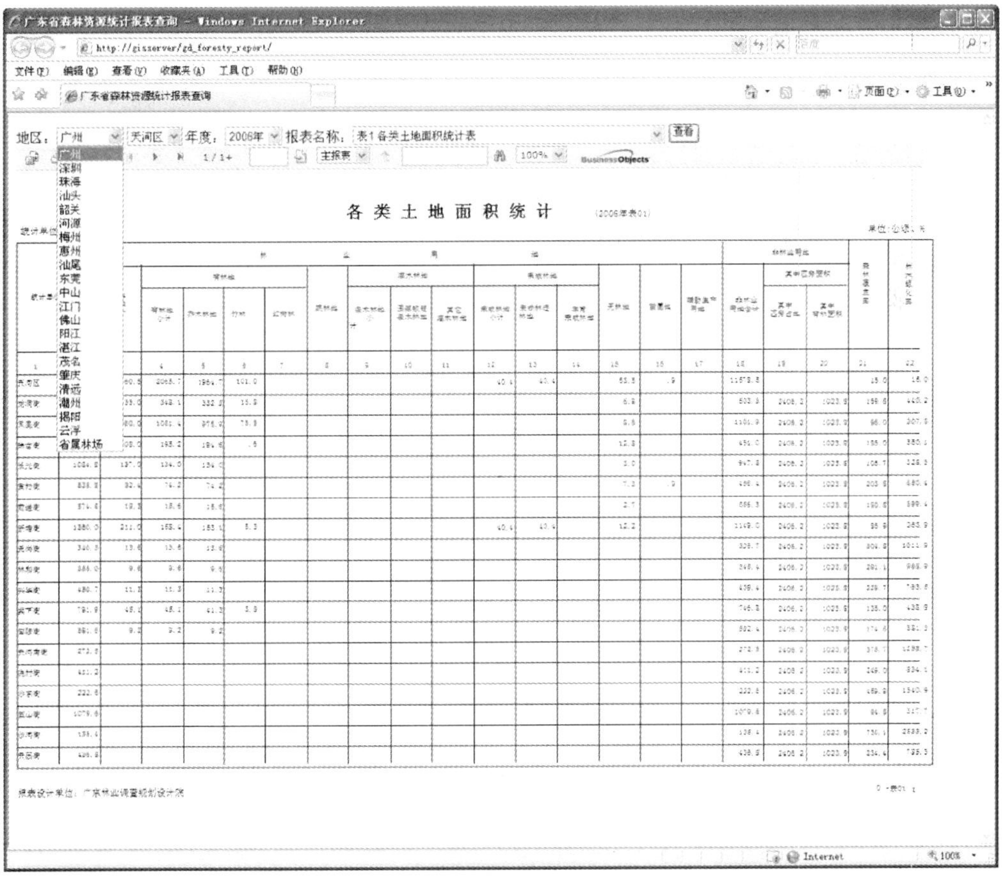

图 9-28　统计报表

报表查询系统主界面：

报表输出：选择报表导出工具，可以将报表导出为其他格式(. pdf，Word，Excel)等下载到本地硬盘(图 9-29)。

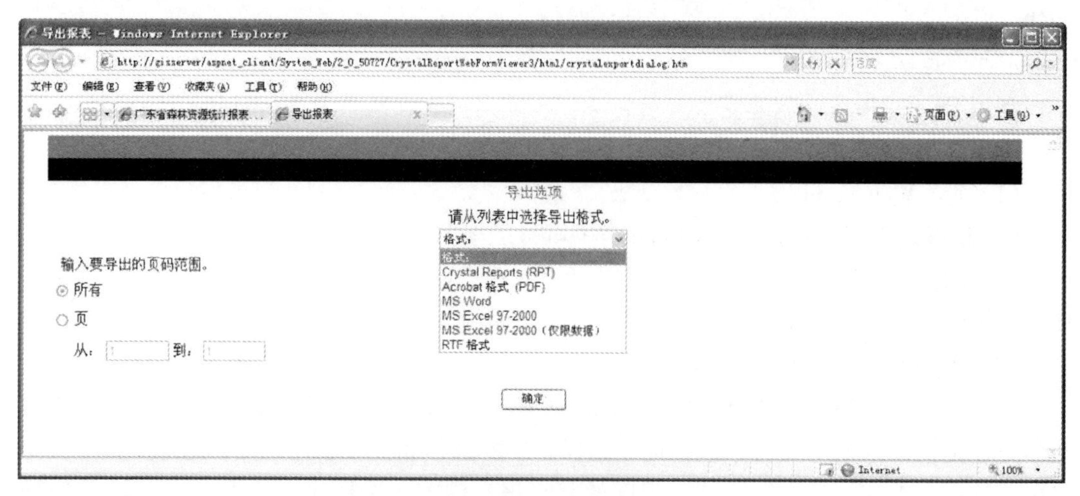

图 9-29　报表输出

报表打印：选择报表打印工具，可以将报表打印输出(图 9-30)。

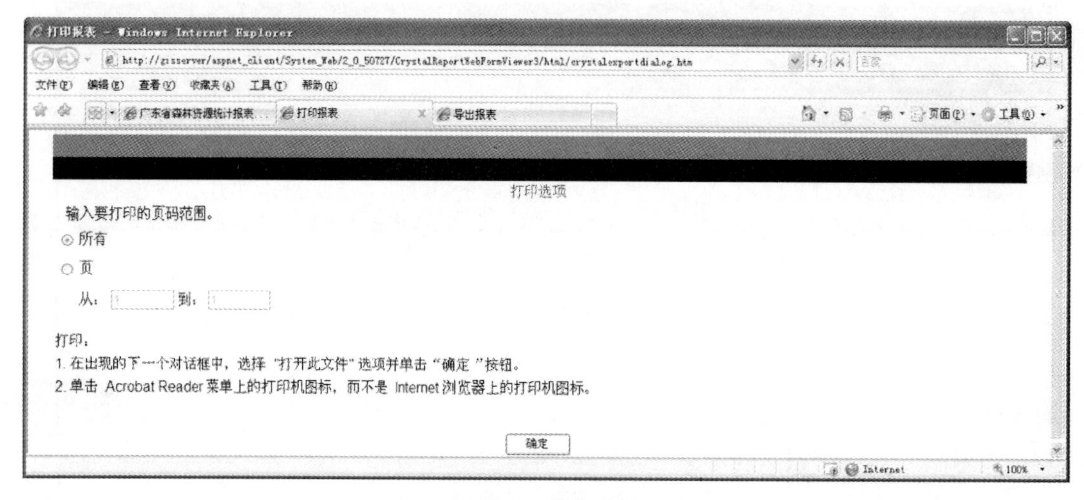

图 9-30　报表打印

另外，还可以进行报表按比例放大、报表字段的查找等功能。

9.5　森林资源三维地理信息共享平台

9.5.1　三维 GIS 的研发思路与发展情况

从 20 世纪 80 年代起，GIS 开始在林业信息管理中应用，经过 20 多年的发展，在林业资源管理、病虫害防治、防火指挥等多项工作中的应用都趋于成熟。但这些应用主要以二维地理信息为主，二维 GIS 本质上是基于抽象符号的系统，无法给人以自然界的本原感受，其自身存在着难以克服的缺陷。在二维 GIS 中高程信息主要以等高线、地形专题渲染等方式表现，不能直接应用高程信息，地物坐标信息里并不包含 *Z* 坐标值，因而无法进行三维方面的分析；另一方面，二维地理信息的表现方式也具有局限性，固定的视角以及垂直正射的投影方式都约束了二维地理信息的表现。

世界的本质是处在三维空间中的，随着 GIS 应用的深入，近年来，随着 E 都市、都市圈、城市猎人等三维仿真电子地图的涌现，三维地图逐渐走进大众的视野。Google Earth 的横空出世，更是令三维 GIS 备受关注。三维 GIS 不仅突破了空间信息在二维平面中单调展示的束缚(李建华，2004)，而且为信息判读和空间分析提供了更好的途径，也可为各行业提供更直观的辅助决策支持。因此，空间信息的社会化应用服务迫切需要三维 GIS 的支持，三维 GIS 已日益成为 GIS 发展的重要方向之一。

由于二维数据模型与数据结构理论和技术已经相当成熟，图形学理论、数据库理论技术及其他相关计算机技术也有了进一步发展，三维 GIS 在此基础上正快速发展。当前研究和开发三维 GIS 的思路可归纳为三种。一是从可视化角度出发，首先将地理数据变为可见的地理信息，从三维可视化领域向三维 GIS 系统扩展；另一种是从数据库的角度出发向三维 GIS 发展，将三维空间信息的管理融入 RDBMS 中，或是从底层开发全新的面向空间的 OODBMS，如 GODOT，GeoO2，GEO + +，SmallWorld GIS；还有一个新的发展方向是将三维可视化与三维空间对象管理藕合起来，形成集成系统。

虽然三维 GIS 取得了一定的发展，并且各行各业都在大力推广应用，但还缺乏必要三维空间数据模型机及数据管理和分析的理论支撑，同时也存在许多有待突破的技术难点，如三维数据表现技术、三维空间数据模型与组织管理、海量存储、网络传输、数据发布共享等。

9.5.2　技术基础和原理

广东省森林资源三维地理信息共享平台以 DirectX 为三维图形开发接口，采取基于 LOD 技术的切片金字塔数据组织方式，对三维场景进行数据驱动模式的渲染，实现森林资源空间分布的计算机仿真模拟。

9.5.2.1　三维可视化

在三维 GIS 中，空间目标通过 *X*、*Y*、*Z* 三个坐标轴来定义，它与二维 GIS 中定义在二维平面上的目标具有完全不同的性质。在目前二维 GIS 中已存在的 0，1，2 维空间要素必须进行三维扩展，在几何表示中增加三维信息，同时增加三维要素来表示体目标。空间目标通过三维坐标定义使得空间关系也不同于二维 GIS，其复杂程度更高。二维 GIS 对于平面空间的有限—互斥—完整划分是基于面的划分，三维 GIS 对于三维空间的有限—互斥—完整划分则是基于体的划分，因而，通过分析基于(单一)体划分的三维矢量结构 GIS 几何成分之间的拓扑关系，李青元提出 5 组简化的拓扑关系。三维 GIS 的可视表现也比二维 GIS 复杂得多，出现了专门的三维可视化理论、算法和系统。

(1)三维可视化基础。当前比较流行的三维可视化软件开发主要基于 2 种图形接口：微软公司的 Direct3D 和 SGI 公司的 OpenGL。OpenGL 的优势在于跨平台，而在 Windows 平台下，Direct3D 由于基于 COM 技术以及各大硬件厂商的支持得到了更广泛的应用，Direct3D 提供了立即模式和保留模式 2 种访问图形设备的模式。其中，立即模式通过硬件抽象层(HAL)访问图形设备，效率更高。HAL 还允许图形硬件在渲染、光栅化等方面保留自己独特的性能，从而获得更优化的显示效果。从自身的应用环境以及二者的发展前景来考虑，本研究选自 Direct3D 作为广东省林业三维地理信息共享平台的图形开发接口。Direct3D、Windows 图形设备接口(GDI)、HAL(硬件加速)和显示设备之间的关系如图 9-31 所示，Direct3D 与 GDI 处于同一层次，Direct3D 和 GDI 都可以通过图形设备驱动程序接口访问硬件，但不同的是 Direct3D 还可以使用 HAL 使用设备驱动程序，从而能够更充分利用硬件的性能。

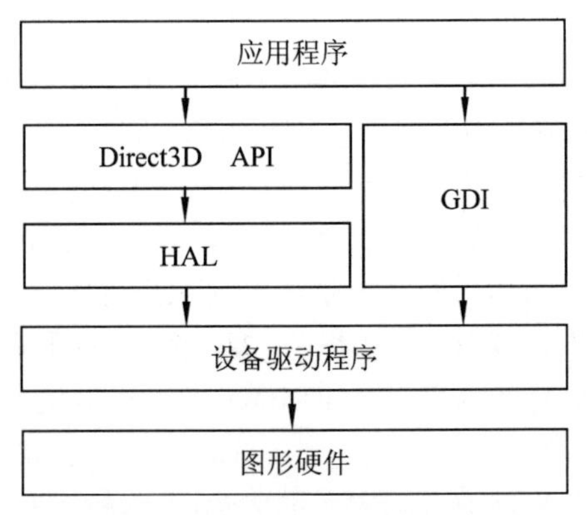

图 9-31 Windows 应用程序硬件访问方式

(2)空间信息的渲染方式。在林业应用领域可以将常用的空间信息划分为三大类：地形数据、栅格数据和矢量数据，矢量数据又可以分为点、线、面 3 种。地形数据通常是以 Grid(格网)方式进行组织，记录地面高程信息；栅格数据主要包括卫星影像、航空影像、专题图等以栅格图片方式存储的影像信息；矢量数据主要是以点、线、面 3 种实体类型表现林业特有的信息，如林班图、防火带等。林业三维地理信息共享平台要解决的就是在通过三维场景的渲染来实现这些林业相关信息的三维可视化。下面分别讨论在三维场景中如何渲染这些林业空间信息。

①地形数据的渲染：三维场景中是利用地形数据通过构建 Mesh(三角网)实现地形的渲染，Mesh 的构建过程也就是构建顶点缓冲和索引缓冲的过程，顶点缓冲存储的是坐标、颜色等信息，索引缓冲存储的是构成三角网的顺序。对于基于网络的三维共享平台来说，数据都存储在服务器上，这个构建过程是需要实时处理的，是在数据下载到客户端之后完成的。

②栅格数据的渲染：栅格数据的渲染一般是以纹理贴图的方式完成，将栅格图片作为 Mesh 的纹理，在渲染地形的同时将栅格数据渲染到场景中。对于不同图层的栅格数据可以通过多层纹理技术以及纹理融合技术进行渲染，可以实现不同图层的透明叠加。

③矢量数据的渲染：矢量数据的渲染不同于栅格数据，因为在应用过程中经常要对矢量信息进行拾取从而查询相关属性，所以，矢量信息的渲染一定要具备可拾取性。根据不同的数据类型采取不同的渲染方法，对于点对象可以采用广告牌的技术，因为点对象一般都是以图标的方式进行展现，在 Direct3D 中支持一种 Sprite 对象来实现广告牌，Sprite 可以简化二维纹理在场景中的渲染，通过这种技术渲染点对象是比较合适的，无论在镜头如何移动，点对象都是面向用户的；线对象的渲染比较简单，可以选择 Direct3D 支持的画线方法进行渲染，需要考虑的是线对象要符合到地形，由于目前多数林业信息还是存储的

二维坐标，所以要对线对象进行内插，从地形数据获得内插点的高程信息，使得每个线对象上的点都具有三维的坐标；面对象的渲染相对来讲比较复杂，因为在Direct3D里面是没有方法处理多边形的，另外还要考虑面对象的拾取以及能够与地形符合。首先要考虑将多边形三角化，转换成Direct3D可以处理的Mesh后进行渲染，我们选择将三角化好的多边形渲染到纹理上，然后利用纹理映射方法与栅格数据的纹理进行融合，然后与栅格数据一起渲染，这样既能够保证面对象的渲染效率，又能够对面对象进行拾取，从而实现面对象的选择以及属性查询等GIS功能。

9.5.2.2 三维空间模型及数据组织管理模式

目前三维GIS的发展往往只关注三维对象本身，对各对象间关系的表达没有足够的重视，管理大批量三维空间对象的能力较弱，无法做一些GIS需要的空间分析。三维GIS技术构造、表达三维对象上具有较强的能力，但管理和分析能力较弱。

三维空间数据模型理论和技术的不成熟，另外空间数据库技术也正处于发展中，不像RDBMS那样具有成熟的理论和技术，因此导致了三维空间建模能力的薄弱。在完整的三维GIS系统研究和开发方面，Breunig曾经进行过较为系统的研究与实践，为三维GIS提出了一个空间信息集成模型，该模型以所谓的扩展复杂要素(e-complex)为内核，表达三维空间地学对象的几何性质，度量属性及对象间的复杂拓扑关系。以此为基础，他又进一步定义了拓扑操作，并将各种e-complex对象融入地学建模和管理的模型框架中。该模型是以矢量模型为基础，对象及对象间的拓扑关系表达较为精确，但各种操作复杂费时，空间分析不易。

李清泉以八叉树和不规则四面体为基础提出了三维GIS的混合数据模型。以栅格结构的八叉树作为对象描述的总体框架，控制对象空间的宏观分布，以矢量结构的不规则四面体描述变化剧烈的局部区域，较为精确地表达细碎部分，并将这2种模型进行有机地结合。这种混合模型是一种矢量栅格三维结合的有益尝试，在一些情况下比较合适，但还需要其他表达模型的补充，以提高表达、访问和操作的效率。

由于地学对象赋存形态各异，千变万化，各种模型又都有其优缺点，因此为三维GIS表达和分析服务的各种数据模型和数据结构设计，应当针对不同的数据获取方式、地学对象本身的大致形态和主要的应用目的设计不同的数据模型与结构。以此将各种模型的长处充分发挥，进一步提高三维GIS表达和分析的效率。

(1)基于LOD技术的空间数据组织模式。LOD(level of detail)技术是一种符合人的视觉特性的技术．当场景中的物体距离观察者很远时，经过渲染通路的投影变换后，物体显示在屏幕上只是几个像素甚至是1个像素(周演，陈天滋，2008)。渲染时没有必要为这样的物体绘制全部细节，距离视点较远的三角形可以大一些，粗糙一些，而距离视点较近的三角形则应有较为细腻地表现，适当地合并一些三角形而不影响画面的视觉效果。常用的LOD地形的实现算法是四叉树算法，即对二维地平面进行分割时，每次把正方形分成4个等份的小正方形，直到分割的正方形尺寸达到某个阈值为止，然后对不能再分的正方形进行三角形剖分渲染。LOD技术通过合理减少场景三角形数量的方式来提高渲染的效率，对本系统来讲尤为重要，林业信息通过网络共享，不仅要考虑渲染的效率，还要考虑数据通过网络传输的效率，传输的数据量越小，则效率越高，所以，LOD技术除了要体现在场景的渲染上还要体现在所有的数据组织上。

(2)四叉树索引。我们采用自顶向下自动递归细化的四叉树索引算法，其基本思路是：首先要确定最高级别(0级)的范围，然后根据该范围一分为四，作为下一个级别，以此类推(图9-32)。采用递归的方法对每个网格进行渲染。对每个网格，如果达到最高精度则退出；如果不在视野内也退出。接着对符合条件的网格递归下去。该算法的关键之处主要有：数据的存储布局、如何生成连续实时的LOD化的地形网格以及节点评价(周演，陈天滋，2008)。

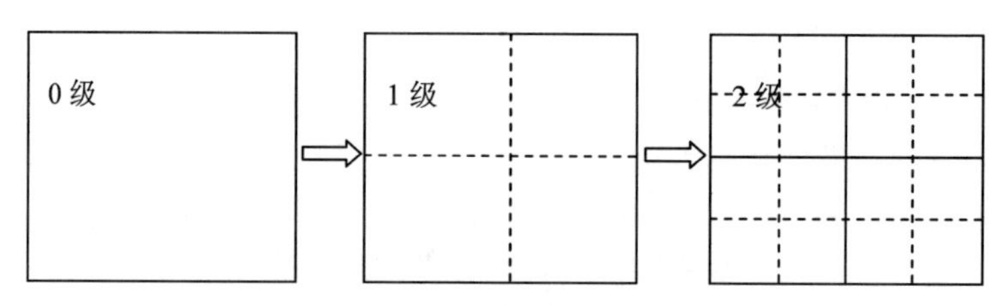

图9-32 四叉树索引示意图

(3)地形数据。地形数据的组织采用四叉树细节层次模型，先对地形数据按照金字塔级别进行不同精度的等间距格网采样，采样结果生成四叉树中的一层节点，四叉树中每个节点对应地形的一块区域，每个节点格网的行列数相同。对于树中任意相邻的层，位于上一层的节点采样精度是下一层的一半，任意一个非叶子节点都有4个子节点，而且子节点的采样区域恰好将父节点四等分。每个子节点都以文件的方式存储在服务器中，文件命名体现出该节点在四叉树体系中的位置。利用这一特性，渲染时可以根据场景的需要选择合适级别的地形节点进行下载和渲染。

(4)栅格数据。栅格数据的组织与地形数据类似，不同的是栅格数据在采样的时候要考虑像素的地面分辨率，所谓地面分辨率就是指一个像素代表的实地距离，每个级别与下一层级的地面分辨率都是2倍关系，每一个节点的图片文件像素行列数都是一样的，在本系统中图片文件以PNG或者JPG格式进行存储，对于透明图层选择PNG格式，非透明图层则用JPG格式存储。文件的命名规则需要带有四叉树索引的特性，我们采用图片位于的层级与该层级下的行列数来命名，这样可以快速定位每一张图片，起到了四叉树索引的作用。所有的栅格切片数据一起存储在服务器中，形成一个金字塔图片库，可以以文件方式存储在目录中，也可以以文件名作为索引存储在数据库中。

(5)矢量数据。矢量数据不需要严格按照四叉树索引进行组织，因为客户端获取矢量数据的时候只需要根据范围就可以定位，而且还需要在合适的显示比例尺下显示，并不需要贯穿整个层级，所以对于矢量数据需要考虑的主要是网络传输效率，我们根据实际需要，只对矢量数据进行一次分割(对应于四叉树的一个层级)，起到一个空间索引的作用。如果矢量数据存储在空间数据库中，那么也可以直接访问空间数据库获取矢量数据。

9.5.2.3 数据驱动模式

林业三维地理信息共享平台是一个基于互联网的三维应用，数据都是存储在服务器上的，客户端只是根据需要实时地下载到本地，然后进行渲染。渲染不能够等待数据下载，否则系统很难流畅地运行，所以，为了解决这个问题，把渲染和下载分别放到不同的线程里。渲染线程主要是作渲染场景以及判断场景中所需要的数据，发出下载命令。数据更新线程主要解决数据的下载以及数据的预处理工作，为渲染做好准备。整个过程就是由数据请求驱动的，如图9-33所示。

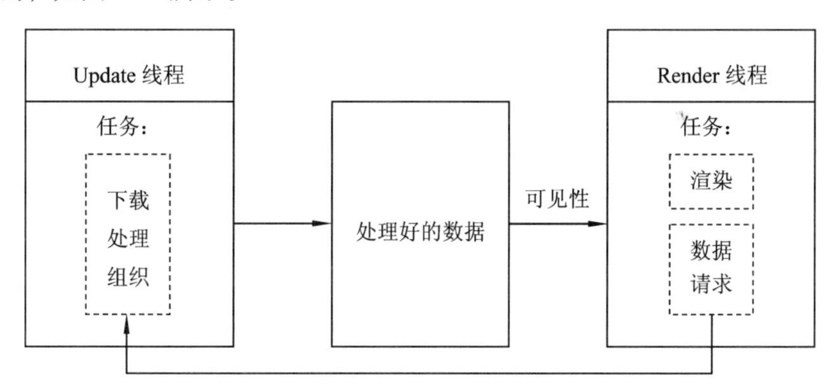

图9-33　数据驱动模式

为了避免重复下载，采用缓存来存储下载的数据，缓存分为内存缓存和本地文件缓存。内存缓存是下载完成后数据的第一站，如果内存缓存空间满了，需要删除一些数据释放内存缓存，删除的机制是按照最后一次访问时间排序，将时间最早的缓存数据删除，然后存储在本地文件缓存中。有了缓存机制后在执行数据下载之前都要访问缓存，判断是否还需要下载，如果缓存已经有了数据内容，则不需要再下载。通过这样的机制可以有效地避免重复下载。

9.5.3　系统实现

(1)三维信息浏览。三维信息浏览的方式很多，除了具有以前二维空间中必备的放大、缩小、平移外，还可以允许用户进行模拟飞行，这是三维GIS中浏览数据的一个重要方式。由于使用了科学的数据管理方法和先进的渲染机制，利用该平台进行三维飞行时数据获取和刷新快，显示效果流畅逼真，视觉效果好(彩图71)。

(2)信息查询。三维GIS中数据表现更好、更贴近现实世界，同时在三维数据空间中同样可以对点、线、面等地物信息进行各种查询。在森林资源信息管理中可以对林业小班各种信息，如林种、树种、郁闭度、蓄积量等专题信息进行查询(彩图72)。

(3)三维测量。在林业生产中往往需要测算点与点之间的路径，如从山顶到山脚的距离，二维空间中不同高程地物投射在同一个水准面上，无法完成的一些测量工作。利用广东省森林资源三维地理信息共享平台可以完成该项工作，测算任意两点之间的表面距离和路径、计算某个地块的表面积，获得任意地物点的高程等，这些信息对森林防火、森林资源调查、营造林规划设计等工作都有重要的实际意义(图9-34)。

图9-34　三维测算

(4)三维编辑。尽管三维GIS发展势头迅猛，但业界对一直存在一些争议，其显示效果好能给人较强的视觉冲击，但一直以来都被不少人认为是花架子，主要问题在于三维地理信息技术发展还不够成熟，无法做到数据及时更新。广东省森林资源三维地理信息共享平台不但可以实现了三维数据的浏览、查询和测量，还为用户提供了一些基本的三维数据的编辑功能。用户可以根据实际情况和具体工作需求，对点、线、面等数据进行修改，这为三维 GIS 的广泛和深入的使用打下了基础。

9.6 小结

本章基于 ArcGIS Server 9.2 建立一个带有空间查询和统计报表查询功能的广东省森林资源与生态状况数据共享平台。该平台具有发布全省各个县(区)的森林资源和生态空间数据(包括森林分布图、林种分布图、生态功能等级分布图、公顷蓄积量分布图)，并且可以对地图上每一点所在的林业小(细)班森林资源调查的百余个属性因子进行查询。另外，该平台还具有 39 个森林资源报表的查询、下载功能，满足了公众及林业相关工作人员通过因特网对广东省森林资源和生态状况数据了解、查询的需求。

广东省林业三维地理信息共享平台利用四叉树来组织和管理森林资源空间数据，采用数据驱动的实时渲染手段，有效地提升了基于网络的三维场景的渲染效率，而且还能够令场景的渲染不依赖于数据下载，获得良好的用户体验，为大面积森林资源地理信息管理提供了高效的三维共享平台。由于三维 GIS 最近几年才得到快速发展，目前国内外都没有完全成熟的三维 GIS 软件系统，本平台应用已有技术做了一定的工作，把基本的地理信息在三维场景中展现出来，今后还应在该平台基础上继续研究，期望在三维分析以及林区树种的模型化方面取得突破。

本章参考文献

[1] ESRI Inc. 2006. ArcGIS Server 9.2 help.

[2] Christian Nagel. 2006. C#高级编程(第 4 版). 北京：清华大学出版社.

[3] 李建华. 2004. 林业三维 GIS 的应用[J]. 华东森林经理，18(4)：56－59.

[4] 周演，陈天滋. 2008. 基于 Direct3D 的大规模地形渲染技术研究[J]. 郑州轻工业学院学报(自然科学版)，23(6)：107－111.

[5] 王珂珂，张立朝，潘贞等. 2008. 基于 DirectX 的多分辨率动态 DEM 构网算法研究[J]. 北京测绘，(2)5－9.

[6] 熊静，王玲，陆小辉. 2008. 三维技术在林业方面的应用初探[J]. 林业调查规划，33(5)：128－130.

[7] 张贵，洪晶波，谢绍锋. 2009. 森林资源信息三维可视化研究与实现[J]. 中南林业科技大学学报，29(2)：49－54.

[8] 刘万宇，臧淑英. 2005. 基于 COM 的哈尔滨林业地形三维可视化系统探讨[J]. 森林防火，(2)：21－23.

第 10 章　基于大尺度遥感信息的森林生态宏观监测

应用遥感信息估算森林植被蓄积量和生物量的方法，虽然较传统调查方法提高了效率，但由于尺度仅落实到县，要实现全省范围的成果获取所耗费的人力、财力、时间仍然相当大。为此，本章介绍一种低成本、快速实现森林生态宏观监测的方法，实现对生态因子尤其是不易获取的生态因子的监测。森林生态宏观监测的内容较多，本章以森林植被净第一生产力(NPP)为代表，研究如何通过遥感信息进行森林生态宏观监测。以 CASA 模型为基础，利用 MODIS 数据、气象数据、森林资源数据和地形等其他数据，建立广东省森林植被 NPP 估算模型，由模型输出运算结果。

10.1　概述

作为陆地生态系统的主体，森林对改善生态环境有着重要作用。对森林生态状况进行定期宏观监测，有助于全面掌握我国森林自身生态状况和提供给社会的生态效益，有利于加快林业生态体系建设。因此，进行全国尺度和省级尺度的森林生态宏观监测对于建设现代林业和生态文明具有重要意义。

自 20 世纪 70 年代全国森林资源连续清查监测体系建立以来，我国森林监测基本以森林面积和木材蓄积量为重点，主要为木材生产和利用服务。随着人们对森林的研究和认识不断深入，特别是逐渐意识到森林作为一种环境资源的重要意义，反映森林系统生物多样性的各种野生动植物、微生物都作为监测对象。在大气环境日益恶化的背景下，森林健康状况和生态状况受到美国、德国等国家的重视，如德国开展了包括全国森林资源清查、全国森林健康调查、全国森林土壤和树木营养调查三个层次的森林监测。到 20 世纪 80 年代，生态环境问题受到前所未有的广泛关注，各国相继开展生态环境监测活动，其中森林生态系统的环境监测与研究是最重要的内容。世界各国相继建立了全国尺度下的生态监测网络，如美国长期生态研究网络(LTER)、加拿大的生态监测与分析网络(EMAN)和英国的环境变化监测网络(ECN)。国际林业研究组织联盟(IUFRO)、联合国粮食与农业组织(FAO)等国际组织综合森林监测的多方面内容和目标，于 1994 年正式出版发行了《国际森林监测指南》。该指南将森林生态监测作为重要内容，建议各国都制定适合本国的森林生态监测体系。

在此推动下，我国也着手制定适合本国国情的森林生态监测体系。2003 年 6 月，中共中央、国务院在《关于加快林业发展的决定》中明确指出建立包括生态监测在内的全面的林业动态监测体系，国家林业局也下发了《关于开展全国森林资源和生态状况综合监测体系建设研究工作的通知》(资调〔2003〕50 号)。国内早期针对森林生态监测的研究主要是以由 20 世纪 80 年代建立起来的全国环境监测系统为基础的生态定位观测研究(王兵，肖文发等，1996)，积累了大量的原始数据。肖兴威(2007)通过对国内外森林监测体系和我国林情分析，为建立适合我国的森林资源与生态状况综合监测提供了总体思路和基本框架。全国各省(市、区)也在积极开展森林生态监测方面的研究，广东和浙江两省起步较早，他们不仅进行了大量的基础研究，而且在建立省级森林生态监测体系方面也做了大量工作(李土生，2006；王登峰，2002；林俊钦，2004)。

10.1.1 监测内容

森林生态宏观监测是相对于森林生态微观监测而言的，是大空间尺度上的森林生态监测，监测对象主要是大面积的森林生态系统。它主要涉及林学、生态学、统计学等学科的相关基础理论，笔者认为，理论上完善的监测内容应该包括森林生态系统可以反映出的所有生态因子指标，包括水、气、土、能、生物等方面的生态功能因子。肖兴威(2007)认为，细化的森林生态状况监测内容应根据不同的信息需求情况、被监测的生态状况要素的用途，以及生态状况监测指标和标准的要求来决定。监测内容可由森林植物要素、动物要素、气象要素、水文要素、土壤要素及与之相关的社会经济和其他环境要素等构成。《国际森林监测指南》中涉及森林生态的监测因子主要有生物量、生物多样性、森林健康等，并分为生物量监测和森林环境质量监测。尽管不同学者或机构制定的监测因子不完全相同，但是基本都是以森林生态功能为参照，围绕森林植被、大气、土壤、水分、能量、森林生态系统内部各因子间及和人类间的相互关系等展开监测。广东在这方面进行了大量尝试(林俊钦，2004)，广东森林生态宏观监测指标体系明确了较为具体的监测内容，以2002年一类调查进行试点监测，完成了大部分内容的监测。主要监测内容包括以下四个方面：

(1)森林资源监测扩充内容。这部分内容还是以森林动植物作为监测对象，增加了传统森林资源监测中不包含的森林植物生物量、森林凋落物生物量、林地土壤微生物生物量、森林植物储能量、林地水资源状况乔木种类数量、野生鸟类数量等反映生态状况的因子。其中，森林植物生物量、森林凋落物生物量、林地土壤微生物生物量、森林植物储能量等因子是研究森林生态系统碳循环的重要指标；林地水资源状况是研究森林涵养水源、净化水源能力的重要指标；乔木种类数量、野生鸟类数量等因子是反映森林物种多样性重要指标。

(2)森林生态建设监测内容。对森林群落和包括光照、温度、水分、大气、土壤、地形、人类行为等七个生态因子的森林环境之间的关系进行监测。主要包括森林植物群落多样性和森林群落生态系统的多样性、森林自然度、森林健康度、森林生态功能等级、森林植物光能利用率、森林碳循环、林地大气污染状况、林地土壤肥力、森林植物返还土壤养分能力和生境指数等指标。

(3)森林生态安全监测内容。森林生态系统安全，是指在自然条件下，森林生态系统处于一个健康状态，或者受到外部不利因素的干扰森林生态系统所发生的变化处于森林生态系统自身抗胁迫能力范围和社会也能容纳的范围之内。主要包括林地土壤侵蚀类型、林地地表水污染状况、林地土壤污染状况、林地沙化状况、林地石漠化状况、森林生物入侵危害状况等指标。

(4)森林生态文明监测内容。森林生态文明，是指森林生态的社会意识、物质文化、行为和制度的总称，它是人类在物质生产和精神生产中，按自然生态系统和社会生态系统运行规律而建立起来的人与自然、人与社会良好的运行机制和协调发展的社会文明形式。主要包括生态保护指数、造成水土流失的采伐集材方式比例、全垦或机耕整地面积、违规施用有害农药行为、林地法规制度和数量的调查、林业职工教育人数、林业经济发展状况等指标。

这四大类指标构成广东省年度森林生态宏观监测的主要内容体系，相互之间联系紧密，基本涵盖了现代林业的主要内容，是比较完善的监测体系。自 2002 年至 2008 年年末，广东已进行了 7 次全省森林生态状况年度监测，为全国其他省份建立完善的年度森林生态宏观监测积累了一定的经验。

10.1.2　传统监测方法

森林生态系统是最主要的陆地生态系统，它的发生、发展、演替和变化机制对整个地球生物圈有着重要影响。早期，由于人们对其了解不多，主要是通过长期生态定位观测获取大量基础数据，希望可以尽快对多数森林生态系统有整体认识和把握。严格地说，森林生态定位观测方法是一种微观生态监测方法，它是通过在典型森林生态系统内部建立长期定位观测设施，对森林生态系统的组成、结构、生物生产力、养分循环、水循环和能量平衡等在自然状态下或人为、自然干扰下的动态变化格局与过程进行长期监测(李伟民，甘先华，2006)。自 1843 年英国洛桑试验站建立后，许多国家都相继建立了自己的森林生态定位站，并逐步发展为可以区域乃至全球共享的森林生态定位监测网络。我国的森林生态系统定位研究和观测始于 20 世纪 50 年代，至今已初步建成了覆盖全国的定位观测网络，主要包括中国科学院的中国生态系统研究网络(CERN)的 9 个森林生态系统试验站和国家林业局的中国森林生态系统研究网络(CFERN)。始建于 1992 年的中国森林生态系统研究网络(CFERN)由网络成立之初的 11 个生态定位站发展到现在的 29 个，基本覆盖了我国从北到南五大气候带的寒温带针叶林、温带针阔混交林、暖温带落叶阔叶林、亚热带常绿阔叶林、热带季雨林、雨林，以及从东向西的森林、草原、荒漠三大植被区的典型地带性森林类型和最主要的次生林和人工林类型(肖兴威，2007；李伟民，2006)。由于森林生态定位观测站基本覆盖一定空间区域内的主要森林生态类型和监测的长期性，观测结果可以在一定程度上反映整个区域的森林生态状况。因此，目前许多国家和地区都是对多个长期定位观测站的观测结果进行统计分析得出反映整个宏观森林生态状况的报告。综合来说，生态定位观测方法有两大优势：一是观测长期性，森林生态系统的演替是一个漫长的过程，长期观测能够更好地揭示其演替的发生发展规律和各种作用机制；另一个优势是全面性，生态定位站的观测内容十分丰富，基本包括了对整个生态系统内各项相关因子的全面监测。

尽管森林生态定位观测方法有着长期性和全面性的优势，但是它的局限性也很明显。生态系统类型多样，定位观测站的建设费用较高，现有森林生态定位观测站的数量相对于我国森林面积和多样化类型来说还是较少，尤其在以省域尺度为主的省级森林生态监测时更显得不足。在当前以构建生态文明为主题的社会背景下，对于森林生态系统大尺度下的精细化定量研究将是未来发展的趋势。为此，有学者提出另一种森林生态宏观监测方法，即将森林生态监测纳入森林资源监测体系，建立统一的森林综合监测体系。该方法近年受到较多关注，国家林业局为此专门成立重点科研课题"全国森林资源综合监测体系建设研究"，全国各地都在着手研究。广东和浙江提出了建立基于连清框架的监测方法，该方法是在森林资源连清体系下增加反映森林生态状况的调查因子。广东"国家森林资源和生态状况综合监测"项目成果中明确了广东省森林生态宏观监测体系，该体系是在连清框架下，每年随机抽取1/3连清样点进行各项森林生态因子调查，对调查数据进行统计汇总。该方法以统计抽样理论为基础，有相当数量的样本，通过样地调查，对各森林生态指标进行监测，可对区域森林生态状况快速做出定量描述，基本克服了生态定位观测数据面临的尺度转换问题。

10.1.3 遥感监测方法

生态定位观测法能够得到长期、全面、准确的森林生态因子数据，在森林生态系统演替和机理研究方面具有优势。但是，在应用到省域尺度的森林生态宏观监测时，不可避免地会产生如何将少量点的观测数据转换到大尺度的问题。目前，大多是采用增加定位观测点以覆盖更多类型的森林生态系统的办法。随着人们对森林生态系统研究的逐渐深入，森林生态系统多样性被人们认识，费用较高的定位观测站建设使得这一做法很难达到预期的目的。不过，笔者认为随着国际生态定位观测网络共享程度的逐步提高，这一问题会得到一定程度的解决。但是，大尺度下森林生态系统多样性的客观存在，必然使这一问题在相当长时间内成为其应用于森林生态宏观监测的最大障碍。另外，在将有限数量定位观测点数据空间外推到面时也有问题。通常采用空间插值方法将离散的点数据扩展成连续的面数据，而观测点数量的不足造成插值结果不准确。

基于连清框架的年度生态宏观监测方法基于统计抽样理论，进行样地生态因子调查，一定程度上可以获取到较准确的数据。但如大气污染状况、植被光合作用、土壤呼吸等生态因子随时间变化波动性较大，将使部分生态因子数据不易获取。野外调查手段也是限制获取较全面生态因子的重要原因，如反映植被生长状况的植物光合作用、土壤呼吸、有害气体等微观而又很重要的指标无法直接监测，只能通过建立模型估测。与生态定位观测法一样，基于连清框架的监测方法也遇到将离散的样点数据扩展成连续的面上数据问题。尽管样点数目较生态定位点增加了很多，但根本上还是没有做到生态监测的空间连续性，在空间外推上不具有严密性。另一方面，不像生态定位站可以在时间上做到连续性监测，基于连清框架的生态监测法在时间上却无法做到连续性，以广东来说现在仅能做到年度监测。这将带来一个问题，由于每年的生态监测一般是9~11月份之间，调查的数据反映的是这一期间的生态状况，不能代表全年的生态状况。

随着遥感技术和计算机技术的发展，利用遥感信息实现森林生态状况在空间和时间上的连续监测成为可能。遥感传感器按空间分辨率，可以分为高分辨率遥感、中分辨率遥感和低分辨率遥感，它们分别对应小尺度、中尺度和大尺度的森林生态监测。利用遥感信息进行森林生态监测主要是通过遥感信息反演森林生态因子实现。各种传感器获取的遥感影像包含地表、大气、土壤等丰富信息，通过遥感传输机理建立各种机理模型，或通过建立遥感因子与反演目标实测值的统计关系来实现反演。例如，有学者利用SPOT和TM数据对森林蓄积量和生物量的反演，尺度可以达到小班级(赵宪文，1997；李崇贵，赵宪文，李春干等，2006)。目前，针对森林生态的大尺度遥感监测多集中在全球和区域尺度，主要目标是模拟和监测大尺度范围的森林碳水和能量循环过程，反演森林固碳量等生态指标（牛铮，王长耀等，2008）。大尺度森林生态监测主要采用 EOS 计划的 MODIS 数据，MODIS 传感器有 36 个通道，空间分辨率分为 250m、500m 和 1km 3 种，时间分辨率则可以达到 1/2 天，可以免费获取多种影像数据产品，是进行森林生态宏观监测的理想数据源。理论上，利用 MODIS 数据进行森林生态宏观监测在空间上和时间上均具有连续性，空间上可以达到 250 ~ 1000m 分辨率，时间上可以天为单位。通过研究，旨在介绍用遥感信息进行森林生态指标监测的方法，为今后进一步延伸遥感在森林生态宏观监测中的应用的广度和深度奠定基础。

10.2　基于 MODIS 数据的森林净第一性生产力估测

植被净第一性生产力（net primary productivity，简称 NPP），是指绿色植物在单位面积、单位时间内所累积的有机物总量，是由光合作用所产生的有机物质总量中扣除自养呼吸后的剩余部分，通常平均 NPP 以 g C/(m^2 · a)（克碳每平方米每年）来表示。它作为表征植被生活力的关键变量，是植被生态系统结构和功能的体现，直接反映了植物群落在自然环境条件下的生产能力，是衡量植被固碳能力的最主要指标。全球和区域碳循环已成为全球气候变化和宏观生态学的核心研究内容之一（方精云，郭兆迪等，2007）。森林作为陆地生态系统的主体，是最重要的碳库。据联合国政府间气候变化专门委员会（United Nations' Intergovernmental Panel on Climate Change，简称 IPCC）估算：全球陆地生态系统中约储存了 2.48 万亿吨碳，其中 1.15 万亿吨碳储存在森林生态系统中。森林面积占全球面积的 27.6%，森林植被的碳储量约占全球植被的 77%，森林土壤的碳储量约占全球土壤的 39%，森林生态系统碳储量占陆地生态系统的 57%。目前，国际众多学者将对陆地植被 NPP 的精确估算作为研究全球陆地植被碳汇能力的主要途径。

10.2.1　植被净第一性生产力（NPP）的估算

从空间尺度上来说，对于 NPP 的研究可分为 NPP 定位观测、区域 NPP 模拟估算和全球 NPP 模拟估算三个尺度。定位观测方法，只能获得面积为数公顷的数据，通常用来作为模拟数据的参照。在全球和区域尺度上，无法通过建立足够数量的定位观测站点达到精确实测的目标，因而通过区域等模拟估算得到区域乃至全球的 NPP 已被广泛接受（Cramer 等，1999；Alexandrov 等，2002）。在 NPP 模拟研究过程中出现过许多模型，最早是通过建立 NPP 和气候因子之间的统计关系来估测（Lieth 和 Box，1977；朱志辉，1993；周广胜等，1995）。后来，有学者提出根据植物生长和发育的基本生理机制和生态过程，结合气候和土壤数据，建立 NPP 估算的生理生态过程模型概念（Running 和 Coughlan，1988；Parton 等，1993）。随着遥感和计算机技术的发展，利用遥感数据进行 NPP 估算越来越受到学者关注（肖乾广等，1996；Jiang 等，1999），尤其是基于资源平衡理论的光能利用率模型成为 NPP 估算的全新方法得到广泛应用。

综上所述，现有 NPP 估算模型主要有 4 类：统计模型、半经验半机理模型、过程模型和光能利用率模型。各种模型详情见表 10-1。

10.2.1.1　统计模型

统计模型主要是考虑到与植物生长密切相关的气候因子（如气温、降水、光照等），在实测的基础上建立起植物干物质和各种相关性较高的气候因子之间的经验关系来估测植被 NPP。这类模型出现最早，较为经典的有 Miami 模型和 Thornthwaite Memorial 模型。Miami 模型是 Lieth(1975)根据世界 50 个站点的实测 NPP 资料结合温度和降水所建立的，模型只考虑了水热条件对植物生产量的影响，没有考虑植物所处的土壤、地形及植物生理生态学特性，估算精度不高。Motreal 模型是 Lieth(1974)基于 Thornthwaite 发展的可能蒸散量模型及世界 50 个地点 NPP 资料提出的，它是建立在对植物的蒸散与气温、降水和植被之间的关系研究上的，对 NPP 的估计较合理，在早期被较多学者使用。肖乾广(1996)、李京(1994)、赵冰茹(2004)等在地面抽样的基础上利用遥感资料与地面生物量建立统计模型来估算 NPP，估算的精度与样本数量和样本质量有较大关系。

总之，统计模型的优势是模型中的气候参数简单比较容易获取，缺点是考虑的因素过于简单，没有充分考虑与植被生长密切相关的大气、土壤和植被类型等因子，估算精度不高。

10.2.1.2 半经验半机理模型

半经验半机理模型有 Chikugo 模型(筑后模型)、北京模型(朱志辉，1993)和周广胜模型(周广胜等，1995)。Chikugo 模型是 Uchijima 等(1985)首次提出，他们根据 IBP 期间 682 组森林植被资料，利用成熟植被与近地层之间水汽和 CO_2 通量方程建立 NPP 的估测方程：

$$NPP = f(RDI) \cdot R_n \quad (10\text{-}1)$$

式中：RDI——辐射干燥度；

R_n——陆地表面所获得的净辐射量。

该模型结合植物生态生理学和相关统计方法，综合考虑了气候和土壤等因子，是估算自然植被的有效方法。但该模型是以土壤水分供给充足为前提的，所估计的 NPP 为潜在或最大 NPP，与实际情况有所差距，特别是干旱或半干旱地区差异较大(张佳华，2001；周广胜等，1995)。

朱志辉在 Chikugo 模型 682 组资料基础上增加了 Efimova 所用的 23 组自然植被和中国森林、草原 46 组资料，建立了北京模型。周广胜(1995)联系生物生理生态学特点，基于能量平衡方程和水量平衡方程的区域蒸散模式，建立了自然植被净第一性生产力模型。该模型模拟的结果效果较好，尤其在干旱、半干旱地区，应用时效果明显优于 Chikugo 模型。但上述这些估算模型都是静态模型，没有研究气候变化和植被之间的响应关系，不能解释其中的反馈关系和植物的生理反映机制。

10.2.1.3 生态过程模型

过程模型是建立在人们对生态系统过程机制理解基础上，对植物的机理以及能量的内在转换机制进行深入研究，通过对光合作用过程、植物冠层蒸散及土壤水分散失的过程进行模拟来估算陆地植被 NPP，较基于统计回归的经验模型，它揭示了植物生长过程与生态环境相互作用的机制，估算精度较高。但其自身比较复杂，所需参数涉及植物生理生态、太阳辐射、植被冠层、土壤植被及气象等众多因子，且有些参数不易获取，限制了该模型的使用。此类模型主要有 EPIC(Efimova，1977)、ELCROS(De Wit. eds. 北京农业大学生理生态组，1987)、ARIDCROP(刘建栋等，1997；1999)、FOREST-BGE(Running 等，1988)、DEMETER，(Foley，1994)、TEM(Mc * Guire 等，1992；Melillo 等，1993)和

CENTURY(Parton 等，1994)等。

10.2.1.4　光能利用率模型

光能利用率模型基于资源平衡观点(Field, et al.，1995)，即假定生态过程趋于调整植物特性以响应环境条件，认为植物的生长是资源可利用性的组合体，物种通过生态过程的排序和生理生化、形态过程的植物驯化，就趋向于所有资源对植物生长有平等的限制作用。因此，理论上任何对植物生长期限制性资源(如温、水、光等)均可用于 NPP 估算，它们之间可以通过一个转换因子函数 Fc 联系，NPP 和限制性资源的关系可用下式表示。

$$NPP = Fc \cdot Ru \tag{10-2}$$

式中：Fc——转换因子函数(复杂函数或常数)；

Ru——限制性资源。

研究表明，光合有效辐射(PAR)作为植物光合作用的驱动力，是植物 NPP 估算的一个决定性因子，而植物吸收的光合有效辐射(APAR)则尤为重要。著名的 Monteith 方程就是建立在此基础之上的(Monteith，1972)。

$$NPP = APAR \cdot \varepsilon \tag{10-3}$$

式中：ε——植物光能利用率，即转换因子函数，它受水、温度、营养物质等影响，通常随时间和植被类型的变化而变化。

随着遥感技术的发展，植物吸收的光合有效辐射和植物光能利用率已可以通过遥感信息进行估算(Sellers，1987；Begue，1993；郭志华等，1999)，这使得基于 APAR 的光能利用率模型的广泛使用成为可能。最为常用的光能利用率模型有 CASA(Potter 等，1993)、GLO-PEM(Prince 和 Goward，1995；Goetz 和 Prince，1999)、SDBM(Knorr 和 Heimann，1995)等。

表 10-1　*NPP* 模型一览表

模型名称	参数	模型描述	作者
Miami	温度(T) 降水(P)	$NPP_t = 3000/[1 + e^{1.315 - 0.1996T}]$ $NPP_p = 3000[1 - e^{-0.000664P}]$ $NPP_m = min(NPP_t, NPP_p)$	Leith，1976
Thornthwaite	蒸散(E)，L 为该地年平均蒸散量(mm)，t 为年平均气温(℃)，R 为年平均降水量(mm)	$NPP_E = 3000[1 + e^{0.0009695(E-20)}]$ $E = \frac{1.05R}{\sqrt{1 + (1 + 0.05R/L)^2}}$ $L = 3000 + 25t + 0.05t^2$	Leith，Box，1976
Chikugo	($RID = R_n/L_r$，L 为蒸发潜热，r 为年降水量)；R_n 为陆地表面所获得的净辐射量[kJ/(cm^2·a)]	$NPP = 0.28e^{-0.216(RDI)^2}R_n$ RDI 为辐射干燥度，NPP 单位为 $t/(hm^2 \cdot a)$	Chikugo，1985
北京模型	辐射干燥度(RDI)、净辐射(R_n)	$NPP = \begin{cases} 6.93e[-0.224(RDI)^{1.82}] \cdot R_n \\ 8.26e[-0.498(RDI)] \cdot R_n \end{cases}$ 1. 当 $RDI \leq 2.1$；2. 当 $RDI \geq 2.1$	朱志辉，1995
NPP 模型	辐射干燥度(RDI)、净辐射(R_n)、降水(P)	$NPP = RDI \cdot \frac{rR_n(r^2 + r_n^2 + rR_n)}{(R_n + r) \cdot (R_n^2 + r^2)} \cdot e^{-\sqrt{9.87 + 6.25 \cdot RDI}}$	周广胜等，1995
WBINPP	GAE(生长季实际蒸散)、AI(干燥度指数)	$NPP = 2.55GAE \times e^{-4.2092 - 1.9665AI}$	李迪强等，1996

（续）

模型名称	参数	模型描述	作者
CASA 模型	吸收的光合有效辐射（*APAR*）、光能利用率（ε）	$NPP(x, t)=APAR(x, t)$ $NPP=FAPAR(x, t)\cdot S(x, t)\cdot \varepsilon^{*}\cdot t_1(x, t)\cdot T_2(x, t)\cdot W$	Potter 等，1993
BEPS 模型	θ 为太阳天顶角，Ω 为叶子的丛生指数	$NPP=GPP-R_a$ $GPP=GPP_{sun}LAI_{sun}+GPP_{shade}LAI_{shade}$ $LAI_{sun}=2\cos\theta(1-e^{-0.5\Omega LAI/\cos\theta})$ $LAI_{shade}=LAI-LAI_{sun}$	J. Liu，J. M. Chen 加拿大遥感中心

10.2.2 模型构建

本研究主要在省域尺度上，综合利用气象、遥感等数据，以 CASA 模型为基础对广东省 2008 年度森林 NPP 进行估算。模型的总体设计如图 10-1 所示。

10.2.2.1 CASA 模型及算法

1972 年，根据基于资源平衡理论的光能利用率原理，Monteith 首次提出利用植被吸收的光合有效辐射 APAR 和光能转化率 ε 估算陆地植被净初级生产力的概念，并在此基础上建立了著名的 Monteith 方程（Monteith，1972，1977）。

$$NPP = APAR \cdot s \tag{10-4}$$

之后，Heimann 和 Keeling（1989）首次发表了基于 Monteith 方程的全球 NPP 估算模型，他们根据气象资料计算得出 APAR，将全球分为不同区域，每个区域的 ε 取恒定值。随着遥感技术的发展，模型中关键的能量参数 APAR 可以通过遥感信息进行估算，从而实现 APAR 的计算由点到面的转变。在此背景下，一些基于资源平衡理论的光能利用率模型相继出现，如 CASA、GLO－PEM、SDBM 等，这些模型都利用了大量的遥感数据作为模型输入参量。其中，CASA 模型被证明在估算全球和区域尺度的 NPP 有较好的效果。CASA 模型是 Potter 等（1993）在 Heimann 和 Keeling 研究的基础上建立的，Field 等（1995）对模型中 ε 等问题进行了讨论，形成目前普遍使用的 CASA 模型。

CASA 模型中，陆地植被 NPP 为植被吸收的光合有效辐射 APAR 和光能转化率 ε 的乘积，且 NPP 值随空间位置和时间而变化，模型中各参数为空间位置和时间的函数。

$$NPP(x,t) = APAR(x,t) \cdot \varepsilon(x,t) \tag{10-5}$$

式中：$APAR(x, t)$——象元 x 在 t 月份吸收的光合有效辐射（单位：MJ/m^2·月）；

$\varepsilon(x, t)$——像元 x 在 t 月份的光能转化率，即植被对 *APAR* 的实际利用率（单位：gC/MJ）。

10.2.2.2 植被吸收的光合有效辐射（APAR）

植被吸收的光合有效辐射 APAR 主要取决于太阳总辐射和植被对 APAR 的吸收比率 FPAR，不同植被对 APAR 的吸收表现为植被在红光和近红外波段的不同反射特征。可通过下面公式计算。

$$APAR(x,t) = R_s(x,t) \cdot FPAR(x,t) \cdot 0.5 \tag{10-6}$$

式中：$R_s(x, t)$——像元 x 在 t 月份的太阳总辐射（MJ/m^2·月）；

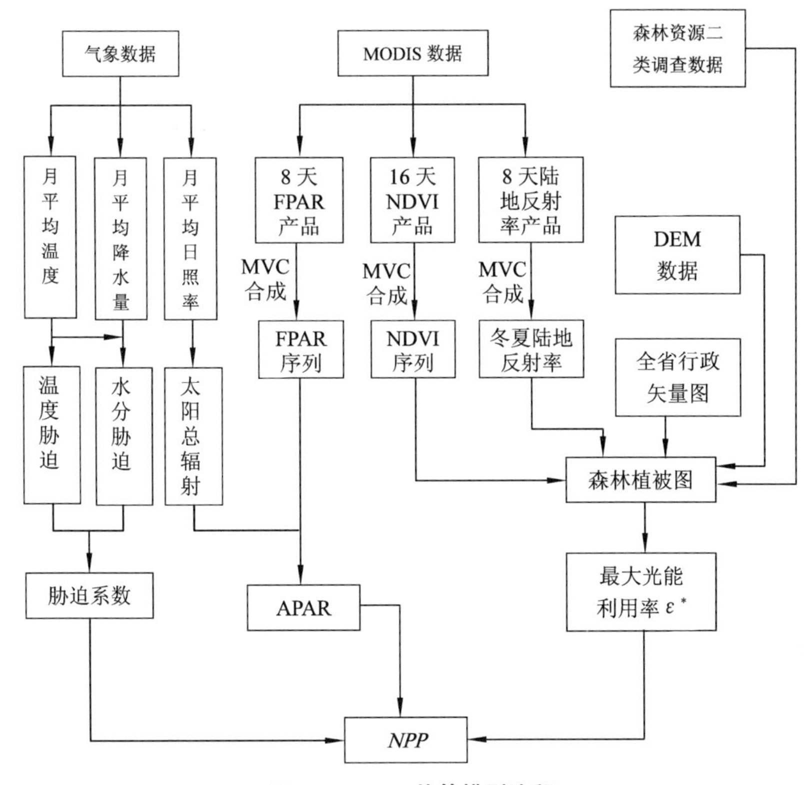

图 10-1　NPP 估算模型流程

$FPAR(x,\ t)$——植被层对入射光合有效辐射的吸收比例(无量纲);

常数 0.5——植被所能利用的太阳辐射(植被光合作用吸收的太阳光波长通常为 0.38 ~ 0.71μm)占太阳总辐射的比例。

(1)太阳总辐射。太阳总辐射是到达地面的所有太阳能，是植被进行光合作用所能直接利用的所有太阳辐射，它的精度将直接影响 APAR 估算的准确性。准确的太阳总辐射一般由气象辐射站点实测得到，通过对实测太阳总辐射进行空间差值生成面状栅格图。但是，提供太阳总辐射的气象站点数目较少，广东仅有广州和汕头两个点，无法进行空间插值。因此，本研究利用现有气象资料对太阳总辐射进行估算。估算太阳总辐射常用的方法是通过关于日照百分率和总云量的遮蔽函数对各种不同的外界太阳辐射进行修正得到。外界太阳辐射主要有 3 种，分别是天文总辐射、晴天大气总辐射和理想大气总辐射(式10-7、式 10-8、式 10-9)。即

$$R_s = R_0 \cdot f(s,n) \tag{10-7}$$

$$R_s = R_1 \cdot f(s,n) \tag{10-8}$$

$$R_s = R_2 \cdot f(s,n) \tag{10-9}$$

式中：R_s——地面接收到的太阳总辐射;

R_0——天文总辐射;

R_1——晴天总辐射;

R_2——理想大气总辐射;

$f(s,\ n)$——日照百分率 s 和总云量 n 的遮蔽函数。

此外，Running等1983年提出的MTCLIM模型（Mountain Microclimate Simulation Model，山地小气候模拟模型，简称MTCLIM模型）利用气象站点逐日最高温度、逐日最低温度、逐日降水量等简单气象因子数据可以估测站点太阳总辐射值。李慧（2007）和杜尧东（2003）分别在计算福建和广东的太阳总辐射过程中对这些模型进行了比较，他们都认为以晴空辐射或天文辐射作为初始值的估测模型较其他模型精度高，后者采用以天文辐射为初始值模型对广东年平均太阳总辐射进行了计算。

$$R_s = \sum_{i=1}^{i=n} R_{0i}(a + bs) \tag{10-10}$$

$$R_0 = \frac{TI_0}{\pi\rho^2}(\omega_0 \sin\varphi \sin\delta + \cos\varphi \cos\delta \sin\omega_0) \tag{10-11}$$

$$\rho = \sqrt{\frac{1}{1 + 0.033\cos(2\pi J/365)}} \tag{10-12}$$

$$\delta = 0.409\sin(0.0172J - 1.39) \tag{10-13}$$

$$\omega_0 = \arccos(-\tan\varphi \tan\delta) \tag{10-14}$$

式中：R_{0i}——该月中第i天的天文辐射日总量（单位：$MJ/m^2 \cdot d$）；

n——月天数，可取值为28、29、30和31；

s——月日照百分率；

R_0——天文辐射日总量（单位：$MJ/m^2 \cdot d$）；

T——时间周期（昼夜时长：$24 \times 60 \times 60s$）；

I_0——太阳常数（$13.67 \times 10^{-4} MJ/m^2 \cdot s$）；

ρ——日地相对距离；

ω_0——日落时角（rad）；

φ——地理纬度（rad）；

δ——太阳赤纬（rad）；

J——年内天数，1月1日为1，一天共有365天，以此类推，最后一天的J为365；

a、b——系数。

杜尧东在其发表的文献中，利用广州和汕头1961～2002年包括太阳总辐射和日照百分率的逐月气象资料进行回归得到参数a、b的值。由于使用的数据时间跨度长，且分站点和月份回归，参数a、b较能代表广东的情况。因此，本研究在前期气象资料缺乏的情况下直接采用杜尧东计算的参数a、b值，取广州和汕头站点回归参数的平均值作为本研究太阳总辐射计算参数a、b。具体值见表10-2。

表10-2　参数a、b月值

月份		1	2	3	4	5	6	7	8	9	10	11	12
参数	a	0.1518	0.1394	0.124	0.1443	0.1515	0.1909	0.1502	0.1838	0.1839	0.1842	0.1938	0.1999
	b	0.5993	0.6193	0.6518	0.5872	0.5554	0.424	0.4955	0.4558	0.4754	0.5154	0.521	0.5089
F检验	R	0.9424	0.9251	0.9421	0.877	0.8662	0.7843	0.7557	0.7972	0.7742	0.8434	0.8447	0.8308
	F	308.35	225.5	367.6	133.45	114.85	61.75	50.7	73.8	66.1	102.45	97.35	88.45

注：表中数据来自《广东省太阳总辐射的气候学计算及其分布特征》（2003年）中广州和汕头站点的平均值。

（2）*FPAR*。植物吸收性光合有效辐射分量(fraction of absorbed photosynthetically active radiation，简称 *FPAR*)的反演大致可分为两类：一类是由植被指数反演；另一类是有冠层双向反射率因子(*BRDF*)模型反演。

植被指数反演方法，主要利用叶片与其他地物的波谱特征的差别，通过建立植被指数与 FPAR 之间的统计关系来实现反演，一般通过植被指数 *NDVI* 或其简单比率(simple ratio，简称 SR)来计算。Kumar 和 Monteith(1981，1982)、Hatfield(1984)、Ruimy (1992)、Goward 和 Huemmrich(1992)等的研究都支持这一理论，认为在一定范围内，*FPAR* 与 *NDVI* 之间存在着线性关系，对于不同的植被类型这种关系也有所不同，基本可以通过某一植被类型 *NDVI* 的最大值和最小值及其对应的 *FPAR* 最大值和最小值确定。

$$FPAR(x,t) = \frac{[NDVI(x,t) - NDVI_{i,\min}](FPAR_{\max} - FPAR_{\min})}{NDVI_{i,\max} - NDVI_{i,\min}} + FPAR_{\min} \quad (10\text{-}15)$$

式中：$NDVI_{i,\max}$和 $NDVI_{i,\min}$——第 i 种植被类型的 *NDVI* 最大值和最小值。

另有学者发现，*FPAR* 与 *NDVI* 的简单比率存在较好的线性相关性(Los 等，1994；Seller 等，1996；Field 等，1995)，可通过下式表示。

$$FPAR(x,t) = \frac{[SR(x,t) - SR_{i,\min}](FPAR_{\max} - FPAR_{\min})}{SR_{i,\max} - SR_{i,\min}} + FPAR_{\min} \quad (10\text{-}16)$$

$$SR(x,t) = \frac{1 + NDVI(x,t)}{1 - NDVI(x,t)} \quad (10\text{-}17)$$

式中：$SR_{i,\max}$和 $SR_{i,\min}$——第 i 种植被类型的 *SR* 最大值(*NDVI* 的 95% 下侧百分位)和最小值(NDVI 的 5% 下侧百分位)；

$FPAR_{\max}$和 $FPAR_{\min}$——取值和植被类型无关。

研究表明，通过 *NDVI* 直接计算的 *FPAR* 比实测值高，而通过 *SR* 计算的 *FPAR* 比实测值低。因此，Los(1998)和朱文泉(2005)等将这二者相结合，取两者 *FPAR* 平均值与实测值误差最小，通过下式表示。

$$FPAR(x,t) = \alpha FPAR_{NDVI} + (1 - \alpha)FPAR_{ST} \quad (10\text{-}18)$$

朱文泉使用这种方法来估算 *FPAR*，其中 α 取值为 0.5，估算结果与实测值匹配程度可以接受。但是，这种方法估算的 *FPAR* 精度对 *NDVI* 精度依赖性较高。广东森林植被覆盖度较高，*NDVI* 一般会出现饱和现象，通常会对 *FPAR* 低估。这种方法还会涉及尺度问题，因为植被像元反射率除了叶片光学特征外，还受植被结构、下垫面特性、入射与观测角度等因素的影响。

而基于植被光辐射特征的二向发射率(*BRDF*)模型会一定程度上避免植被指数反演带来的问题。*BRDF* 模型从多角度考虑物体表面反射，是物体表面镜面反射(mirror)、漫反射(diffuse)、光亮反射(glossy)的线性叠加。主要有辐射传输(*RT*)模型和几何光学(*GO*)模型，*RT* 模型发展了考虑水平分布的三维 *RT* 模型，*MODIS* 的 *FPAR* 产品的主算法就是三维 *RT* 模型。*BRDF* 模型需要如地表覆盖类型等先验知识来代替众多不易获取的参数实现模拟，因此受到植被覆盖类型精度的影响，这在大尺度遥感中普遍存在的混合像元是一个限制。

MODIS 的 *FPAR* 产品的反演算法同时考虑了这 2 种反演方法。它将全球地表分为 6 种地表覆盖类型，并针对每一种地表类型，通过三维辐射传输模型的运算建立查算表。这样，就可以根据卫星观测的BRFS与查算表的比对得到*FPAR*的可能解。当算法中一些输入参数的不确定值较大或缺少某些参数信息时，查算表方法无法确定合适的解，则用*FPAR-NDVI*经验模型来计算。本研究将直接使用MODIS的*FPAR*产品MOD15A2，采用MVC法合成月*FPAR*数据。

10.2.2.3 光能利用率(ε)

光能利用率ε是在一定时期内单位面积上生产的干物质中所包含的化学潜能与同一时间投射到该面积上的光合有效辐射能之比值，单位通常为g C/MJ或Tg C/MJ($1Tg = 1 \times 10^{12}g$)。它代表植被将吸收的光合有效辐射转化为有机碳的效率，是光能利用率模型中的关键环节，直接影响植被*NPP*的固碳量。

在Heimann发表其基于*APAR*的全球*NPP*模型之前，陆地*NPP*估算中的光能利用率一般采用常数计算，这存在较大误差。Heimann等在文中指出，在全球范围内将光能利用率看做一个常数会引起很大的差异，表明光能利用率随环境条件、植被生物合成途径及呼吸速率的不同而变化。随后大量研究表明，不同植被的光能利用率差异较大。引起较大差异的原因主要是由不同植被自身生理特点及其适宜生长环境不同所致，如气温、水分、土壤、营养、疾病、个体发育、基因型差异和植被维持与生长的不同能量分配等因素，这些因素将直接影响光能利用率的大小。Potter等(1993)认为，在理想环境下，植被具有最大光能利用率，即潜在光能利用率，全球的月最大光能利用率为0.389g C/MJ，而在现实条件下，光能利用率受到温度和水分的影响，综合这些影响得到下面计算公式。

$$\varepsilon(x,t) = T_{\varepsilon 1}(x,t) \cdot T_{\varepsilon 2}(x,t) \cdot W_{\varepsilon}(x,t) \cdot \varepsilon^* \quad (10\text{-}19)$$

式中：$T_{\varepsilon 1}(x, t)$和$T_{\varepsilon 2}(x, t)$——低温和高温胁迫系数(无单位)；

$W_{\varepsilon}(x, t)$——水分胁迫系数(无单位)，反映水分条件的影响；

ε^*——理想条件下的最大光能利用率。

(1)胁迫系数。$T_{\varepsilon 1}(x, t)$反映在低温和高温条件下，植物内在的生化作用对光合作用的限制而降低光能利用率(Potter等，1993；Field等，1995)。通过式(10-20)计算。

$$T_{\varepsilon 1}(x,t) = 0.8 + 0.02T_{opt}(x) - 0.0005[T_{opt}(x)]^2 \quad (10\text{-}20)$$

式中：$T_{opt}(x)$——某一区域一年内*NDVI*值达到最高时月份的平均气温(℃)，认为此温度为植被生长的最适温度。当某一月平均温度小于或等于-10℃时，$T_{opt}(x)$取0，认为在此温度下植被光合作用为零。

$T_{\varepsilon 2}(x, t)$反映气温从最适宜温度$T_{opt}(x)$向高温和低温变化时，植被光能利用率逐渐减小的趋势(Potter等，1993；Field等，1995)，用式(10-21)计算。

$$T_{\varepsilon 2}(x,t) = \frac{1.1814}{\{1 + e^{0.2[T_{opt}(x) - 10 - t(x,t)]}\}\{1 + e^{0.3[T_{opt}(x) - 10 - t(x,t)]}\}} \quad (10\text{-}21)$$

式中：$T(x, t)$——某月的平均气温，若其值比最适宜温度$T_{opt}(x)$高10℃或低13℃时，该月的$T_{\varepsilon 2}(x, t)$值等于月平均温度$T(x, t)$为最适宜温度$T_{opt}(t)$时$T_{\varepsilon 2}(x, t)$值的一半。

水分胁迫系数$W_{\varepsilon}(x, t)$反映了植物所能利用的有效水分条件对光能利用率的影响。随着环境中有效水分的增加，$W_{\varepsilon}(x, t)$逐渐增大，其取值范围为0.5~1(极端干旱—极端湿润)(朴世龙等，2001)，由式(10-22)计算。

$$W_{\varepsilon}(x,t) = 0.5 + 0.5EET(x,t)/PET(x,t) \quad (10\text{-}22)$$

式中：$EET(x, t)$——区域实际蒸散量(单位：mm)，求算方法同朱文泉文献，即可根据周广胜和张新时(1995)建立的区域实际蒸散量模型求算；

$PET(x, t)$——区域潜在蒸散量(单位：mm)，根据 Boucher(张志明，1990)提出的互补关系求算。

$$EET(x,t) = \frac{P(x,t) \cdot R_n(x,t)\{[P(x,t)^2]^2 + [R_n(x,t)]^2 + P(x,t) \cdot R_n(x,t)\}}{[P(x,t) + R_n(x,t)]\{[(P(x,t)]^2 + [R_n(x,t)]^2\}} \tag{10-23}$$

式中：$P(x, t)$——像元 x 在 t 月份的降水量(单位：mm)；

$R_n(x, t)$——像元 x 在 t 月份的地表净辐射量(单位：mm)。

由于计算地表净辐射的气象要素不易获取，本研究采用周广胜和张新时(1996b)建立的经验模型求算。即：

$$R_n(x,t) = [E_0(x,t) \cdot P(x,t)]^{0.5} \cdot \left\{0.369 + 0.598\left[\frac{E_0(x,t)}{P(x,t)}\right]^{0.5}\right\} \tag{10-24}$$

$$PET(x,t) = \frac{EET(x,t) + E_0(x,t)}{2} \tag{10-25}$$

式中：$E_0(x, t)$——局地潜在蒸散量(单位：mm)，它由 Thornthwaite 植被—气候关系模型的计算方法求算(张新时，1989)。

$$\begin{cases} 0 & T(x,t) < 0℃ \\ E_0(x,t) = 16\left[\dfrac{10T(x,t)}{I(x)}\right]^{\alpha(x)} & 0℃ \leqslant T(x,t) \leqslant 26.5℃ \\ E_0(x,t) = 16\left[\dfrac{10T(x,t)}{I(x)}\right]^{\alpha(x)} \cdot CF(x,t) & T(x,t) > 26.5℃ \end{cases} \tag{10-26}$$

$$\alpha(x) = [0.6751I^3(x) - 77.1I^2(x) + 17920I(x) + 492390] \cdot 10^{-6} \tag{10-27}$$

$$I(x) = \sum_{t=1}^{12}\left[\frac{T(x,t)}{5}\right]^{1.514} \tag{10-28}$$

式中：$I(x)$——12 个月总和的热量指标；

$\alpha(x)$——因地而异的常数；

$CF(x, t)$——因纬度而异的日长时数与每月日数的系数。

(2)植被覆盖分类。植被覆盖分类图是基于光能利用率模型的重要输入参数，准确的植被分类图有助于精确地模拟 *NPP*。研究表明，不同类型的植被具有不同的光特性，表现在光合作用效率、叶绿素吸收光能的能力、冠层截取光能大小等。正是因为这种光合差异，与植物光合能力较紧密的物理参数，如 *FPAR*、*LAI*、植被最大光能利用率等，都与植被类型有较大关系。目前，许多学者在估算中国 *NPP* 时用的植被分类图多为中国科学院植物研究所等编制的1∶400万《中国植被分类图》，对省域 *NPP* 估算来说比例尺过小，而且采样成 MODIS500 米分辨率时植被栅格图较粗糙。

为了精确估算广东不同植被的最大光能利用率及模型其他中间参数，本研究利用广东省森林资源二类调查数据、广东省 1∶25 万 DEM、广东行政矢量图、MODIS1～7 波段陆地产品和 MODIS 植被指数产品等多源数据进行遥感决策树分类获得较高精度的广东省 500 米分辨率植被覆盖分类图。

(3)最大光能利用率。目前已有大量研究表明，月最大光能利用率 ε^* 随不同植被类型变化显著。彭少麟等(2000)利用 RS 和 GIS 估算了广东不同植被的最大光能利用率，发现 CASA 模型中选择的 ε^* 值为 Potter 等计算的全球尺度的平均值 0.389gC/MJ 对广东地区的 NPP 估算严重偏低。这主要是由于广东处于亚热带、热带地区，大多为喜光的常绿植物，光能利用率明显高于全球水平。全球不同类型植被的光能利用率在 0.09～2.16gC/MJ 之间，彭少麟等(2000)在计算广东典型植被光能利用率时使用的月最大光能利用率值为 1.25gC/MJ。

本研究综合前人研究成果，对不同植被类型选取相应的最大光能利用率(表 10-3)。

表 10-3　不同植被类型最大光能利用率

类型代码	植被类型	最大光能利用率
1	暖性针叶林	1.414
2	热性针叶林	1.132
3	常绿软阔林	0.932
4	常绿硬阔林	0.884
5	针阔混交林	1.22
6	竹林	1.852
7	红树林	0.921
8	常绿阔叶灌丛	0.621
9	稀疏灌丛	0.511
10	灌草丛	0.745
11	沼泽	0.689
12	农田、耕地	0.921
13	裸地	0.251
14	水体	0.224

10.2.3　数据处理

本研究使用了大量多元数据，其中包括 MODIS 遥感数据、气象数据、森林资源二类调查数据、基础地理数据、DEM 数据等。需要对这些数据进行标准化处理，处理后的数据将作为模型的输入数据估算 *NPP*。

10.2.3.1　遥感数据

目前，用于地面反演较多的有 Landsat/MSS、Landsat/TM、SPOT/HRV 等数据，这些数据分辨率较高，在小尺度下应用性较好。由于这些卫星数据是牺牲时间分辨率实现高空间分辨率的，在进行大尺度反演时往往不能满足时效性要求；同时，大尺度下合成反演区无云影像所需时间过长，采用多时相 TM 数据合成广东省无云影像通常至少要半年时间。

1999 年 12 月 18 日，美国国家宇航局(NASA)成功发射了地球观测系统(EOS)的第一颗先进的极地轨道环境遥感卫星 Terra(AM-1)；随后于 2002 年 4 月 18 日又发射了 Aqua(PM-1)。Terra 和 Aqua 卫星分别负责陆地和海洋环境监测，搭载的主要仪器是中分辨率成像光谱仪(Moderate Resolution Imaging Spectroradiometer，简称 MODIS)。MODIS 的空间分辨率分别为 250m、500m、1000m，扫描宽度为 2330km，每秒可同时获得 6.1MB 的来自大气、海洋和陆地表面的信息。MODIS 时间分辨率较高，Terra/Aqua 一天内访问地球同一地点两次，Terra 一般在上午 10：30 访问中国上空，Aqua 则在下午 1：30 访问中国。MODIS 高时间分辨率特性，非常适合于大尺度上植被 *NPP*、*LAI* 及地面土壤含水量等生态环境因子反演。MODIS 数据非常容易获取，*NASA* 承诺为全球提供免费的 MODIS 数据和产品，用户可以免费在 *NASA* 数据中心下载各种数据产品(https：//lpdaac. usgs. gov/)。这为长期廉价地使用 MODIS 数据进行森林植被 *NPP* 估算提供了极大便利。

MODIS 提供多级数据产品，用户通常使用 2 级以上的产品，其中 1B 级(2 级)产品包含 36 个波段，只经过定标定位，用户需要经过几何校正、辐射校正才可以使用。MODIS 还提供大气、降水、陆地反射率、NDVI、LAI/FPAR、BRDF、云检测、LST(陆面温度)、火灾检测等产品。MODIS 全球产品是地面处理中心运用学界研究的最先进算法生成，很多时候可以直接运用到实践。因此，本研究使用的遥感数据主要是来自 NASA 的 MODIS 下载中心，包括 MOD09A1、MOD13A1、MOD15A2 和 MOD17A2 等产品(FTP 暂时不能下载 1B 级产品)，为最新版本 v005。各种数据情况与使用见表 10-4。

表 10-4　MODIS 数据及使用目的

产品	数据获取时间	使用目的
MOD09A1(8 天)	2008. 12. 02 ~ 2008. 02. 26 共 8 景 2008. 07. 03 ~ 2008. 08. 28 共 8 景	与森林资源数据、DEM 数据等 结合生成植被分类图
MOD13A1(16 天)	2008. 01. 01 ~ 2008. 12. 31，共 21 景	生成 NDVI 序列用作模型输入
MOD15A2(8 天)	2008. 01. 01 ~ 2008. 12. 31，共 46 景	生成 FPAR 序列估算 APAR
MOD17A2(8 天)	2008. 01. 01 ~ 2008. 12. 31，共 46 景	生成 NPP 序列用于模型验证

本研究从 MODIS 数据中心下载的是标准数据，需要通过一系列处理才可以用来反演 CASA 模型的各种输入参数或中间参数。处理流程见图 10-2。

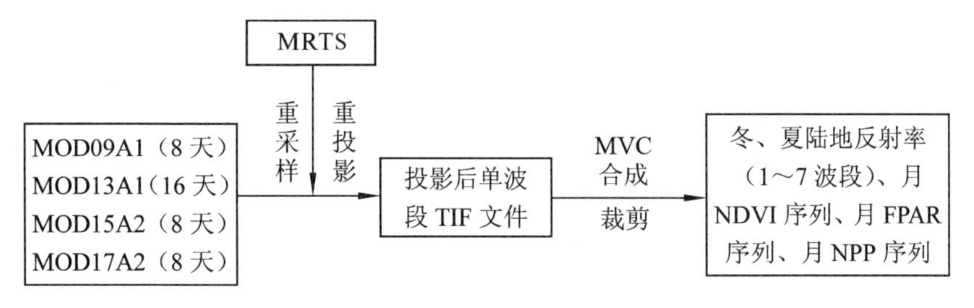

图 10-2　MODIS 下载产品处理流程

标准 MODIS 陆地产品大多采用 Sinusoidal (sinusoidal grid tiling system)投影，投影后全球按经纬度 10°×10°等分编号，经度编号为 0，1，…，35，维度编号为 0，1，…，18，经纬度分别以 h、v 表示，广东省范围经纬编号为 h28v06。数据下载后，需要使用 MRTs (MODIS Reprojection Tools，MODIS 重投影工具)对标准 MODIS 产品影像进行重投影和重采样，新投影为变形较小的 Albers 投影，其中 Krasovsky1940 椭球长短轴分别为 637824 和 6356863. 0188，采样大小为 500m×500m。投影参数如表 10-5。

表 10-5　MODIS 投影参数

投影	ALBERS 等积圆锥投影(ACEA)	投影	ALBERS 等积圆锥投影(ACEA)
椭球体	Krasovsky1940	中心经线	110o00′00″E
单位	m	中心纬度	0°00′00″
第一标准纬线	25°00′00″N	东移	0m
第二标准纬线	47°00′00″N	北移	0m

经过投影和采样后的 MODIS 数据为多时相、单波段 TIF 格式的文件，需要对其进行合成，生成时间步长为月的影像序列。MODIS 产品合成多采用最大值合成法(MVC 法)，MVC 法基于大气散射各向异性的考虑，倾向于选择最“晴空”的(最小光学路径)、最接近于星下点和最小太阳天顶角的像元。因此，在合成时 MVC 将逐像元地比较几个时相的 NDVI、FPAR、陆地反射率和 NPP 的大小，选择最大值作为合成后的值。本研究也采用 MVC 法，通过在 ERDAS9.1 软件中建模实现。最后，利用广东行政矢量图对合成后的影像进行裁剪得到模型所需的标准数据。

植物生长情况一般随季节变化而变化，冬季低温、干燥、光合作用较弱，植被生长受抑制，夏季光照较长、温度适宜、水分充足、光合作用较强，有利于植物生长。广东植被长势较好的月份一般为 7～9 月份，彩图 73 为采用 MVC 法合成的广东省 2008 年 7～9 月份的 *NDVI* 分布，图 10-3 为其频率分布图。图 10-4 显示，广东省自 1～4 月平均 *NDVI* 处于较低水平，从 5 月开始逐渐增大，7、8 月达到最大值，这与植被实际生长情况一致。可见，MODIS 合成 *NDVI* 序列影像能够较好地表征植被生长情况。

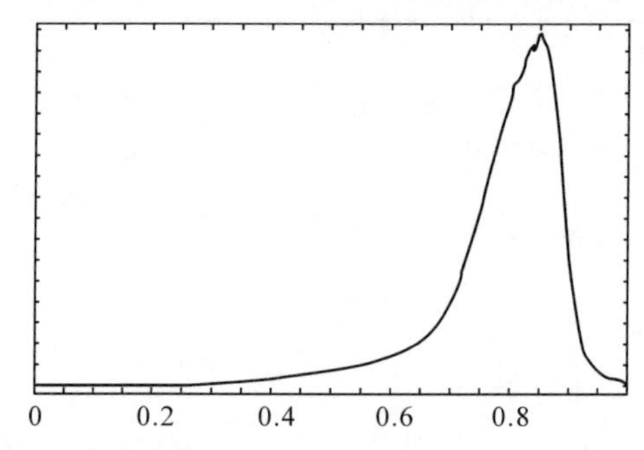

图 10-3　广东省 2008 年 7～9 月合成 *NDVI* 频率分布图

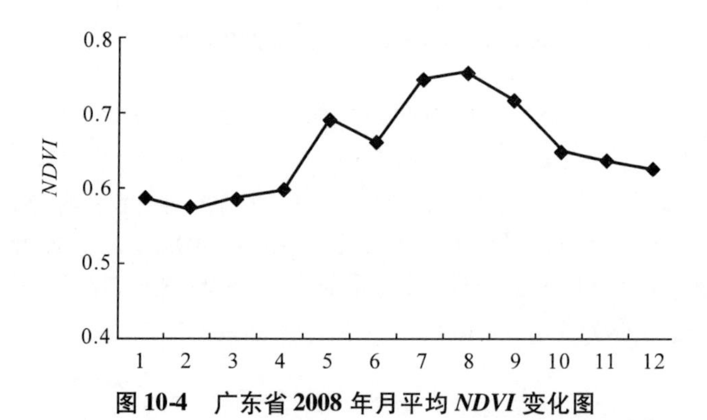

图 10-4　广东省 2008 年月平均 *NDVI* 变化图

10.2.3.2　气象数据

本研究所使用的气象数据均来自中国国家气象局，数据内容月平均温度、月总降水量、月日照百分率，以及各气象站点的经纬度和海拔高度，数据时间为2008年1~12月，共涉及25个气象站点。经验证，25个站点的数据没有出现错误，均可使用。由于气象数据为点数据，为了和遥感数据匹配，需要将其转换为栅格图像。气象数据主要采用空间差值实现栅格化，空间插值算法主要有反距离加权平均法、自然邻点插值法、最邻近点插值法、局部多项式法、线性三角网法、径向基函数法和高斯克里金法等，本研究综合比较各种插值方法后选择高斯克里金(Kriging)法对25个气象站点数据进行插值。由于获取的气象数据没有模型所必需的太阳辐射值，因此采用前面所述的方法基于气象站点月平均温度、月总降水量、月日照百分率、站点纬度等数据根据公式对其模拟，最后对模拟后的值进行插值。插值后的月平均温度、月总降水量、月太阳总辐射等栅格图像的坐标系统、空间分辨率和范围要与处理后的遥感数据进行匹配。

应用气象数据进行空间插值时，一般采用交叉验证方法(cross-validation)(Holdway，1996)来验证插值效果。该方法是通过比较某点的实测值与利用其周围点实测值插值后的预测值之间的误差，误差小则差值精度高，通常插值点密插值效果好。插值结果的误差平均值及其分布状况反映了总体差值效果，分布越均匀，均值越接近于0，精度越高。本研究对插值前后的气象站点数据进行*t*-检验，置信度为95%，大部分站点数据插值前后均无显著性差异(表10-6、表10-7、表10-8)。

表10-6　温度数据插值精度检验(℃)

月份	误差平均值	误差标准差	*t*-检验值	自由度	显著性概率
1	-0.1874	0.1993	-0.940	24	0.356
2	-0.1217	0.1710	-0.712	24	0.483
3	-0.0014	0.1529	-0.009	24	0.993
4	0.0004	0.1300	0.003	24	0.998
5	-0.0104	0.1250	-0.083	24	0.934
6	-0.0444	0.1134	-0.392	24	0.699
7	0.0196	0.1191	0.164	24	0.871
8	0.0469	0.1172	0.400	24	0.692
9	-0.0033	0.1077	-0.031	24	0.976
10	-0.0217	0.1364	-0.159	24	0.875
11	-0.1179	0.1749	-0.674	24	0.507
12	-0.1400	0.1928	-0.726	24	0.475

表10-7　降水量数据插值精度检验(mm)

月份	误差平均值	误差标准差	*t*-检验值	自由度	显著性概率
1	3.0820	6.6826	0.461	24	0.649
2	2.8004	5.1766	0.541	24	0.594
3	1.3362	6.0953	0.219	24	0.828
4	2.4951	8.2613	0.302	24	0.765
5	3.1184	19.3904	0.161	24	0.847

（续）

月份	误差平均值	误差标准差	t-检验值	自由度	显著性概率
6	-2.0172	30.7845	-0.066	24	0.948
7	-0.1897	24.5954	-0.008	24	0.994
8	-3.6317	19.5788	-0.185	24	0.854
9	-1.4667	18.7735	-0.078	24	0.938
10	6.0362	28.5992	0.211	24	0.835
11	3.2329	9.7987	0.330	24	0.744
12	-1.1046	7.1194	-0.155	24	0.878

表 10-8 太阳总辐射数据插值精度检验（MJ/m^2）

月份	误差平均值	误差标准差	t-检验值	自由度	显著性概率
1	0.1164	0.4114	0.283	24	0.778
2	0.0156	0.7508	0.021	24	0.984
3	0.0950	2.6173	0.036	24	0.971
4	-0.5321	1.0242	-0.520	24	0.606
5	-0.3048	1.0844	-0.281	24	0.780
6	-0.4830	1.0395	-0.465	24	0.644
7	-0.4184	0.8442	-0.496	24	0.623
8	0.0049	0.7606	0.006	24	0.995
9	0.0951	1.1900	0.080	24	0.937
10	-0.1584	1.3087	-0.121	24	0.904
11	-0.2246	1.1179	-0.201	24	0.842
12	0.2084	0.5685	0.367	24	0.716

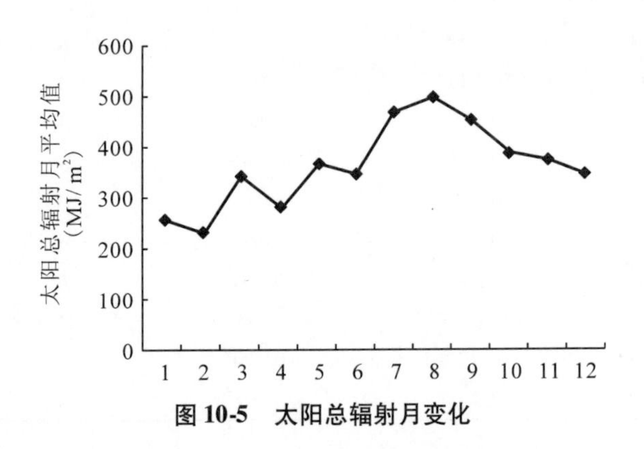

图 10-5 太阳总辐射月变化

月平均温度、年总降水量及年太阳总辐射结果如彩图 74、彩图 75、彩图 76。从图中可知，温度年平均值和年总降水量总体趋势为由北到南逐渐增加，粤北年平均温度约为 19℃，粤中约为 21℃，而位于北热带的南部地区平均温度则接近 23℃。全省年总降雨量为 1479～2633mm，粤北降雨量则相对较少，而广东南部由于受热带季风气候影响，年降水量较高，达到 2600mm 左右。年太阳总辐射总体上粤中较低，粤西和雷州半岛较高，超过 4500MJ/m^2。

10.2.3.3　植被数据

除了遥感和气象数据，还需要植被分类数据计算 CASA 模型所必须的植被光能利用率参数。本研究的植被分类体系以《中国植被》、《广东植被》和《国家森林资源和生态状况综合监测试点及广东省森林资源连续清查第六次复查操作细则》(2007)等为标准，对全省 2008 年森林资源二类调查小班数据按优势树种和地类划分到相应的植被类型中。

广东地处亚热带季风气候区，靠近热带，落叶针叶林和落叶阔叶林分布较少，多为人工林。本次使用的二类调查数据优势树种中没有包含落叶树种，所以在森林类型划分时忽略落叶林，仅将乔木林划分为常绿针叶林、常绿阔叶林和针阔混交林。由于广东草地分布较为破碎，多生长于乔木林和灌木林下，遥感可监测面积不大，本分类系统将灌木和草低归为一大类。森林类别之外的所有类型合并为其他类。针对广东森林特点，在一级类别的基础上进一步划分二级类别，并对二类调查数据中按优势树种对可以归类的树种归到二级类别中(表 10-9)。最终，确定划分 14 个二级类别作为遥感分类依据。

表 10-9　广东省植被分类体系

代码	一级植被类型	二级植被类型	二类优势树种
1	常绿针叶林	暖性针叶林	杉木、马尾松(广东松)、湿地松、国外松(杂交松)
2		热性针叶林	
3	常绿阔叶林	常绿软阔林	桉树、黎蒴、速生相思、南洋楹、木麻黄、荷木、荔枝、龙眼、其他软阔(不含竹林和红树林)
4		常绿硬阔林	台湾相思、其他硬阔
5		竹林	毛竹、杂竹
6		红树林	红树林
7	针阔混交林	针阔混交林	
8	灌木及草地	常绿阔叶灌丛	国家特别规定灌木林地、其他灌木林地
9		稀疏灌丛	
10		灌草丛	
11	其他	农田	
12		沼泽	
13		裸地	
14		水体	

确定分类体系后，综合利用广东 1∶25 万 DEM、全省 1∶100 万行政矢量图、二类小班矢量图、冬夏两时相 MODIS 陆地反射率 1～7 波段影像、7～9 月合成 NDVI 影像等，在 ENVI 中利用决策树分类方法得到全省植被分类图(彩图 77)。总分类精度为 70.1%，森林分类精度为 75.2%，基本满足要求。

10.2.4　*NPP* 估算结果与分析

通过以上的计算和反演，基本上获得 CASA 模型所需要的基本参数。将参数输入模型后得到广东省 2008 年度 *NPP* 分布图(彩图 78)。

10.2.4.1　*NPP* 时间变化

研究结果显示(表 10-10)，2008 年广东省 *NPP* 总量约为 109.10Tg C/a(1Tg = 1012g)，

平均 *NPP* 为 622 gC/m^2 · a，其中森林 NPP 年总量为 77. 57Tg C/a，平均为 950. 6gC/m^2 · a。根据朴世龙(2001)计算的结果，1999 年中国植被净第一性生产力总量为 1. 9Tg/a，广东省植被 NPP 占全国的比重约为5. 6%。从表 10-10 和彩图 78 可以看出，广东陆地年 NPP 相差较大，从 0. 18 ~ 2620 gC/m^2 · a，其中覆盖度较高的森林等光合作用较强的绿色植被 *NPP* 较高，特别是生长快速的竹林和速生丰产林；裸地 *NPP* 则较小，尤其是沙化地和城市水泥地，*NPP* 接近 0。

由于气候、植被分布的变化，植被 *NPP* 一般随不同的年份有一定波动。本研究主要目的是研究省域范围森林植被 *NPP* 大尺度遥感估测方法，替代传统野外调查获取每年度 *NPP* 月序列图和 *NPP* 年总量分布图，因此仅计算最新的 2008 年度月 *NPP* 序列和年总 *NPP*，分析年内 *NPP* 月度变化规律(图 10-6)。图 10-6 显示，陆地和森林月平均 *NPP* 变化趋势基本一致，全年各月份陆地 *NPP* 均大于森林 *NPP*，月平均 *NPP* 范围分别为陆地 8. 9 ~ 103. 3 gC/m^{2}和 13. 7 ~ 154. 1 gC/m^2，都表现为 1 ~ 3 月份较低，而 7、8 月份较大。陆地 *NPP* 和森林 *NPP* 在 2 月份最低，分别为 8. 9 gC/m^{2}和 13. 7 gC/m^2；7 月份最大，分别为 103. 3 gC/m^{2}和 154. 1 gC/m^2。从季节变化看，*NPP* 总体上表现为夏季高，冬季低的特点。广东陆地和森林平均 *NPP* 按季节变化，分别约为冬季 33. 2 gC/m^2 和 50. 7 gC/m^2，春季 174. 6 gC/m^2 和 262. 8 gC/m^2，夏季 292. 8gC/m^2 和 435. 9 gC/m^2，秋季 134. 2 gC/m^2 和 201. 2 gC/m^2。

广东 *NPP* 随月份和季节的变化跟气候和植被生长特性有密切关系。广东属亚热带季风气候区，全年气温、降水、光照等分布不均，1 ~ 3 月为冬季，气温低、降水量较少、太阳辐射强度较夏季弱；4 ~ 6 月为气温逐渐升高、降雨量、太阳辐射逐渐增加的时期，植物光合作用逐渐增强；7 ~ 9 月为夏季，气温高、降水量和蒸散量大，水热、光照条件最适宜植被生长，这段时间植被 *NPP* 达到最大值；10 ~ 12 月则为秋季，气温逐渐降低、降水量逐渐减少，植被生长逐渐受到抑制，此时 *NPP* 降低。总体上，*NPP* 的时间变化趋势和 *APAR* 的变化趋势较一致(图 10-6、图 10-7、图 10-8、图 10-9)。

表 10-10 2008 年广东省不同植被类型 *NPP*、*APAR* 和光能利用率估算结果

代码	植被类型	面积 (hm^2)	*APAR* (MJ/m^2 · a)	*E* (gC/MJ)	*NPP* (gC/ m^2 · a)	总 *NPP* (Tg C/a)
1	暖性针叶林	2350625	1555	0. 653	1093. 0	25. 70
2	热性针叶林	1184150	1552	0. 614	952. 8	11. 30
3	常绿软阔林	2295575	1625	0. 543	882. 0	20. 25
4	常绿硬阔林	1560375	1532	0. 514	788. 8	12. 30
5	针阔混交林	59375	1530	0. 576	880. 9	0. 52
6	竹林	569325	1615	0. 701	1133. 0	6. 45
7	红树林	140475	1355	0. 561	760. 0	1. 07
8	常绿阔叶灌丛	227325	1627	0. 544	884. 5	2. 01
9	稀疏灌丛	139700	1334	0. 464	619. 2	0. 87
10	灌草丛	770025	1257	0. 437	548. 7	4. 23
11	农田、耕地	263350	1579	0. 558	881. 3	2. 32
12	沼泽	39525	165	0. 164	26. 6	0. 01
13	裸地	7478675	990	0. 298	295. 1	22. 10
14	水体	164175	120	0. 1	12. 1	0. 02

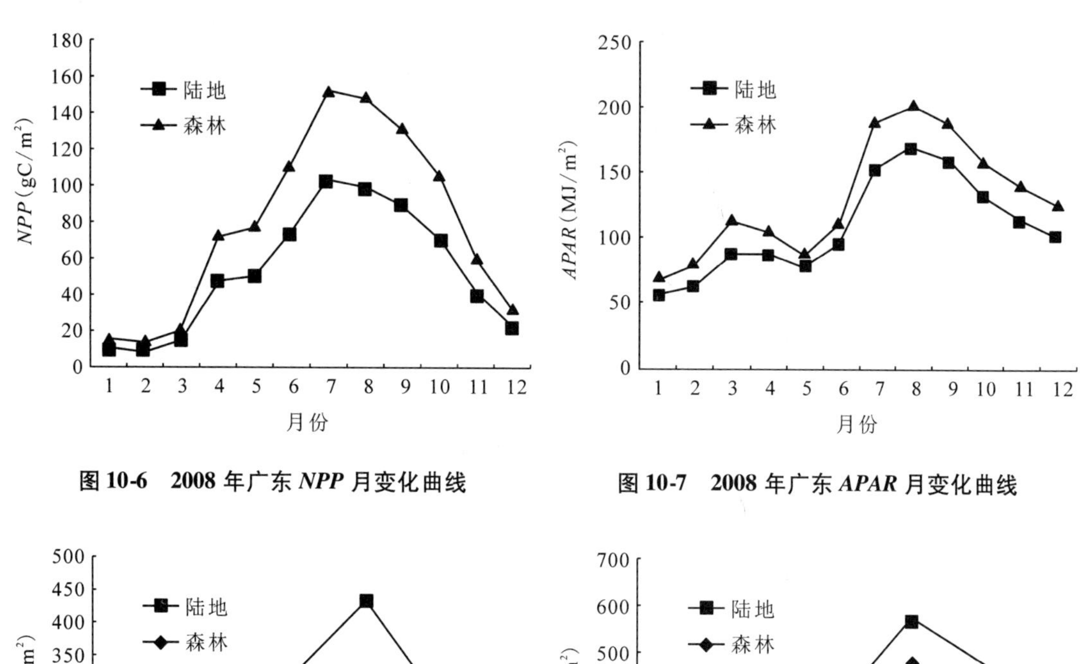

图10-6　2008年广东*NPP*月变化曲线

图10-7　2008年广东*APAR*月变化曲线

图10-8　2008年广东*NPP*季节变化曲线

图10-9　2008年广东*APAR*季节变化曲线

10.2.4.2　*NPP*空间变化

广东位于中国南部，面朝南中国海，属亚热带季风气候，境内多山地、丘陵和台地，地形较复杂。从北到南主要分为中亚热带季风气候、南亚热带季风气候和北热带季风气候(彩图79)，植被分布随气候带由北到南变化，同时随山地海拔高度植被分布也有变化。从2008年*NPP*模拟结果(彩图78)可以看出，南亚热带和北热带地区植被*NPP*最高，平均年*NPP*为880~1150gC/ m^2，局部地区甚至达到2200 gC/ m^{2}以上；北部*NPP*总体水平较中南部低，为400~800 gC/ m^{2}左右。这主要是因为，南亚热带和被热带地区多为常绿针阔叶树种，植被光合作用较高；而中亚热带地区冬季有相当时间温度较低，总体光、热、水条件不如南亚热带；南部广州、佛山等珠三角地区和雷州半岛地区由于工业和城市化建设步伐较快，森林植被覆盖率不高，*NDVI*水平较中部低，植被*NPP*总体水平不高，但是南部植被覆盖率较高地区*NPP*则非常高，达到甚至超过国际热带雨林平均*NPP*值2200 gC/ m^2。这一分布特征和植被光能利用率分布较一致(彩图80)，反映了植被光能利用率是植被*NPP*的关键因子。

10.2.4.3　不同植被覆盖类型*NPP*的时空变化

本研究利用多源数据进行遥感分类获得广东省土地利类型图，其中森林类型为暖性针叶林、热性针叶林、常绿软阔林、常绿硬阔林、针阔混交林、竹林、红树林，灌草类型有常绿阔叶灌丛、稀疏灌丛和灌草丛，还有沼泽、农田、裸地和水体，共计 14 类。对各类进行统计分析(图 10-10、图 10-11)，结果表明，不同土地覆盖和植被类型的 *NPP* 也呈现出明显的时空变化。就 *NPP* 均值而言，森林(950.6g C/m^2 · a) > 灌木、草地(624.5 gC/m^2 · a) > 农田、耕地(881.3 gC/m^2 · a) > 沼泽、裸地和水体(287.7 gC/m^2 · a)。森林植被中平均 NPP 最高的是竹林(1133 gC/m^2 · a)，其次为暖性针叶林(1093 gC/m^2 · a)，热性针叶林也较高，达到 952.8 gC/m^2 · a，常绿软阔、针阔混交和常绿阔叶灌丛比较接近，在 880.9 ~ 884.5 gC/m^2 · a 之间，常绿硬阔林和红树林稍低，在 760 ~ 788gC/m^2 · a 之间。由于各森林植被面积不同，总 *NPP* 的大小较平均 *NPP* 排列有所变化(表 10-11)。暖性针叶林的总 *NPP* 最大，为 25.69TgC/a，常绿阔叶林次之，为 20.25TgC/a，常绿硬阔林和热性针叶林相差不大，分别为 12.31 TgC/a 和 11.28 TgC/a，竹林、红树林和针阔混较低，分别为 6.45 TgC/a、1.07 TgC/a 和 0.52 TgC/a。

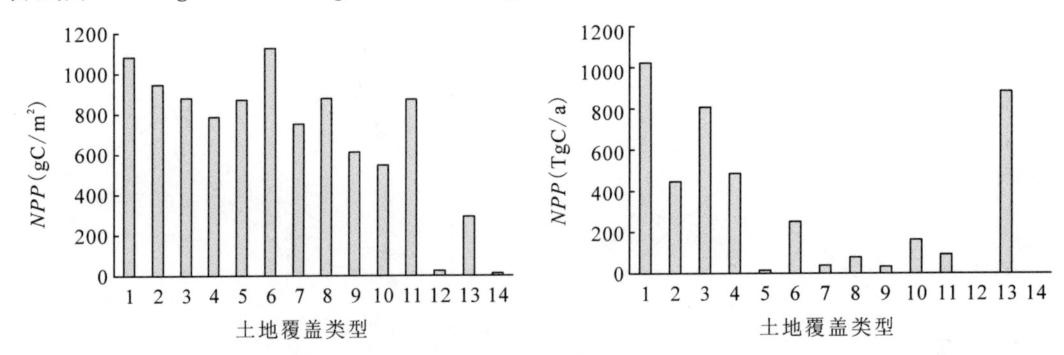

图 10-10　2008 年广东不同植被类型年均 *NPP* 和总 *NPP*

1. 暖性针叶林；2. 热性针叶林；3. 常绿软阔林；4. 常绿硬阔林；5. 针阔混交林；6. 竹林；7. 红树林；8. 常绿阔叶灌丛；9. 稀疏灌丛；10. 灌草丛；11. 农田、耕地；12. 沼泽；13. 裸地；14. 水体

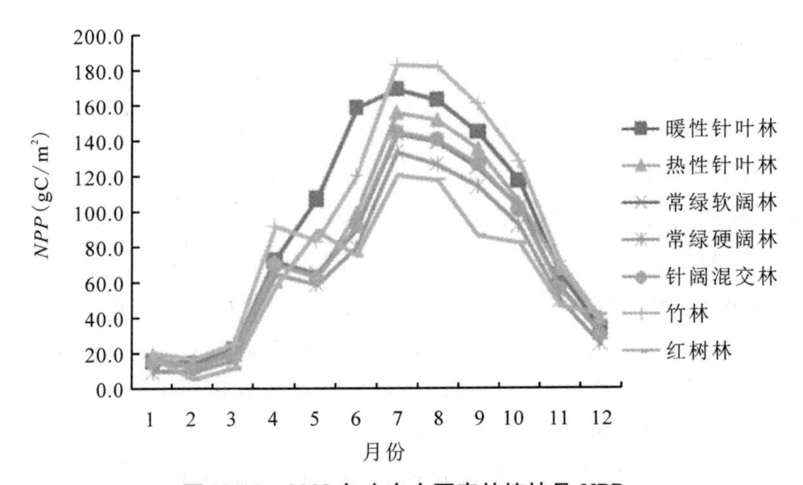

图 10-11　2008 年广东主要森林植被月 *NPP*

表 10-11　2008 年广东省不同植被类型 *NPP* 估算结果

代码	植被类型	月 *NPP*(gC/m² · 月)												平均 *NPP*	总 *NPP*
		1	2	3	4	5	6	7	8	9	10	11	12	(gC/m² · a)	(TgC/a)
1	暖性针叶林	16.6	15.4	22.8	73.6	107.8	159.9	170.0	163.9	145.8	118.0	65.1	34.1	1093.0	25.70
2	热性针叶林	19.8	13.5	22.3	72.3	64.2	100.1	157.1	152.9	136.2	105.5	68.6	40.3	952.8	11.30
3	常绿软阔林	16.0	13.4	20.6	72.5	65.6	91.4	144.5	139.9	125.8	102.5	57.8	32.0	882.0	20.25
4	常绿硬阔林	10.5	10.9	16.3	65.2	59.6	80.7	134.3	127.5	114.9	92.8	50.4	25.7	788.8	12.30
5	针阔混交林	16.1	13.0	19.7	70.9	63.2	93.4	145.7	141.6	127.4	102.0	56.9	31.0	880.9	0.52
6	竹林	21.4	17.5	26.5	92.5	84.2	121.3	184.0	183.0	161.6	128.9	72.6	39.5	1133.0	6.45
7	红树林	18.4	6.5	12.8	58.3	89.7	75.8	120.8	118.6	86.7	82.5	47.4	42.5	760.0	1.07
8	常绿阔叶灌丛	16.0	13.9	21.0	71.9	61.9	92.9	145.2	141.5	128.5	101.2	58.6	31.9	884.5	2.01
9	稀疏灌丛	8.2	7.7	11.4	49.4	48.5	63.0	107.0	98.8	94.9	71.7	39.0	19.6	619.2	0.87
10	灌草丛	9.1	6.6	10.3	42.2	44.4	58.1	92.3	84.3	84.3	63.1	34.5	19.5	548.7	4.23
11	沼泽	0.6	0.4	0.6	1.9	2.3	2.5	4.9	4.0	3.3	3.0	1.9	1.2	26.6	0.01
12	农田、耕地	14.8	13.3	19.9	71.7	63.8	92.6	146.6	140.5	127.6	102.1	57.9	30.5	881.3	2.32
13	裸地	5.1	3.8	5.8	23.0	23.9	31.4	48.9	45.8	44.8	33.9	18.4	10.3	295.1	22.10
14	水体	0.3	0.2	0.3	0.9	1.1	1.2	2.0	1.9	1.5	1.3	0.8	0.6	12.1	0.02

10.2.4.4　模型验证

NPP 受许多因素的影响，包括环境因子、植被生态生理因子，尤其是大尺度 *NPP* 估算模型不可能考虑到所有的因子，因此，往往模拟值与实测值不可避免地存在一定误差。同时，从模型输入数据的处理方式和准确性来看，也存在一定不确定性，比如气象数据的内插、生理生态过程的简单外推等。不同学者采用不同方法得到的 *NPP* 估算结果也各不相同，相差甚至达到几倍，所以，对于模拟结果的验证显得很有必要。

最可靠的验证方法是利用野外实测值与模拟值做误差分析，而大尺度 *NPP* 的野外实测值基本是不可能的，通常数据很难获得。因此，本研究的验证主要通过与其他学者的研究结果、MODIS 的 *NPP* 产品(MOD17A2)以及基于森林二类调查的固碳量进行比较来实现。与 MOD17A2 的产品比较结果显示(表 10-12、图 10-12)，本研究模拟结果与其有较大差异。本研究模拟的森林植被月平均 *NPP* 随不同季节和月份变化明显，总体夏季比冬季明显高，而 MOD17A2 产品的模拟结果显示月平均 *NPP* 基本为一平缓的水平线，没有明显变化，甚至出现 7、8 月份比其他月份低的现象，这显然没有反映出广东的气候特征和植被生态生理状况。如前所述，本研究所估算的 *NPP* 随月份变化情况与 *APAR* 随月份变化情况相当一致，正反映出 *APAR* 是作为模拟植被 *NPP* 的关键参数。综合分析，可能是因为 MOD17A2 估算的是全球尺度 *NPP*，较省域尺度来说，全球尺度的 *NPP* 估算模型会忽略模型关键输入参数在不同地域的分布细节，比如广东省的气候和全球大部分地区都不同，且植被分布也较其他地方有较大差别。另外，全球数据在处理过程中也更为粗糙，植被各种生态生理特性的尺度外推带来的不确定性也更大。比如植被的光能利用率，全球尺度的 *NPP* 估算通常选取 0.389 gC/MJ 作为月最大光能利用率。这一数值是全球的平均水平，对于处于亚热带、水热条件充足、速生树种分布广泛的广东来说，严重偏低。彭少麟

(2000)在计算广东省植被光能利用率时就选择了1.25 gC/MJ作为月最大光能利用率，其计算结果较符合实际。MOD17A2估算*NPP*的植被覆盖类型也是基于全球尺度，不够细化，省域范围的植被可能直接被认为是一种植被类型。而本研究是利用遥感数据、森林资源二类调查数据、DEM数据等多源数据分类获得，精度较MOD17A2高。

除了两者森林植被月变化趋势有差别外，两者估算的年平均*NPP*及总*NPP*也有较大差别。例如，本研究估算的暖性针叶林平均*NPP*几乎为MOD17A2的3倍，其他类别也有两倍的差距。这正是由于本研究计算的光能利用率较MOD17A2大幅度提高，从而直接导致最终*NPP*的大幅度提高，作者认为本研究结果更符合广东的实际分布情况，这一结果与彭少麟等人的研究结果相接近。沼泽、水体、裸地等植被稀少地区，本研究没有按照有植被地区估算其潜在光能利用率，而是以实际光能利用率为主，选择较小值作为其最大光能利用率，这样做也更符合实际情况。

另外，可以通过"碳汇效率"来进行验证(方精云，2007)。通常我们把某一类型的植被每单位*NPP*所产生的碳汇量定义为该植被的碳汇效率(carbon sink efficiency，*CSE*)，记为：

$$CSE = \frac{碳汇量}{NPP} \tag{10-29}$$

一般来说，热带林的*CSE*较低，而温带林的*CSE*较高，因为热带林虽然*NPP*较大，但消耗和周转的光合产物也较快，所以净积累的干物质(碳汇量)较小，温带林则不然。利用已经发表的*NPP*和碳汇数据计算可知，中国常绿阔叶林的*CSE*较小，为0.026；落叶阔叶林最大，为0.078。中国森林的面积加权平均*CSE*为0.057。草地的面积加权平均*CSE*为0.015。本研究主要根据广东省森林资源二类调查数据的森林年固碳量来计算*CSE*。由于2008年受雪灾的影响，该年度的森林总生物量较2007年有所减少，故利用2005~2007年的森林生物量年增长量作为基数来计算每年广东省森林的固碳量，进而计算*CSE*。2005~2006年度、2006~2007年度的森林公顷生物量分别为1.38t/hm^{2}和1.32t/hm^2，因此可以粗略估计2008年度森林生物量增长为：

$$\frac{1.38 + 1.32}{2} \times 9959037.1t \approx 13.46\text{Tg} \tag{10-30}$$

取固碳转化系数为0.45，则2008年度广东省森林*CSE*为：

$$\frac{13.46 \times 0.45}{77.57} \times 100\% = 7.8\% \tag{10-31}$$

计算结果显示，2008年度广东省森林固碳效率大约为7.8%，基本在文献统计中的0.026~0.078范围内。但按照广东主要森林为常绿针叶林和落叶林来看，年固碳效率应该小于5%。这可能是因为近20年来中国的森林固碳量逐年增加，森林资源丰富的广东省近年森林固碳量年均增长达到5%左右，这在很大程度上使得目前计算的森林年固碳效率较早期学者研究得数据有一定提高，这一结果也反映出广东省近年在提高森林产量方面取得一定成效。

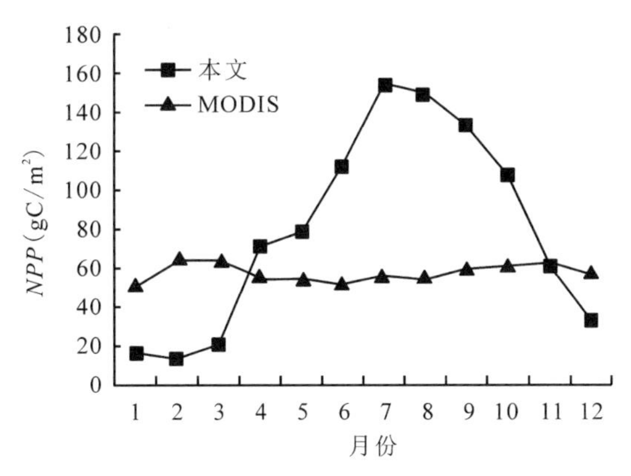

图 10-12　2008 年广东森林植被月 *NPP* 估算结果与 MODIS 的 *NPP* 产品比较

表 10-12　2008 年广东省不同植被类型 *NPP* 估算结果(MODIS 的 *NPP* 产品)

代码	MOD17A2 产品月 *NPP* ($gC/m^2 \cdot a$)												平均 *NPP* (gC/a)		总 *NPP* (Tg C/a)	
	1	2	3	4	5	6	7	8	9	10	11	12	Modis	本研究	Modis	本研究
1	24.2	33.9	34.9	28.6	27.6	26.8	29.1	29.0	31.7	34.0	36.2	29.5	365.5	1093	8.59	25.69
2	33.4	41.2	42.1	31.2	34.5	34.7	34.1	35.8	39.4	40.5	44.4	38.1	449.4	952.8	5.32	11.28
3	30.9	37.6	37.5	34.3	32.3	30.7	32.6	31.5	35.9	34.0	35.2	33.4	405.9	882	9.32	20.25
4	30.5	39.2	40.6	35.6	34.8	33.5	35.9	35.1	38.3	40.4	42.5	35.1	441.5	788.8	6.89	12.31
5	38.5	47.2	49.2	41.5	42.1	41.9	43.3	43.3	45.6	48.0	50.0	43.3	533.9	880.9	0.32	0.52
6	28.1	38.3	40.0	30.9	31.4	30.5	32.2	32.4	34.7	37.4	40.1	33.5	409.5	1133	2.33	6.45
7	34.7	32.2	30.7	26.7	31.9	32.7	32.1	34.3	32.1	32.3	38.3	35.6	393.6	760	0.55	1.07
8	30.8	41.9	43.0	33.2	33.7	32.6	34.6	34.6	37.5	39.7	42.9	36.3	440.8	884.5	1	2.01
9	38.4	42.9	44.2	42.8	43.8	42.2	45.1	44.4	47.9	49.1	48.8	42.4	532.0	619.2	0.74	0.87
10	47.1	50.4	51.5	48.9	50.3	50.5	51.4	52.0	54.3	55.4	55.6	50.4	617.8	548.7	4.76	4.23
11	32.8	43.3	44.1	36.2	35.8	35.0	37.3	37.1	39.9	42.2	45.1	38.4	467.2	881.3	1.23	2.32
12	16.2	16.4	19.3	15.0	14.9	16.6	16.9	16.9	15.3	16.6	15.5	16.1	195.7	26.6	0.08	0.01
13	17.1	20.3	19.1	17.2	16.1	15.1	16.7	15.4	17.2	16.9	17.5	17.4	206.0	295.1	15.41	22.07
14	16.9	19.0	21.9	16.9	17.9	17.2	16.6	18.1	16.0	17.9	17.4	17.7	213.5	12.1	0.35	0.02

10.3　结论

本章研究了基于大尺度遥感信息进行森林生态宏观监测的方法。以广东省森林植被 *NPP* 估算为例，分别从模型选择，建立模型所需的遥感、气象、森林调查资料、地形等多种数据源的获取和处理，模型各中间参数的计算，模型验证等方面进行了详细的介绍。本研究成功估算出了广东省森林植被的年 *NPP* 及月 *NPP*，并生成 *NPP* 年度及月分布图，完全可以提供针对森林植被 *NPP* 监测的成果。本研究结果得出以下几点结论：

(1)基于大尺度遥感信息的森林生态宏观监测是可行的，它具有快速、便捷、低成本、提供连续结果的优势，特别是对于目前传统监测体系不易调查的生态因子可以实现监测。

(2)从时效性、经济性、可靠性等方面分析，MODIS 数据作为大尺度遥感数据源是非常适合的。一方面，MODIS 数据容易获取，不需要支付任何费用；一方面，MODIS 数据信息量丰富，每天都可提供多通道的数据，甚至可以提供生态相关模型的中间参数影像。

(3)本研究中 *NPP* 估算的模型选择应本着简单易行的原则，尽量应用容易获取的数据作为模型的输入参数。笔者认为，这是由森林生态宏观监测的特点决定的。因此，*NPP* 之外的其他生态因子的监测也应遵循这一原则。

(4)一般来说，需要定量化的生态因子监测基本是利用以遥感数据为主、包括其他数据的多源数据，通过建立各种遥感模型或结合地面调查数据进行最小二乘法拟合的方法来估算出监测指标在空间上或时间上的连续值。

(5)应用遥感信息进行森林生态宏观监测的结果往往差异较大，其准确性还有待进一步验证。监测模型受地域、气候、植被类型等因素的影响，不能简单推广到其他地区。由于受植被生理、大气、水分、土壤、微生物等参数资料不足的限制，模型中一些参数的准确性可能受到一定影响，这会在一定程度上影响监测结果的准确性。

总之，基于大尺度遥感的森林生态宏观监测在一定程度上可以丰富目前森林生态监测的内容和成果，提高林业生态服务水平。随着遥感技术和监测模型的进一步发展，并适当结合部分地面调查资料，遥感监测的准确性将逐步提高。在传统监测不易实施时，遥感监测可以起到替代作用。

本章参考文献

[1] 王兵，肖文发，刘世荣. 1996. 中国森林生态监测现状及环境质量[J]. 世界林业研究，(5)：52 - 59.

[2] 李土生. 2006. 浙江省公益林森林资源与生态状况综合监测方案[J]. 林业资源管理，(1)：43 - 46.

[3] 王登峰. 2004. 广东省森林生态状况监测报告(2002 年)[M]. 北京：中国林业出版社.

[4] 林俊钦. 2004. 森林生态宏观监测系统研究[M]. 北京：中国林业出版社.

[5] 肖兴威. 2007. 中国森林资源和生态状况综合监测研究[M]. 北京：中国林业出版社.

[6] 李伟民，甘先华. 2006. 国内外森林生态系统定位研究网络的现状与发展[J]. 广东林业科技，22(3)：104 - 107.

[7] 方静云，郭兆迪，朴世龙，陈安平. 2007. 1981 ~ 2000 年中国陆地植被碳汇的估算[J]. 中国科学(D 辑)，37(6)：1 - 9.

[8] Cramer W, Kicklighter D W, Bondeau A et al. 1999. Comparing Global Models of Terrestrial Net Primary Productivity(NPP)：Overview and Key Results[J]. Global Change Biology, 5(suppl. 1), 1 - 5.

[9] Alexandrov G A, Oikawa T, Yamagata Y. 2002. The Sckeme for Globalization of a Process-based Model Explaining Gradations in Terrestrial NPP and its Application[J]. Ecological Modeling, 148(3)：293 - 306.

[10] Lieth, H. & Box, E. O. 1977. The Gross Primary Productivity Pattern of the Land Vegetation：A First Attempt. Trop. Ecol., 18：109 - 115.

[11] 朱志辉. 1993. 自然植被净第一性生产力估计模型[J]. 科学通报，38(15)：1422 - 1426.

[12] 周广胜，张新时. 1995. 自然植被净第一性生产力模型初探[J]. 植物生态学报，19(3)：

193－200.

[13] Running, S. W. and Coughlan, J., 1988. A General Model of Forest Ecosystem Processes for Regional Applications, I. Hydrologic Balance, Canopy Gas Exchange and Primary Production Processes. Ecol. Model. 42, 125－154.

[14] Parton W J, Scurlock J M O, Ojima D S, et al. 1993. Observations and Modeling of Biomass and Siol Organic Matter dynamics for he Grassland Biome Worldwide[J]. Global Biogeochemical Cycles, 7: 785～890.

[15] 肖乾广，陈维英，盛永伟等.1996. 用NOAA气象卫星的AVHRR遥感资料估算中国的净第一性生产力[J]. 植物学报，38(1)：35－39.

[16] Jiang, H., Apps, M. J., Zhang, Y. L., et al. 1999. Modelling the Spatial Pattern of Net Primary Productivity in Chinese Forests [J]. Ecological Modelling, 122(3): 275－288.

[17] Leith H, Wittaker R H. 1975. Primary Productivity of The Biosphere[M]. New York: Springer Verlag, 237－263.

[18] Lieth, H., (ed.). 1974. Phenology and Seasonality Modeling, Ecological Studies 8. Springer-Verlag, New York.

[19] 李京，陈晋，袁清.1994. 应用NOAA/AVHRR遥感资料对大面积草场进行产草量定量估算的法研究[J]. 自然资源学报，(4)：365－373.

[20] 赵宪文.1997. 林业遥感定量估测[M]. 北京：中国林业出版社.

[21] 李崇贵，赵宪文，李春干.2000. 森林蓄积量遥感估测理论与实现[M]. 北京：科学出版社.

[22] Uchijima, Z. and Seino, H. 1985. Agroclimatic Evaluation of Net Primary Productivity of Natural Vegetation (1): Chikugo Model for Evaluating Net Primary Productivity. J. Agr. Met., 40(4): 343－352.

[23] 赵冰茹，刘闯，刘爱军，王正兴.2004. 利用MODIS-NDVI进行草地估产研究——以内蒙古锡林郭勒草地为例[J]. 草业科学，21(8)：12－15.

[24] 张佳华.2001. 自然植被第一性生产力和作物产量估测模型研究[J]. 上海农业学报，17(3)：83－89.

[25] Efimova N. A. 1977. Plant Productivity and Radiation Factor[J]. Gidrometeoizdat: Leingrad.

[26] 北京农业大学生理生化组译(De Wit CT. ed.). 1987. 农作物同化、呼吸和蒸腾的模拟[M]. 北京：科学出版社.

[27] 刘建栋，丁强，傅抱璞. 1997. 黄淮海地区夏玉米气候生产力的数值模拟研究[J]. 地理科学进展，12(增刊)：33－38.

[28] 刘建栋.1999. 农业气候资源数值模拟中气候资料处理模式的研究[J]. 中国农业气象，20(3)：1－5.

[29] Foley J. A. 1994. Net Primary Productivity in the Terrestrial Biosphere: The Application of a Global Model[J]. Journal of Geophysical Research, 99: 20773－20783.

[30] McGuire A. D. and Melillo, J. M., et. al. 1992. Interactions Between Carbon and Nitrogen Dynamics in Estimating Net Primary Productivity for Potential Vegetation in North America[J]. Global Biogeochemical Cycles, 6: 101－124.

[31] Melillo J. M. and McGuire A. D. et. al. 1993. Global Climate Change and Terrestrial Net Primary Production[J]. Nature, 363: 234－240.

[32] Parton W. J. 1994. Ojma DS, Schimel DS. Environmental Change in Grasslands: Assessment Using Models[J]. Climatic Change, 28: 111－141.

[33] Field C. B. 1995. Randerson JT, Malmstron CM. Global Net Primary Production: Combining Ecology and Remote Sensing. Remote Sensing of Environment, 51: 74－88.

[34] Monteith J. L. 1972. Solar Radiation and Productivity in Tropical Ecosystems [J]. Journal of Applied

Ecology, 9: 747 – 766.

[35] Sellers, P. J. 1987. Canopy Reflectance, Photosynthesis and Transpiration. II. The Role of Biophysics in the Linearity of their Interdependence[J]. Remote Sensing of Environment, 21: 143 – 183.

[36] Begue, A. 1993. Leaf Area Index, Intercepted Photosynthetically Active Radiation, and Spectral Vegetation Indices: a Sensitivity Analysis for Regular Clumped Canopies[J]. Remote Sensing of Environment, 46: 45 – 59.

[37] 郭志华，彭少麟，王伯荪等. 1999. GIS 和 RS 支持下广东省植被吸收 PAR 的估算及其时空分布[J]. 生态学报，19(4)：441 – 447.

[38] Potter C. S. 1993. Randerson JT, Field CB, et al.. Terrestrial Ecosystem Production: a Process Model Based on Global Satellite and Surface Data[J]. Global Biogeochemica lCycles, 7(4): 811 – 841.

[39] Prince S. D., Goward S. N. 1995. Global Primary production: a Remote Sensing Approach[J]. Journal of Biogeography, 22: 815 – 835.

[40] Goetz S. J. and Prince S. D. 1999. Modeling Terrestrial Carbon Exchange and Storage: the Evidence for and Implications of Functional Convergence in Light Use Efficiency[J]. Advances in Ecological Research, 28: 57 – 92.

[41] Knorr W, Heimann M. 1995. Impact of Drought Stress and other Factors on Seasonal Land Biosphere CO_2 Exchange Studied through an Atmospheric Tracer Transport Model[J]. Tell us, 47B: 471 – 789.

[42] Monteith J. L. 1977. Climate and Effieieney of Crop Production in Britain. Phitos. Trans. R. Soc. London, Ser. B, 281: 271 – 294.

[43] Running S W. 1983. Hhungefford Rt D. Spatial Extrapolation of Meteorological Data Infor Ecosystem Modeling Applications[J]. Boston MA: American Meteorology Society.

[44] 李慧，仝川，陈加兵等. 2007. 福建省区域尺度太阳总辐射模拟估算研究[J]. 亚热带资源与环境学报，2(4)：1 – 8.

[45] 杜尧东，毛慧琴，刘爱君，潘蔚娟. 2003. 广东省太阳总辐射的气候学计算及其分布特征[J]. 资源科学，25(6)：66 – 70.

[46] Kumar M, and Monteith J. L. 1982. Remote Sensing of Plant Growth. In: Plants and the Daylight Spectrum, Academic Press, London, 133 – 144.

[47] Hatfield J. L, Asrar G, and Kanemasu E. T. 1984. Intercepted Photosynthetically Active Radiation Estimated by Spectral Reflectance[J]. Remote Sensing Environment, 14: 65 – 75.

[48] Goward S. N, and Huemmrich K. F. 1992. Vegetation Canopy PAR Absorptance and the Normalized Difference Vegetation Index: an Assessment Using the SAIL Model[J]. Remote Sensing of Environment, 39: 119 – 140.

[49] Los S. O, Justice, C. O., and Tucker, C. J. 1994. A global 1 Degree by 1 Degree NDVI Data Set for Climate Studies Derived from the GIMMS Continental NDVI [J]. International Journal of Remote Sensing, 15: 3493 – 3518.

[50] Sellers, P. J., Los, S. O., et al.. 1996. A Revised Land Surface Parameterization (SiB-2) for Atmo-spheric GCMs. Part 2: The Generation of Global Fields of Terrestrial Biophysical Parameters from Satellite Data[J]. Journal of Climate, 9: 706 – 737.

[51] Los, S. O. 1998. Linkages between Global Vegetation and Climate: an Analysis Based on NOAA AVHRR Data[D]. National Aeronautics and Space Administration(NASA).

[52] 朱文泉. 2005. 中国陆地生态系统植被净初级生产力遥感估算及其气候变化关系的研究[D]. 北京师范大学.

[53] 朴世龙，方精云，郭庆华. 2001. 利用 CASA 模型估算我国植被净第一性生产力[J]. 植物生态

学报，25(5)：603 - 608.

[54] 周广胜，张新时 . 1995. 自然植被净第一性生产力模型初探[J]. 植物生态学报，19(3)：193 - 200.

[55] 张志明 . 1990. 计算蒸发量的原理与方法[M]. 成都：成都科技大学出版社.

[56] 周广胜，张新时 . 1996. 全球气候变化的中国自然植被净第一性生产力研究[J]. 植物生态学报，20(1)：11 - 19.

[57] 张新时 . 1989. 植被的 PE(可能蒸散)指标与植被—气候分类(二)——几种主要方法与 PEP 程序介绍[J]. 植物生态学与地植物学学报，13(3)：197 - 207.

[58] 彭少麟，郭志华，王伯荪 . 2000. 利用 GIS 和 RS 估算广东植被光利用率[J]. 生态学报，20(6)：903 - 909.

[59] Holdway M. R. 1996. Spatial Modeling and Interpolation of Monthly Temperature Using Kriging[J]. Climate Reaserch，24：1835 - 1845.

第11章 总 结

本书从森林资源年度监测出发，在生产实践的基础上，系统地提出了基于"3S"技术的森林资源与生态状况年度监测解决方案。本章对研究成果做了总结，对其效益和推广应用情况做了分析，并对今后森林资源年度监测发展提出了建议。

11.1 效益分析

传统的森林资源监测方法以野外调查为主，数据处理技术不高，信息难以转化为知识，难以转化为生产力，人为因素影响大，管理效率低下，使得传统森林资源监测效益不明显。本研究充分利用"3S"技术、遥感图像处理、RS与GIS集成分析、决策树、神经网络、统计分析、生长模型、遥感模型、专家知识库、VRS等技术，系统地提出了基于"3S"的森林资源与生态状况年度监测技术方法，与传统监测方法相比较，大大减轻了外业工作量，提高了监测精度和工作效率，大大提升了森林资源与生态状况监测与管理水平，具有显著的经济效益和社会效益。

表11-1 应用"3S"技术进行森林资源调查与传统二类调查的比较

项目	监测方法	
	传统年度监测	基于"3S"技术的年度监测
用图	地形图	遥感影像，叠加地理信息、森林资源档案信息
技术方法	以外业调查为主，手工勾绘森林变化界线，深入小班内部调查获得各项因子	以"3S"技术为主，综合利用多种技术监测各项因子
工作量	外业工作量巨大	大大减少外业工作量，内业工作量也较小
成果图件质量	成果图件单调、粗糙	成果图件丰富、美观、质量高
成果特点	成果形式单一，资源动态变更不易，且成果不直观	可提供多种形式的电子和纸质成果，利于资源动态管理的后续工作需要，成果直观
成果可重复利用性	不利于其他林业规划、设计工作，可重复利用性差	利于其他林业规划、设计工作的开发和使用，具有很好的可重复利用性
节约经费	如果从短期监测来看，所需要的经费可能会少些，从长期监测来看，需要大量经费	虽然基础的软、硬件设备及数据库建设需要耗费大量资金，但从长远来看，可产生巨大的经济效益
提高工作效率	工作效率低	工作效率高，大大提升了森林资源与生态状况监测与管理水平

随着以生态建设为主的林业发展战略的全面实施，林业和生态建设越来越受到社会的

广泛关注，森林资源年度监测成果的社会效益和作用日益凸显。

(1)通过森林资源与生态状况年度监测，建立健全现代化的森林资源和生态状况监测技术体系和管理规范，创新技术方法，切实提高监测队伍素质，加强对数据采集、处理分析、成果使用的管理和监督，大大提高监测成果的准确性和时效性，产出县、市、省森林资源与生态状况年度公报，为林业又快又好发展提供有力的支撑和保障。

(2)为各级政府制定林业规划计划、编制森林采伐限额和经营方案、实施森林资源资产化管理、评价具体经营单位的森林资源经营管理状况等工作提供科学依据。

(3)凸显林业生态主体地位，推进生态文明建设，促进社会和林业可持续发展。健全的林业生态体系，繁荣的林业生态文化，已成为国家文明、社会进步的重要标志。通过每年度对森林资源和生态状况进行监测，向社会公布监测结果，可以强化社会公众的生态意识，培养和树立生态文明观念，推进林业生态建设，促进社会和林业可持续发展。

11.2 推广应用分析

自2006年以来，本研究的主要成果已在广东省森林资源与生态状况年度监测工作中推广应用，从实践情况来看，县、市林业局大大减少了外业工作量，工作效率成倍提高，监测结果准确，监测成果丰富，建立了每年度的森林资源空间数据库，大大提高了森林资源年度监测的工作效率及管理水平，为今后全面建设林业信息化奠定了重要基础。虽然取得了一定成效，但是，从今后更进一步、更深层次的推广应用角度来看，笔者认为，还应在以下几方面加强建设与实践。

(1)加强基础数据库建设、共享与整合应用，主要包括基础地理数据、相关专题辅助数据(如气象、水文、土壤等数据)的建设与共享。由于保密及其他原因，目前，国内基础地理数据的共享非常困难，林业部门在进行基础地理数据采集与建库(其实很多行业也在做重复工作)，耗费了大量的人力、物力、财力，然而，采集的数据却不规范、不精确，影响了高新技术在林业工作中的推广应用。从推广应用角度来看，应加强基础地理数据的共享，为高新技术在林业中的深入应用奠定基础。此外，应加强相关专题辅助数据(如气象、水文、土壤等数据)的建设与共享，利用信息化技术手段，对这些数据和林业专题数据进行综合分析和整合应用，将会产出更翔实、更充分、更丰富的分析成果数据和分析报告，对于林业生态建设将具有重要价值。

(2)加大力度对基层技术人员的应用培训，使年度监测工作工程化、系统化，使监测技术和应用系统实用化。普遍来说，由于基层林业局或林场技术人员对“3S”技术、数据库技术、网络技术接触较少，还不能熟练应用，因此，应加大力度对基层技术人员的应用培训，使年度监测工作工程化、系统化，通过基层技术人员建立当地详细、准确的专家知识库，使监测技术和应用系统实用化。

(3)提高海量数据快速处理能力。目前，卫星遥感影像的时间分辨率、空间分辨率越来越高，数据量越来越大，因此，需要提高海量数据快速处理能力(如影像的几何精纠正、融合、信息提取、与GIS数据的综合分析、空间及属性数据快速更新等)，才能及时地完成一个较大区域的年度监测工作，及时地向社会公告监测结果。

11.3　结论

就森林资源与生态状况年度监测而言，本研究在以下几个方面取得了进展。

(1)全面、系统地论述了以"3S"技术为主要手段的森林资源与生态状况空间信息及属性因子的年度监测方法，提出了较完整的基于"3S"技术的森林资源与生态状况年度监测解决方案。

本研究在分析目前森林资源监测系统存在不足的基础上，从年度监测角度出发，提出了较完整的基于"3S"的森林资源与生态状况年度监测系统框架、技术流程与方法。该技术系统以"3S"技术为基础，通过对前后两年度遥感影像及前一年度森林资源 GIS 数据进行分析、变化检测、信息提取，生成本年度森林资源空间数据，利用遥感定量模型、森林生长模型、专家知识库等方法对森林资源与生态状况属性数据进行监测，基于大尺度遥感信息进行森林生态宏观监测。几年的实践表明，该技术方法高效、可行，监测结果客观、真实。

(2)提出了基于 RS 和 GIS 的森林资源变化检测及空间变化信息自动提取技术。在总结植物波谱特性及植被指数的基础上，研究了基于主成分变换、图像差值、多时相遥感信息融合等技术分析植被变化的方法。基于主成分变换分析植被变化的方法包括：两年度影像先分别做主成分变换再做差值的方法、两年度影像先做差值再做主成分变换的方法、两年度影像的主成分变换法；基于图像差值分析植被变化的方法包括：归一化植被指数(*NDVI*)差值法、绿度植被指数(*GVI*)差值法、近红外波段(*NIR*)差值法、第二主成分(PC2)差值法；基于多时相遥感信息融合分析植被变化的方法主要是应用前后期遥感图像进行波段重组来分析植被变化。

在前期森林资源空间信息及前后两期遥感数据基础上，应用植被变化遥感特征分析方法，通过遥感与 GIS 集成技术，检测出森林资源空间发生变化的小班。然后针对空间信息变化的小班，进一步研究森林资源空间变化信息提取方法，利用遥感图像分割及 GIS 技术自动提取变化的界线，然后再通过目视进行检查、修正，生成本期森林资源空间信息。该技术方法自动化程度较高，大大提高了界线勾绘的工作效率。

(3)综合应用生长模型、遥感模型、专家知识库监测森林资源属性信息。本书基于遥感信息及历史档案数据，研究了对部分森林资源指标(如郁闭度、蓄积量、生物量等)的年度监测方法。对于自然生长的林分，在立地分级的基础上，研究了通过建立立地分级模型、平均胸径生长模型、平均高生长模型、公顷株数生长模型、林分公顷蓄积量生长模型、主要树种形高模型等林业生态数学模型监测森林资源的方法。针对一些定性的、需要综合其他因子进行评定的派生因子(如生态功能等级、自然度、景观等级等)，通过分析研究，建立了这些监测因子的专家知识库，利用专家知识库对这些因子进行年度监测。

(4)探讨了基于 VRS 的 DGPS-PDA 在森林资源监测中的应用。随着 GPS 定位精度越来越高，微电脑技术迅速发展，在森林资源与生态状况年度监测中遥感外业建标、样地定位精度及其调查效率要求也越来越高，基于 VRS 技术的 DGPS-PDA 数据采集器在森林资源监测中的应用也越来越广泛。本研究阐述了基于 VRS 技术的集空间定位、属性数据采集于一体的森林资源调查数据采集方法，分析了空间定位精度在森林资源连续清查工作中的影响，分析了基于 VRS 的 DGPS-PDA 在山区森林资源调查的优势与不足。

(5)开发了C/S和B/S结构的森林资源年度监测信息管理系统。本研究以.NET为开发平台，以ArcGIS Engine为开发组件，以ArcSDE作为空间数据引擎，基于SQL Server 2000建立空间数据库，开发C/S结构的森林资源与生态状况信息管理系统，为省、市、县各级林业主管部门进行年度监测提供具体的操作平台。另外，以ASP.NET和ArcGIS Server为开发平台，以ArcSDE作为空间数据引擎，基于Oracle 10g建立空间数据库，开发B/S结构的森林资源与生态状况信息管理系统，为政府及社会各界提供共享平台；以Managed Direct X为三维图形开发接口，采用基于LOD技术的切片金字塔数据组织方式以及数据驱动的三维场景渲染模式，实现了森林资源空间分布的大场景三维仿真模拟。

(6)探讨了基于大尺度遥感信息的森林生态宏观监测方法。本研究利用时间分辨率高的遥感数据(如MODIS等)，探讨了基于大尺度遥感信息的森林生态宏观监测方法，旨在对全省森林生态功能量(如植被指数、叶面积指数、生物量等)进行快速监测，从宏观上掌握其数量、质量及分布状况。

11.4 展望

"3S"技术在森林资源监测中的应用研究已经有多年的历史了，国内外专家、学者做了大量工作，针对不同的专题监测项目提出了许多方法。但是，从森林资源年度监测发展趋势来看，编者认为，还应在以下几方面加强研究。

(1)深入挖掘森林资源历史档案资料与各种现势信息(如遥感数据、地面调查数据等)的潜力，加强综合分析研究，建立各监测因子的估测模型和专家知识库，并不断积累与更新，从而达到快速、高效、实时、准确地监测森林资源与生态状况。

(2)进一步加强各种技术的综合集成应用。需要综合应用多种技术(如空间技术、网络技术、数据库技术、通信技术、建模技术、"3S"技术、仿真技术、多媒体技术等)，才能更加系统地研究森林资源与生态状况的综合信息获取、表达、管理、分析和应用。

(3)快速分析评价与辅助决策技术。不能停留在仅仅公告一些监测数据和结果的层次上，要进一步研究快速分析评价与辅助决策技术，为领导及决策者们提供快速评价和辅助决策。

本章参考文献

[1] 王忠仁，韩爱惠.2007. 德国奥地利森林资源监测与经营管理的特点及启示[J]. 林业资源管理，(3)：103－108.

[2] 张会儒，唐守正，王彦辉.2002. 德国森林资源和环境监测技术体系及其借鉴[J]. 世界林业研究，(2)：63－70.

[3] 郑小贤.1997. 德国、奥地利和法国的多目的森林资源监测述评[J]. 北京林业大学学报，(3)：79－84.

[4] 马文乔.2006. 森林资源档案管理系统的研建与数据更新方法的研究[D]. 北京林业大学硕士论文.

[5] 高金萍，陆守一，徐泽鸿.2005. 实现森林资源动态更新管理的时态GIS技术[J]. 林业资源管理，(3)：80－81.

[6] 熊朝耀.2006. 利用RS及GIS技术对人工林进行调查和建档的方法[J]. 林业调查规划，31

(2)：4-7.

[7] 朱胜利.2001. 国外森林资源调查监测的现状和未来发展特点[J]. 林业资源管理，(2)：21-6.

[8] 张国江，刘安兴.2002. 森林资源年度监测中若干问题研讨[J]. 华东森林经理，16(2)：37-39.

[9] 方陆明.2001. 我国森林资源信息管理的发展[J]. 浙江林学院学报，18(3)：322-328.

[10] 莫源富，周立新.2000. TM数据在上地利用动态监测中的应用[J]. 国土资源遥感，44(2)：13-17.

[11] 刘鹰，张继贤，林宗坚.1999. 土地利用动态遥感监测中变化信息提取方法的研究[J]. 遥感信息，(4)：21-24，28.

[12] 程昌秀.2001. “3S”技术在县级土地利用变更调查中的应用研究[D]. 中国农业大学硕士论文.

[13] 余松柏，魏安世，何开伦.2004. 森林资源档案数据更新模型和方法的探讨[J]. 林业调查规划，29(4)：99-102.

[14] 何时珍.1996. 森林资源档案的完善和提高[J]. 华东森林经理，10(2)：36-38.

[15] 张发林，谢锦升.1999. 国有林场森林资源档案的现状与对策[J]. 林业经济问题，No.3：59-62.

[16] 张军，陆守一.2002. 从森林资源数据特点试论现代森林资源信息管理技术[J]. 林业资源管理，No.4：64-69.

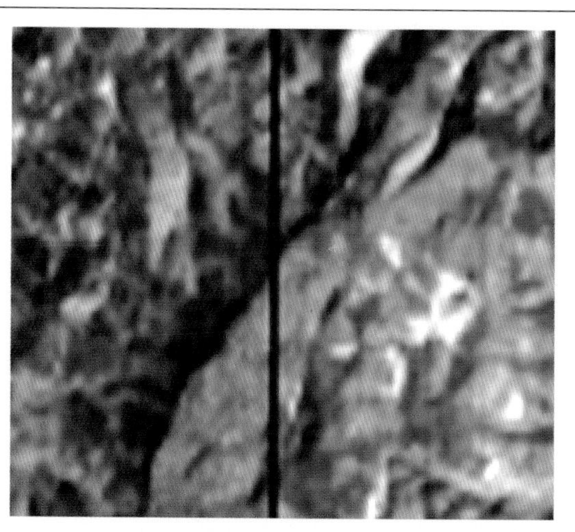

彩图1　原有条带噪声影像

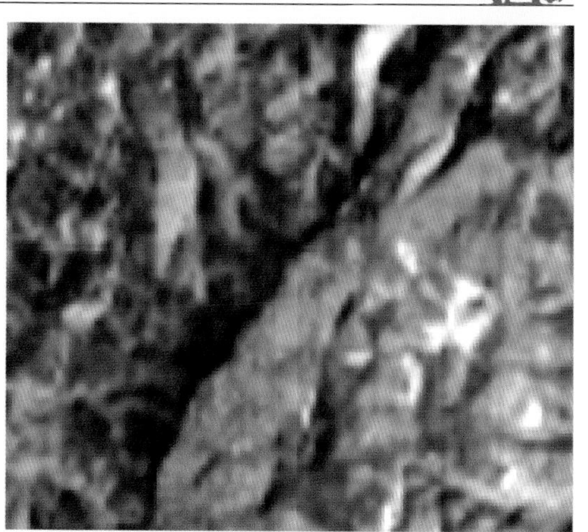

彩图2　去除条带噪声后的影像

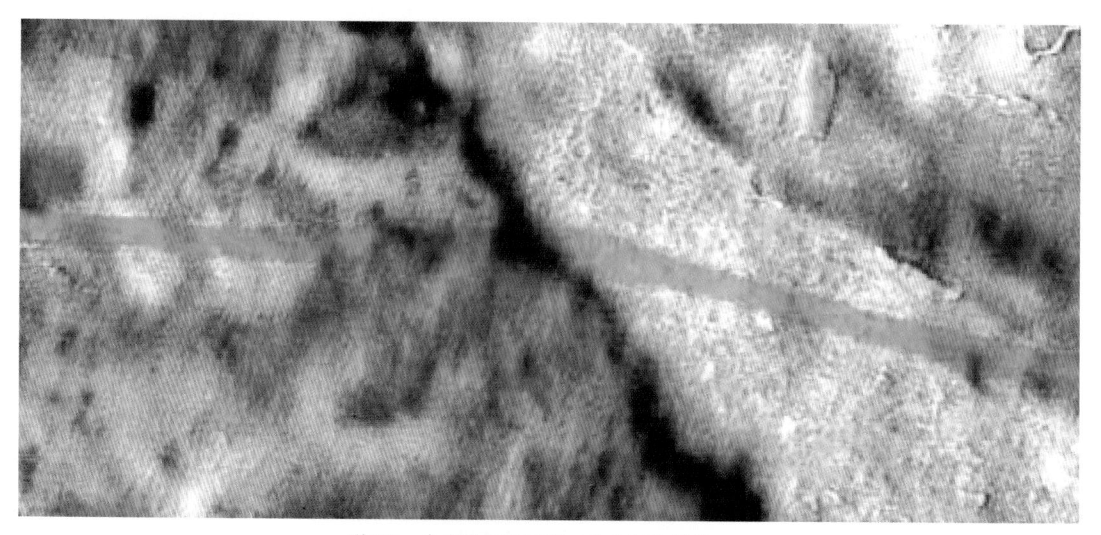

彩图3　未去噪正射纠正、融合后的影像

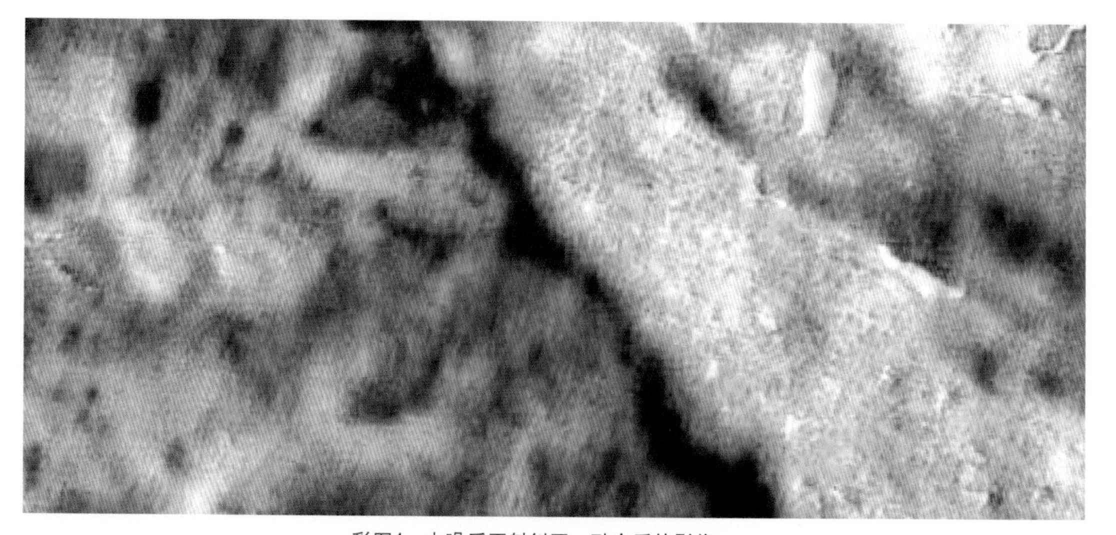

彩图4　去噪后正射纠正、融合后的影像

彩图5　大气校正前的影像

彩图6　大气校正后的影像

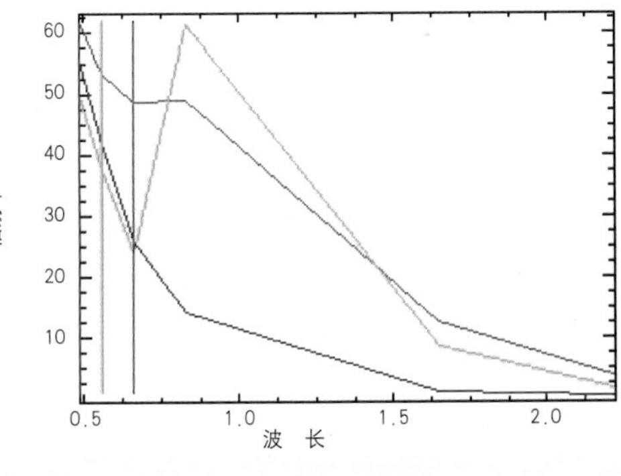

彩图7　辐射率光谱曲线

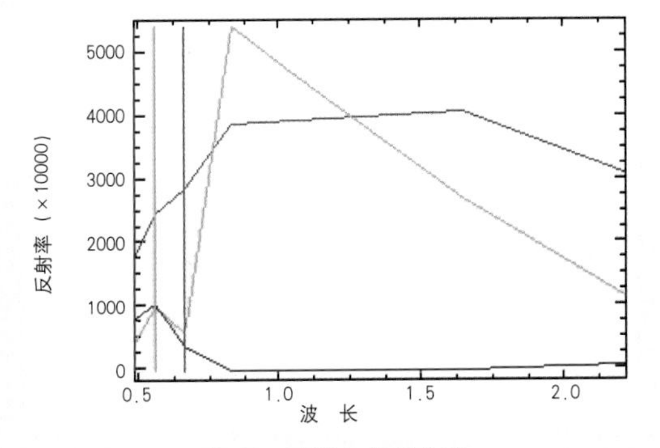

彩图8　反射率光谱曲线

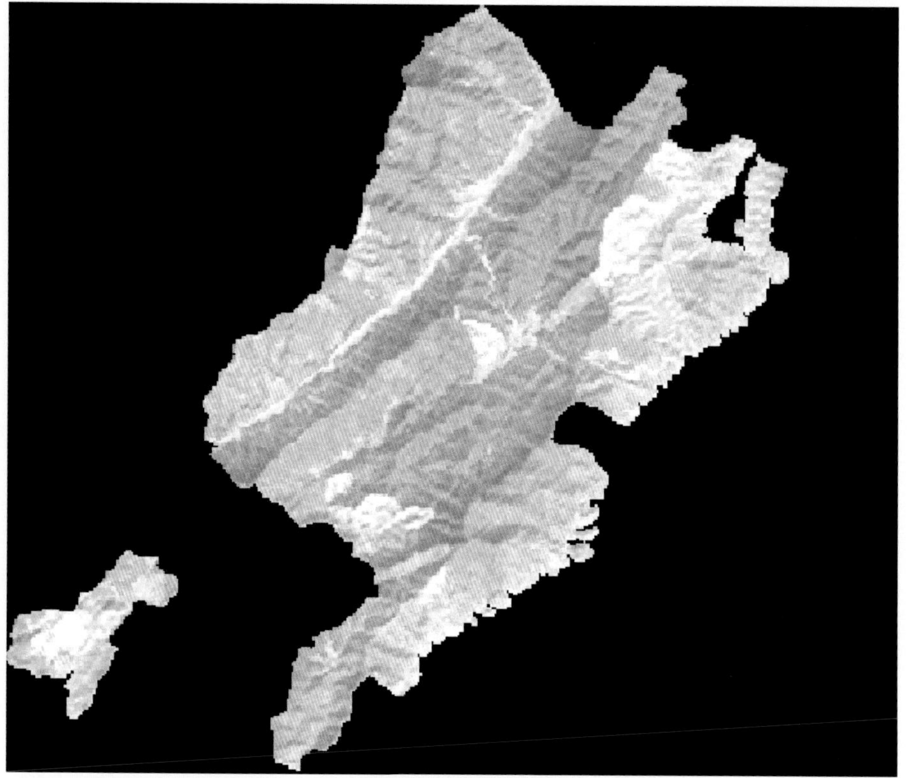

彩图9　原始影像

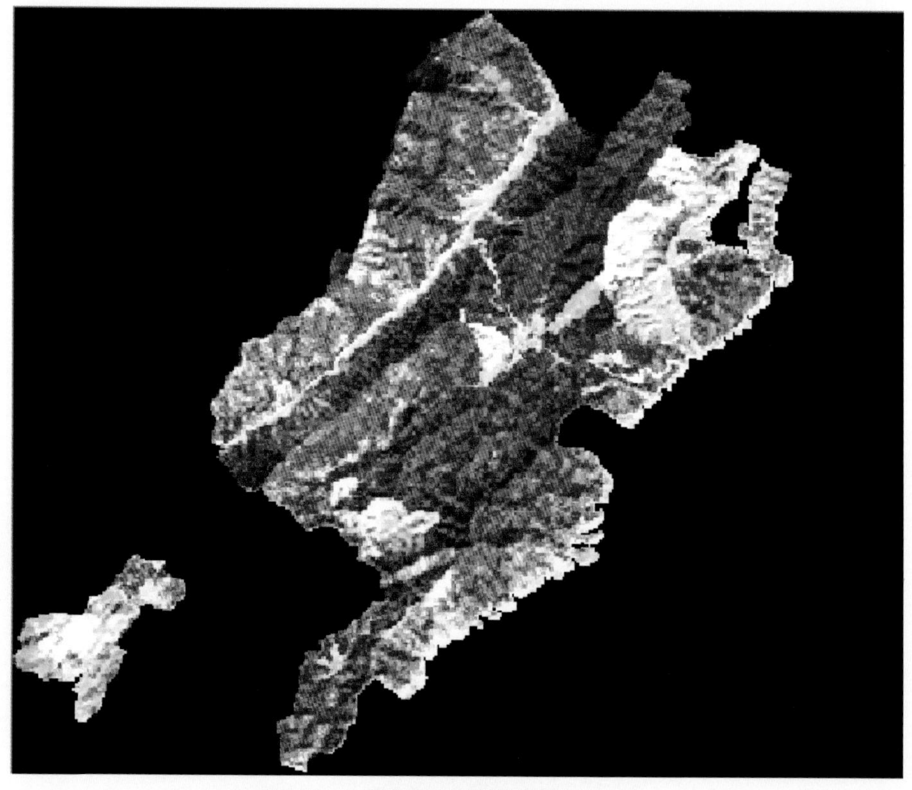

彩图10　大气校正后的影像（TM4、3、2）

彩图11　研究区原始影像（TM4、3、2）

彩图12　余弦校正后的影像（TM4、3、2）

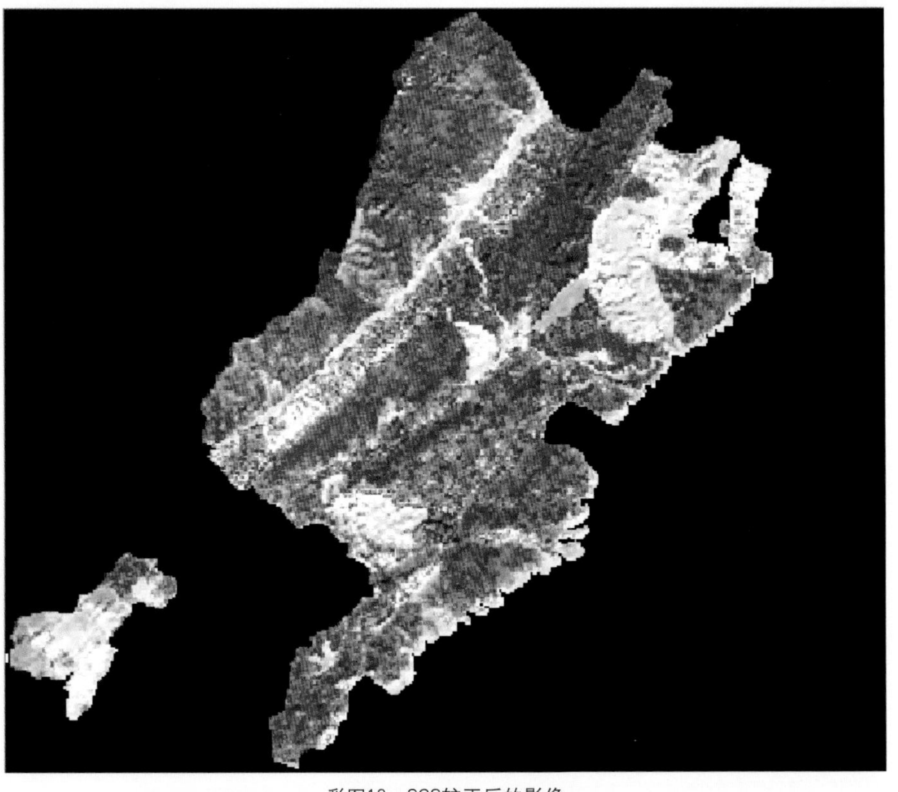

彩图13　SCS较正后的影像

彩图14　Minnaert模型校正后的影像

彩图15　C校正后的影像

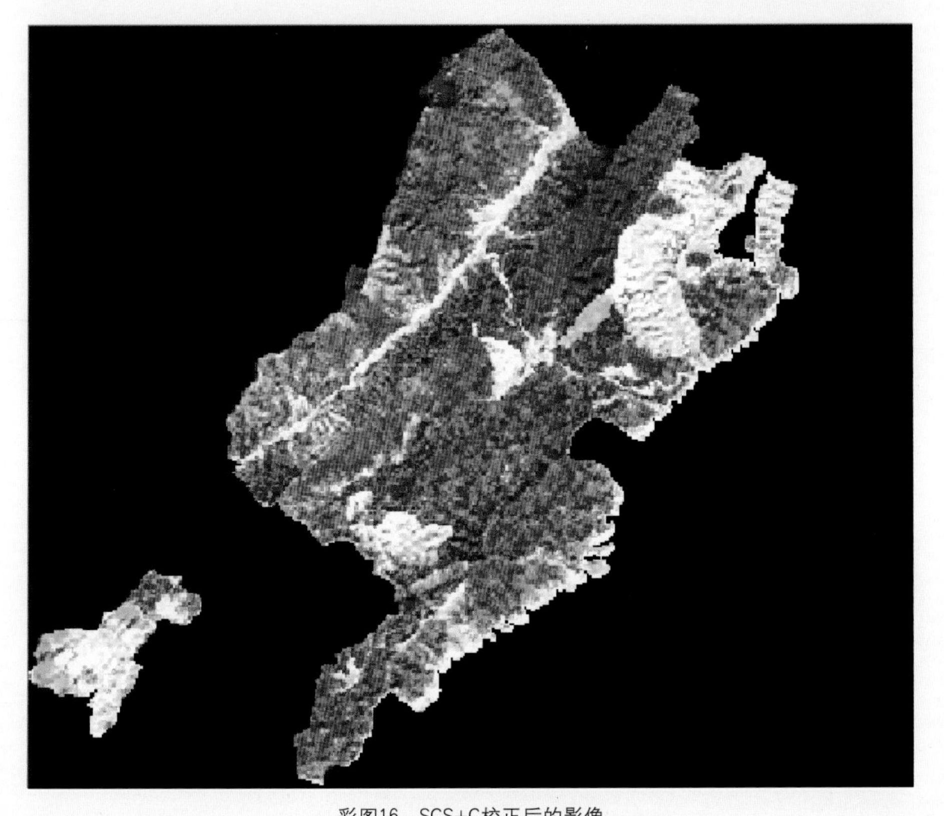

彩图16　SCS+C校正后的影像

彩图17　主成分变换差值计算结果

彩图18　差值主成分变换计算结果

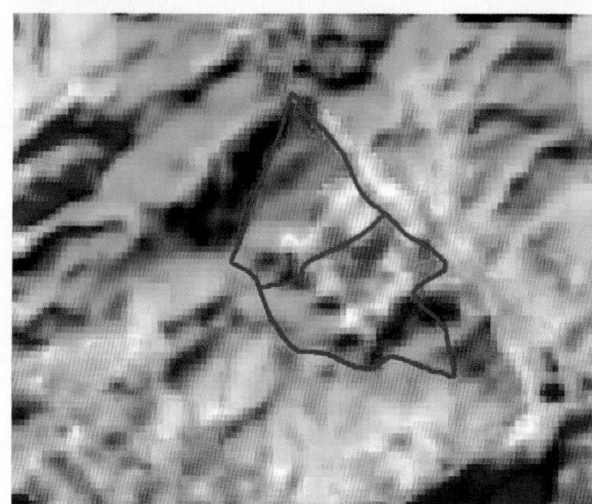

彩图19　预处理后的遥感影像

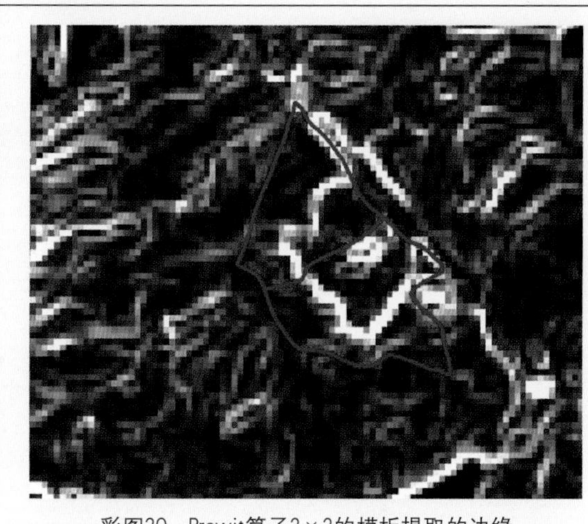

彩图20　Prewit算子2×2的模板提取的边缘

彩图21　Soble算子提取的边缘

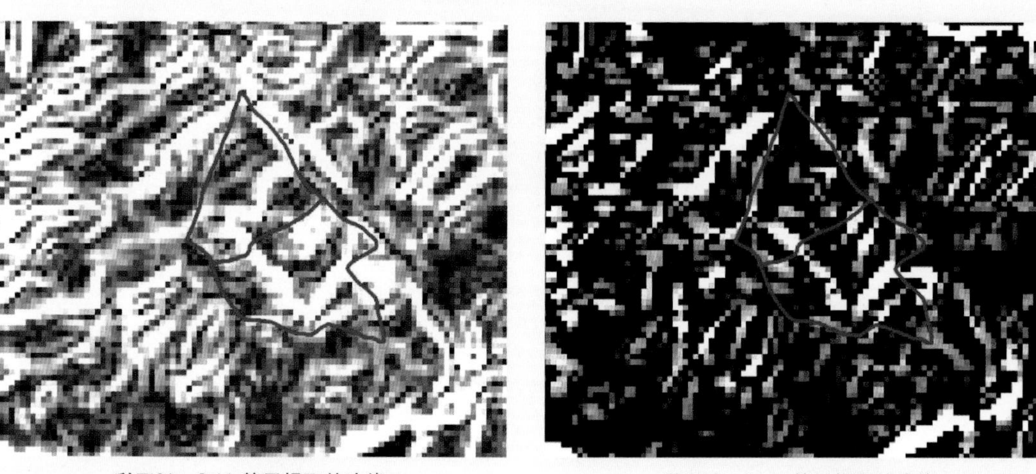

彩图22　Canny算子提取的边缘

彩图23　提取有效边缘

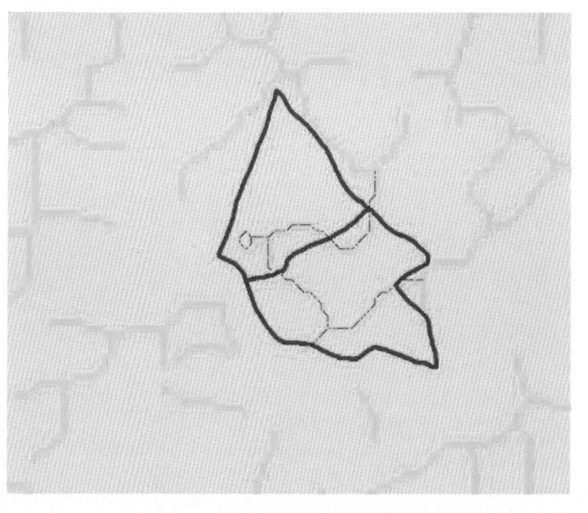

彩图24　有效边缘细化和矢量化

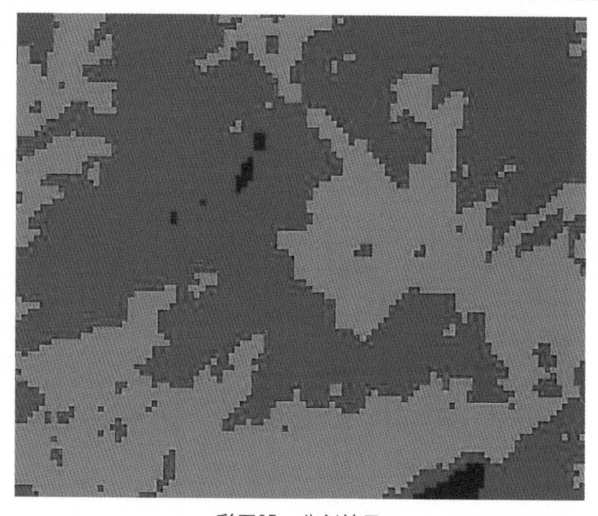

彩图25　分割结果

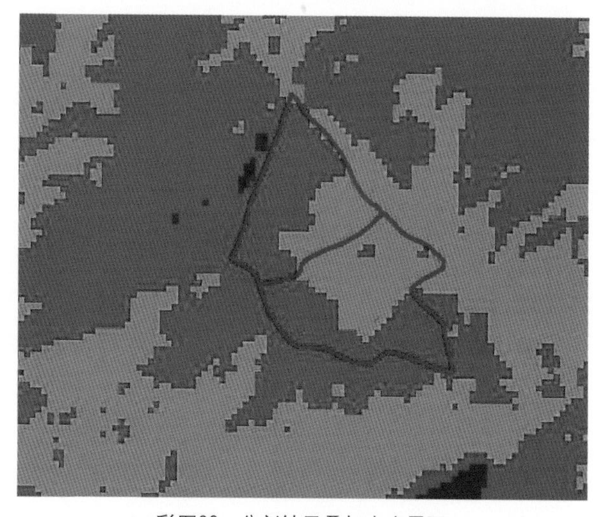

彩图26　分割结果叠加小班界限

彩图27　剔除分割结果中的细碎图斑

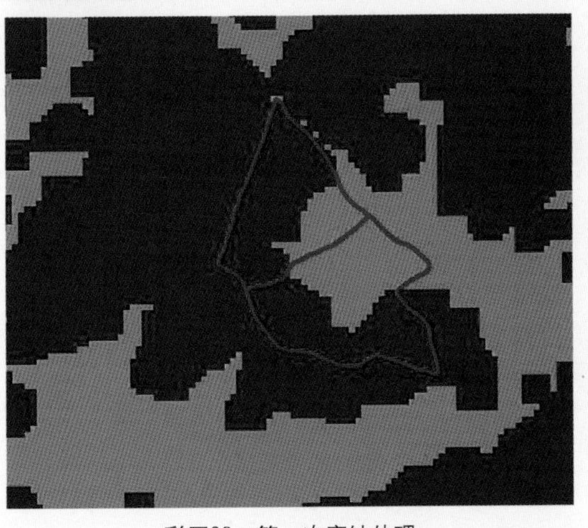

彩图28　第一次腐蚀处理

彩图29　剔除腐蚀结果中的细碎图斑

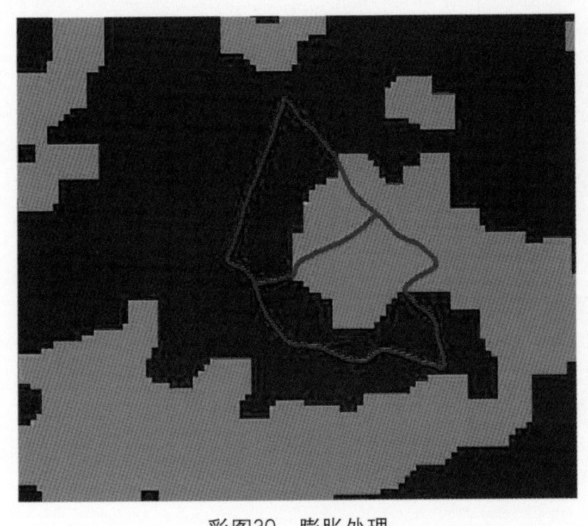

彩图30　膨胀处理

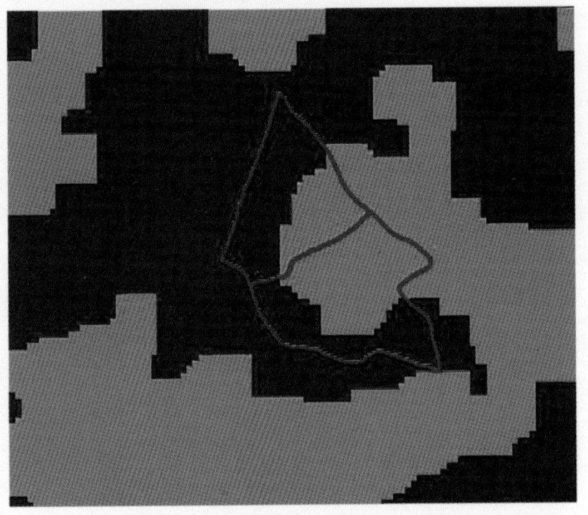

彩图31　剔除膨胀结果中的细碎图斑

彩图32　第二次腐蚀处理

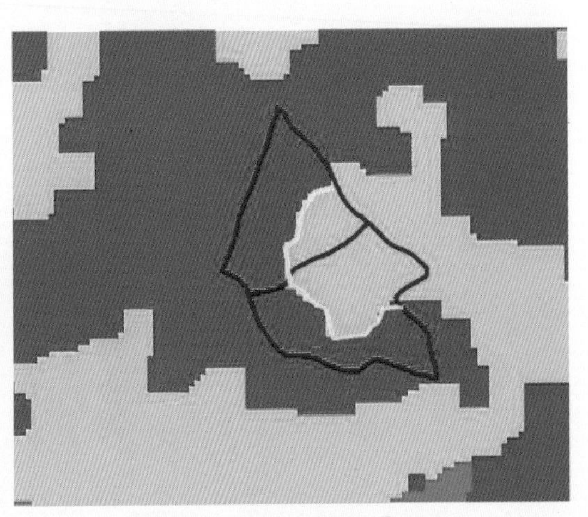

彩图33　栅格到矢量的转换结果

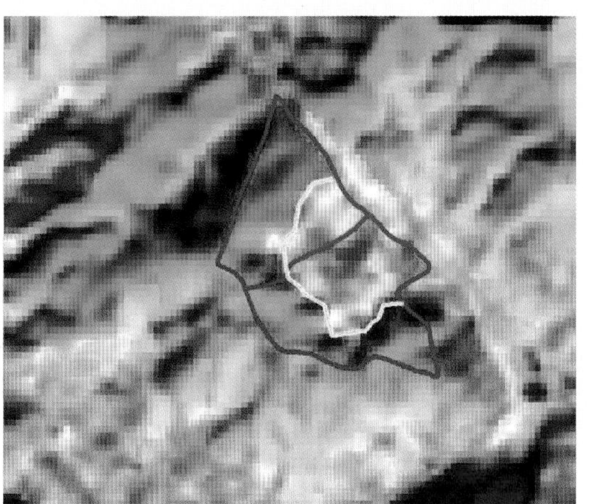

彩图34　栅格转矢量后叠加影像结果

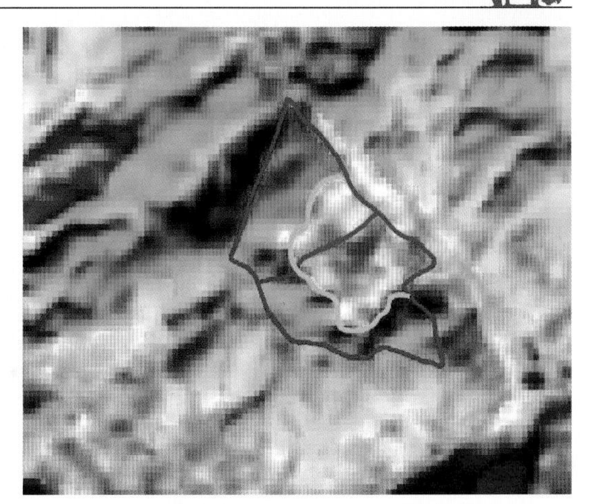

彩图35　对分割线进行平滑处理

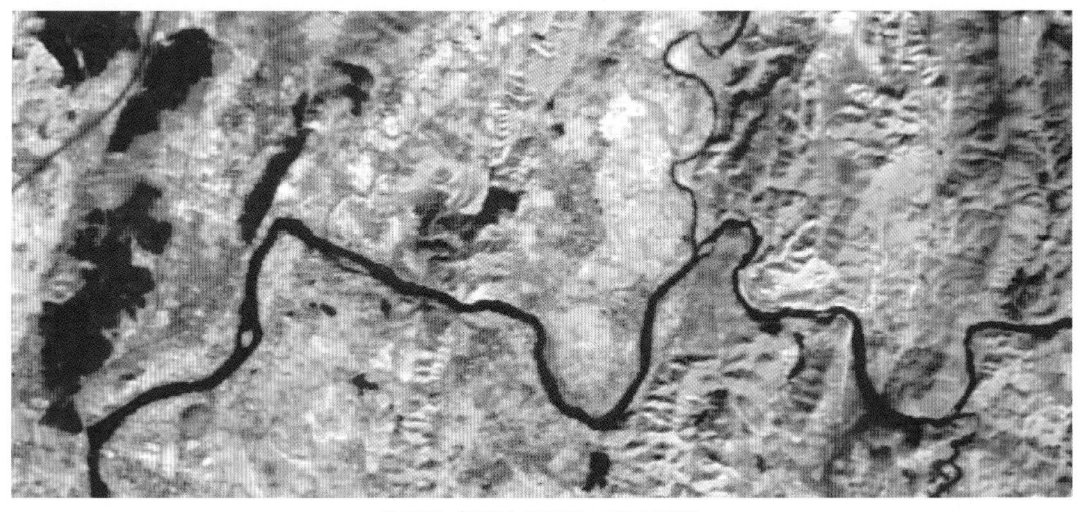

彩图36　2005年11月23日CBERS影像

彩图37　2006年11月12日TM影像

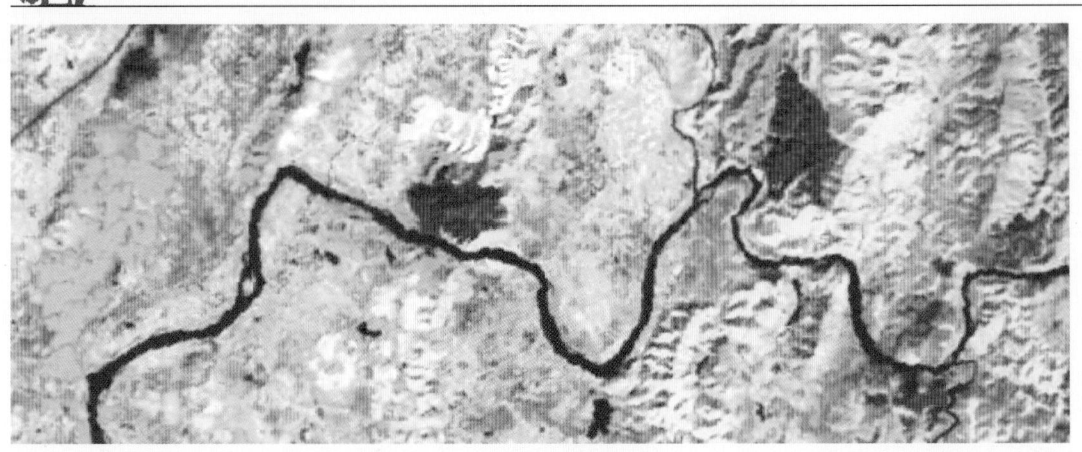

彩图 38　第一种方案波段重组影像，红波段采用上一年影像的近红外波段（约 0.75 ~ 0.9μm），绿波段采用当年影像的近红外波段（约 0.75 ~ 0.9μm），蓝波段采用前后两期影像的 *NDVI* 之差

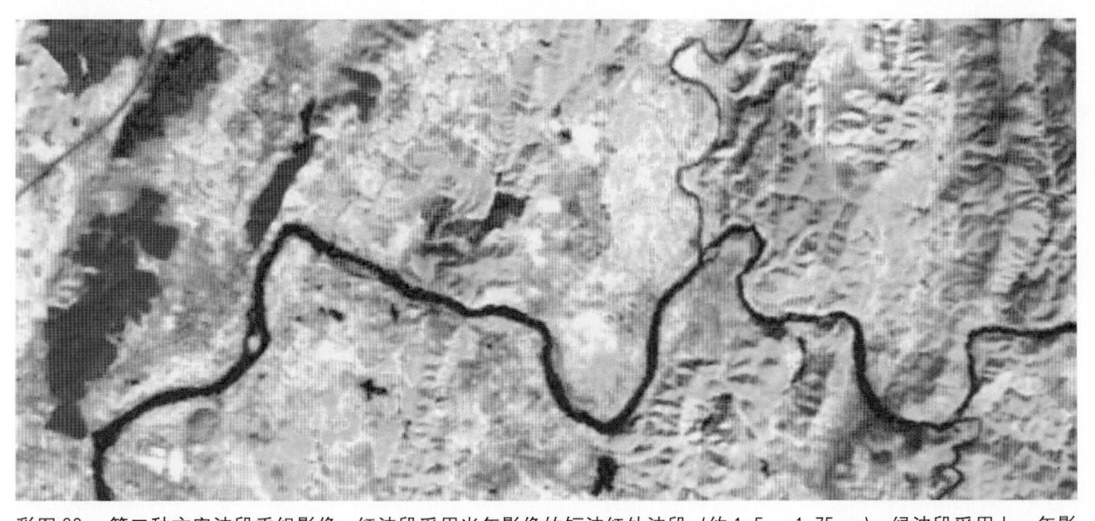

彩图 39　第二种方案波段重组影像，红波段采用当年影像的短波红外波段（约 1.5 ~ 1.75μm），绿波段采用上一年影像的近红外波段（约 0.75 ~ 0.9μm），蓝波段采用前后两期影像的 *NDVI* 之差

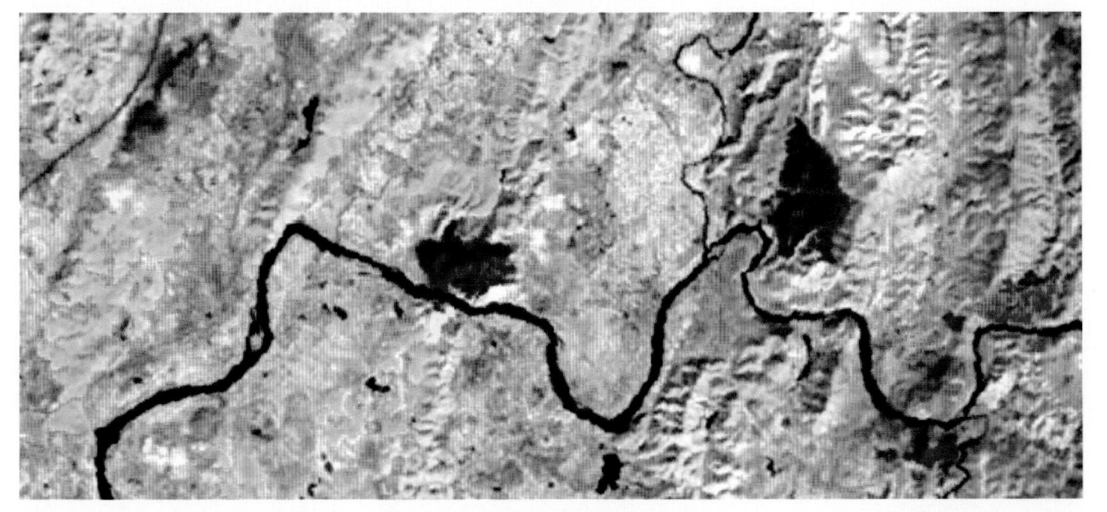

彩图 40　第三种方案波段重组影像，红波段采用当年影像的短波红外波段（约 1.5 ~ 1.75μm），绿波段采用当年影像的近红外波段（约 0.75 ~ 0.9μm），蓝波段采用上一年影像的近红外波段（约 0.75 ~ 0.9μm）

彩图41 系统主界面

彩图42 打印预览

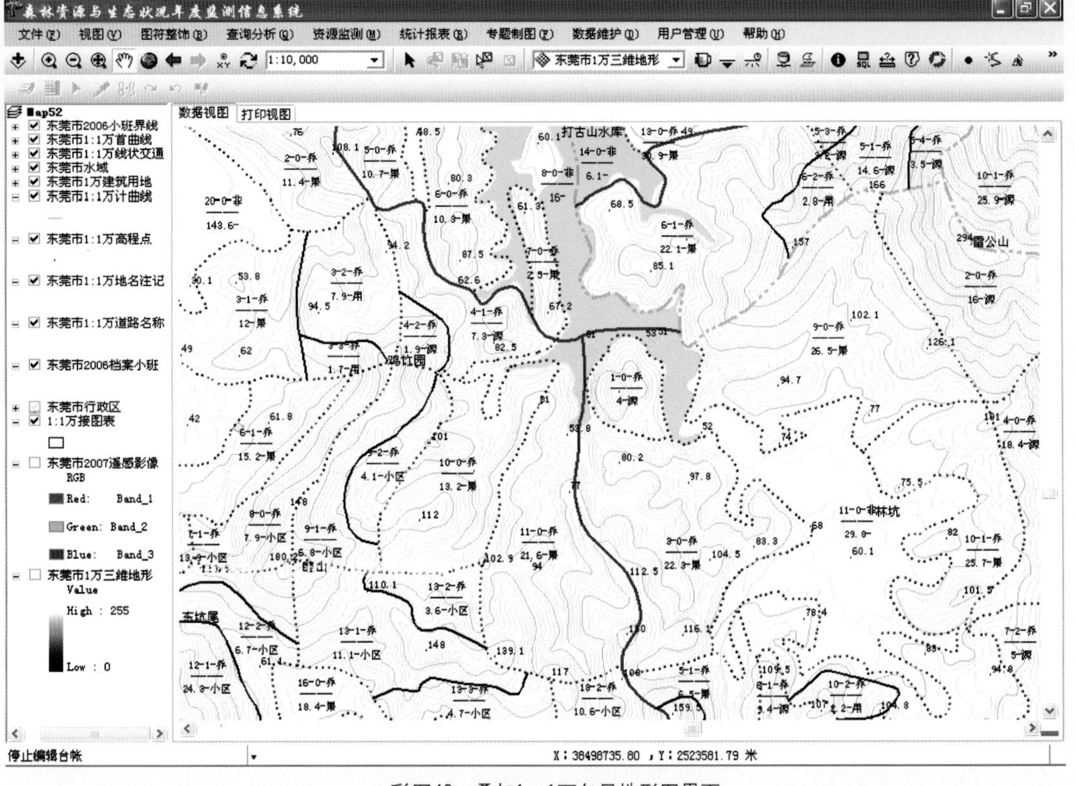

彩图43　叠加1：1万矢量地形图界面

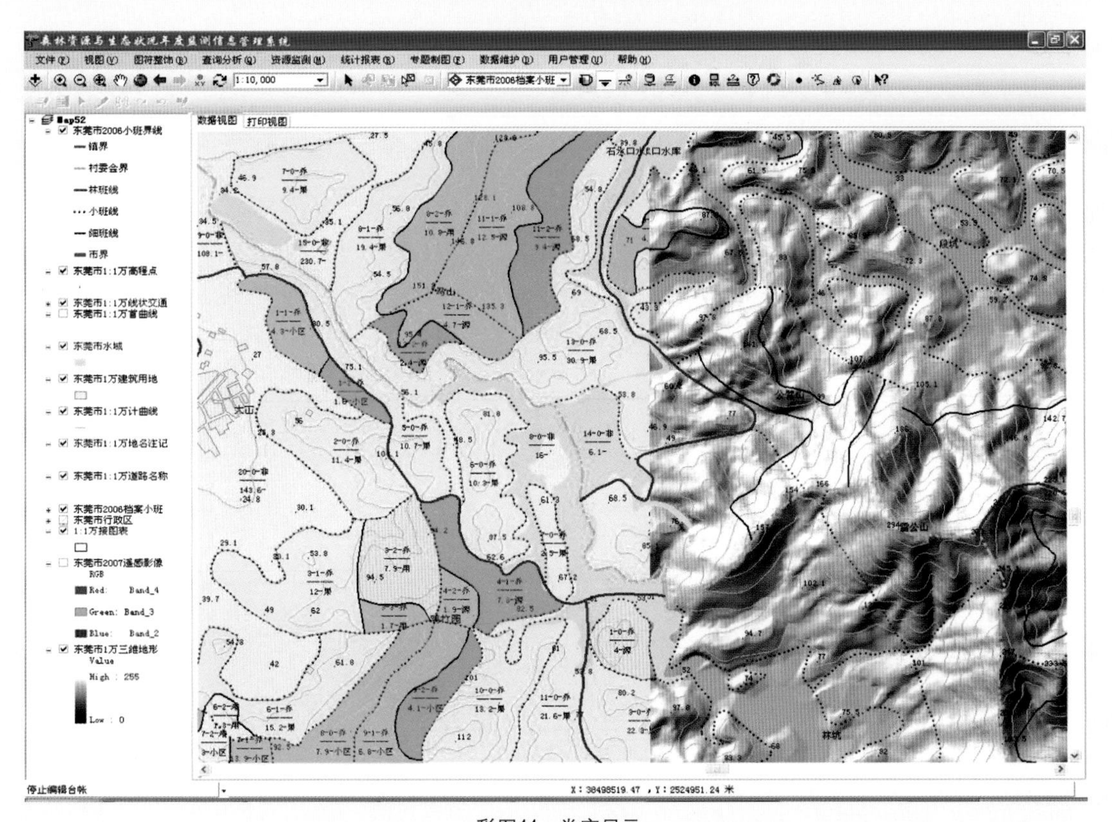

彩图44　卷帘显示

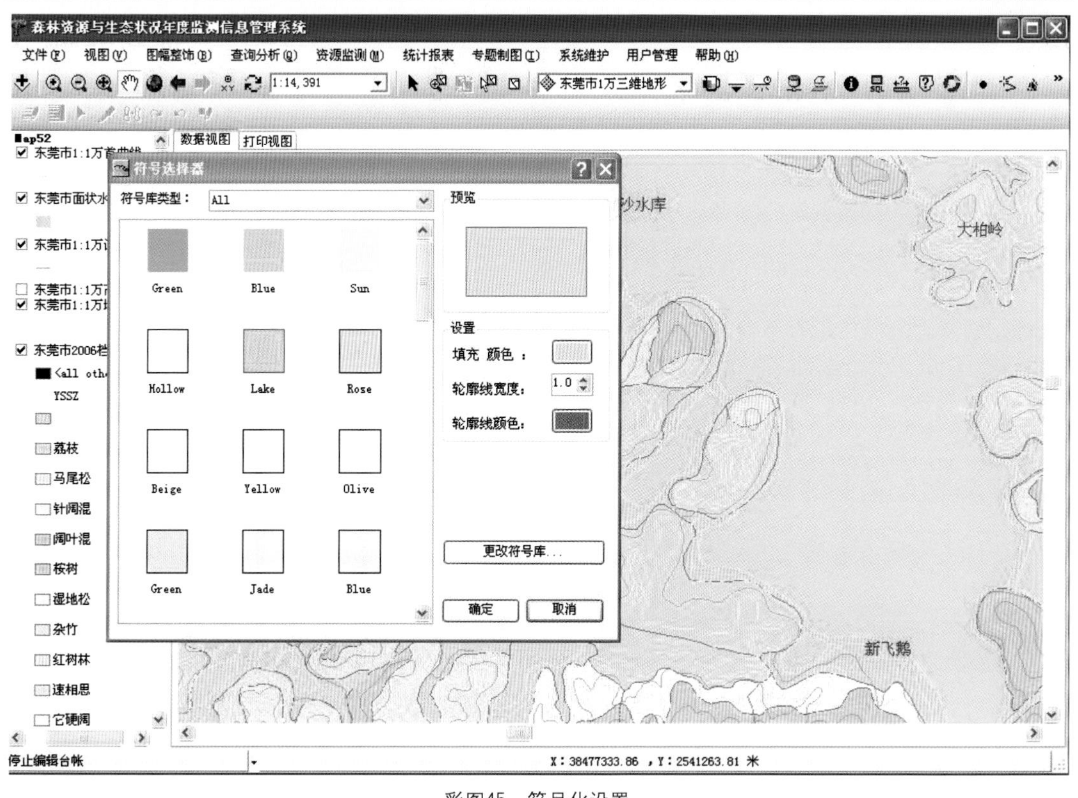

彩图45　符号化设置

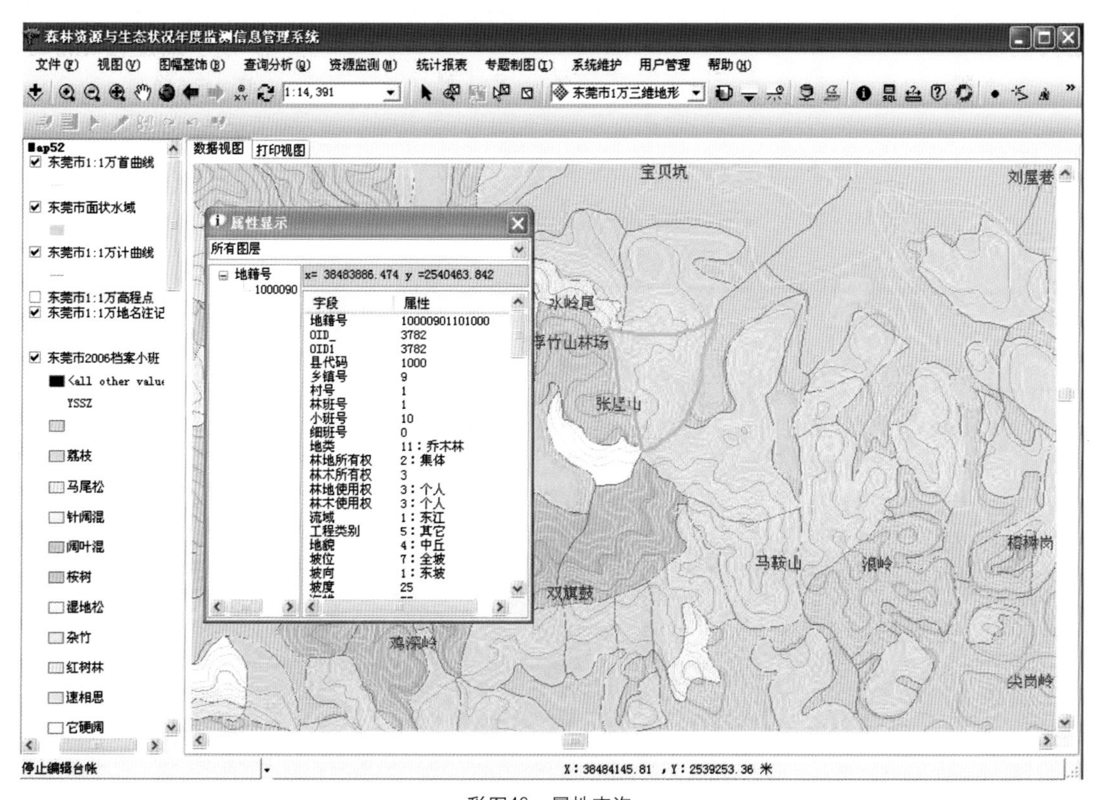

彩图46　属性查询

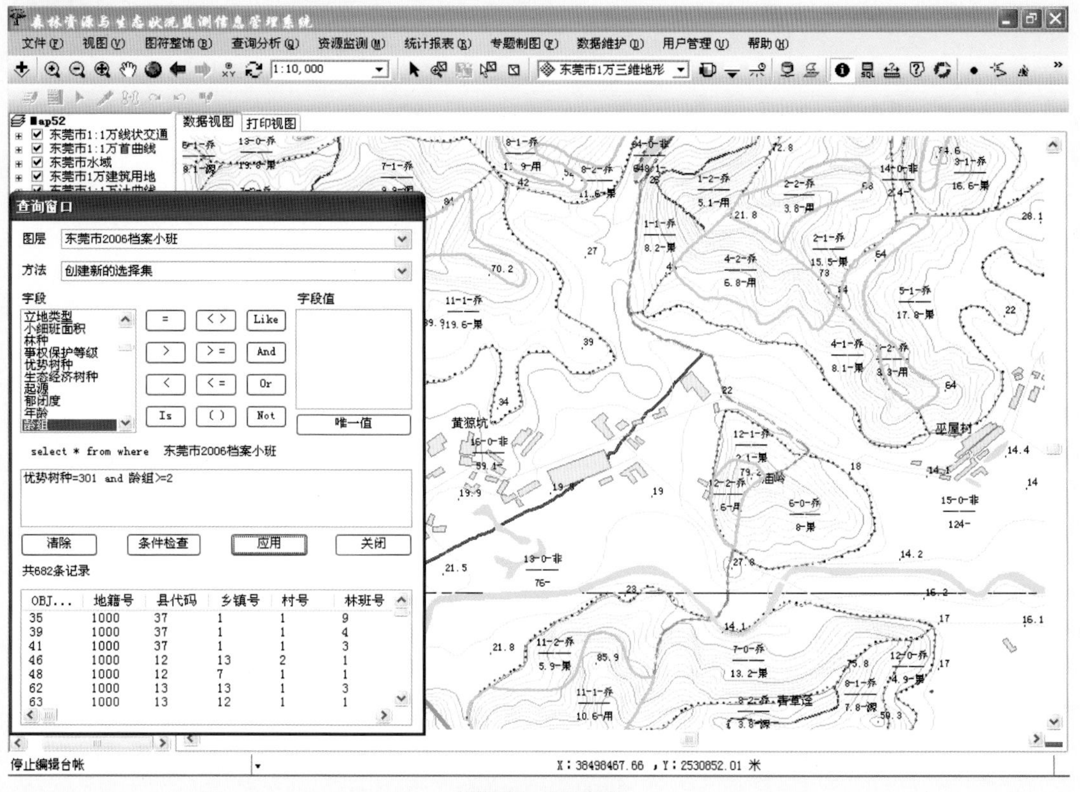

OBJ...	地籍号	县代码	乡镇号	村号	林班号
35	1000	37	1	1	9
39	1000	37	1	1	4
41	1000	37	1	1	3
46	1000	12	13	2	1
48	1000	12	7	1	1
62	1000	13	13	1	3
63	1000	13	12	1	1

彩图47　SQL查询

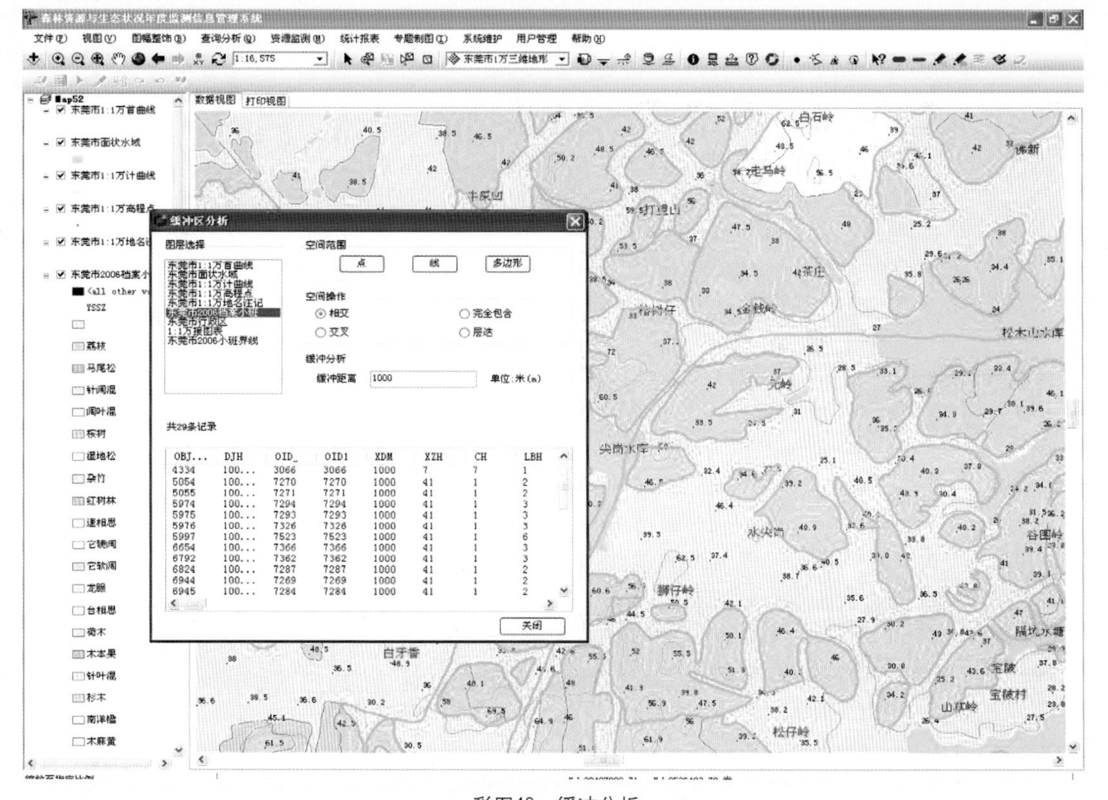

OBJ...	DJH	OID_	OID1	XDM	XZH	CH	LBH
4334	100...	3066	3066	1000	7	7	1
5054	100...	7270	7270	1000	41	1	2
5055	100...	7271	7271	1000	41	1	2
5974	100...	7294	7294	1000	41	1	3
5975	100...	7293	7293	1000	41	1	3
5976	100...	7326	7326	1000	41	1	3
5997	100...	7523	7523	1000	41	1	6
6654	100...	7366	7366	1000	41	1	3
6792	100...	7362	7362	1000	41	1	3
6824	100...	7287	7287	1000	41	1	2
6944	100...	7269	7269	1000	41	1	2
6945	100...	7284	7284	1000	41	1	2

彩图48　缓冲分析

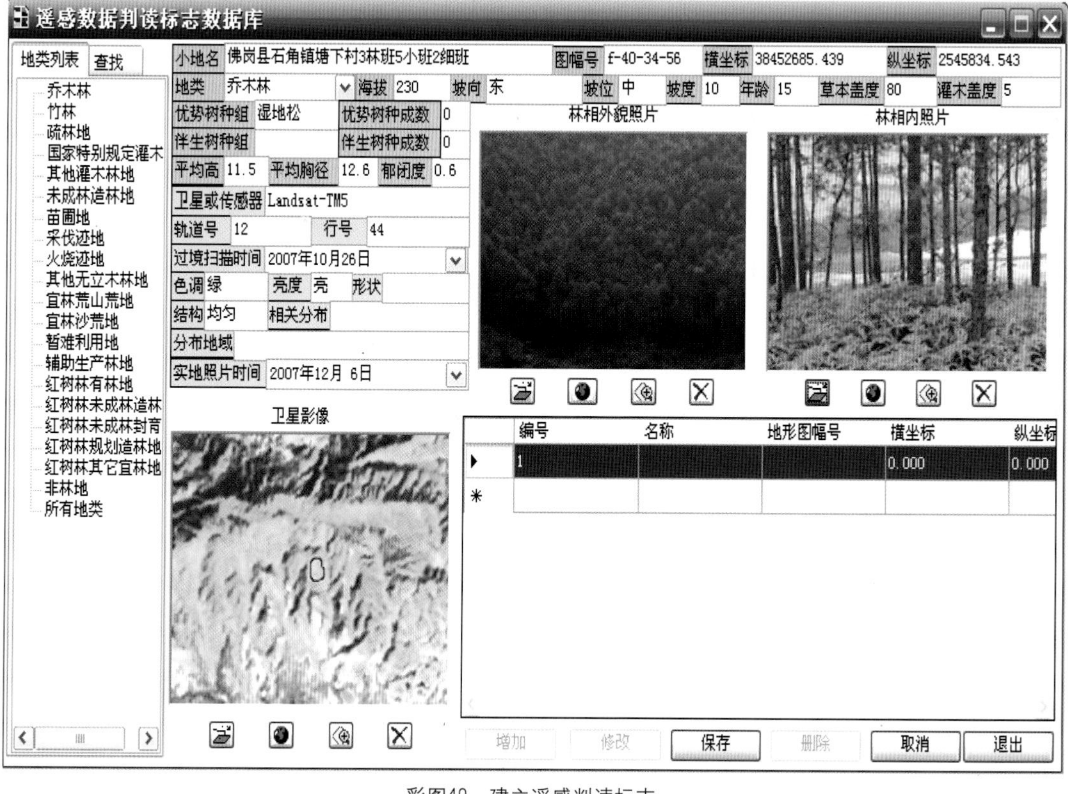

彩图49 建立遥感判读标志

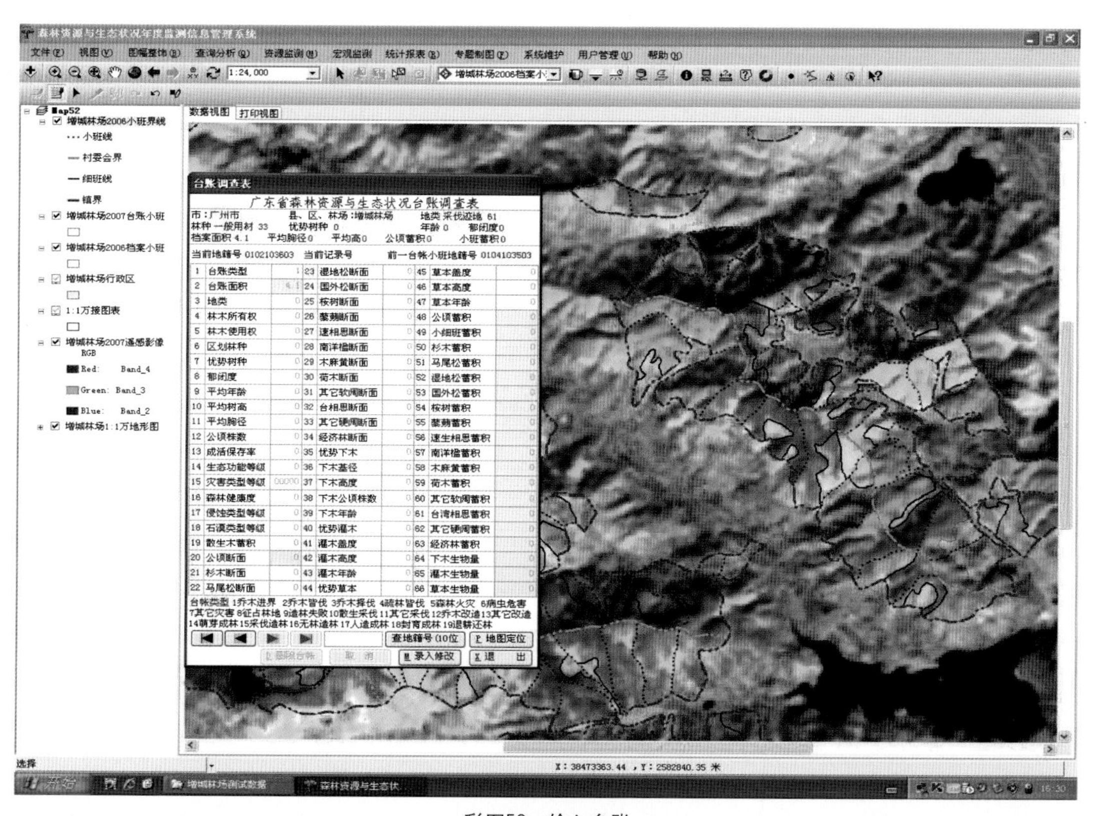

彩图50 输入台账

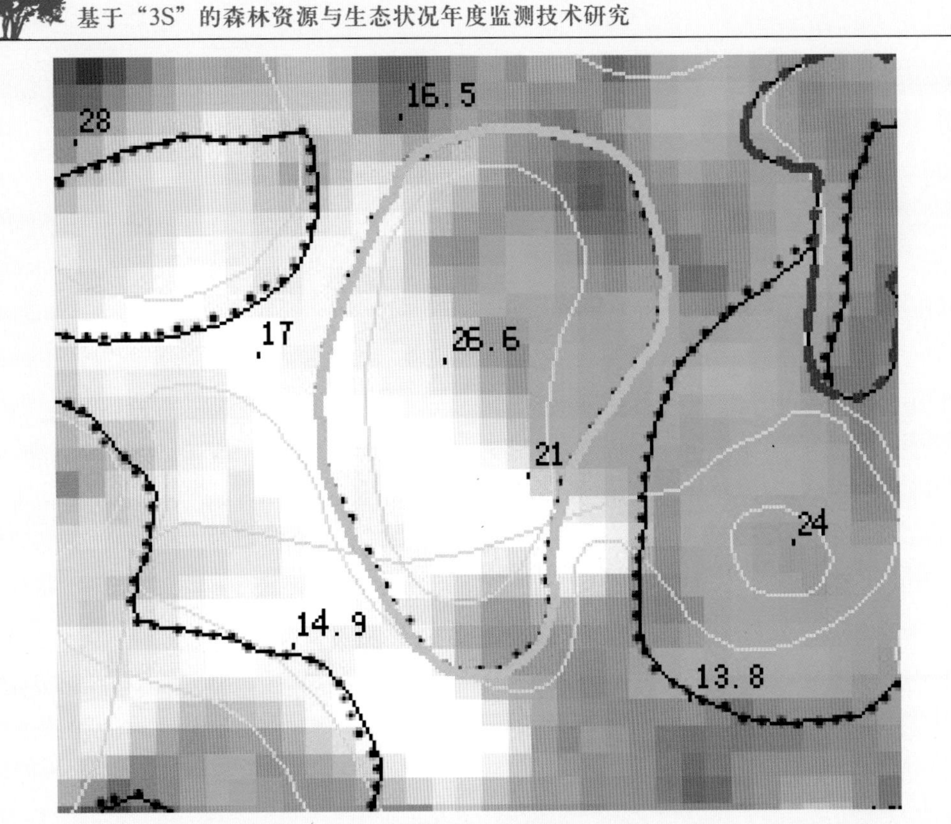

彩图51　勾绘前1

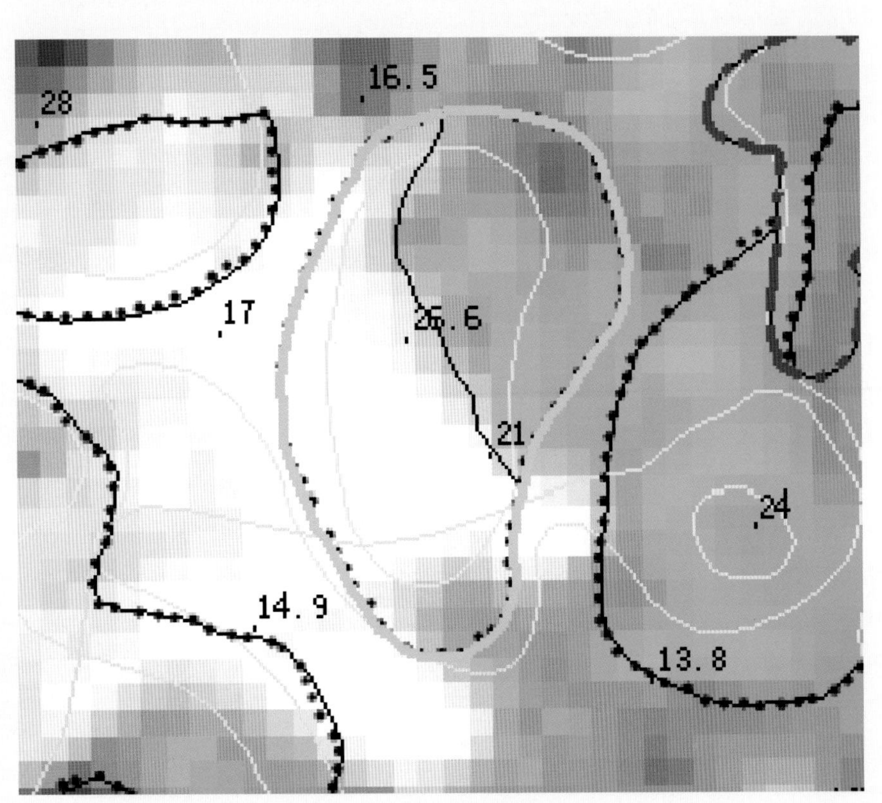

彩图52　勾绘后1

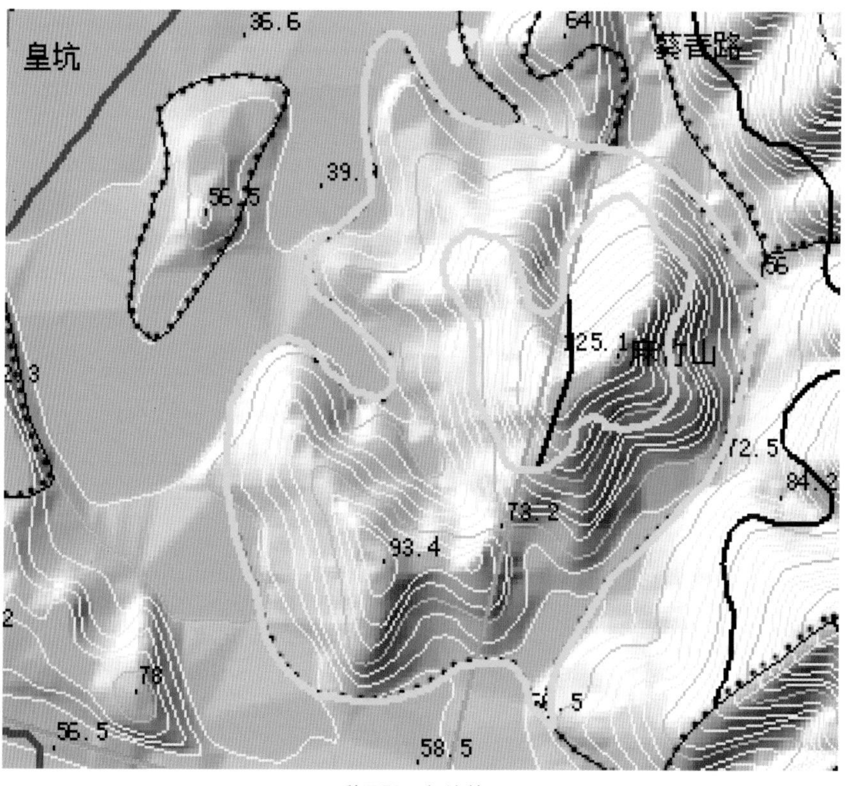

彩图53　勾绘前2

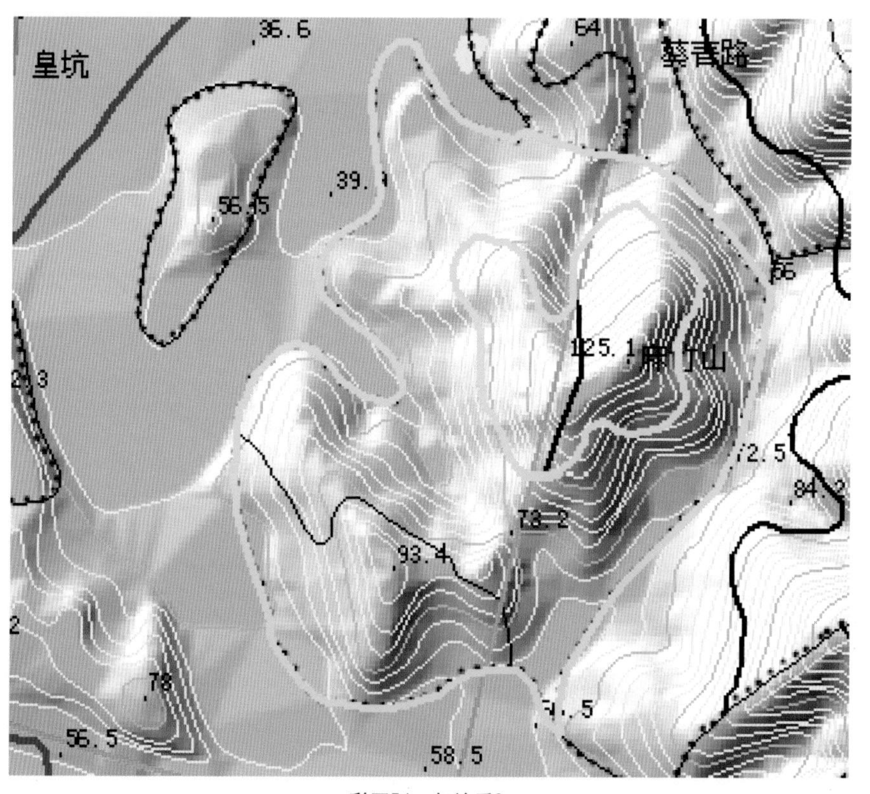

彩图54　勾绘后2

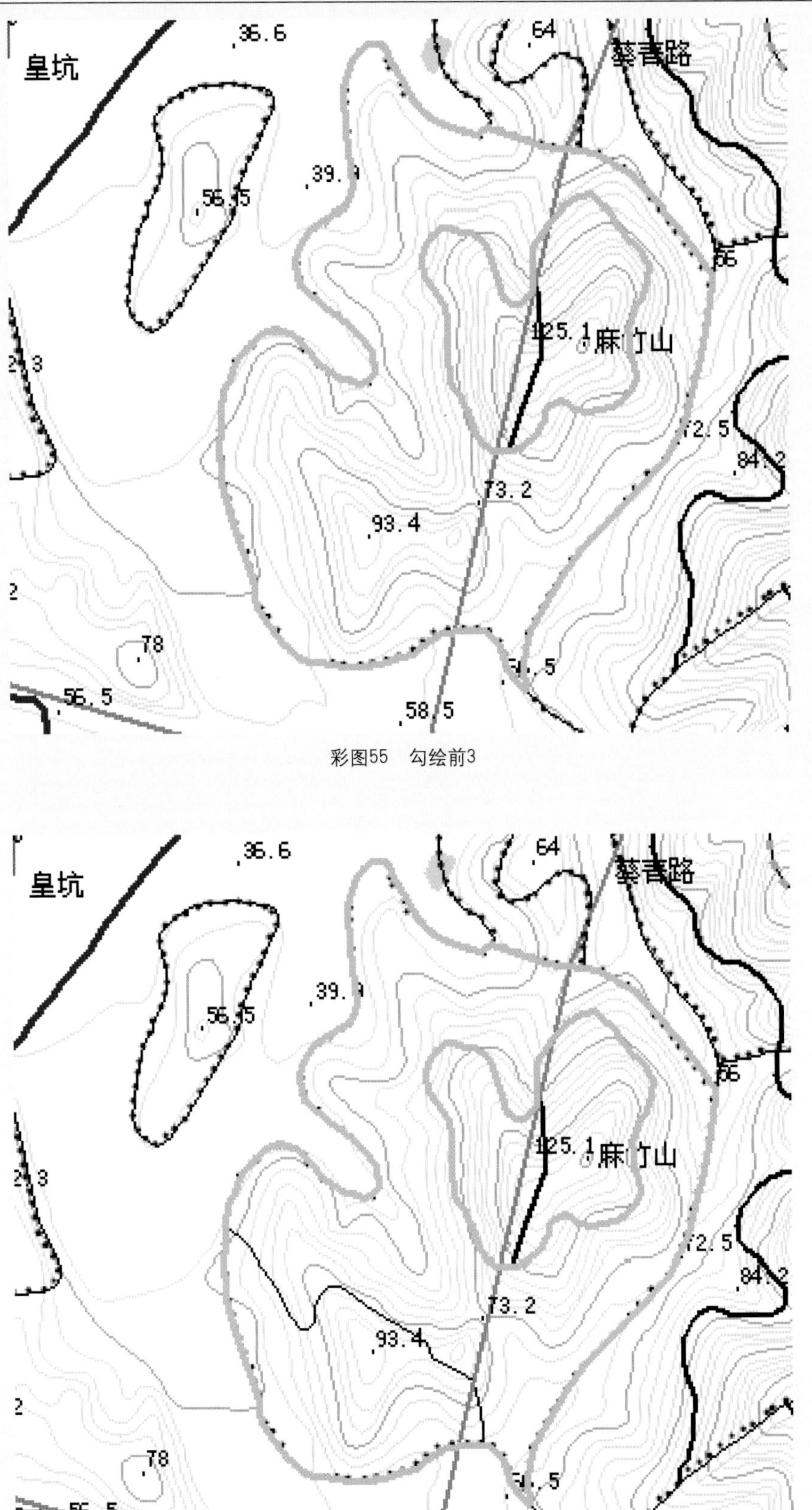

彩图55　勾绘前3

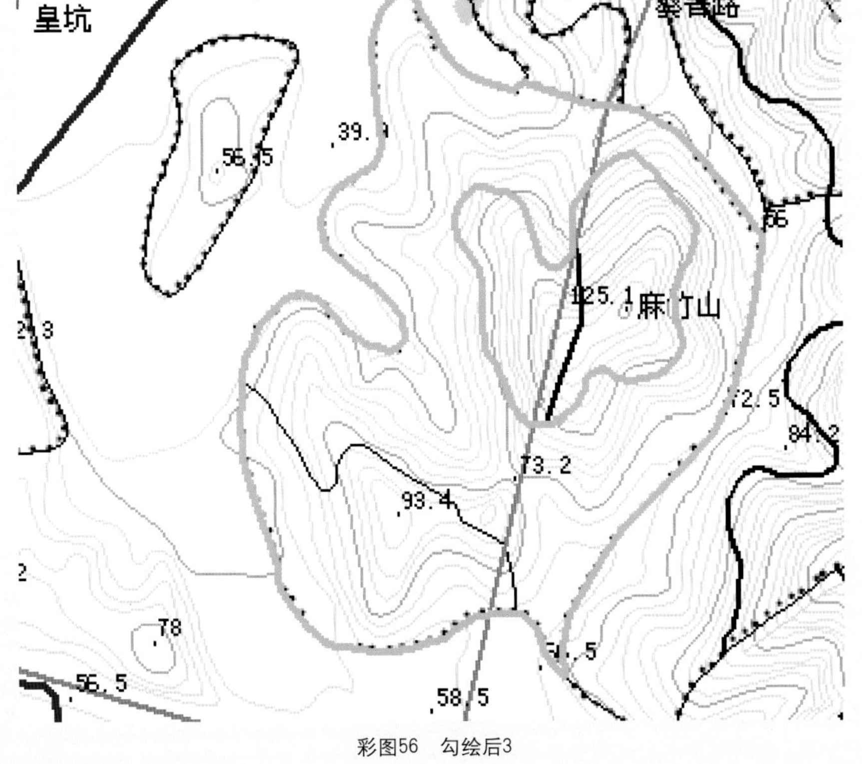

彩图56　勾绘后3

彩图57　勾绘前4

彩图58　勾绘后4

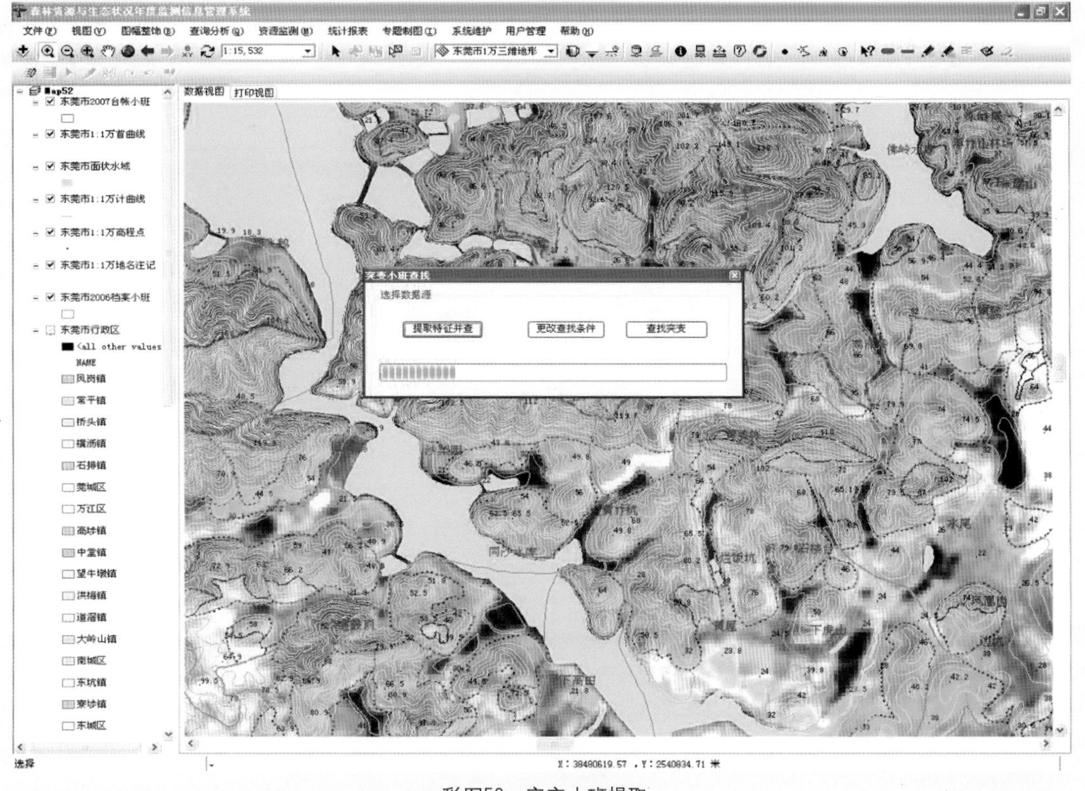

彩图59 突变小班提取

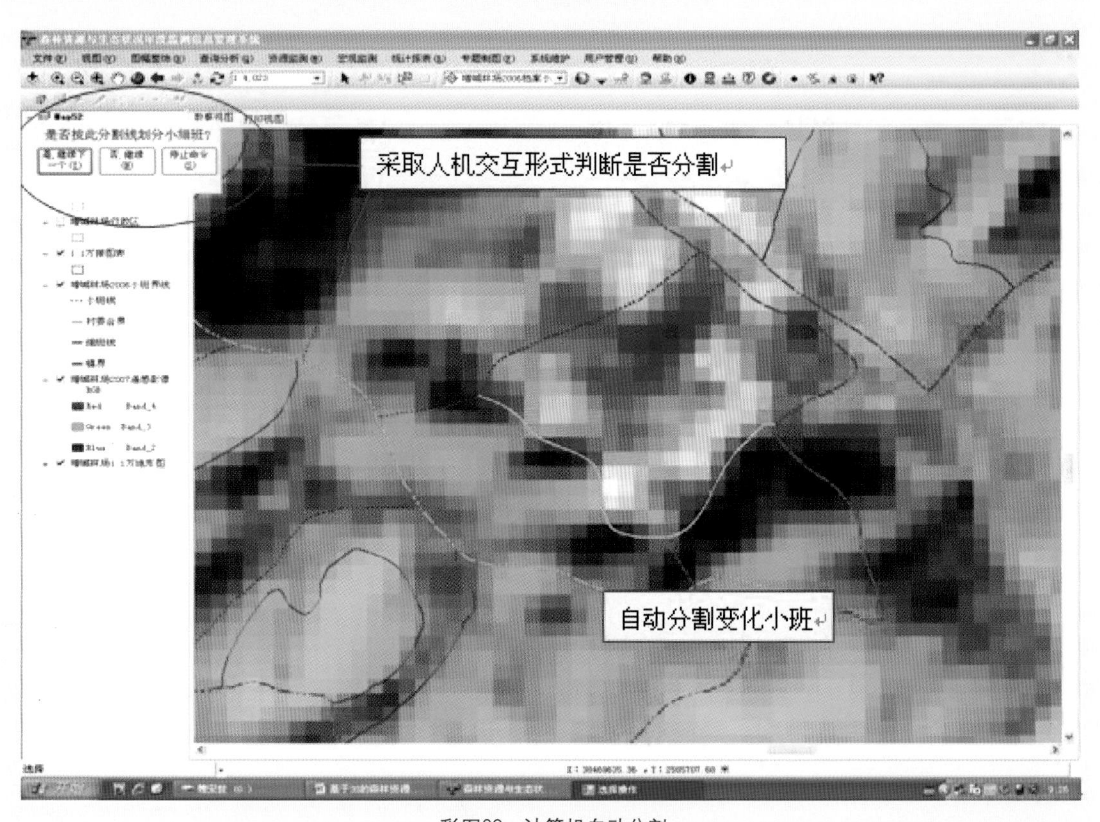

彩图60 计算机自动分割

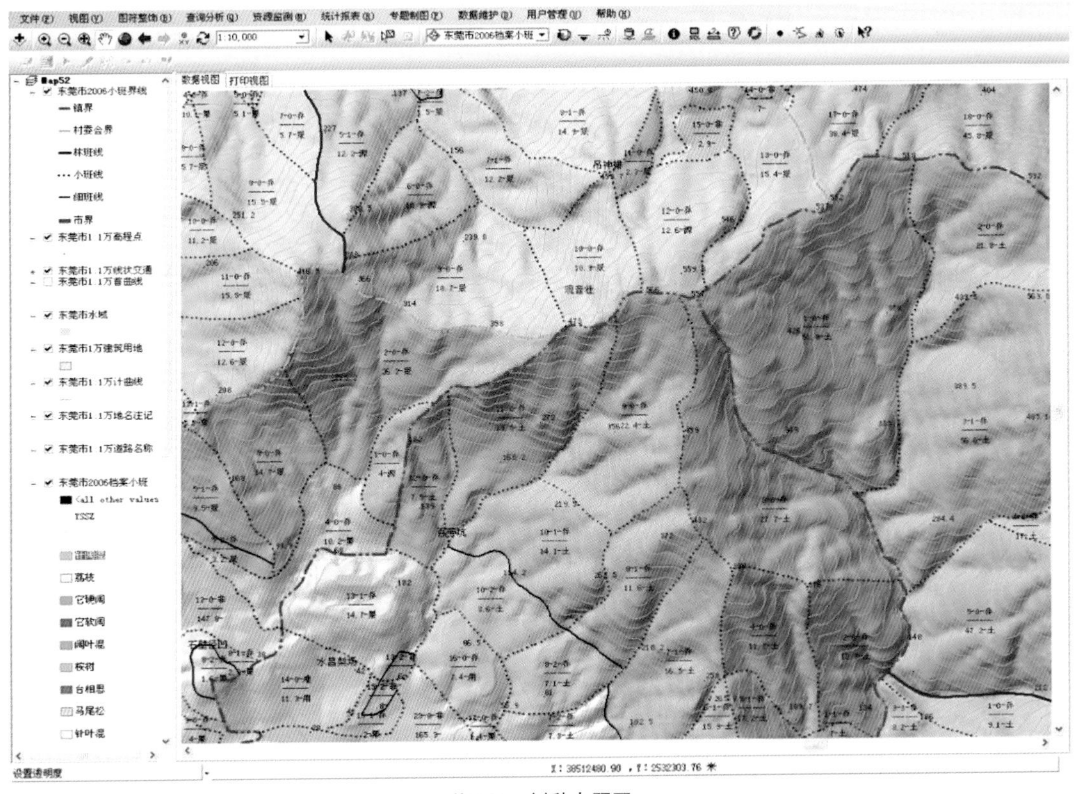

彩图61　树种专题图

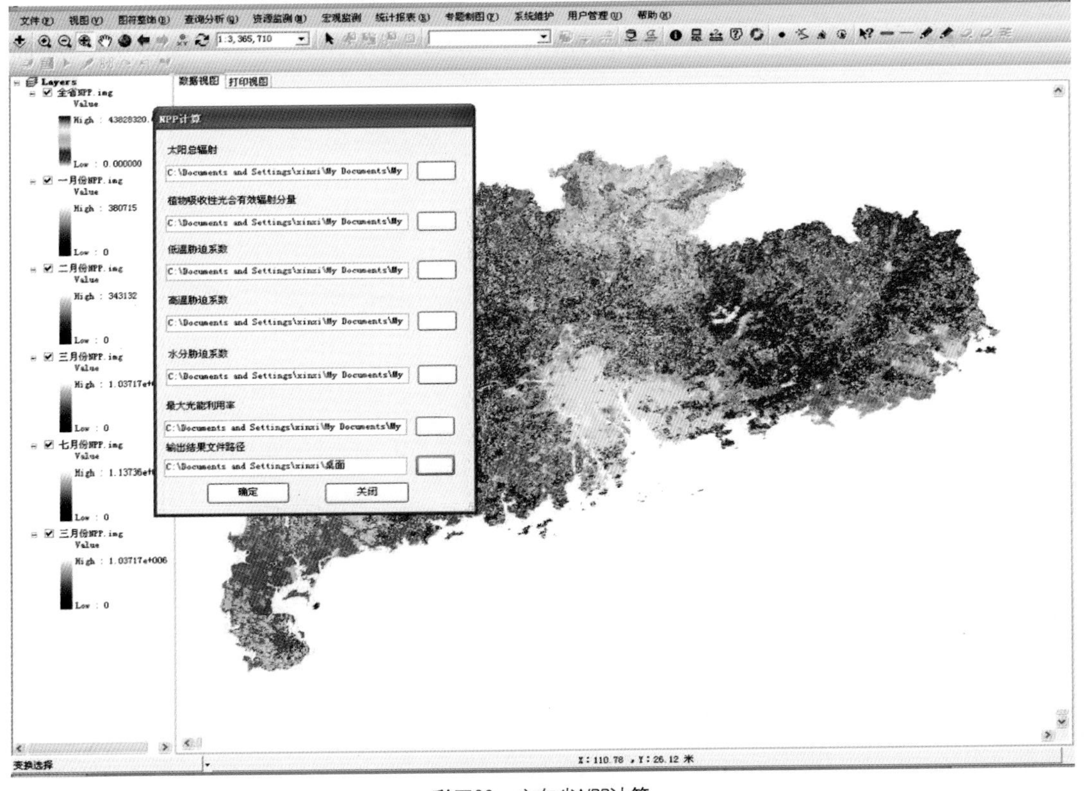

彩图62　广东省NPP计算

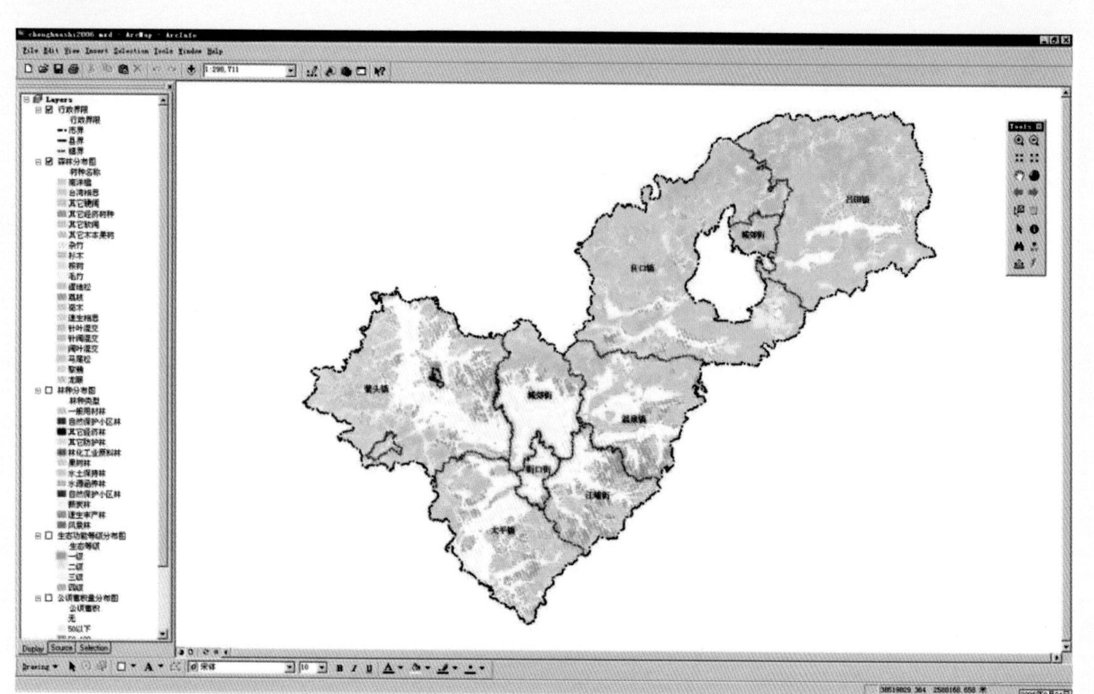

彩图63　制作地图服务发布文档

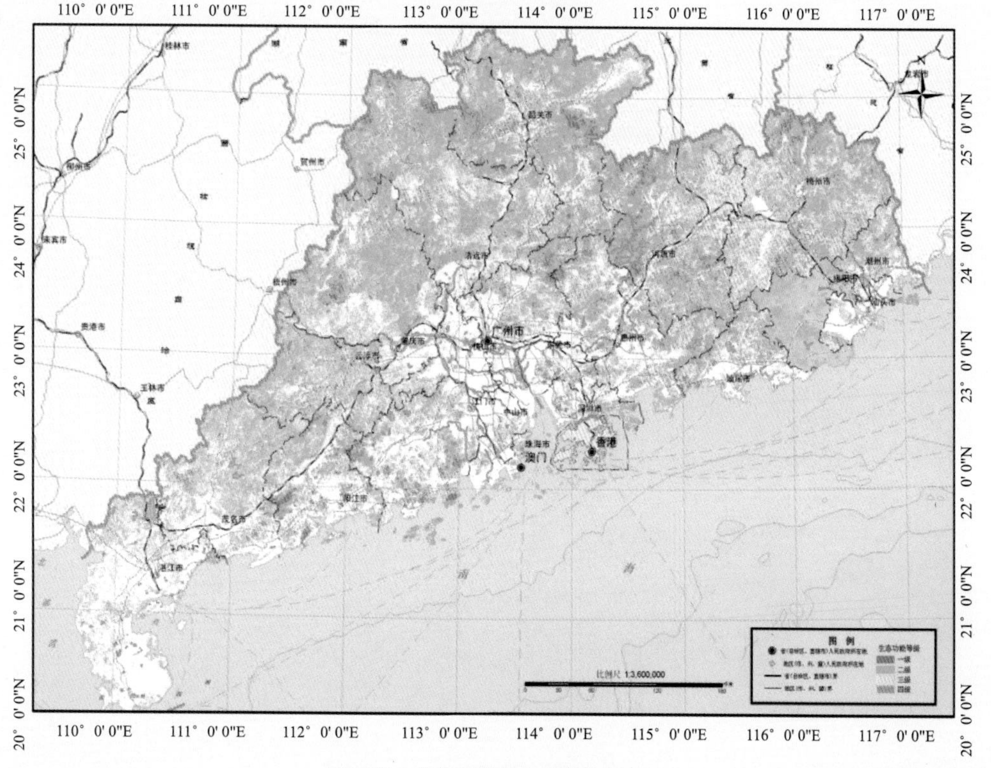

彩图64　广东省森林生态等级分布图

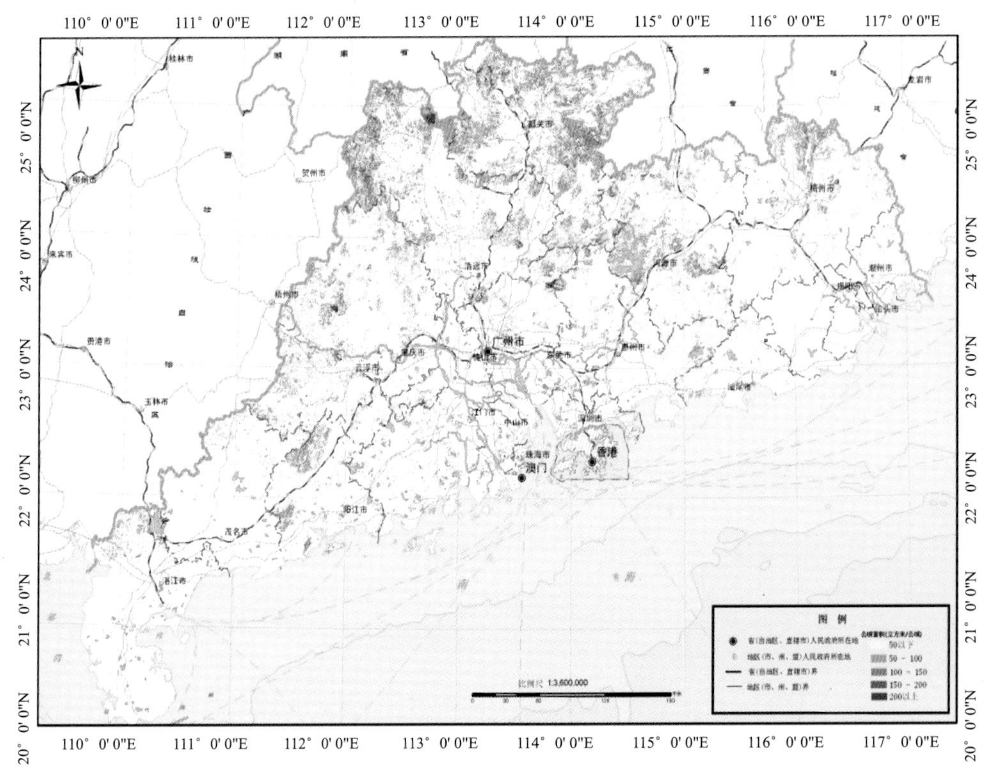

彩图65　广东省森林公顷蓄积量等级分布图

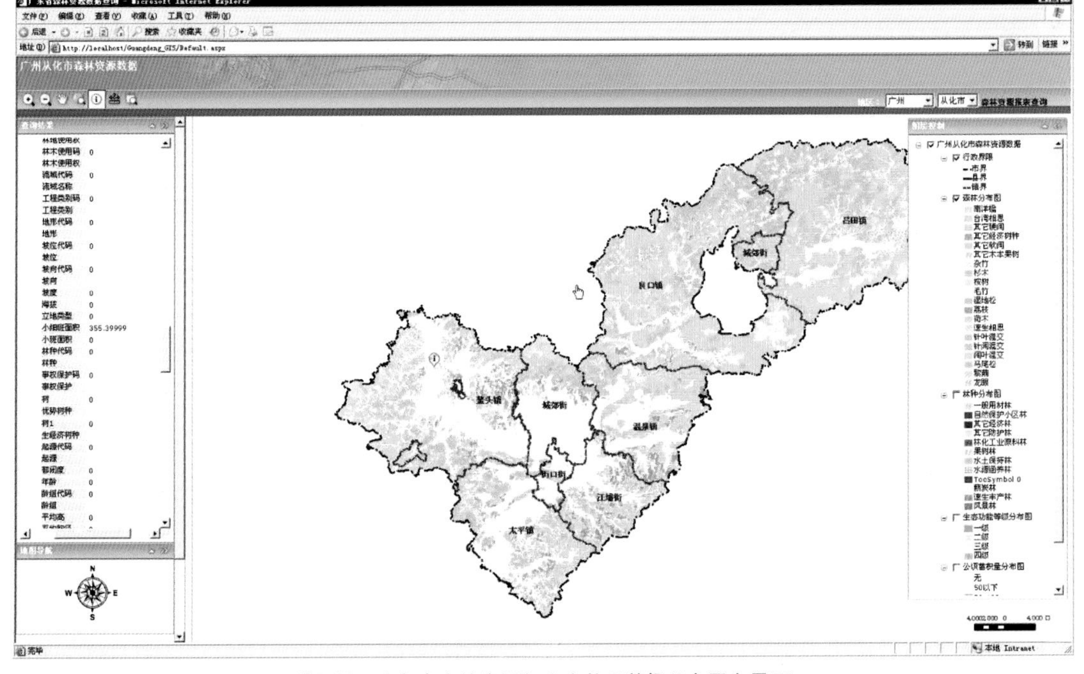

彩图66　广东省森林资源与生态状况数据共享平台界面

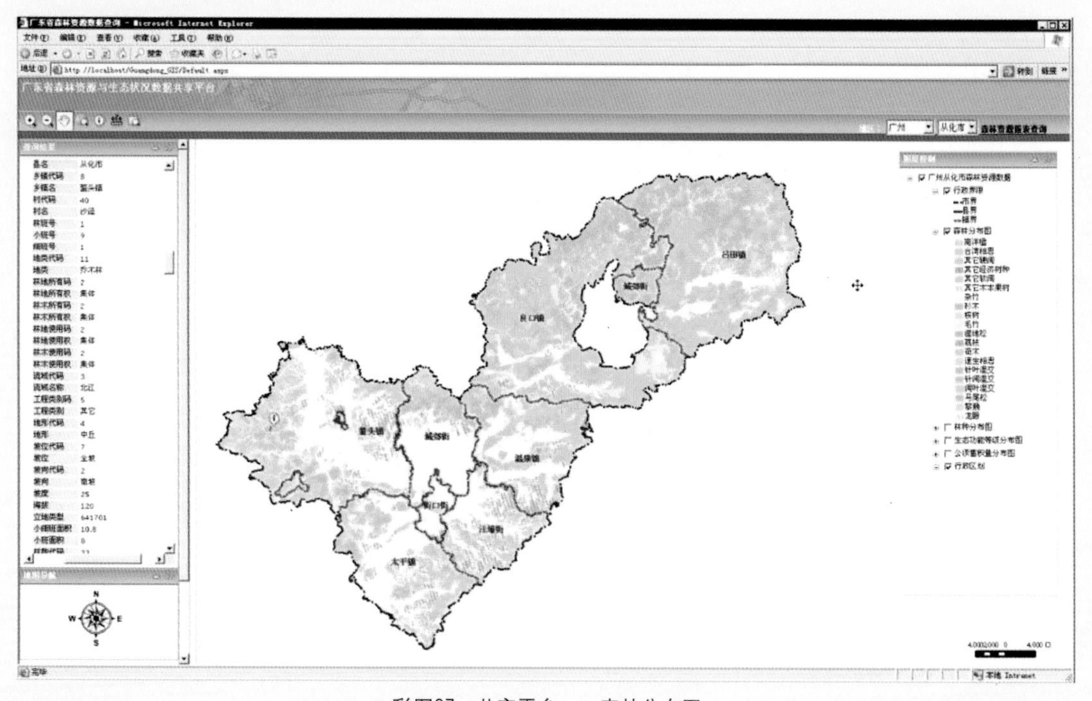

彩图67　共享平台——森林分布图

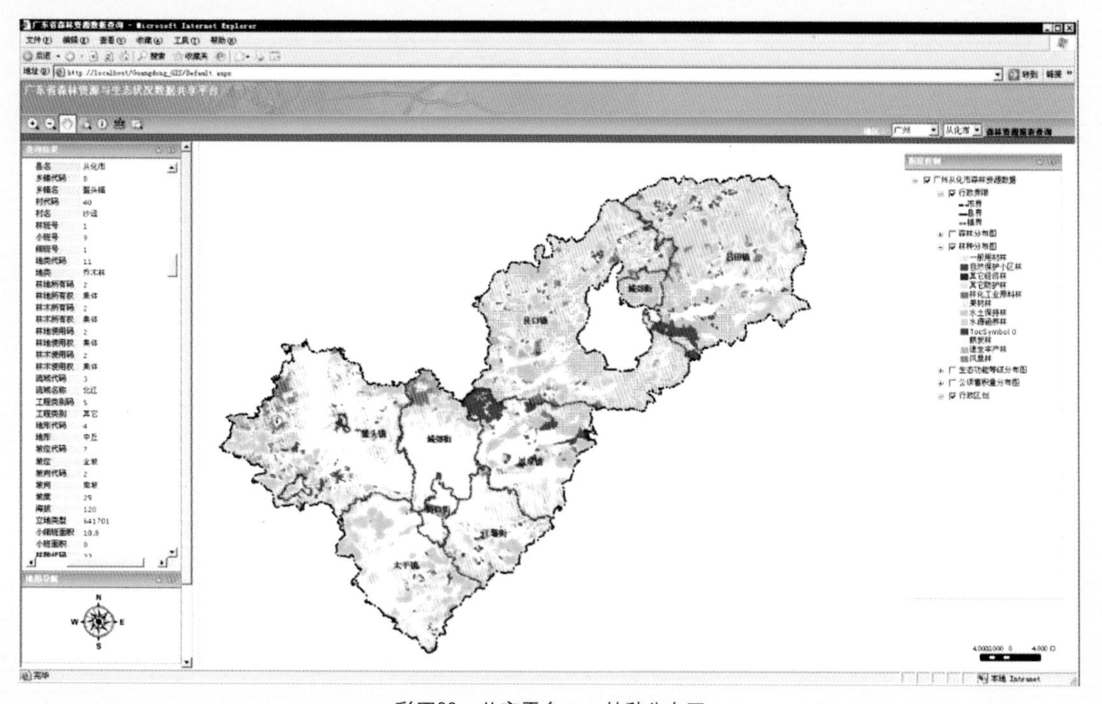

彩图68　共享平台——林种分布图

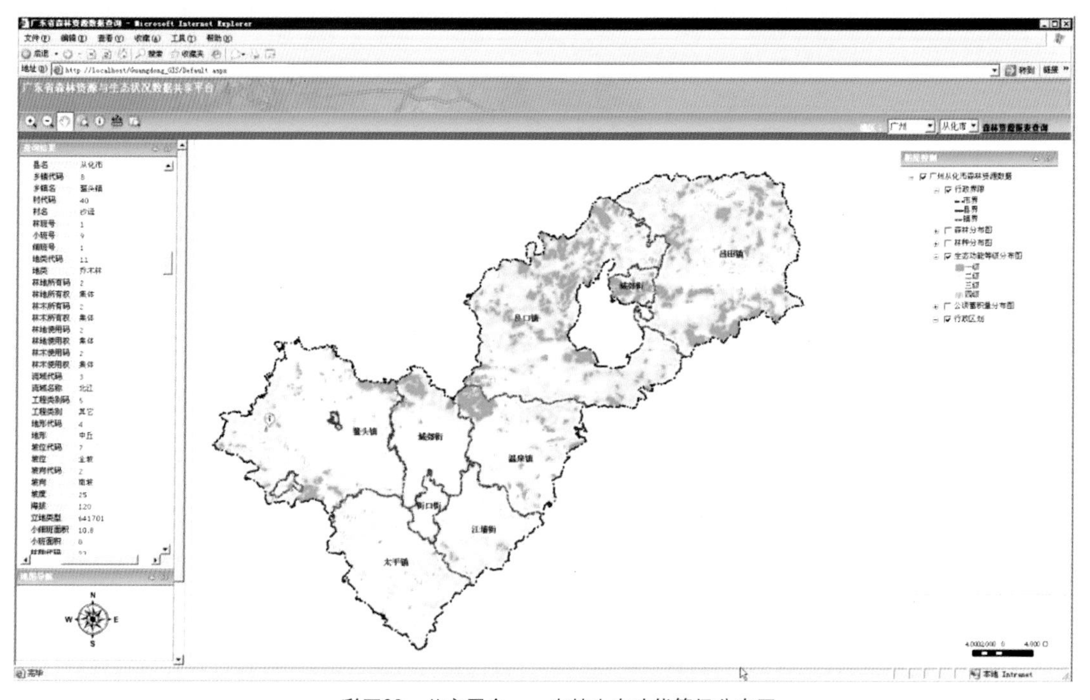

彩图69　共享平台——森林生态功能等级分布图

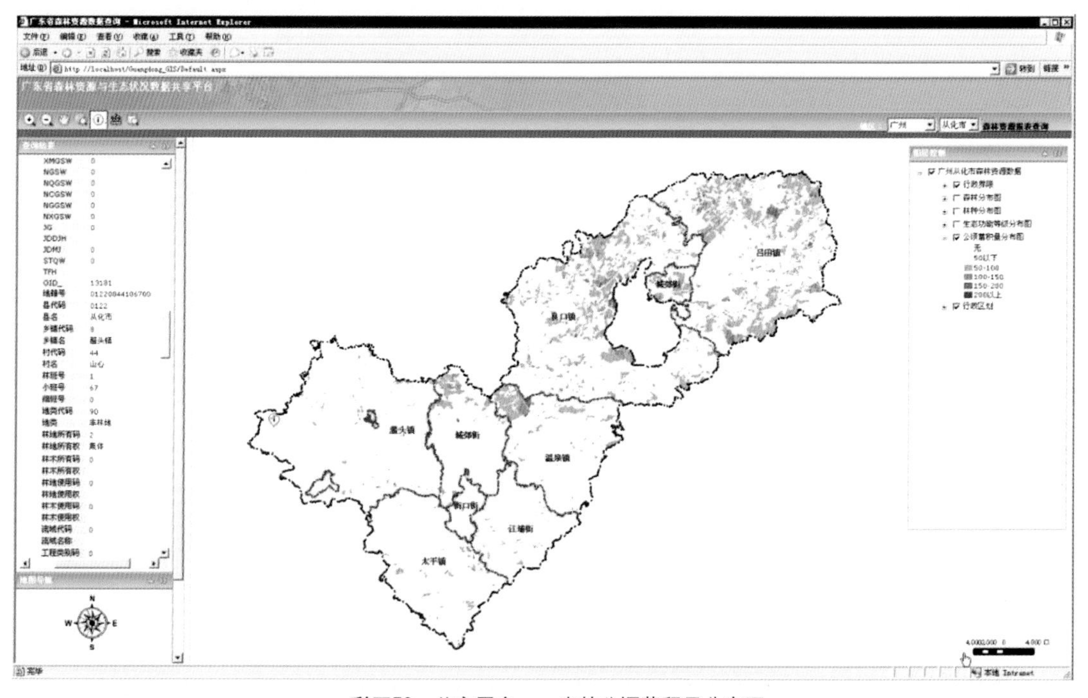

彩图70　共享平台——森林公顷蓄积量分布图

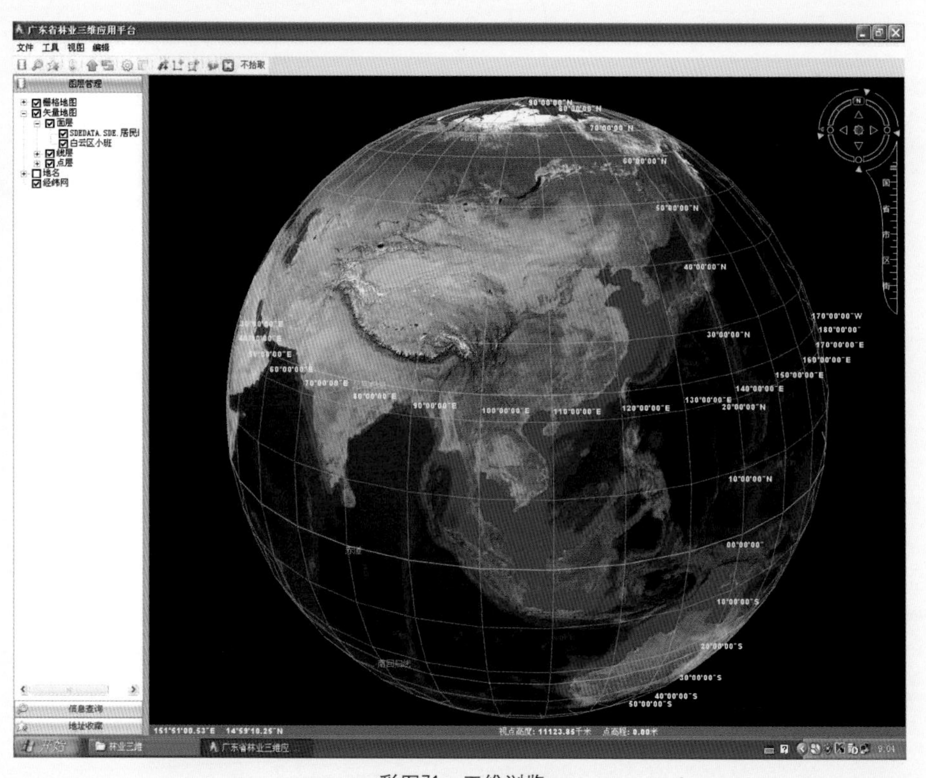

彩图71　三维浏览

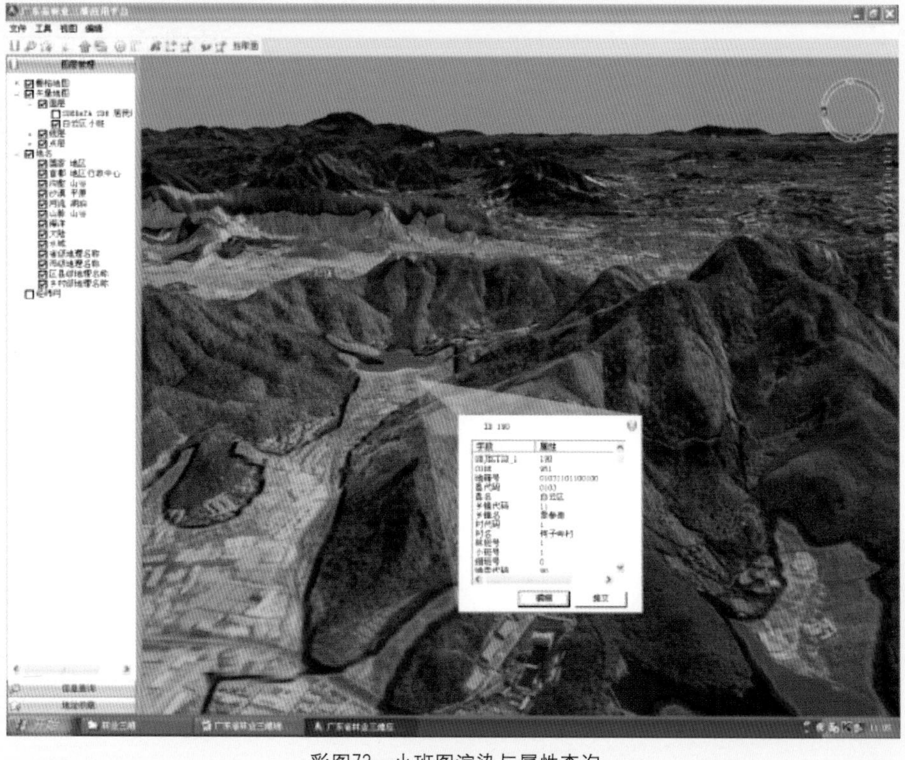

彩图72　小班图渲染与属性查询

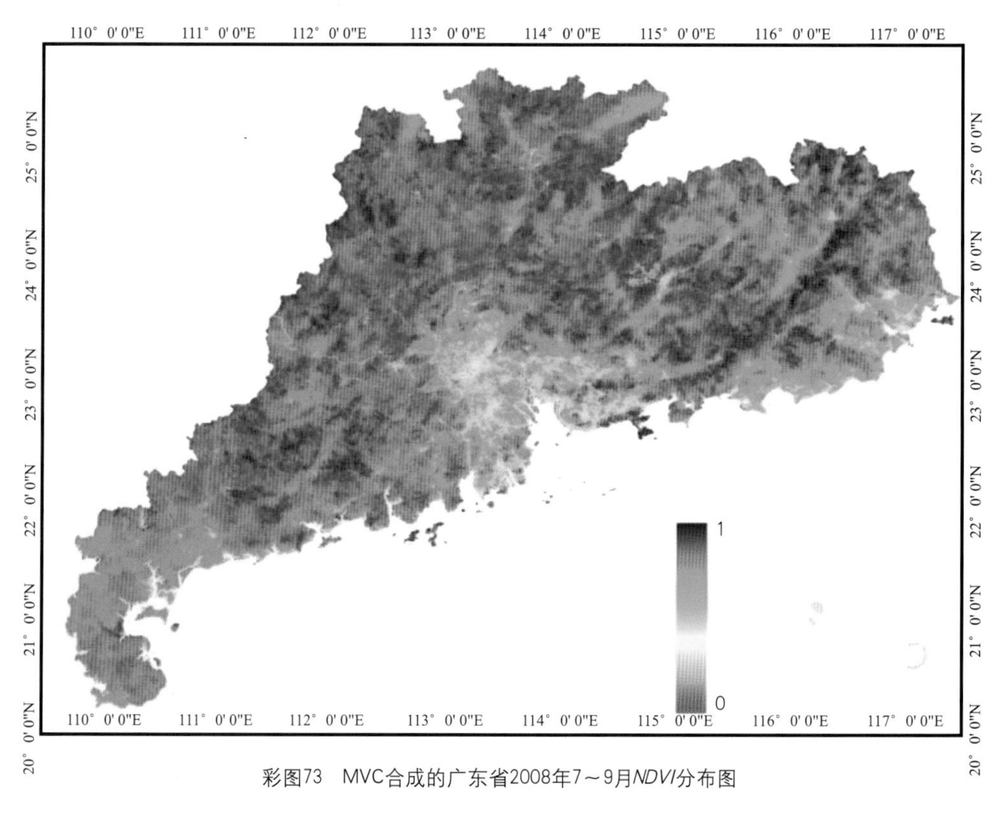

彩图73　MVC合成的广东省2008年7～9月*NDVI*分布图

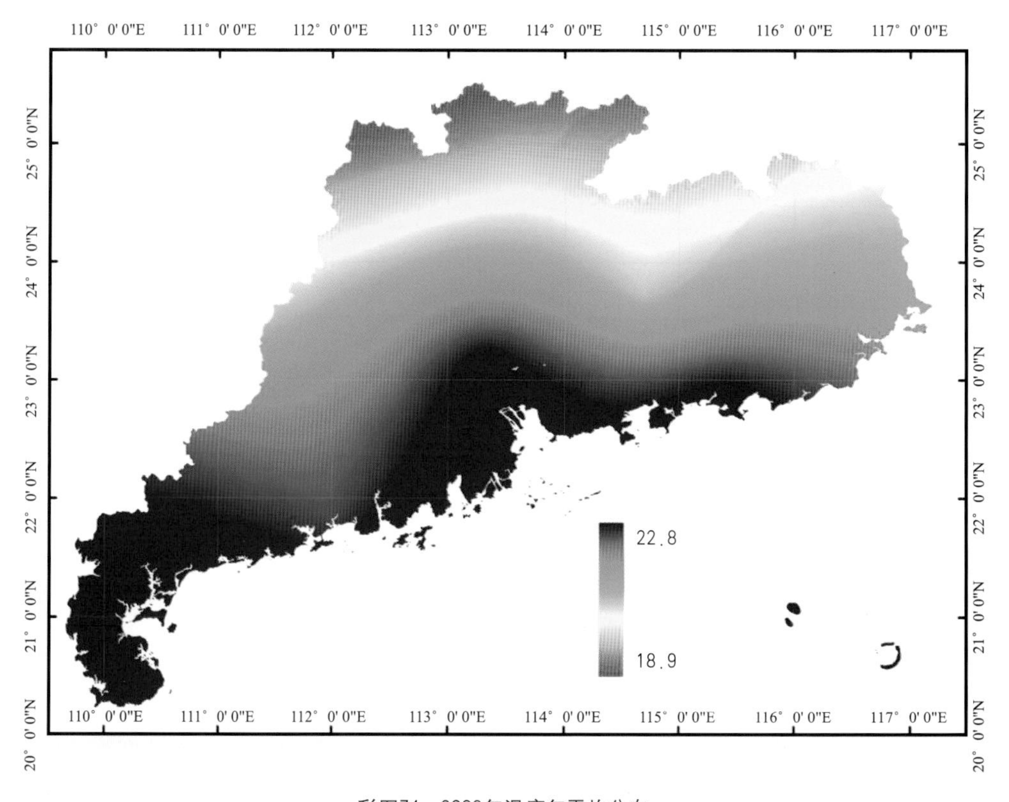

彩图74　2008年温度年平均分布

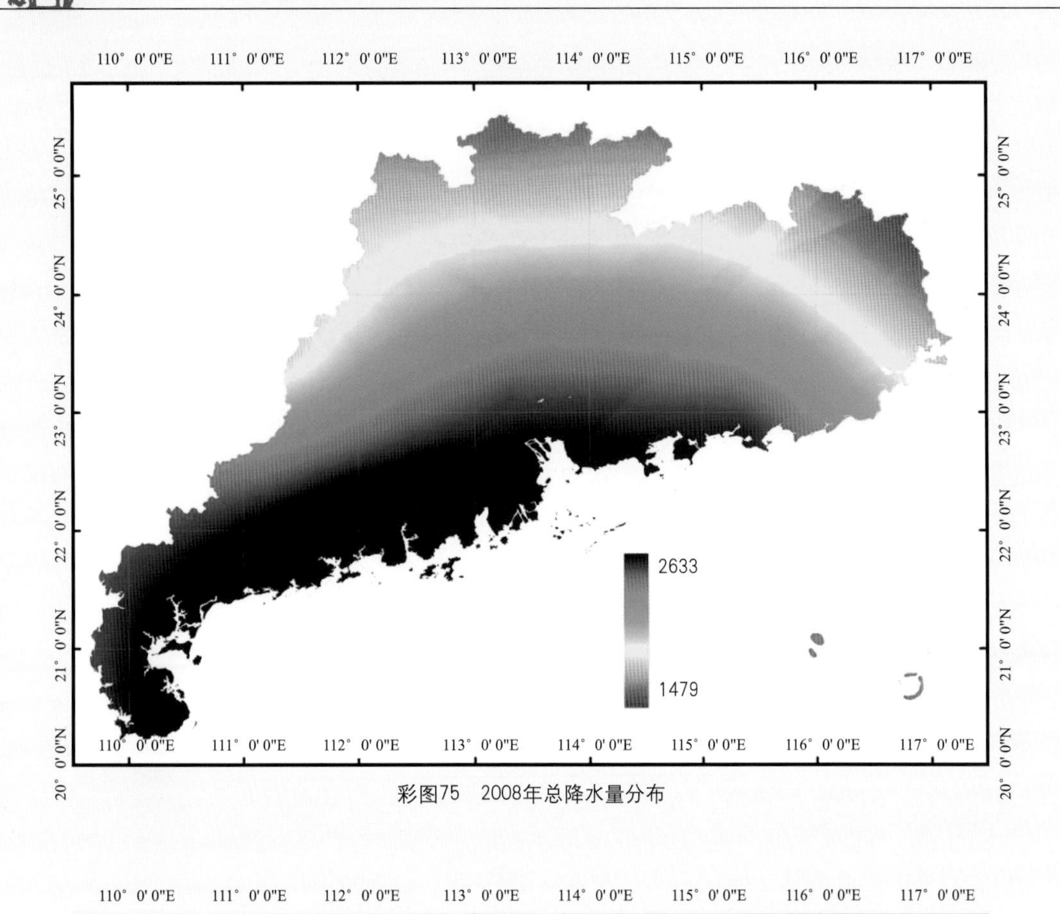

彩图75　2008年总降水量分布

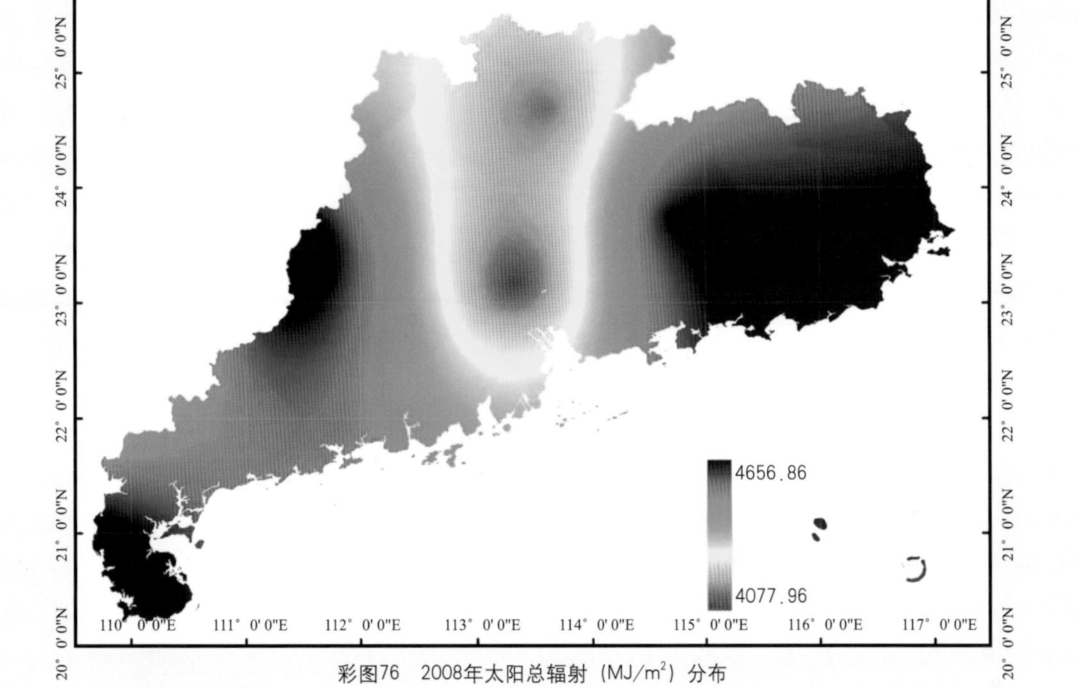

彩图76　2008年太阳总辐射（MJ/m^2）分布

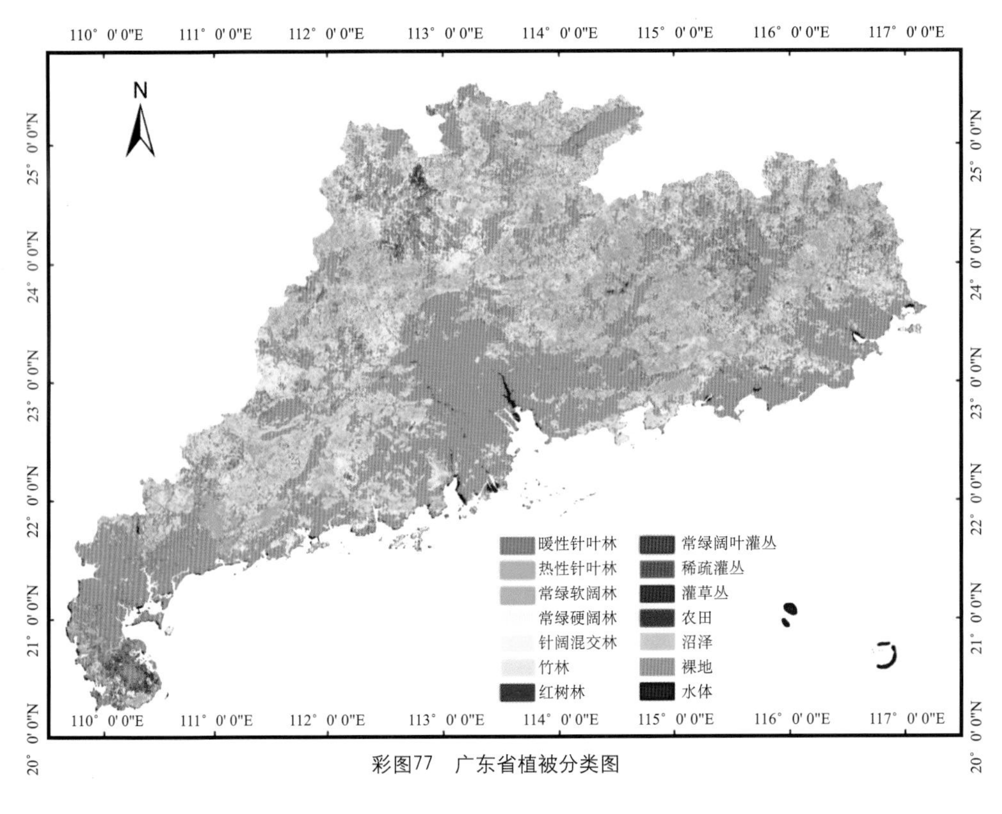

彩图77　广东省植被分类图

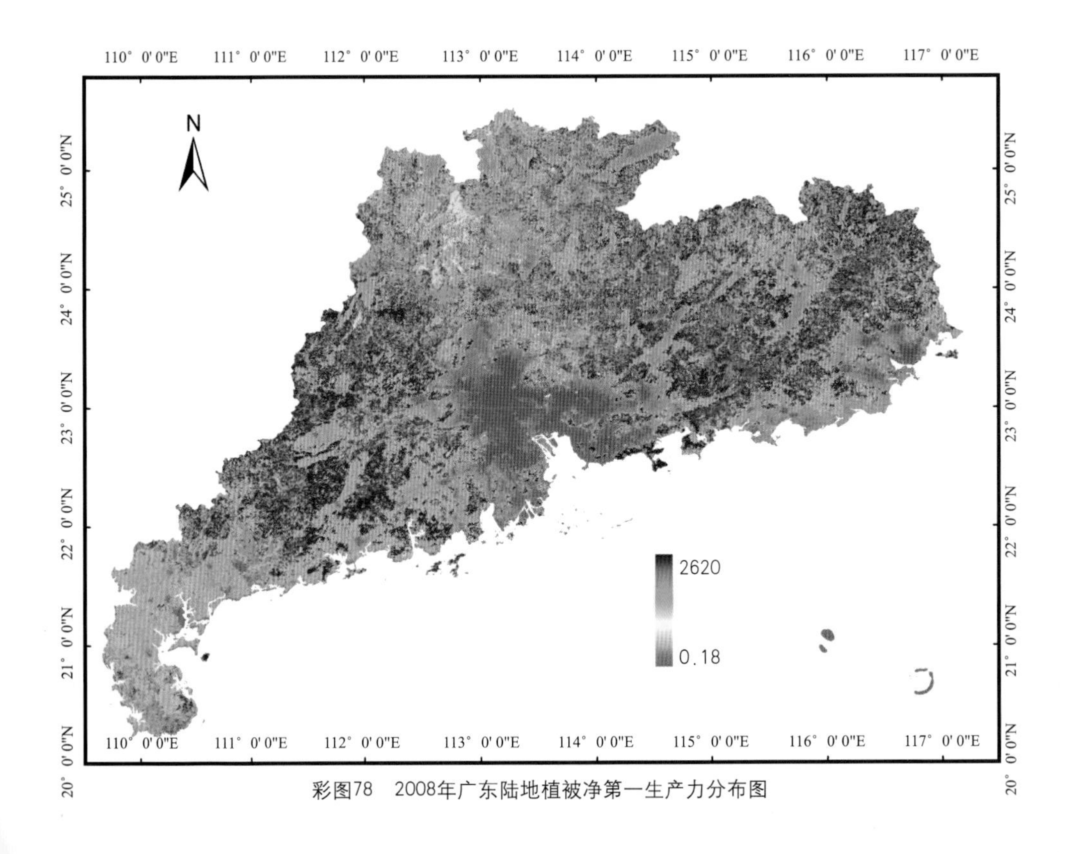

彩图78　2008年广东陆地植被净第一生产力分布图

彩图79　广东省森林气候分区示意图

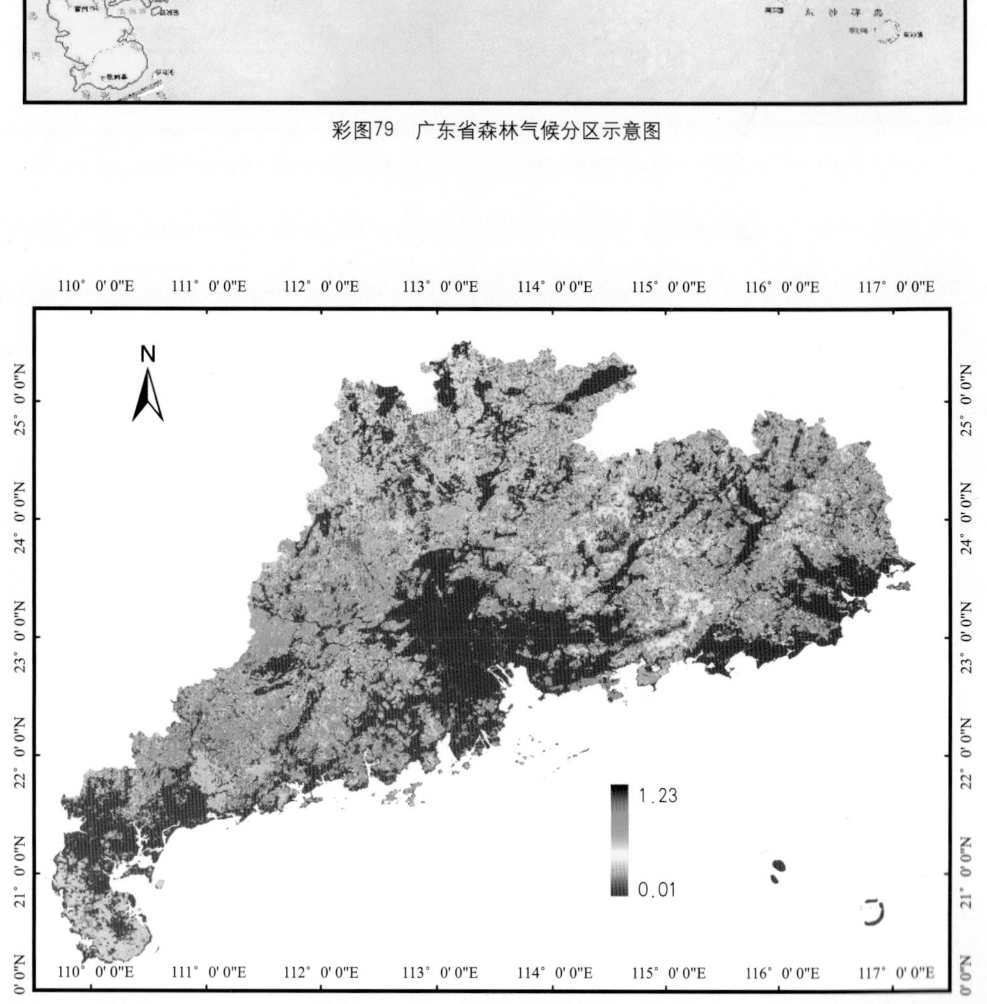

彩图80　2008年广东省植被光能利用率分布图